ULF D. LAUB / DIETRAM SCHNEIDER
(Herausgeber)

INNOVATION UND UNTERNEHMERTUM

PERSPEKTIVEN ERFAHRUNGEN ERGEBNISSE

SPRINGER FACHMEDIEN WIESBADEN GMBH

CIP-Titelaufnahme der Deutschen Bibliothek

Innovation und Unternehmertum: Perspektiven,
Erfahrungen, Ergebnisse / Ulf D. Laub;
Dietram Schneider (Hrsg.).
ISBN 978-3-409-13215-2 ISBN 978-3-663-13286-8 (eBook)
DOI 10.1007/978-3-663-13286-8
NE: Laub, Ulf [Hrsg.]

Ursprünglich erschienen bei Betriebswirtschaftlicher Verlag Dr. Th. Gabler GmbH, Wiesbaden 1991
Softcover reprint of the hardcover 1st edition 1991

Lektorat: Ute Arentzen

Satz: Publishing Studio, Dreieich-Buchschlag

ISBN 978-3-409-13215-2

Vorwort

Innovation und Unternehmertum sind zentrale Erfolgsfaktoren einer leistungsorientierten Gesellschaft. Die Akzeptanz innovativen Unternehmertums war dabei nicht immer positiv. Innovatives Unternehmertum wurde vielfach als unbequem, ungestüm, unbeugsam und eigennützig angesehen, sei es in Unternehmen, in etablierten Märkten oder in ganzen Gesellschaften. Dennoch – oder vor allem deshalb – wird unternehmerisches Denken und Handeln künftig in unterschiedlicher Weise gefordert sein, um im weltweiten Wettbewerb bestehen zu können. Alleine die jüngste Entwicklung in Osteuropa zeigt wiederholt die Notwendigkeit handlungsfähigen innovativen Unternehmertums als Hebel zur Erreichung wirtschaftlichen Wohlstandes.

Vor diesem Hintergrund reicht es nicht aus, innovatives Unternehmertum aus einem verengten Blickwinkel zu betrachten oder dessen Aktivitätsbereich auf einzelne Betätigungsfelder einzuschränken. Vielmehr sind neuartige, ja innovativ-unternehmerische und fortschrittliche Denkanstöße erforderlich, um die vielfältigen Erscheinungsformen von Unternehmertum und Innovation möglichst ganzheitlich zu erfassen und dadurch neue Perspektiven und Wege für erfolgreiche Zukunftsstrategien aufzuzeigen.

Diese Herausforderung haben die Herausgeber durch die Einbindung eines heterogenen Autorenteams aus Wissenschaft und Praxis sowie die Verknüpfung unterschiedlicher und neuartiger Beiträge zu Innovation und Unternehmertum angenommen.

ULF. D. LAUB und DIETRAM SCHNEIDER

Inhaltsverzeichnis

Einführung

Technologische Neuerungsprozesse aus der Sicht der Claim-Owner rivalisierender Fachgemeinschaften – Die Verknüpfung von Innovation und Unternehmertum als theoretische Herausforderung ... 3
Von Wilhelm H. Bierfelder

Erster Teil
Grundlegende Bedingungen für Innovation und Unternehmertum

Erstes Kapitel
Ökonomische Bewertung

Innovationsbewertung: Ein Bewertungskonzept für innovative Unternehmensgründungen – Ergebnisse einer empirischen Untersuchung ... 23
Von Ulf D. Laub

Zweites Kapitel
Organisation und Koordination

Interorganisatorisches F&E-Management und F&E-Integration als Herausforderung innovativen Unternehmertums: F&E zwischen E&F ... 53
Von Dietram Schneider und Carmen Zieringer

Vertikale Kooperation als Strategie innovativen Unternehmertums – Dargestellt am Beispiel der Automobilindustrie – ... 79
Von Cornelius Baur

Mergers & Acquisitions als zukunftsorientierte Strategie innovativen Unternehmertums ... 111
Von Ulf D. Laub

Innovatives Unternehmertum im Rahmen internationaler Joint Ventures – Eine kritische Analyse – ... 137
Von Alexander Gerybadze

Drittes Kapitel
Personal und Interessenvertretung

Personalmanagement und Unternehmenskultur: Innovationsfähigkeit zwischen Wollen und Können im Unternehmen 167
Von Josef Huber und Dietram Schneider

Ökologische Innovation und Verantwortung: Perspektiven aus gewerkschaftlicher Sicht 185
Von Karin Roth

Viertes Kapitel
Marketing

Innovation in der Konsumgüterindustrie: Durch Überzeugung Märkte schaffen 201
Von Robert Frowein

Moderne Instrumente zur Bewertung der Marktchancen innovativer Produkte 221
Von Ingo Böckenholt

Fünftes Kapitel
Finanzierung

Innovationsfinanzierung: Erfahrungen von Venture-Capital-Gesellschaften, Banken und Beratungen 237
Von Ulf D. Laub

Sechstes Kapitel
Unternehmenskultur

Zur Kultivierung des Unternehmerischen im Unternehmen – Von den historischen Wurzeln zur unternehmerischen Avantgarde im Management – 273
Von Hartmut Bretz

Siebtes Kapitel
Umwelt und Ökologie

Ökologische Umwelt: Herausforderung für innovatives Unternehmertum 299
Von Dieter Beschorner

Achtes Kapitel
Ethik

Ethik als unternehmerische Innovation 325
Von Michael Stitzel

Zweiter Teil
Theoretischer Ausblick – Evolution

Die unternehmerische Produktion von Erstmaligkeit und ihre Konsequenzen für die Evolution ökonomischer Transaktionsbeziehungen – Beitrag von Austrianismus, Transaktionskosten- und Informationstheorie für das Verständnis von Innovation und Unternehmertum 341
Von Dietram Schneider

Autorenverzeichnis

Dr. Cornelius Baur	Berater bei Mc Kinsey & Company, Inc., Deutschland
Dr. Dieter Beschorner	Akademischer Oberrat am Lehrstuhl für Allgemeine und Industrielle Betriebswirtschaftslehre an der Technischen Universität München
Prof. Dr. Wilhelm H. Bierfelder	Lehrstuhlinhaber für Allgemeine Betriebswirtschaftslehre, Innovations- und Organisationsforschung an der Universität Stuttgart
Dr. Ingo Böckenholt	seit November 1990 Abteilungsdirektor der Unternehmensplanung bei der Karstadt AG, Essen
Dr. Hartmut Bretz	Management-Trainer bei der Siemens AG in München
Dipl.-Vw. MBA Robert Frowein	Berater und Projektleiter bei Arthur D. Little International in Wiesbaden
Dr. Alexander Gerybadze	Geschäftsführer des German Enterprise Institute (GERIT GmbH) sowie Lehrbeauftragter an der Universität Heidelberg
Dipl.-Kfm. Josef Huber	Mitarbeiter im Firmenkundenmarketing der Dresdner Bank AG, München
Dr. Ulf D. Laub	seit Anfang 1989 Unternehmensberater bei der A.T. Kearney GmbH in Düsseldorf
Karin Roth	Mitarbeiterin der Grundsatzabteilung der IG Metall, zuständig für Energie und Umwelt
Dr. Dietram Schneider	Referent im Zentralcontrolling der Siemens AG in München
Prof. Dr. Michael Stitzel	Lehrstuhlinhaber für Betriebswirtschaftslehre an der Katholischen Universität Eichstätt
Dipl.-Kfm. Carmen Zieringer	Mitarbeiterin im Marketing der Pfanni KG, München

Einführung

Wilhelm Bierfelder

Technologische Neuerungsprozesse aus der Sicht der Claim-Owner rivalisierender Fachgemeinschaften

Die Verknüpfung von Innovation und Unternehmertum als theoretische Herausforderung

1. Einführung

2. Theoretische Beiträge ökonomischer Claim-Owner
   2.1 Neo-klassischer Erklärungsansatz
   2.2 Schumpeterscher Ansatz zur Erklärung des technischen Wandels
   2.3 Marxistische Theorien
   2.4 Evolutionärer Erklärungsansatz
   2.5 Ordo-dynamisches Wettbewerbskonzept

3. Theoretische Beiträge betriebswirtschaftlicher Claim-Owner
   3.1 Faktorkombinationsansatz
   3.2 Entscheidungstheoretische Ansätze
   3.3 Institutionenorientierte Ansätze
   3.4 Synoptische Darstellung der drei betriebswirtschaftlichen Ansätze

4. Vermeidung von Effizienzfallen in der Praxis mit Hilfe betriebswirtschaftlicher Theorie
   4.1 Der Stahl und der produktionstheoretische Ansatz
   4.2 Optimierungsversprechen und Realisierungspfade
   4.3 Optimierung von Forschungs- und Entwicklungsbudgets
   4.4 Empirische Befunde, Invarianzen und teilweise Abkehr von der Vergangenheitsorientierung
   4.5 Institutionsorientierte betriebswirtschaftliche Anwendung

Literatur

1. Einführung

In jüngster Zeit sprießen Innovations- und Technologieberatungsstellen und Technologieparks wie Pilze nach einem warmen Sommerregen. Ein Blick in die Rechenschaftsberichte einzelner öffentlich bestellter Technologietransferagenten stärkt den Glauben, ein Anruf würde genügen, um Neuerungen jedweder Art mit dieser Unterstützung meistern zu können. Jedoch geben die institutionellen Errungenschaften in der Bundesrepublik Deutschland auf dem Gebiet staatlicher Innovationsförderung keine Hinweise auf den Gütegrad des Innovationsmanagements, wie es in deutschen Unternehmungen derzeit praktiziert wird.

Die mit langen Wellen befaßte Innovationsforschung registriert im Rückblick gegenwärtig vier bis fünf Langfristzyklen zwischen Tiefständen der Neuerungsaktivität im Rhythmus von etwa 55 Jahren. Während keines Tiefstandes im 270-jährigen Beobachtungszeitraum läßt sich eine ähnlich rege Schöpfung neuer Institutionen ermitteln wie das in der Gegenwart geschieht.

Erstmalig ist auch, daß die Forderung erhoben wird, das Innovationsmanagement zu professionalisieren. Bisher wurde davon ausgegangen, daß das allgemeine Management auch über jene Fähigkeiten verfügt, die mit dem Hervorbringen von Neuerungen gefragt werden. Unterlassungen auf diesem Gebiet sind nur schwer zu erfassen und wahrzunehmen. Ein geeigneter Indikator dürfte da schon die Unternehmungskrise sein, die nicht selten mit dem Ende des Lebenszyklusses von Produkten und Branchen zusammenfallen kann.

Im fünften und gerade aktuellen Langfristzyklus tritt im deutschen Sprachraum erstmals der Begriff Management in Erscheinung. Von Einheitlichkeit in der jüngeren deutschen Management-Terminologie kann dabei keineswegs die Rede sein. Eine Vielzahl von Angeboten wird unterbreitet. Die vorgegebenen Theorieentwürfe der Betriebswirtschaftslehre erschweren eine verträgliche Verknüpfung mit Managementkonzepten.

Im Kontrast zum fünften stand im vierten Langfristzyklus der innovierende Unternehmer im Mittelpunkt der Diskussion. A. Schumpeter, auf dessen Beitrag noch zurückzukommen ist, hat diese Diskussion ausgelöst. Wenn heute Neo-Schumpeterianer diese Diskussion fortsetzen, sind sie sich selten bewußt, daß Unternehmer und Manager meist auch unterschiedlichen Zeitepochen angehören. Damit wird ein Aspekt angesprochen, der auf unsicheres Terrain verweist. Ein weiterer und möglicherweise bedeutsamer Aspekt wird durch die vorherrschende ökonomische Theorie erschlossen. Die heute einflußreiche neoklassische Theorie hat sich nur auf diejenigen Kräfte konzentriert, die ein ökonomisches Gleichgewicht herbeiführen oder erhalten können, während Ungleichgewichte, Ketteneffekte, strukturelle Verwerfungen und Wandlungsprozesse unter eine Tarnkappe gesteckt werden.

Zwei Räumen im Hause der Wirtschaft gilt hier das besondere Erkenntnisinteresse. Fünf Türen und eine entsprechende Anzahl von Schlüssellöchern öffnen den Blick in den „ökonomischen Salon“. Diesen stellen wir zunächst vor.

Im Anschluß daran wird im „betriebswirtschaftlichen Arbeitsraum“ Umschau gehalten. Da gibt es sechzehn Türen, von denen aber dreizehn absichtlich mit Betriebsmitteln zugestellt sind. Die verbleibenden drei Schlüssellochperspektiven werden vorgestellt, deren Komplementarität möglicherweise überraschen wird.

Die Vorstellung des „ökonomischen Salons“, in dem überwiegend über aggregierte Erscheinungen des Wirtschaftslebens gestritten wird, beginnt mit der Vorstellung einer Lehrmeinung einer stark schrumpfenden Majorität.

2. Theoretische Beiträge ökonomischer Claim-Owner

2.1 Neo-klassischer Erklärungsansatz

Dieser Ansatz bewährt sich insbesondere dort, wo Statik oder intertemporales Gleichgewicht in Wirtschaftssystemen im Vordergrund stehen. Eine Erweiterung der Theorie auf dynamische Probleme gelingt nur bedingt, wenn überhaupt. Worin liegt die eigentliche Schwierigkeit? Es trifft sicherlich zu, daß Neuerungen von Produkten und Technologien zu jeder Zeit gewissen Beschränkungen unterworfen sind. Diese Beschränkungen ergeben sich daraus, was wissenschaftlich oder aus anderen Gründen überhaupt möglich ist; aber diese Beschränkungen können in die Erklärung über Neuerungsprozesse keinen Eingang finden, solange sie dem Neuerer selbst nicht bekannt sind. Wenngleich der Innovator davon ausgeht, Gewinne maximieren zu wollen, geht es nicht an, ihm das Wissen auch nur theoretisch zuzubilligen, das vorausgesetzt werden müßte, was ein völlig rationales Verhalten ermöglichen würde.

Im Vergleich zur noch zu behandelnden Schumpeterschen Theorie steht die Neoklassik in ihrer Erklärungsmöglichkeit des technischen Wandels hinten an.

Um rationale Wahlhandlungen vollziehen zu können, stört zuviel Unsicherheit. Diese äußert sich darin, daß hinsichtlich der Neuerungsmöglichkeiten Vieles offen bleiben muß. Lernen durch Erfahrung kann wohl dazu beitragen, eine Entscheidung unter Risiko daraus abzuleiten. Die strategische Natur der Situation verdeutlicht, daß die Unsicherheit besonders gravierend empfunden wird. Unter dieser Voraussetzung kann nur die Annahme getroffen werden, daß die Unternehmung rational handelt auf der Grundlage nicht-rationaler Annahmen. Anstelle rationalen Handelns auf der Grundlage willkürlicher Annahmen könnte es vorteilhaft sein, von willkürlichen Akten auszugehen und mit Keynes an einem „tierischen Geist“ zu glauben, der den Unternehmer antreibt. So sieht es der englische Wissenschaftstheoretiker Jon Elster[1], auf dessen Vorarbeit die gewählte ökonomische Systematik zurückgreift.

---

1 Elster (1983), S. 96–111.

2.2 Schumpeterscher Ansatz zur Erklärung des technischen Wandels

Schumpeter betont die irrationale Seite des unternehmerischen Neuerungsverhaltens. Einerseits sind es dynastische Ambitionen und andererseits ein außergewöhnlicher Optimismus, was die Unternehmer antreibt. Dieses Spiel ist für die Mehrheit der Unternehmer ruinös oder zumindest äußerst gefahrvoll, insgesamt jedoch sozial sehr nützlich. Schumpeter[2] entfernt sich von der orthodoxen Anschauung, wenn er die monopolistischen Elemente des Kapitalismus für Wachstum und Neuerung als unerläßlich einstuft, während die Orthodoxie diese wegen ihrer allokativen Ineffizienz verurteilt.

Die Schumpetersche Lehre widersetzt sich einer formalen Modelldarstellung. Trotzdem hat sie einen starken Einfluß auf das ökonomische Denken ausgelöst. Schumpeter war weit entfernt davon, ein Ökonom der Ökonomen zu sein. Jedoch verstand er weit besser als die meisten Ökonomen die eigentliche Natur seines Erkenntnisgegenstandes.

Die Erörterung Schumpeterscher Gedanken führt dazu, dem Ungleichgewicht große Bedeutung beizumessen. Das Gleiche gilt für ein diskontinuierliches Eintreten von Neuerungen, verwerfen jeder Automatik und die Rolle des Zufalls als Auslöser von Neuerungen. Letztlich darf Innovation nicht als ein Routine-Verhalten verstanden werden. Vor allem Nelson und Winter[3] tragen mit ihren späteren Arbeiten dazu bei, Schumptersche Elemente in ihre Theorie einzubeziehen, die wesentlich die Erklärung anzureichern im Stande waren.

Beim ersten Ansatz war vom allgemeinen Gleichgewicht die Rede, bei dem nun behandelten zweiten Ansatz aber vom Ungleichgewicht. Das erfordert zum Verständnis noch Aufklärungsarbeit. In einem gleichgewichtigen Markt können alle Marktteilnehmer ihre Pläne (Preis- und Mengenerwartungen) verwirklichen, ohne Abstriche machen zu müssen. Bei Ungleichgewicht können Transaktionen nur zu Ungleichgewichtspreisen getätigt werden. Nicht jeder Marktteilnehmer kann seine Pläne realisieren.

2.3 Marxistische Theorien

Marx hielt den technischen Wandel, die Entwicklung der produktiven Faktoren, für die primären Bewegkräfte der Geschichte. Er ging nicht nur von einer ökonomischen, sondern auch von einer technologischen Konzeption der Geschichte aus.

Die Marxsche Erklärung der Innovationsrate ist sehr einfach. Wettbewerb zwingt den kapitalistischen Unternehmer zur Innovation. Unternehmer können Neuerungen hervorbringen, weil sie auf einen Bestand an Inventionen zurückgreifen können.

---

2 Schumpeter (1912).

3 Nelson/Winter (1982).

In früheren Stadien des Kapitalismus konnte eine Re-Investition ohne jeden technischen Wandel erfolgen, solange vorkapitalistische Branchen bestanden, in denen Investieren auch ohne technischen Fortschritt möglich war. Reife Produktmärkte und Druck vom Arbeitsmarkt zwingen den kapitalistischen Unternehmer zur Neuerung, einmal um seine Produkte zu einem gewinnbringenden Preis verkaufen und um seine Kosten senken zu können. Die Sättigung der Märkte kann überspielt werden durch Produkt- und Verfahrensneuerungen. Für das kapitalistische System entsteht jedoch ein dauerhafter Zwang zum Innovieren. Die Alternative zu diesem Zwang ist, wegen ausbleibender Gewinne, zum Aufgeben veranlaßt zu werden. Der individuelle Unternehmer investiert und erneuert, weil es rational ist, so zu handeln und außerdem notwendig zum Überleben.

Insgesamt gesehen gehören zum Marxschen Repertoire der spezielle Begriff der Produktionsfunktion, die drei Momente des Arbeitsprozesses, die These der fallenden Profitrate und das Wechselspiel von Proditivkräften und den Produktionsverhältnissen.

2.4 Evolutionärer Erklärungsansatz

Der vierte hier vorzustellende Ansatz ist überwiegend evolutionär in einer sehr vagen Analogie. Mehrere Modelle sind von verschiedenen Schulen beigesteuert worden. Die Arbeiten der Yale-Professoren Nelson und Winter[4] sind für Denker in der wirtschaftswissenschaftlichen Tradition stimulierend. Sie bauen auf den Vorarbeiten von A. Schumpeter[5] und von H.A. Simon[6] auf. Drei Fragen beherrschen die Diskussion.

Inwieweit sind Nelson und Winter Schumpeterianer?

Im Modell von Nelson und Winter tritt Schumpeter mehrfach in Erscheinung. Die Hypothese Schumpeters hinsichtlich der Ausgleichsfunktion zwischen statischer Effizienz (Wettbewerb) und dynamischer Effizienz (beschränkter Wettbewerb) wird eingebracht.

Außerdem stützen sie sich auf Schumpeters Idee, daß Wettbewerb eher ein Prozeß als ein Zustand ist. Es gibt in diesem Prozeß Gewinner und Verlierer. Glück spielt eine große Rolle, wenn es um Gewinn und Nahezu-Gewinner geht.

Der Begriff des satisfizierenden Anspruchsniveaus wird von Simon eingebracht. Die Rolle großer, diskontinuierlich in Erscheinung tretender Neuerungen finden im Modell keine Beachtung, auch nicht eine starke Motivation durch Gewinnemachen.

4 Nelson/Winter (1982).
5 Schumpeter (1912).
6 Simon (1981).

Was ist ihre Beziehung zur biologischen Entwicklungstheorie?

Nelson und Winter wollen keine Schlüsse dort ziehen, wo sie die Analogie zwischen einer Theorie des technischen Wandels und einer biologischen Evolutionstheorie überziehen müßten. Die Rate der Mutationen ist Null, wenn keine Mutationen gebraucht werden und die Rate wird im Modell nur dann positiv, wenn Gewinne über einen kritischen Wert zurückgehen.

Was läßt sich mit Hilfe von Simulationsverfahren erklären?

Diese Frage gibt viele Rätsel auf. Bei Nichtgleichgewichtszuständen lassen sich Verbindungen zwischen Größen in erklärender Absicht nicht darstellen.

Ein Teil der Simulationsläufe führt zu Steady-state-Verhalten (lanfristiges Gleichgewicht), ein anderer nicht. Was für die empirische Forschung geleistet werden kann, das muß dabei offen bleiben.

Bei evolutionärer Betrachtung wird von einem hohen Zeitbedarf der Anpassungsprozesse ausgegangen[7]. Das evolutionäre Modell von Nelson und Winter bildet einschränkend nur Prozeßneuerungen (Technologien) ab. Der junge deutsche Ökonom Gerybadze[8] erweiterte dieses Modell und in dieser Erweiterung läßt es sich auch auf Produktneuerungen anwenden.

2.5 Ordo-dynamisches Wettbewerbskonzept

Anknüpfend an A. Schumpeter[9], Arndt[10] und Clark[11] stellt C.W. Neumann[12] einen weiteren Ansatz vor, der unter der Bezeichnung „ordo-dynamisches Wettbewerbskonzept“ abgehandelt wird. Im Mittelpunkt dieses handlungsorientierten Ansatzes steht die „Wechselsteuerungshypothese“. Wechselsteuerung wird im Zeitverlauf durch Aktionen und Reaktionen von Anbietern und Nachfragern ausgelöst. Sie orientieren ihr Handeln an Wertsetzungen, die als Zielnormen einerseits und als Zeitnormen (auch Zeitpräferenzen) andererseits in Erscheinung treten. Im Neuerungsgeschehen nehmen Zeitnormen gegenwärtig an Bedeutung zu (hohe Variation der Umweltdynamik deutscher Unternehmungen).

Nur in einem begrenzten Teil deutscher Unternehmungen geht es um gleichgewichtsorientierte Beiträge des Managements in Form von Stabilisierung einer Lage. Außerdem dienen Gleichgewichte der Aufrechterhaltung der Systemidentität. Mehr als die Hälfte der

7 Vgl. Heuß (1965), S. 239.
8 Gerybadze (1982).
9 Schumpeter (1912).
10 Arndt (1952).
11 Clark (1987).
12 Brockhoff (1980), S. 273–311.

großen Unternehmungen stehen in Anpassungsprozessen, die eine Balance zwischen Stabilität und Flexibilität erfordern. Im Zeitverlauf müssen gegensätzliche Ordnungsformen verwirklicht werden, um Systemüberlebensfähigkeit zu sichern[13].

H. Walter[14] zieht zur Erklärung des Wandels in der Produktionsstruktur das Engelsche Gesetz heran. Eine größere Wachstumselastizität ist gefragt, wenn es zu einem Pro-Kopf-Einkommenswachstum kommen soll. Die Prozeßneuerungen lösen einen nachfragebedingten Strukturwandel aus. Unternehmer und Arbeitsplatzbesitzer verfügen dann über eine hohe Einkommenselastizität. Realeinkommenssteigernd wirken jedoch nur Produktneuerungen. An diesen Steigerungseffekten nehmen die freigesetzten Arbeitskräfte nur bedingt teil.

Der neoklassische Ansatz kann zu der hier vorgestellten Problematik wenig beitragen. Schumpeter, der prozeßtheoretisch orientierte Klassiker, ist aktuell geblieben, aber in der Metamorphose mit kreativen Epigonen (Nelson, Winter, Gerybadze, Mensch u.a.). Der Marxsche Ansatz spielt selbst im real existierenden Sozialismus keine Rolle mehr. Er leistet eine historische Analyse. Von Bedeutung bleibt möglicherweise die Einschätzung der Technologie als herausragendes gesellschaftliches Veränderungspotential.

Die evolutionsökonomisch orientierten Ökonomen, zunächst noch nach vielen Themenschwerpunkten zersplittert, beginnen ihre Kräfte zu koordinieren[15]. Sie erhoffen sich, ein Potential aufbauen zu können, das dem neoklassischen ebenbürtig ist. Auf die Theorie der spontanen Ordnungen (unsichtbare Hand des A. Smith), der „strukturellen Anpassungen“ (1920 ff.) folgt eine Theorie, die eine kreative Form der Selbstorganisation ermöglichen soll, die der eine oder andere schon intuitiv erfaßt hat, deren Ausgestaltung aber nach höchstens zwei Jahren unkoordinierter Arbeit noch sehr in den Kinderschuhen steckt.

3. Theoretische Beiträge betriebswirtschaftlicher Claim-Owner

Nach diesem Blick in den „ökonomischen Salon„, der eine akute Umgruppierung in den Gewichten erkennen läßt, die einzelnen ökonomischen Innovationstheorien beigemessen werden, ist nunmehr der „betriebswirtschaftliche Arbeitsraum“ auszuloten. Die Fachgemeinschaft hat die Auffächerung der Forschungsprogramme meist dann begünstigt, wenn neue Paradigmen (u.a. neoklassische Faktorkombination, entscheidungstheoretische Kontexttheorie) sich als „Bestlösungen“ anzubieten schienen. Die betriebswirtschaftlich ausgerichtete Innovationstheorie dürfte gegenwärtig noch zu jung sein, um alle Pro-

13 Bierfelder (1986).
14 Walter (1983).
15 Witt (1987).

grammangebote des Faches zu einer Bewertung heranziehen zu können. Die bisher vorliegenden Texte zu einer betriebswirtschaftlichen Innovationstheorie bringen insbesondere drei theoretische Ansätze ins Spiel, die nunmehr nach dem Vorbild der ökonomischen Beiträge referiert werden. Im einzelnen handelt es sich um einen

- faktorkombinatorischen Ansatz, mehrere
- entscheidungstheoretische Ansätze und mehrere
- institutionenorientierte Ansätze der betriebswirtschaftlichen Innovationstheorie.

Im Anschluß an die Einzelvorstellung wird mittels einer Synopse die Spezifikation jeder der zu behandelten Vorgehensweisen im Vergleich dargeboten.

3.1 Faktorkombinations-Ansatz

Die Ermittlung von Produktions- und Kostenfunktionen über betriebliche Transformationsprozesse läßt Indikatoren finden, mit deren Hilfe technologische Neuerungen erkannt und gemessen werden können. Im gleichen Zuge der Ermittlung werden auch die Nebeneffekte wie Abfallmengen, Schadstoffemmissionen u.a. erfaßbar. Die betriebswirtschaftlichen Produktionsfunktionen A, B, C, D, E und weitere Wunsch-Größen stellen die Faktorkombinationen bezüglich der Ausgestaltung des Mengengerüstes zwischen Ein- und Ausbringungsgrößen in den Vordergrund. Trotz enger Zusammenarbeit von Ingenieuren und Betriebswirten über mehrere Jahrzehnte hinweg hat die Theoriebildung kaum mit der Entwicklung technologischer Komplexität Schritt halten können. Das verstärkte Auftreten immaterieller Transformationsprozesse (Forschung, Entwicklung, Software-Engineering u.a.) hat dieses Forschungsprogramm schneller als erwartet an seine Grenzen geführt.

Das Messen von Änderungen in „Produktivitäten-Netzwerken“ ist für Lohn- und Gehaltsverhandlungen, aber auch für die ökologische Vorsorge unerläßlich. Selbst die höchstangesehensten Mitglieder der internationalen Fachgemeinschaft sind sich heute der Grenzen bei Ausübung ihres „Rätselspieles“ bewußt. Vieles, was als Wissenssatz formuliert wird, erweist sich bei näherer Prüfung als Glaubenssatz. Damit werden Begründungen für oder gegen mögliche technologische Pfade in die Zukunft brüchig. Knappheiten gehen im „Zylinder des Zauberers“ unter.

3.2 Entscheidungstheoretische Ansätze

In den zurückliegenden Jahrzehnten gewannen entscheidungstheoretische Ansätze in der Betriebswirtschaftslehre eine dominante Rolle. Gegenwärtig dürfte der Kumulationspunkt der Entwicklung bereits überschritten sein. Mit der strukturellen Durchsetzung und Ausbreitung war gleichzeitig ein nachhaltiger Zerfall in vielen Schulen und Wissenschaftsauffassungen verbunden. Diese Erscheinung gilt für die mit Formalwissenschaften liierte Entscheidungslogik ebenso wie für die mit verschiedenen Verhaltenswissenschaften koalierende „verhaltenswissenschaftliche Entscheidungslehre“, deren Vertreter die Ökonomie entweder durch Psychologie oder Soziologie zu verdrängen versuchten. In der Systemtheorie findet die Ökonomie gegenwärtig unerwartet Unterstützung, um diesen platten Reduktionismus in Schranken zu halten.

Das Forschungsinteresse der Entscheidungslogik erstreckt sich überwiegend auf die

- Grundsatzplanung
- Strategische Planung
- Operative Planung
- Taktische Planung

von Forschung und Entwicklung[16]. Wichtige Funktionsbereiche zwischen F&E und Markteinführung werden in diesem Beziehungsrahmen zumeist unbeachtet gelassen. In Verbindung mit verhaltensorientierten Programmen hat vor allem der Kanadier Cooper[17] und viele seiner Schüler dieses Arbeitsgebiet erschlossen. Diese Schule versucht Neu-Produkt-Strategien in Abhängigkeit von betriebswirtschaftlichen Erfolgsgrößen zu erklären und in einem Vorhersagezusammenhang einzubeziehen. Da Neuerungen zunehmend einzelne Unternehmungen äußerst selektiv belohnen, sind Aussagen, die für Populationen von Unternehmungen abgeleitet werden, hinsichtlich ihrer Entscheidungsrelevanz als fragwürdig einzustufen.

3.3 Institutionenorientierte Ansätze

Gesellschaftliche Erfahrungen schlagen sich in Institutionen nieder. Sie sichern ihre Verfügbarkeit auch über Generationsfolgen hinweg. Eingangs ist darauf verwiesen worden, in welch großer Anzahl solche Institutionen zur Förderung der Neuerungsfähigkeit der bundesdeutschen Wirtschaft ins Leben gerufen werden. Sind möglicherweise die Erfahrungen im Umgang mit Neuerungsprozessen alle erst in jüngster Zeit gemacht worden? Das Anknüpfen an die „Österreichische Schule“ und ihr Ausbau unter der Firmierung „Theorie der Unternehmerfunktionen“ spricht gegen diese Vermutung. Die institutionellen Angebote wandeln sich mit ihren Schöpfern oder Interpreten. In diese glanzvolle Ahnengalerie gehören Böhm-Bawerk, Schumpeter, von Mises, von Hayek und neuerdings auch der diese Tradition fortsetzende Amerikaner Kirzner. Dem einsamen Pionier-Unternehmer Schumpeterscher Provinienz, dem fast übernatürliche Fähigkeiten zugesprochen werden, stellt H. Leibenstein[18] einen Alltagsmenschen mit abgeschlossener Hochschulausbildung gegenüber, der all jene Aufgaben zu lösen versteht, die sich im Zuge des technisch-wissenschaftlichen Wandels stellen. Die aus Wissensvorsprüngen abzuleitenden Marktstrategien einerseits und der Maßnahmen in den Innenbeziehungen von Unternehmungen

16 Brockhoff (1988).
17 Cooper (1986).
18 Leibenstein (1987).

andererseits sind nicht mehr von begnadeten Unternehmen (principals) durchzusetzen, die Seltenheitswert besitzen. Professionalisierte Manager (agents) stehen in größerem, wenn auch nicht immer in ausreichendem Umfange, zur Verfügung.

Die Unsicherheiten der Neuerungsprozesse verteilen sich stetig auf eine wachsende Anzahl von Aufgabenträgern. Unternehmer, Kapitalgeber, Manager, Angestellte, Arbeiter tragen unterschiedliche Lasten und erwarten für ihre Opfer auch differenzierende Belohnungen. Durch die Schaffung von Markt-, Organisations- und Netzwerkstrukturen lassen sich einzelne Unsicherheiten zwischen Markt- und Unternehmungsprozeß verlagern. Die neueren institutionellen Ansätze (Verfügungsrecht, Transaktionskosten, Agency cost u.a.) gehen davon aus, die Vorteilhaftigkeit der Wahl zwischen institutionellen Arrangements (wie u.a. Eigenleistung oder Frembezug, starre oder flexible Arbeitszeit, Markt- oder Manager-Koordination) bestimmen zu können. Worüber heute Einigkeit besteht, sind die Mängel der institutionellen Arrangements, die der real existierende Sozialismus seinen Werktätigen zuzumuten wagte. Sie führten in die totale wirtschaftliche Stagnation und sie brachten das Neuerungsgeschehen weitgehend zum Erliegen, soweit sie nicht mit dem Hervorbringen Potemkischer Dörfer überhaupt neuartiges Innovationsverhalten anregten.

3.4 Synoptische Darstellung der drei betriebswirtschaftlichen Ansätze

Die Konzepte A, B und C werden in Tabelle 1 (S. 14) vergleichend gegenübergestellt.

Bei manchen Zeitgenossen weckt ein derartiges Ergebnis den Wunsch, die Welt in Zukunft durch Facettenaugen sehen zu dürfen. Das Ganze lockt und auf Detailtreue glaubt man verzichten zu können. Dieser Erwartung wird hier nicht entsprochen. Aktionsträger mit Schwerpunkt im Innovationsmanagement suchen keine Vergnügungen in Spiegelkabinetten. Ihr Umgang mit schwachen Signalen, mit großen Risiken, mit Übergangsbarrieren und findigen Wettbewerbern fördert Herausforderungen zu Tage, denen mit Phantasie aber auch mit Handwerkstreue zugleich begegnet werden muß. An diesen Anforderungen müssen sich Wissenschaftsprogramme messen lassen.

4. Vermeidung von Effizienzfallen in der Praxis mit Hilfe betriebswirtschaftlicher Theorie

Zu den drei vorgestellten betriebswirtschaftlichen Theorieansätzen lassen sich im Schrifttum bereits Anwendungen finden, die im Zeitverlauf zunehmen.

Nicht alle drei Ansätze suchen in gleicher Intensität eine kritische Öffentlichkeit. Da in Marktwirtschaften der Wettbewerb auch die Information einbezieht, werden Ergebnisse entscheidungstheoretischer Modellrechnungen meist geheimgehalten oder nur verschlüs-

Tabelle 1: Synoptische Darstellung der drei betriebswirtschaftlichen Ansätze[19]

	Konzept A	Konzept B	Konzept C
Z1 ➻	E. Gutenberg	E. Heinen	D. Schneider
Z2 ➻	Produktionsfunktion	Managementfunktion	Unternehmerfunktion
Z3 ➻	mengenmäßige Nutzung klassischer Ressourcen	optimale Nutzung von Informationen, Wissen und Können	optimale Nutzung institutioneller Arrangements
Z4 ➻	allokative Vorteile	Wettbewerbs-Vorteile	Ordnungs-Vorteile
Z5 ➻	Kosten der Transformation	Kosten der Beobachtung (Kybernetik 2. Ordnung)	Kosten der Transaktion
Z6 ➻	triviale Maschinen	Trivialisation	neue Wissenschaftstheorie mit Eignung für nichttriviale Maschinen
Z7 ➻	totale Reduktion	partielle Reduktion	Komplexitätserweiterung
Z8 ➻	technisch-ökonomisches Sprachspiel	Wahrnehmung, Informationsverarbeitung, Willensbildung im psychischen Bereich des menschlichen Aktors	sozio-kulturelle Kerndimension des einzelwirtschaftlichen Handelns
Z9 ➻	Sato/Suzuwa Albach	Cooper	H. Leibenstein Mensch

In der ersten Zeile sind die Namen der Fachvertreter aufgeführt, die das Wissensgebiet des ausgewählten Ansatzes in geschlossener Form in der Literatur dargeboten haben.
Die letzte Zeile enthält die Namen jener Fachvertreter, die wichtige Bausteine beisteuerten, die im Sinne T.S. Kuhns[20] revolutionärer Art genannt werden dürfen. Die Verteilung der Namen verweist darauf, daß einige Neuentwicklungen im Zwischenfeld von Theorieprogrammen stattgefunden haben.
Die zweite Zeile signalisiert die jeweils dominante Funktion.
Die dritte Zeile beschreibt die Zielfunktion.
Die vierte Zeile vermittelt, welche Vorteile durch den jeweiligen Ansatz eingelöst werden sollen.
Die fünfte Zeile verweist auf die Handlungsketten, die einer ökonomischen Bewertung durch Kostenermittlung unterzogen werden.
Die sechste Zeile gibt einen Hinweis auf das vorherrschende Modellverständnis in Anlehnung an H. von Foerster[21].
Die siebte Zeile beschreibt den Umgang mit Komplexität.
Die achte Zeile benennt den begrifflich-theoretischen Bezugsrahmen (frame of reference) in Kurzform. Er definiert das Sprachspiel und seine Regeln, deren sich der Adept des vorgestellten Wissenschaftsprogramms bedienen muß, wenn er keine Irritationen durch Grenzüberschreitungen auslösen will.

Mit dem Hinweis auf die achte Zeile der Übersicht ist der Bogen abgeschritten und die Ausgangslage wieder erreicht. Die eingangs zunächst nur in Aussicht gestellten Schlüssellochperspektiven konnten in Augenschein genommen werden.

19 Vgl. Gutenberg (1976), Heinen (1978), Schneider (1985), Sato/Suzawa (1983), Albach (1984) sowie Mensch (1986), S. 213–299.
20 Kuhn (1967).
21 Foerster (1985).

selt veröffentlicht. Die Ergebnisse produktionstheoretischer Analysen werden ambivalent gehandelt. Besitzt der Januskopf eine ökologische Schokoladenseite, wird diese Seite der Information selten zurückgehalten.

Wer neue ökonomische Institutionen kreiert, der sucht um deren Durchsetzung und Verbreitung wegen die Öffentlichkeit. Die Verwendung des neuen Wissens steht hier vergleichsweise hoch im Kurs.

4.1 Der Stahl und der produktionstheoretische Ansatz

Der Werkstoff Stahl besitzt ungeahnte Möglichkeiten in der Verdrängung herkömmlicher Werkstoffe. Produkt- und Werkstoff-Neuerungen stehen seit kurzem hoch im Kurs. Jahrzehnte lag die Eisen- und Stahlindustrie nahezu weltweit darnieder. Der Wettbewerb entfachte, soweit das staatliche Subventionsbarrieren nicht verhinderten, einen Wettlauf um Verfahrensneuerungen, die nicht selten vor allem in Energieeinsparung bestanden.

Der weltweit aktivste Promotor des produktionstheoretischen Ansatzes und gleichzeitig besonders der Stahlindustrie in den Anwendungen zugewandt, ist B. Gold[22]. Sein „Produktivitäts-Netzwerk-Konzept“ hat – vermittelt durch Bierfelder[23] und Scheer[24] – Einzug in die Deutsche Betriebswirtschaftslehre gehalten und findet hier bereits in Form der Kosten- und Gewinn-Analyse auch Anwendung in der Bewertung neuer CIM-Konzepte.

Das Produktivitäts-Netzwerk kann zum mächtigen Werkzeug der Analyse werden, wo technische Durchbrüche auch als kommerzielle Erfolge vorschnell gefeiert werden sollen. Das Modell kann, virtuos eingesetzt, die Ernüchterungen vorweg nehmen, die jedem vermeintlichen Innovator drohen, der ökonomische Verschiebungen in den Knappheiten von Einsatzpotentialen nicht einzuschätzen gelernt hat[25].

4.2 Optimierungsversprechen und Realisierungspfade

Das entscheidungsorientierte Programm ist weit gefächert. Eine grobe Unterscheidung teilt ein in Entscheidungskalküle und empirische Programme der Entscheidungsverhaltens. Die vergleichende Analyse des Entscheidungsverhaltens bei Neuerungsprozessen findet gegenwärtig eine institutionelle Verankerung durch ifo, PIMS und Replikationen

22 Gold (1980), insbesondere Kapitel 9: Wirkungen des technischen Fortschritts in der Stahlerzeugung (S. 153–164).
23 Bierfelder (1981).
24 Scheer (1989).
25 Mensch/Ramanujam (1986) und Gold (1981).

der Feldarbeiten von Bierfelder/Niemeier[26], Cooper[27], Mensch/Ramanujam[28], Müller-Böhling[29] u.v.m.

4.3 Optimierung von Forschungs- und Entwicklungsbudgets

Immaterielle Aktivitäten wie Forschung und Entwicklung, Werbung, u.a. orientieren sich in der Praxis an vielfältigen Kriterien. Gemeinsam jedoch ist eine Vergangenheitsorientierung.

K. Brockhoff[30], der diese Beobachtung teilt, sieht für OR-Anwendungen folgenden Perspektiven:

(1) vom einperiodigen zum mehrperiodigen Modell
(2) Einführung von Risikoaspekten
    (2.1) durch Risikonutzenfunktionen
    (2.2) durch Verteilungsmomente wie Varianz etc.
(3) Formale Beschränkungen durch heuristische Vorgehensweise überwinden.

4.4 Empirische Befunde, Invarianzen und teilweise Abkehr von der Vergangenheitsorientierung

Der Struktur-Neuerungs-Erfolgs-Zusammenhang interessiert Betriebswirte mit verhaltenswissenschaftlichen Forschungsprogrammen, Industrieökonomen und Ökonometriker in gleicher Weise. Sie unterscheiden sich dabei vor allem bei den Erfolgskriterien. Die betriebswirtschaftlichen Programme stimmen bei der Auswahl von Umsatz, Marktanteil und Finanzerfolgsgrößen Bierfelder[31], Cooper[32], Niemeier[33] überein. Als spezielle Kriterien zogen G. Mensch die Einkommensunterschiede bei Organisationsmitgliedern innovierender Unternehmungen und R.G. Cooper Schwachstellen in den Aktivitätsfolgen des Neuerungsprozesses heran.

Bezogen auf ausgewählte Populationen von Unternehmungen werden Zusammenhänge ermittelt, die statistisch als so gesichert gelten, daß Zufallsergebnisse ausgeschlossen werden können. Da Produkt- und Verfahrensneuerungen aber nicht als statistische Massenerscheinungen zu Tage treten, sind ermittelte Invarianzen kein Erfolgsrezept für garantierte Gewinne in der Neuprodukt-Lotterie.

---

26 Bierfelder (1986).
27 Cooper (1986).
28 Mensch/Ramanujam (1986) und Gold (1981).
29 Müller-Böhling (1986).
30 Brockhoff (1988).
31 Bierfelder (1989).
32 Cooper (1986).
33 Niemeier (1986).

4.5 Instituionenorientierte betriebswirtschaftliche Anwendungen

Die institutionenorientierte Anwendungen sind in verschiedenen Bereichen angesiedelt wie Principal-Agent-Theorie, Transaktionskostenanalyse, Unternehmerfunktion und Unternehmensgründungen. Eine Rückkehr an die Wurzeln der Innovationstheorie ist nicht zu übersehen. Die Pionierleistungen der „Österreichischen Schule" (Böhm-Bawerk, Schumpeter, u.v.m.) wurden neu entdeckt und Neuentwicklungen (u.a. Mensch, Nelson, Picot, Schneider, Winter) werden angestoßen.

Eine ökonomisch-empirische Analyse unternehmerischer Gründungsaktivitäten hat das Team Picot/Laub/Schneider[34] auf der Grundlage von 52 Gründungen in der Bundesrepublik Deutschland durchgeführt. Dem Forscherteam ging es dabei um die wichtigsten Voraussetzungen des Gründungserfolges. Folgende Problemfelder fanden dabei Aufmerksamkeit wie u.a. die Einschätzung von Marktpotentialen, die Zusammensetzung des Gründungsteams, die Organisation der Marktbeziehungen, Finanzierungsmöglichkeiten, Wachstumsschwellen, Rechtsform und Standortfragen. Vermeintliche und tatsächliche Erfolgsbestimmungsgrößen ließen sich unterscheiden. Dabei besitzen Gründungspersonen, Gründungsidee und Gründungsorganisation einen Schlüsselcharakter[35].

Literatur

Albach, H. (1984): Die Innovationsdynamik der mittelständischen Industrie. In: Albach, H. und Held, Th. (Hrsg.) (1984): Betriebswirtschaftslehre mittelständischer Unternehmen, Stuttgart.

Arndt, H. (1952): Schöpferischer Wettbewerb und klassenlose Gesellschaft. Berlin, 1952.

Bierfelder, W. (1981): Kontrolle des betrieblichen Energie- und Rohstoffverbrauchs und seiner externen Effekte. In: Hahn/Schuster (Hrsg.) (1981): Mut zur Kritik, Bern und Stuttgart, S. 129–148.

Bierfelder, W. (1986): Die Wettbewerbsumwelt der großen deutschen Unternehmen. In: Jahrbuch der Absatz- und Verbrauchsforschung 32 (1986), 2, S. 133 – 147.

Bierfelder, W. (1989): Innovationsmanagement, München, 2. Aufl. 1989.

Brockhoff, K. (1980): Wachstumsschwellen und Forschungsschwellen. In: Bierfelder/Höcker (Hrsg.) (1980): Systemforschung und Neuerungsmanagement, München, 1980.

Brockhoff, K. (1988): Forschung und Entwicklung: Planung und Kontrolle, München, 1988.

Clark, P. (1987): Anglo-American Innovation, Berlin u. New York, 1987.

Cooper, R. G. (1986): Winning at New Products, Reading, M. A. 1986.

34 Picot/Laub/Schneider (1989).

35 Laub (1989) und Schneider (1988).

Elster, J. (1983): Explaining Technical Change, Cambridge et al. 1983.
Foerster, H. v. (1985): Sicht und Einsicht, Berlin, 1985.
Gerybadze, A. (1982): Innovation, Wettbewerb und Evolution, Tübingen, 1982.
Gold, B. (1980): Productivity, technology and capital, Lexington, (Insbesondere Kapitel 9: Wirkungen des technischen Fortschritts in der Stahlerzeugung.), 1980.
Gold, B. (1981): A System Approach to Analysing Changes in Productivity and Technology. In: Bierfelder/Höcker (Hrsg.) (1980): Systemforschung und Neuerungsmanagement, München, 1981.
Gutenberg, E. (1976): Grundlagen der Betriebswirtschaft, Band 1, Berlin, 1976.
Heuß, E. (1965): Allgemeine Markttheorie: Tübingen und Zürich, S. 239.
Heinen, E. (Hrsg.) (1978): Betriebswirtschaftliche Forschungslehre, Ein entscheidungsorientierter Ansatz, Wiesbaden, 1978.
Kleinknecht, A. (1987): Innovation Patterns in Crisis and Prosperity, London/Houndmills, 1987.
Kuhn, T. S. (1967): Die Struktur wissenschaftlicher Revolutionen, Frankfurt, 1967.
Laub, U. D. (1989): Zur Bewertung innovativer Unternehmungsgründung im institutionellen Zusammenhang, München, 1989.
Lawrence, P. (1980): Manager und Management in West Germany, London, 1980.
Leibenstein, H. (1987): Inside the Firm, Cambridge, 1987.
Mensch, G. (1986): Innovation Management in Diversified Corporations, In: R. Wolff (Hrsg., 1986): Organizing Industrial Development, Berlin und New York, 1986.
Mensch, G./Ramanujam, V. (1986): A Diagnostic Tool for Identifying Disharmonies Within Corporate Innovation Networks, In: Journal of Product Innovation Management, 3 (1986) 1, S. 19 – 31.
Müller-Böhling, D. (1986): Akzeptanzfaktoren der Bürokommunikation, München und Wien, 1986.
Nelson, R./Winter, S. G. (1982): An Evolutionary Theorie of Economic Behaviour, Princeton, 1982.
Neumann, C. W. (1983): Allgemeine Wettbewerbstheorie und Preismißbrauchsaufsicht. Neuwied, 1983.
Niemeier, J. (1986): Wettbewerbsumwelt und interne Konfigurationen, Bern und Frankfurt, 1986.
Picot, A./Laub, U. D./Schneider, D. (1989): Innovative Unternehmungsgründungen – Eine ökonomisch-empirische Analyse, Heidelberg – New York – Tokyo, 1989.
Sato, R./Suzawa, G. S. (1983): Research and Productivity, Boston 1983.
Scheer, A.-W. (1989): Enterprise-Wide Data Modelling, Berlin u. New York, 1989.
Schneider, D. (1988): Zur Entstehung innovativer Unternehmen – Eine ökonomisch-theoretische Perspektive, München, 1988.
Schneider, D. (1985): Allgemeine Betriebswirtschaftslehre, München, 1985.
Schumpeter, A. (1912): Theorie der wirtschaftlichen Entwicklung, Leipzig, 1912.
Simon, H. A. (1981): Entwicklungsverhalten in Organisationen, München, 1981.
Walter, H. (1983): Wachstums- und Entwicklungstheorie, Stuttgart, 1983.
Witt, U. (1987): Individualistische Grundlagen der revolutionären Ökonomik, Tübingen, 1987.

Erster Teil

Grundlegende Bedingungen für Innovation und Unternehmertum

Erstes Kapitel

Ökonomische Bewertung

Ulf D. Laub

Innovationsbewertung: Ein Bewertungskonzept für innovative Unternehmensgründungen

Ergebnisse einer empirischen Untersuchung

1. Einleitung

2. Innovative Gründungen im Bewertungskontext

3. Grundlagen eines Bewertungskonzeptes
   3.1 Phasenorientierte Unternehmensentstehung
   3.2 Gesamtbetrachtung des innovativen Gründungsprozesses
   3.3 Kriterienauswahl

4. Empirische Fragestellungen

5. Empirische Vorgehensweise

6. Empirische Ergebnisse
   6.1 Bewertungskonzepte der Bewerter
      6.1.2 Grobbewertung durch Geschäftsplananalyse
   6.2 Detailanalyse
      6.2.1 Bewertung der innovativen Gründungsidee
      6.2.2 Bewertung des innovativen Unternehmensgründers
      6.2.3 Bewertung der Organisation innovativer Gründungen
   6.3 Bewertungskonzept im Überblick

7. Fazit

Literatur

1. Einleitung

Die Bewertungsproblematik, ohnehin ein zentrales Thema in der Betriebswirtschaftslehre,[1] ist nicht nur für bestehende Unternehmen von Bedeutung, sondern auch für die Beurteilung von F&E Leistungen[2] oder von innovativen Unternehmensgründungen. Während sich jedoch in den fünfziger und sechziger Jahren die theoretische Diskussion um die Grenzen zwischen objektiver und subjektiver Unternehmensbewertung drehte,[3] bemüht man sich heute, verstärkt durch die Kombination verschiedener Bewertungsverfahren sowie die Einbindung verschiedenster Kommunikations- und Informationsmöglichkeiten, auf möglichst pragmatische Weise einen markt- und leistungsgerechten Preis zu ermitteln.[4]

Dies ist dann verhältnismäßig einfach, wenn es sich um börsennotierte Unternehmen handelt, deren Marktwert sich entsprechend der erbrachten Unternehmensleistung nach Angebot und Nachfrage entwickelt. Der Kapitalmarkt übt eine Kontrollfunktion aus; die täglich ermittelten Kurse können als ein grober Indikator bei der Ermittlung eines „realen" Unternehmenswertes herangezogen werden. Bei den nicht börsennotierten Unternehmen, die die Mehrheit in der Bundesrepublik bilden, ist man jedoch auf die Beurteilung des vorhandenen Anlagevermögens (Substanzwert) und der künftig zu erwartenden Ertragsentwicklungen (Ertragswert) angewiesen. Ergänzend können im Rahmen einer Gesamtbewertung die Beurteilung des Managements und der strategischen Zukunftspotentiale miteinbezogen werden.

Entscheidend ist, daß bei den üblicherweise vorzunehmenden Unternehmensbewertungen Vergangenheits- und Erfahrungswerte hinsichtlich der finanziellen Ertragskraft, der Leistungsfähigkeit des Managements und der bestehenden und künftigen Marktpotentiale der Produkte vorhanden sind. Die Gesamtbewertungsproblematik wird dadurch erheblich erleichtert.

Bei den innovativen Unternehmensgründungen hingegen existieren zumeist keine unmittelbar erfolgsrelevanten Vergangenheitswerte, wodurch das Bewertungsrisiko unverhältnismäßig hoch wird. Dennoch versuchten Venture-Capital-Gesellschaften, Banken und sonstige Kapitalgeber das erhöhte Risiko durch Innovationsfinanzierungen auf sich zu

---

1 Vgl. zur Gesamtthematik der Wertermittlung aus der umfassenden Literatur beispielsweise Mellerowicz (1952); Busse von Colbe (1957); Münstermann (1966); Bretzke (1975); Sieben/Schildbach (1979), S. 455–462.

2 Als wesentliche Arbeiten zur Planungs- und Bewertungsproblematik im F&E-Bereich, vgl. Brockhoff (1972); Zenz (1981); Brose (1982).

3 Zu den verschiedenen Wertbegriffen in der ursprünglichen Form, vgl. Kolbe (1959), S. 23–37; zum objektiven Unternehmenswert, vgl. z.B. Busse von Colbe (1957), S. 114, Häfner (1983), S. 651–659; Peemöller (1984), S. 3; zum Einfluß der subjektiven Bewertung, vgl. z.B. Engels (1962), S. 6–21; Moxter (1978), S. 483; zu einer relativierenden Gesamtbetrachtung vgl. Moxter (1983).

4 Dies wird vor allem durch die zunehmende Anwendung von price/earning ratios als Bewertungsgrundlage deutlich, die bislang vor allem in den USA verwendet wurden.

nehmen. Die jüngsten Entwicklungen sind jedoch von einer zunehmenden Abwendung von dem risikobehafteten Marktsegment der innovativen Gründungen gekennzeichnet.[5] Als ein wesentlicher Grund ist das ungleiche Verhältnis von Risiko und Return einer innovations- und gründungsorientierten Investitionsentscheidung in der Bundesrepublik Deutschland zu betrachten.

Dies mag zum einen an einer unzureichenden Anzahl erfolgreicher innovativer Unternehmensgründer liegen; zum anderen läßt die Bewertungsunsicherheit bei der antizipativen Erfolgsbestimmung viele Kapitalgeber von einem positiven Engagement Abstand nehmen.

Dies erkennend, wurde unlängst zur Förderung innovativer unternehmerischer Aktivitäten von seiten des BMFT in Ergänzung zu dem auslaufenden TDU-Förderprogramm (TOU = Technologieorientierte Unternehmensgründungen) durch die Bereitstellung eines neuen Finanzierungsprogrammes über 300 Millionen DM ein erneuter Anstoß gegeben. Für einen Zeitraum von 6 Jahren sollen dadurch jährlich etwa 120 innovative Gründungsunternehmen mit Beteiligungskapital versorgt werden.[6]

Zur Aktivierung privater Kapitalgeber hingegen, bedarf es, neben einer Verbesserung der steuerrechtlichen und börsenrechtlichen Rahmenbedingungen, wenigstens der Entwicklung eines aussagekräftigen Bewertungskonzeptes, um eine möglichst zuverlässige Erfolgsprognose erstellen zu können.[7] Erst die Erarbeitung geeigneter Planungs- und Bewertungskonzepte, die sich nicht nur an finanzwirtschaftlichen Kennziffern orientieren, sondern in umfassender Weise qualitative Bewertungskriterien in die Erfolgsbestimmung einbinden,[8] werden dazu beitragen können, die Planungs- und Bewertungssicherheit zu erhöhen und den zukünftigen Unternehmenserfolg bestimmbarer zu machen. Nur dadurch wird es möglich, die unter hoher Unsicherheit zu treffenden finanzwirtschaftlichen Entscheidungen zu untermauern und auf eine – den Umständen entsprechende – fundierte Gesamtbewertungsentscheidung zurückzuführen.

Da zur gesamten Bewertungsproblematik schon viel gedacht und geschrieben wurde, soll in diesem Beitrag speziell von empirischer Seite auf das Vorgehen bei der Bewertung innovativer Unternehmensgründungen eingegangen werden. Besonders die Erfahrungen derjenigen Institutionen, die sich täglich mit den Bewertungsproblemen bei innovativen Gründungen befassen, können dazu beitragen mögliche Lösungsansätze zu erarbeiten.

---

5 Vgl. Laub (1989), S. 160–165 und den Beitrag zur Innovationsfinanzierung in diesem Band.

6 Im Rahmen des Modellversuchs zur Förderung technologischer Unternehmensgründungen (TOU), wurden seit 1983 etwa 500 Gründungen unterstützt; vgl. Keil/Bachelier (1986); BMFT (1987), S. 23–63; Böhm (1987), S. 106 f.; zur Programmerweiterung, vgl. Wiebe (1989), S. 41–43.

7 Zur gesamten Prognoseproblematik im Überblick vgl. Brockhoff (1972), S. 28–31; Bretzke (1975), S. 90–100; Wälchli (1975), S. 21–77.

8 Zu den spezifischen Problemen der Prognose, vgl. Picot (1985), S. 377; zur Analyse des Zusammenhanges zwischen Prognose und Planung vgl. Picot (1977), S. 2149–2151.

2. Innovative Gründungen im Bewertungskontext

Die Gründungsentscheidung resultiert aus der intensiven und erfolgreichen Suche (Ideenfindung) nach innovativen Problemlösungen sowie dem Willen zur organisatorischen Umsetzung (organisatorische Ressourceneinbindung) durch möglichst günstige Wahrnehmung vorhandener Ressourcen. Sie bildet zumeist den ersten konkreten Schritt zur Realisierung neuentdeckter Problemlösungen.

Innovative Gründungen können sowohl Neugründungen „auf der grünen Wiese" sowie Ausgliederungen aus bestehenden Unternehmen sein, wie z.B. spin-off-Gründungen.[9]

Im Unterschied zu bereits langfristig bestehenden Unternehmen mit einem etablierten Namen (Firmenimage), mit bestehenden Kommunikations- und Vertriebswegen und einem nachzuweisenden Produkt- und Unternehmenserfolg liegt die Besonderheit innovativer Gründungen in dem Neuheitsgrad der Problemlösung, der den gesamten Umsetzungsprozeß beeinflußt; d.h. die Ausprägung des Neuheitsgrades bestimmt maßgeblich die Schwierigkeiten bei der Bewertung von Gründungsidee, Gründerperson/-team und der Gründungsorganisation.[10]

Dies zeigt sich am deutlichsten durch die Gegenüberstellung einer traditionellen Existenzgründung und einer innovativen start-up-Gründung[11] (vgl. Tabelle 1).

Tabelle 1: Marktorientierte Unterscheidungsmerkmale traditioneller und innovativer Unternehmensgründer

Traditionelle Gründung: (Friseur)		Innovative start-up Gründung: (Lasertechnik)
	Lieferantenkontakte:	
sehr allgemein/bekannt		sehr speziell/unbekannt
	Mitarbeiter:	
Ausbildung standardisiert/ Personalersatz kein Problem		spezielles Know-how/ Personalersatz schwierig
	Absatzmarkt:	
Produkt bekannt Vertriebswege bekannt Produktakzeptanz bekannt		Produkt neu Vertriebswege unbekannt Produktakzeptanz unbekannt

9 Zu spin off-Gründungen und weiteren Sonderformen innovativen Unternehmertums vgl. Laub (1989), S. 14–19.

10 Zur theoretischen Fundierung dieser Dreiteilung vgl. Picot/Laub/Schneider (1989), S. 28–55.

11 Zu einer ausführlichen Abgrenzung zwischen den verschiedenen Gründungsmustern, vgl. auch den Beitrag von Schneider in diesem Band sowie Laub (1989), S. 11–14.

3. Grundlagen eines Bewertungskonzeptes

Zur Ableitung eines plausiblen Bewertungskonzeptes, bedarf es zunächst einer kurzen Erfassung der Grundstrukturen innovativer Unternehmensentstehungsprozesse,[12] bevor in knapper Weise die zur empirischen Analyse herangezogenen Kriterien vorgestellt werden.

3.1 Phasenorientierte Unternehmensentstehung

Gestützt auf die Vorstellung, daß es sich bei der Gründung innovativer Unternehmen um einen phasenorientierten Entstehungsprozeß handelt,[13] ist neben der gezielten Auswahl einzelner Bewertungskriterien zur Erfolgsbestimmung der Zeitpunkt der Bewertung ent-

Gewinn

Innovationsprozeßphase	I + II	III + IV	VI / I	II	II + III	III
	interner Innovationsprozeß			externer Innovationsprozeß = Produktlebenszyklus		
Unternehmensentwicklungsphasen	Gründungsphase (early stage)			Wachstumsphase (expansion stage)		Diversifikationsphase
	seedstage	start-up-stage	first stage	second stage	third stage	divestment
Kennzeichen	Gründungsidee + Entwicklungskonzept + Ideenbewertung	– Gründung vollzogen – Produktentwicklung (Prototyp) – Produktionsvorbereitung – Marketingkonzept	– Serienfertigung – Markteintritt – Markterschließung	– erste Expansionsphase – Ausbau von Vertriebswegen	– Break-Even-Punkt überschritten – Ausnutzen vorhandener Marktpotentiale	– Reifephase EK-geber werden ausgelöst
Strukturelemente	Gründerperson/-team keine Organisation kein Personal kein Standort	– Gründerperson/-team – Mitarbeiter – Standort – informale Organisationsstruktur – Produktionsmittel	– Mitarbeiterzahl nimmt langsam zu – Aufbau von Vertriebswegen	– Mitarbeiterzahl nimmt zu – Organisationsstruktur wächst – Lagerbestände – höhere Komplexität	Erweiterung von Produktionsanlagen und Marketingbemühungen	abhängig von Produkterfolg
Zeitachse						
Finanzierung	Eigenmittel? Fördermittel? Kredite? V.C.-Gesellschaften	weitere Fördermittel V.C.-Gesellschaften	weitere Fördermittel V.C.-Gesellschaften	Kredite Gewinne	– zunehmend Kredite – öffentlicher Kapitalmarkt (Börse) – Gewinne	abhängig von weiterem Produkterfolg
Probleme	Ideen und Marktabschätzung Finanzierung	Zeiteinschätzung Finanzierung	Personalsuche unternehmerische Fähigkeiten hoher Kapitalbedarf Anschlußfinanzierung	Komplexitätsbewältigung Personalsuche Imitatoren Imageaufbau	Wachstumsschwellen	Weiterentwicklungskonzepte Organisationsprobleme

Verlust

Abbildung 1: Innovations-Prozeß-Zyklus-Modell der Unternehmensentstehung

---

12 Zu einer theoretischen Fundierung der Entstehung innovativer Unternehmen, vgl. Schneider (1988).

13 Zu einer umfassenden und kritischen Analyse der einzelnen Entwicklungsphasen, vgl. Laub (1989), S. 62–70 und die dort angeführte Literatur.

scheidend. Das Innovations-Prozeß-Zyklus-Modell[14] der Unternehmensentstehung macht dies deutlich (vgl. Abbildung 1).

Die Bewertung innovativer Unternehmensgründungen findet zumeist in frühen Phasen der Unternehmensentstehung statt, da von seiten der Unternehmensgründer der höchste Unterstützungsbedarf vorliegt und aus Sicht der unterstützenden Institutionen im Erfolgsfall der höchste Return on Investment zu erzielen ist.

Je unausgereifter ein Gründungsprojekt ist, desto problematischer ist die Bewertung. Die gesamte Gründungsphase ist durch hohe Datenunsicherheit gekennzeichnet, die nur durch umsichtigste Informationsbeschaffung, durch sorgfältige Marktanalysen und durch spezifische Erfahrungen der Bewerter kompensiert werden kann.

Erst nach der Markteinführung und einer möglichen Beurteilung der Marktakzeptanz, lassen sich erste zukunftsweisende Erfolgsaussagen treffen. Für die Bewertung in Phasen vor der Markteinführung ist es aufgrund des fehlenden quantitativen Datenmaterials wichtig, möglichst aussagekräftige qualitative Kriterien zur antizipativen Bestimmung der Erfolgsentwicklung zu erfassen.

3.2 Gesamtbetrachtung des innovativen Gründungsprozesses

Zur Ableitung von Bewertungskriterien bedarf es zunächst einer Analysebasis. Losgelöst von Einzelbetrachtungen der reinen Ideenanalyse, der Personenbewertung oder der Beur-

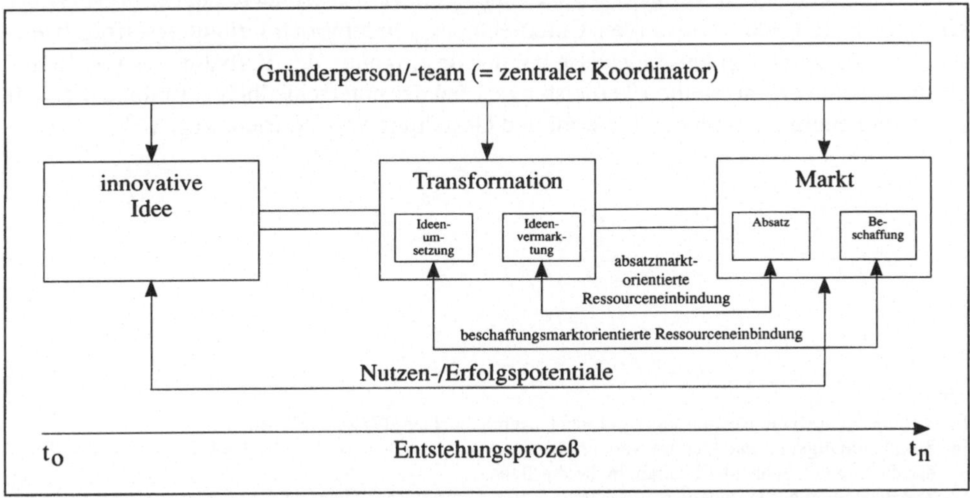

Abbildung 2: Vereinfachte Gesamtbetrachtung des innovativen Unternehmensentstehungsprozesses

14 Die Ableitung dieser integrierten Gesamtbetrachtung basiert auf verschiedenen Einzelbeiträgen; vgl. hierzu Pfeiffer/Bischoff (1981), S. 136; Pratt (1981), S. 3–10; Porter (1983), S. 211–213; Miller/Friesen (1984), S. 1162 f.; Gerybadze (1985), S. 3–6; Räbel (1986), S. 136; Fendel (1987), S. 114 f.; Wrede (1987), S. 22–27.

teilung finanzwirtschaftlicher oder situativer Umfeldfaktoren läßt sich der Entstehungsprozeß einer innovativen Unternehmensgründung vereinfacht darstellen (vgl. Abbildung 2).

Das Verbinden zwischen Idee und Markt, die Ideenumsetzung durch Ressourceneinbindung und die Aktivitäten der Gründerperson als der zentralen Koordinationsfigur, bilden die wesentlichen Komponenten des Entstehungsprozesses, auf die alle Einzelaktivitäten zurückgeführt werden können.[15]

Die innovative Gründungsidee[16] gibt häufig den Anlaß zur Gründung. Ihre Beurteilung ist dann problembehaftet, wenn der Nutzenzuwachs zwar objektiv nachzuweisen ist, die Reaktion der Marktteilnehmer jedoch unbekannt ist. So kann ein Nutzenzuwachs zwar vorhanden, aber für Dritte in seiner Tragweite nicht erkennbar sein oder aber der Zeitpunkt der Markteinführung nicht der Bedürfnisstruktur der Anwender entsprechen, ebenso wie der Nutzenzuwachs geringer sein kann als die zusätzlichen Aufwendungen für den Anwender. Die antizipative Beurteilung von Marktreaktion und Marktakzeptanz bilden hier den Engpaßfaktor.

Die Gründerperson oder das Gründerteam hingegen bilden die Antriebskraft einer innovativen Unternehmensgründung. Sie fungieren als Initiatoren und zentrale Koordinatoren von der Ideenentwicklung über die Ideenumsetzung bis hin zur Ideenvermarktung.[17] Ihre geistigen, charakterlichen, fachlichen und physischen Fähigkeiten bestimmen den gesamten Gründungserfolg.[18]

Dies wird insbesondere bei der Ausgestaltung vertraglicher Verhältnisse deutlich. Ökonomisches Denken und Verhandlungsgeschick können insbesondere bei der organisatorischen Gestaltung der innovativen Unternehmensgründung den Gründungserfolg beeinflussen. Dies zeigt sich beispielsweise bei der Bestimmung des Verhältnisses von fremdbezogenen und eigenerstellten Teilleistungen, bei der unterschiedlichen Einbindungstiefe von Mitarbeitern oder bei der Auswahl und Gestaltung von Vertriebswegen.[19]

---

15 Vgl. hierzu auch die Ausführungen bei Picot/Laub/Schneider (1989), S. 28–45.

16 Zum Erstmaligkeitscharakter innovativer Ideen und den damit verknüpften Wettbewerbsvorteilen, vgl. auch den Beitrag von Schneider Dietram in diesem Band.

17 Zur Bedeutung der Gründerperson insbesondere aus empirischer Sicht, vgl. auch Klandt (1984) und Laub (1989), S. 73–88 und S. 191–197.

18 Differenzierte Aussagen liefern die empirischen Ergebnisse von Picot/Laub/Schneider zur Gründerperson, die zwischen sehr erfolgreichen und weniger erfolgreichen innovativen Unternehmensgründern trennen konnten; vgl. Picot/Laub/Schneider (1988), S. 81–107.

19 Auch hier weisen die Ergebnisse von Picot u.a. eindeutige Verhaltens- bzw. Bewertungsmuster auf; vgl. Picot/Laub/Schneider (1989), S. 165–258.

3.3 Kriterienauswahl

Ausgehend von der Gesamtbetrachtung des innovativen Entstehungsprozesses sowie unter Berücksichtigung einschlägiger Literatur und Plausibilitätsüberlegungen, wurden zur Beurteilung der Gründungsidee, der Gründerperson und der Gründungsorganisation die in Abbildung 3a–3c genannten Kriterien in die empirische Untersuchung eingebunden[20].

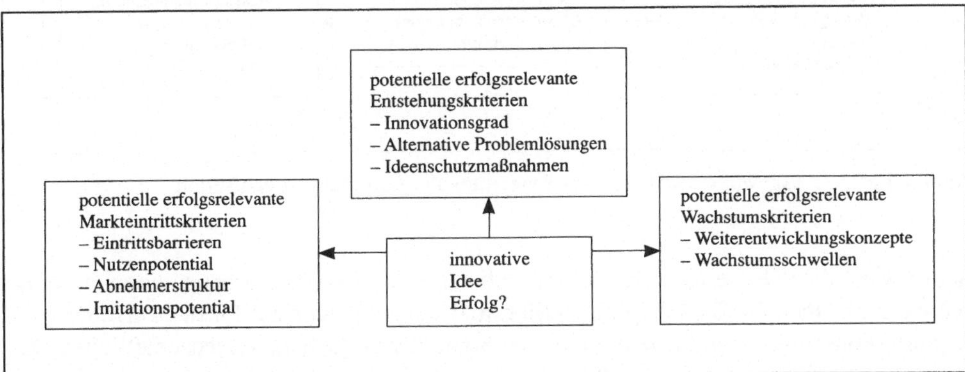

Abbildung 3a: Ausgewählte Kriterien zur Bewertung der Gründungsidee

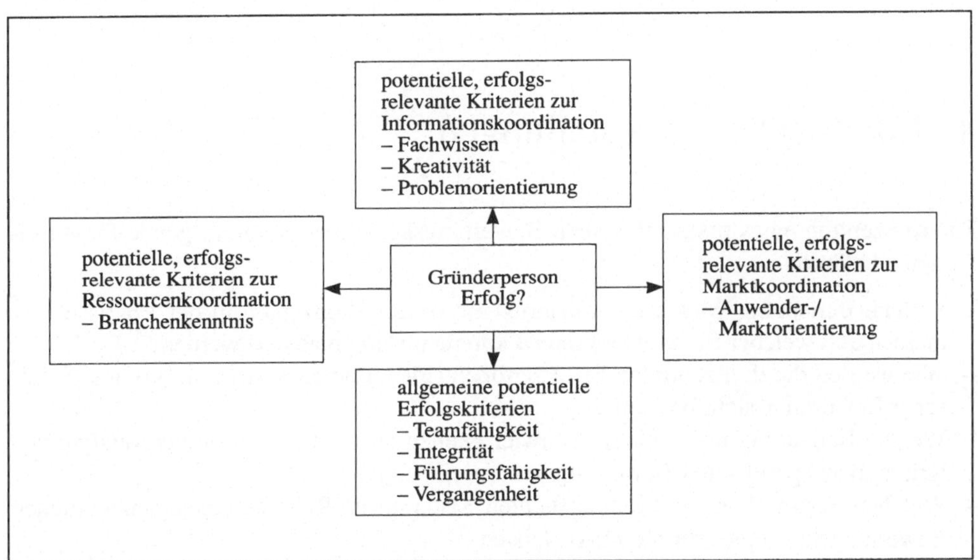

Abbildung 3b: Ausgewählte Kriterien zur Bewertung der Gründerperson

---

20 Zu einer ausführlichen Darstellung des theoretischen Hintergrundes und der inhaltlichen Begründung der einzelnen Bewertungskriterien vgl. Laub (1989), S. 73–121.

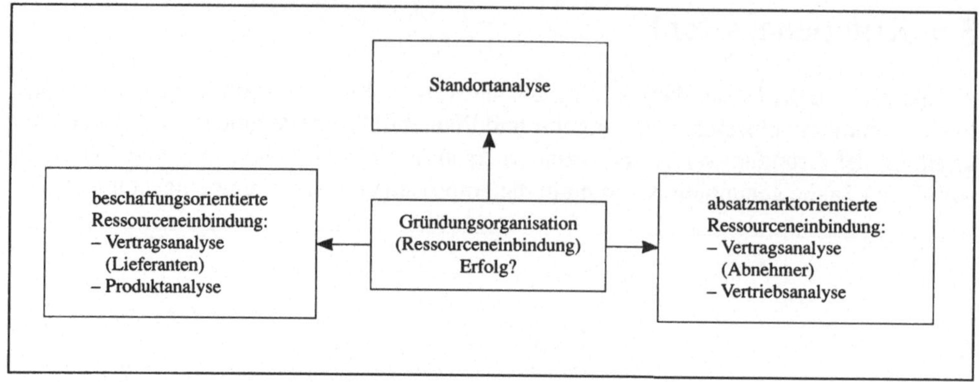

Abbildung 3c: Ausgewählte Kriterien zur Bewertung der Gründungsorganisation

Selbst wenn diese Kriterien keinen Anspruch auf Vollständigkeit erheben können, repräsentieren sie einen Großteil derjenigen Merkmalsausprägungen zur Ideen-, Personen- und Organisationsbewertung, die dem aktuellen Stand der wirtschaftswissenschaftlichen Diskussion entsprechen.[21] Insbesondere im organisatorischen Bereich wurde durch die Einbindung der Vertragsanalyse Überlegungen entsprochen, die mit zunehmender Beachtung der vertikalen Integrationsproblematik erst in jüngster Zeit verstärkt diskutiert wurden.[22]

4. Empirische Fragestellungen

Zur Konzeption eines praxisrelevanten Bewertungskonzeptes waren folgende Fragestellungen zu klären:

- Welche Bedeutung wird standardisierten Bewertungskonzepten in der Praxis beigemessen und welcher Entwicklungsstand konnte bislang realisiert werden?
- Wie werden die drei zentralen Erfolgsgrößen (Idee, Person, Organisation) aus praktischer Bewertungssicht beurteilt?
- Welche Bedeutung und welcher Schwierigkeitsgrad wird den einzelnen qualitativen Kriterien aus praktischer Bewertungserfahrung beigemessen?
- Welchen Beitrag können die untersuchten Kriterien im Rahmen eines ganzheitlichen Bewertungskonzeptes für die Praxis leisten?

21 Zu einer umfassenden Literaturanalyse vgl. auch Laub (1989).

22 Zu vertraglichen Einbindungsstrategien vgl. Picot/Laub/Schneider (1989), S. 165–258; zur vertikalen Integration vgl. z.B. Bühner (1985), S. 153–165.

5. Empirische Vorgehensweise

Da es bislang kaum umfassenden empirische Untersuchungen zur Bewertung innovativer Unternehmensgründungen gab und die mit der Bewertung solcher Gründungen befaßten Institutionen nur lückenhaft erfaßt wurden, mußte der Zugang zum empirischen Feld indirekt erschlossen werden. Einbezogen wurden Kreditinstitute, Venture-Capital-Gesellschaften, Kapitalbeteiligungsgesellschaften, Beratungen und öffentliche Förderinstitutiuonen. Das entscheidende Auswahlkriterium für die Stichprobe (n = 30) ergab sich aus dem zu untersuchenden Bewertungsobjekt (innovative Unternehmensgründungen). Unternehmens- und Produktbroschüren sowie Geschäftsberichte und sonstige verfügbare Informationen wurden zur weiteren Informationsgewinnung miteinbezogen.[23]

Bei der Untersuchung handelt es sich um eine Querschnittsanalyse,[24] die mit standardisierten Fragebogen vor Ort mit den jeweils Verantwortlichen durchgeführt wurde. Der Fragebogen enthielt sowohl offene als auch geschlossene Fragen. Bei den verschiedenen Kriterien zur Person, Idee und Organisation wurden jeweils die Bedeutung und die Schwierigkeit der Bewertung mit Ratingskalen von 1 bis 7 erfragt, wobei 1 = unbedeutend/gar nicht schwer und 7 = sehr bedeutend/sehr schwer war.

Die Befragung von insgesamt n = 30 Institutionen kann dann als repräsentativ betrachtet werden, wenn man davon ausgeht, daß aufgrund der existierenden Daten etwa 50 Institutionen in der Bundesrepublik Deutschland professionell mit der Auswahl und Bewertung innovativer Gründungen befaßt sind – die Technologiezentren ausgenommen.

6. Empirische Ergebnisse

6.1 Standardisierte Bewertungsvorgehen

6.1.1 Bewertungskonzepte der Bewerter

Bevor Überlegungen zur Konzeption eines ganzheitlichen Bewertungskonzeptes angestellt werden, ist der heutige Kenntnis- und Entwicklungsstand zu hinterfragen (vgl. Abbildung 4).

23 Kapitalbeteiligungsgesellschaften, die sich ausschließlich mit der Bewertung bestehender Wachstumsunternehmen befaßten, blieben unberücksichtigt.

24 Zu einer ausführlichen Darstellung der empirischen Ergebnisse zum Bewertungsvorgehen bei innovativen Unternehmensgründungen, vgl. Laub (1989), S. 132–165.

25 Zu einer umfassenden Darstellung der empirischen Ergebnisse vgl. auch Laub (1989), S. 166–236.

Anwendung ganzheitlicher, geschlossener Bewertungskonzepte		
	abs.	rel. %
Ja	16	53,3
Nein	14	46,7
Gesamt	30	100,0
$n_{ges.}$ = 30; Häufigkeitsverteilung		

Abbildung 4: Anwendung standardisierter Bewertungskonzepte

Knapp mehr als die Hälfte der Befragten (16/53,3%) verfügen bereits über standardisierte Bewertungskonzepte bzw. über Grundschemata, die zunächst bei jeder Projektprüfung zur Anwendung kommen. Am fortgeschrittensten waren Venture-Capital-Gesellschaften (64,3%) und Banken (60%), die bislang auch über die meisten Erfahrungen verfügen. Die Strukturierung der verschiedenen Konzepte ist jedoch sehr unterschiedlich und weist zumeist nur eine Leitfadenfunktion auf. Dadurch wird dem Bewerter ein möglichst weiter Spielraum hinsichtlich der individuellen Handhabung projektspezifischer Probleme eingeräumt.

Die einzelnen Bewertungsleitfäden, die überwiegend für den internen Gebrauch bestimmt sind, umfassen Informationsanforderungen zum Management, zu den Marktpotentialen, zu den Markt- und Wettbewerbsstrukturen, zur Produkt-, Technik- und Organisationsbewertung sowie zur Personal-, Absatz-, Investitions- und Finanzierungsplanung. Die Vollständigkeit dieser Leitfäden sowie das inhaltliche Anspruchsniveau ist jedoch sehr unterschiedlich ausgeprägt.

Dies läßt sich an einigen Beispielen verdeutlichen. Die Citicorp Venture Capital in Frankfurt sowie die Venture Capital Gesellschaft für Innovation in Berlin verwenden Flußdiagramme, die den gesamten Bewertungsprozeß sehr genau abbilden und dadurch als Kontrollinstrument fungieren. Die Innovationsabteilung der Deutschen Bank in München hingegen stützt ihren Bewertungsprozeß auf einen vom Berliner Innovations- und Gründerzentrum erstellten Leitfaden, der sich speziell mit den Anforderungen an Geschäftspläne befaßt. Die Wagnisfinanzierungsgesellschaft (Deutsche Beteiligungsgesellschaft) in Frankfurt und die TIG in Berlin wiederum stellen interessierten Dritten bereits vorab selbständig entwickelte Anforderungsprofile zur Erstellung von Geschäftsplänen zur Verfügung.

Allen Bewertungsleitfäden gemeinsam ist die ausgeprägte Orientierung an qualitativen Informationen, während quantitativen Plandaten nur die Bedeutung ergänzender Informationen zur Vervollständigung des Gesamtbildes beigemessen wird.

Diejenigen Bewerter, die bislang kein Grobkonzept der Bewertung entwickelt haben, führen hauptsächlich die Komplexität des gesamten Gewertungsvorganges, die Projektabhängigkeit und die Gefahr der Informationsverluste durch Standardisierung als Gegenargumente an.

6.1.2 Grobbewertung durch Geschäftsplananalyse

Erste Anhaltspunkte darüber, in welchem Maße die Informationsbedürfnisse der Bewerter innovativer Unternehmensgründungen erfüllt werden können, geben das Planungskonzept oder der business-plan. Ihm messen vor allem die Banken besondere Bedeutung bei (MW = 6,80), während Venture-Capital-Gesellschaften und Beratungsgesellschaften diesem Informationsinstrument eher kritisch gegenüberstehen. Häufig wird hier der Versuch unternommen – insbesondere in der Finanz- und Kostenplanung – einen Zeithorizont zu bestimmen, dessen Aussagekraft per se beschränkt sein muß.

Sinnvoller ist es, in einem frühen Planungsstadium die Informationsverarbeitung auf qualitative Informationen über Gründerperson, den Markt einschließlich Kundenstruktur, Konkurrenzsituation und Vertriebsmöglichkeiten, das Produkt und dessen Vorteilsbestimmung sowie den geplanten Aufbau das Produktions- und Umsetzungsprozesses zu konzentrieren. Quantitative Planzahlen erfüllen dabei eher eine Indikatorfunktion hinsichtlich Planungsfähigkeit und Realitätseinschätzung des Gründers und tragen zur Vervollständigung des Gesamtbildes bei.

Berücksichtigt man die geringe Prüfdauer, die den Bewertungsinstitutionen bei einer ersten Durchsicht zur Verfügung steht, dann sind in einem ersten Bewertungsschritt folgende Punkte zu beachten:

(1) Bestimmung spezifischer Branchenmerkmale – Erfolgsüberlegungen/Eintrittsbarrieren
(2) Feststellung der Finanzierungskonditionen, d.h. Art der aufzubringenden Mittel
(3) Bilanzanalyse (soweit vorhanden)
(4) Beurteilung der persönlichen Daten hinsichtlich eines Gründungserfolgs
(5) Analyse der Projektbesonderheiten (Vorteilsbestimmung)
(6) Durchblättern des Gesamtplanes.

Dabei ist weniger die Genauigkeit einzelner Prognoseversuche von Bedeutung als vielmehr das Gesamtbild, das bei einer Plausibilitätsprüfung entsteht.

Die Analyse der Gewichtung einzelner Bestandteile von Geschäftsplänen zeigt, daß vor allem Informationen zu Marktpotentialen (MW = 5,93) und zu Vertriebsmöglichkeiten (MW = 5,93) beachtet werden, während beispielsweise gewährten Fördermitteln nur verhältnismäßig geringe Bedeutung (MW = 3,60) beigemessen wird. Die Ergebnisse von Marktanalysen und die Vertriebsplanung führen schnell zu ersten Vorentscheidungen, während Investitions- und Umsatzplanung sowie Überlegungen zur Organisationsgestaltung und Personalplanung erst bei weiteren Analysen genauer betrachtet werden. Marktbezogene Informationen sind bei einer ersten Konzeptbewertung die entscheidenden Erfolgskriterien.

Faßt man die Erfahrungen der Bewertungsinstitutionen hinsichtlich einer möglichst günstigen Gestaltung von Geschäftsplänen schematisch zusammen, ergibt sich das in Abbildung 5 dargestellte Anforderungsprofil.

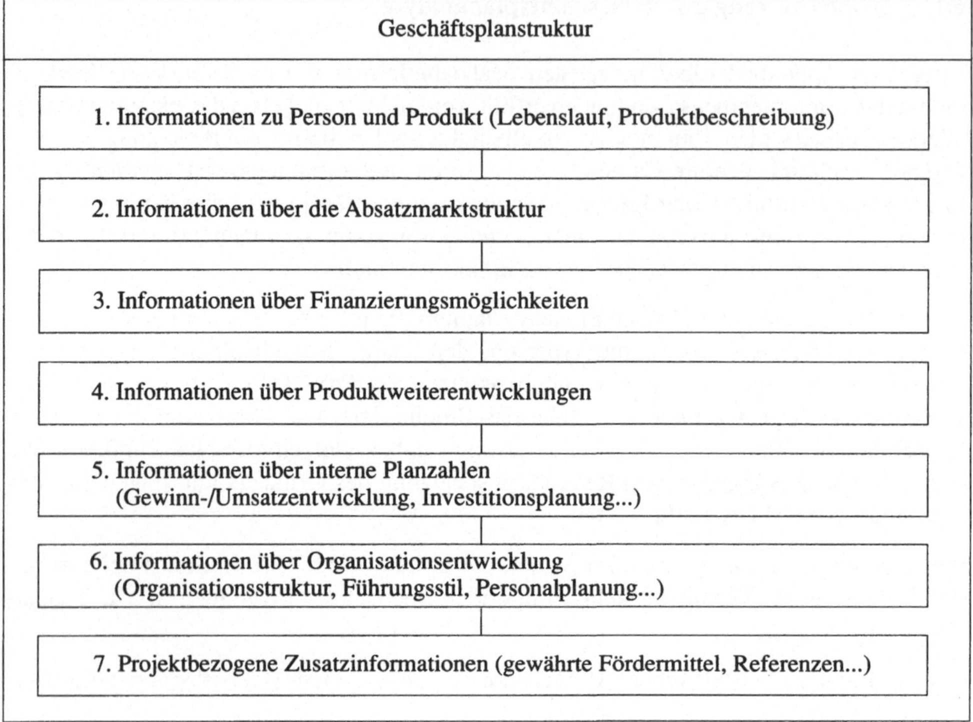

Abbildung 5: Grobstruktur eines aussagekräftigen Geschäftsplanes

6.2 Detailanalyse

Wesentlich für die Detailanalyse ist die Konzentration auf solche Faktoren, die für die Bestimmung des Unternehmenserfolgs am aussagekräftigsten sind.

Der Gründerperson (MW = 6,96), der Gründungsidee (MW = 5,89) und der Gründungsorganisation (MW = 5,26) werden die höchste Bedeutung für die Erfolgsbestimmung beigemessen, während Finanzierungsmöglichkeiten (MW = 4,90) und Standortwahl (MW = 3,16) von nachrangiger Bedeutung aus Bewertersicht sind.

Gewichtung potentieller Erfolgsfaktoren	
	Mittelwert
Gründerperson	6,96
Gründungsidee	5,10
Konkurrenzsituation	6,26
Gründungsorganisation	5,26
Marktstruktur	6,30
Finanzierungsmöglichkeit	4,90
Standortwahl	3,16
sonstige	0,63
$n_{ges.}$ = 30; Rating-Skala von 1 = völlig unwichtig bis 7 = sehr wichtig	

Abbildung 6: Gewichtung unterschiedlicher Erfolgsfaktoren

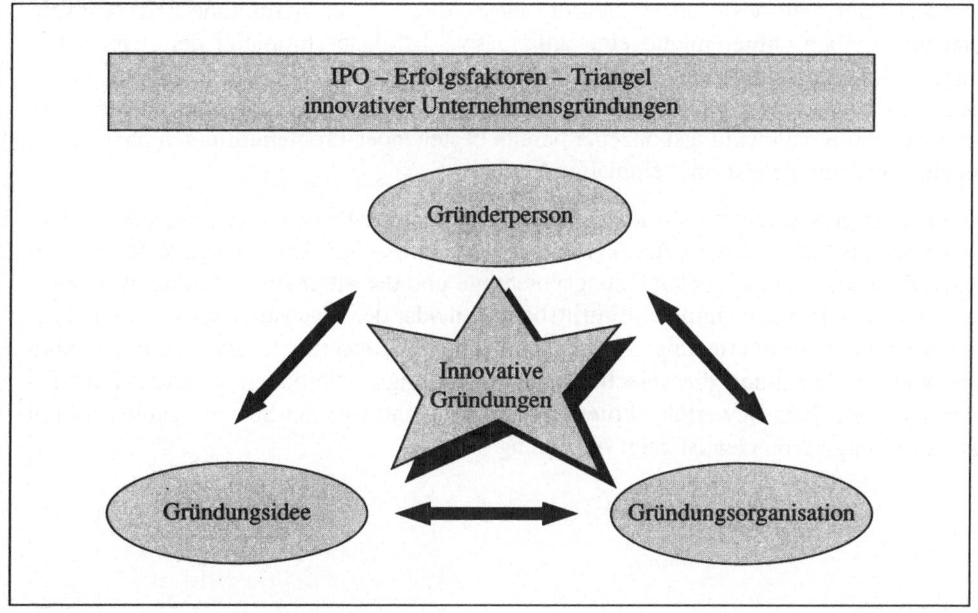

Abbildung 7: IPO – Erfolgsfaktorentriangel

Dieses Erfolgstriangel aus Idee, Person und Organisation (IPO) bildet daher, in Anlehnung an die Gesamtbetrachtung in Abbildung 2, die Grundlage für das weitere Bewertungsvorgehen.

6.2.1 Bewertung der innovativen Gründungsidee

Die innovative Idee ist zumeist der Auslöser für selbständige unternehmerische Aktivitäten. Jedoch können unterschiedlichste Charaktere die erfolgreiche Generierung innovativer Ideen betreiben, ohne jedoch zur Um- und Durchsetzung als Unternehmer befähigt zu sein.[26] Bereits hier ergibt sich ein Bewertungsproblem, daß die Ideenbewertung insbesondere dann beeinflussen kann, wenn das innovationsspezifische Know-How ausschließlich vom „Erfinder" eingebracht und umgesetzt werden kann.

Konzentriert man sich jedoch alleine auf die ökonomische Bewertung des Zusatznutzens, der durch das innovative Gedankengut erreicht werden soll, kann eine Ideenbewertung unter besonderer Berücksichtigung der marktlichen Gegebenheiten vorgenommen werden.

Problematisch wird eine Bewertung der Ideen-Markt-Verknüpfung dann, wenn die Produktbeschreibung den nutzenbringenden Innovationsanteil am Gesamtprodukt nicht transparent macht. Dadurch wird die Analyse angestrebter Marktsegmente, der spezifischen Konkurrenzsituation oder der potentiellen Nachfragerstruktur erheblich erschwert.

Berücksichtigt man desweiteren, daß die innovative Idee ex definitione Erstmaligkeitscharakter haben sollte, müßte eine antizipative Erfolgsbestimmung der marktlichen Tragfähigkeit ausschließlich auf Schätzungen basieren. Diesbezüglich konnte jedoch festgestellt werden, daß es sich gerade bei erfolgreichen innovativen Produktideen eher um neue Weiterentwicklungskonzepte bereits bestehender Problemlösungen handelt, als um eine tatsächliche erst- und einmalige Neuheit.[27]

Dennoch ist gerade die marktorientierte Bewertung neuer Produktideen mit solchen Unsicherheiten behaftet, daß nur die aufwendige und umfassende Analyse beispielsweise des Innovationsgrades, der Problemlösungspotentiale und der alternativen Problemlösungen, der Abnehmerstrukturen und der Eintrittsbarrieren oder der Wachstumsschwellen und der Weiterentwicklungsüberlegungen zur Eingrenzung des Bewertungsrisikos beitragen können. Welche Bedeutung die verschiedenen Bewertungsinstitutionen aufgrund ihrer Erfahrungen einzelnen Bewertungskriterien beimessen und welcher Schwierigkeitsgrad mit der Bewertung verbunden ist zeigt Abbildung 8.

---

26 Vgl. zur Umsetzungsproblematik auch die Ausführungen von Huber und Schneider in diesem Band.

27 Vgl. hierzu Picot/Laub/Schneider (1989), S. 132–144 und die Ausführungen von Schneider in diesem Band sowie Schneider Dietram (1988), S. 218–230.

Polaritätsprofil zur Bewertung der Gründungsidee

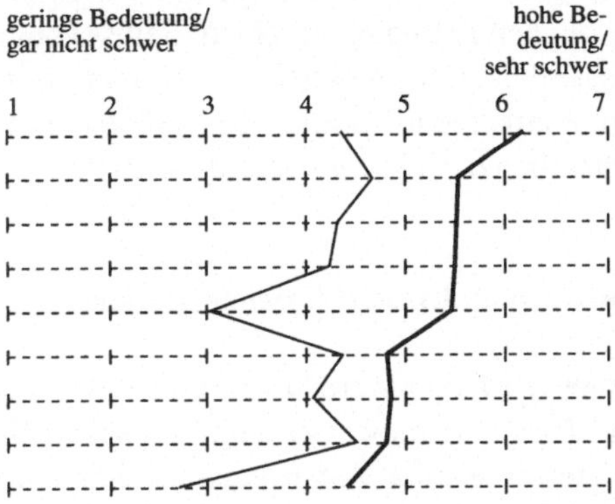

geringe Bedeutung/ gar nicht schwer — hohe Bedeutung/ sehr schwer (Skala 1 2 3 4 5 6 7)

	xBed.	Signifikanzniveau	xSchw.
Problemlösungspotentiale	6,03	0,0000	4,46
Alternative Problemlösungen	5,67	0,0043	4,75
Weiterentwicklungskonzepte	5,56	0,0014	4,43
Eintrittsbarrieren	5,50	0,0015	4,20
Abnehmerstruktur	5,50	0,0000	3,13
Imitationspotentiale	4,96	0,0360	4,40
Innovationsgrad	4,96	0,0170	4,07
Wachstumgsschwellen	4,86	0,2912	4,69
Ideenschutzmaßnahmen	4,44	0,0000	2,82

nges. = 30
xBed. = Mittelwerte der Bedeutungseinstufung
xSchw. = Mittelwerte der Schwierigkeitsgradbestimmung

Abbildung 8: Vergleichende Analyse von Bedeutung und Schwierigkeit verschiedener Kriterien zur Ideenbewertung

Der Vergleich von Bedeutung und Schwierigkeit der untersuchten Bewertungskriterien macht zum einen die insgesamt hohe Bedeutung aller Kriterien für den Bewertungsprozeß (alle Mittelwerte > 4,0) und zum anderen die offensichtlich enormen Schwierigkeiten der Informationsbeschaffung deutlich. Darauf läßt zumindest der hohe Durchschnittswert der Informationsbeschaffungsschwierigkeiten (4,04) schließen.

Hier nutzen auch die vielfach vorhandenen instrumentellen Stützen wie die Kosten-Nutzen-Analyse, Branchenanalyse, Konkurrenzanalyse oder andere Analyseformen wenig, wenn die notwendigen Informationen nur fragmentarisch oder gar nicht beschaffbar sind. Hinzu kommt aus Sicht der Institutionen der zumeist nur begrenzt mögliche zeitliche Aufwand der Informationsbeschaffung, der als Engpaßfaktor den Bewertungsprozeß erschwert.

Im einzelnen wird der Bedeutung der Nutzenpotentiale und dem Vergleich zu alternativen Problemlösungen (MW = 6,03 und 5,67) erste Präferenz eingeräumt. Ebenso wie die Existenz von Weiterentwicklungskonzepten (MW = 5,56) für die langfristige Erfolgssicherung im Rahmen einer Erfolgsprognose für wichtiger erachtet wurde, als die Bewertung von Imitationspotentialen (MW = 4,96), die Prüfung von Wachstumsschwellen (MW = 4,86) oder die Existenz von Schutzmaßnahmen (MW = 4,44).

Von seiten der Bewertungsschwierigkeit ist insbesondere die Erfassung alternativer Problemlösungen (MW = 4,75) und die Bestimmung von Wachstumsschwellen (MW = 4,69) aufgrund der schwierigen Informationsbeschaffung problematisch. Die marktgerechte

28 Zur Analyse instrumenteller Unterstützungsmöglichkeiten bei der Ideenbewertung, vgl. Laub (1989), S. 186–189.

Bewertung der innovativen Problemlösungspotentiale läßt sich ohne vergleichbare Erfahrungswerte aus ähnlichen Produktbereichen nicht verifizieren. Erst die Markteinführung wird über den tatsächlichen Erfolg entscheiden. Selbst vorab durchgeführte Marktanalysen können nur Aussagen über das mögliche, nicht aber das tatsächliche Kaufverhalten der Abnehmer treffen. Somit beeinflussen insbesondere die Erfahrungen der Bewerter und die Qualität der Recherchen das Ergebnis der Bewertung.

6.2.2 Bewertung des innovativen Unternehmensgründers

Der Person des Unternehmensgründers werden vielfältige Eigenschaften zugeschrieben.[29] Noch gegen Ende des 19. Jahrhunderts war er aufgrund seiner finanziellen Stärke derjenige, der über Arbeit, Boden und Kapital zu verfügen hatte und in seiner sozialen Rolle als verantwortungsbewußter Patriarch mit Pionierscharakter betrachtet wurde. Andere wie beispielsweise Schumpeter sahen im Unternehmer mehr den ständigen Erneuerer und Durchsetzer von innovativem Gedankengut. Wieder andere betonten das findige unternehmerische Element als besonderen Wesenszug, daß dadurch gekennzeichnet werden kann, daß der Unternehmer als Koordinator von Informationen fungiert, in dem ständigen Bemühen darum, Koordinationslücken in den Märkten zu entdecken und diese gewinnbringend zu verringern. Während nun in der Vergangenheit der Unternehmer überwiegend als Einzelgänger betrachtet wurde, existieren in der jüngeren Literatur, aufgrund der vielfältigen Anforderungen, bereits Ansätze eher ein Gründerteam als eine Einzelperson zu betrachten.[30]

In jedem Fall wird deutlich, daß es sich um ein breites Anforderungsprofil handelt, das nicht alleine aufgrund ökonomischer und quantitativ meßbarer Bewertungskriterien zu erfassen ist; d.h. bei der Personenbewertung, dem mitunter wichtigsten Erfolgsfaktor, sind Fähigkeiten zu erfassen, die nicht durch standardisierte Bewertung zu beurteilen sind, sondern durch intuitives Wahrnehmungsvermögen und durch Erfahrungswerte.

Diese Annahme findet ihre Bestätigung in der Beurteilung der Bedeutung und der Schwierigkeit der verschiedenen Bewertungskriterien durch die Vertreter der Bewertungsinstitutionen (vgl. Abbildung 9).

Der Vergleich der Ergebnisse verdeutlicht den Zusammenhang zwischen Bedeutung und Bewertungsschwierigkeiten einzelner Indikatoren. Bis auf die Teamfähigkeit trennen alle Ergebnisse signifikant.

Überwiegend persönliche/charakterliche Eigenschaften dominieren die Rangliste, während das vielfach zitierte Fachwissen – Branchenerfahrung ausgenommen – vergleichs-

---

29 Zu verschiedenen Unternehmertheoremen, vgl. Redlich (1964), S. 171–188 und Casson (1982), S. 364–383; zu einem entwicklungsgeschichtlichen Abriß, vgl. Schneider (1988), S. 57–111; zu einer Spezifizierung der österreichischen Schule, vgl. Reekie (1984), S. 27–122 und Leser (1986), S. 11–157.

30 Es liegen bereits empirische Untersuchungsergebnisse vor, die die spezifische Erfolgsentwicklung möglichst heterogen besetzter Gründerteams belegen können; vgl. hierzu Picot/Laub/Schneider (1989), S. 96–106.

weise geringe Bedeutung hat. Weniger beachtete Indikatoren wie Integrität (MW = 6,20), Führungsfähigkeit (MW = 5,90) oder auch Teamfähigkeit (MW = 5,20) sind für die Erfolgsbestimmung durch Fachleute von herausragender Bedeutung.

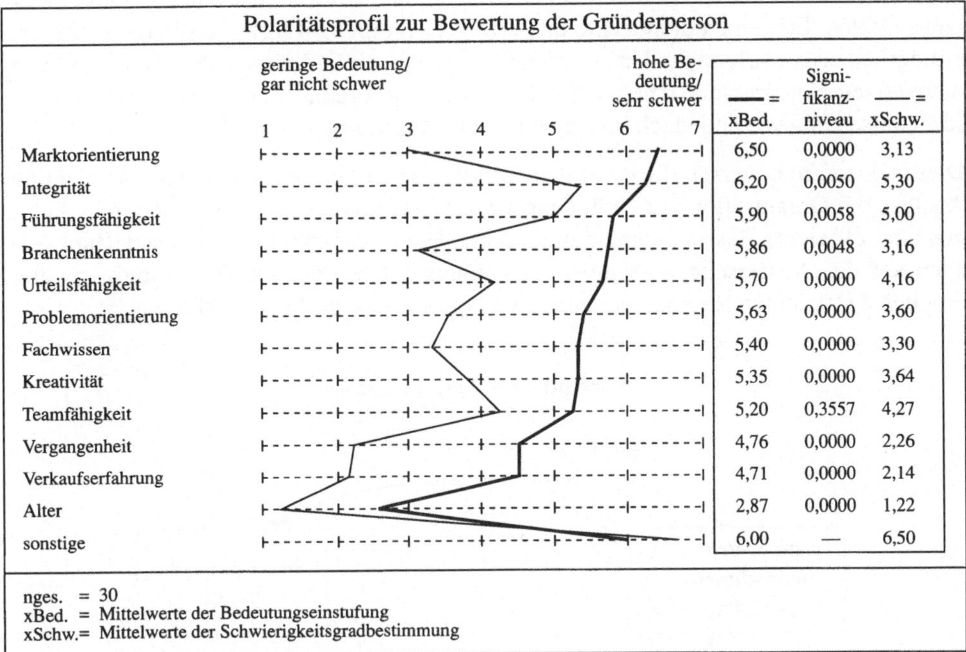

Abbildung 9: Vergleich von Bedeutung und Schwierigkeit verschiedener Kriterien zur Personenbewertung

Die Varianzen zur Einstufung der „Bedeutung“ der Bewertungskriterien waren wesentlich niedriger als bei der Einstufung der „Schwierigkeiten“, d.h. alle Befragten stimmten hinsichtlich der „Bedeutung“ der Kriterien überein, während hinsichtlich der Beurteilung der „Schwierigkeit“ sehr unterschiedliche Erfahrungen vorlagen.

Insgesamt besteht ein etwa gleichgerichteter Zusammenhang zwischen Bedeutung und Schwierigkeit der Bewertung. Ausnahmen bilden die Marktorientierung, die im Gespräch leichter erfaßt werden kann, aber sehr wichtig für den Gesamterfolg ist und die Teamfähigkeit, die etwas niedriger in der Bedeutung, aber verhältnismäßig schwierig in der Bewertung eingestuft wird.

Letztlich ergibt sich überwiegend ein „Subjektivitätsproblem“, das die Objektivität der Bewertung beeinflußt. Persönliche Erfahrungen der Bewerter und zwischenmenschliche Sympathien bzw. Antipahtien beeinflussen die Objektivität des Bewertungsergebnisses.

6.2.3 Bewertung der Organisation innovativer Unternehmensgründungen

Die Organisation innovativer Unternehmensgründungen betrifft die Einbindung unterschiedlichster Ressourcen von den Beschaffungs-, den Absatz-, den Finanz- und den Arbeitsmärkten. Erst eine durchdachte und erfolgreich durchgeführte Einbindungsstrategie, ermöglicht eine erfolgreiche Umsetzung der innovativen Gründungsidee. Der Bewertung innovativen unternehmerischen Verhaltens bei der organisatorischen Gestaltung der Ideenumsetzung wurde jedoch bislang zu wenig Beachtung geschenkt.[31]

Dies ist insofern unverständlich, als insbesondere eine ökonomische und marktorientierte Analyse der Organisation von Gründungsprozessen grundlegende und eindeutige Aussagen über effiziente Ressourceneinbindungsstrategien – sowohl auf der Beschaffungs- als auch auf der Absatzseite – erlauben. Abbildung 10 verdeutlicht die Grundzüge einer möglichst effizienten Ressourceneinbindung auf der Beschaffungsmarktseite.[32]

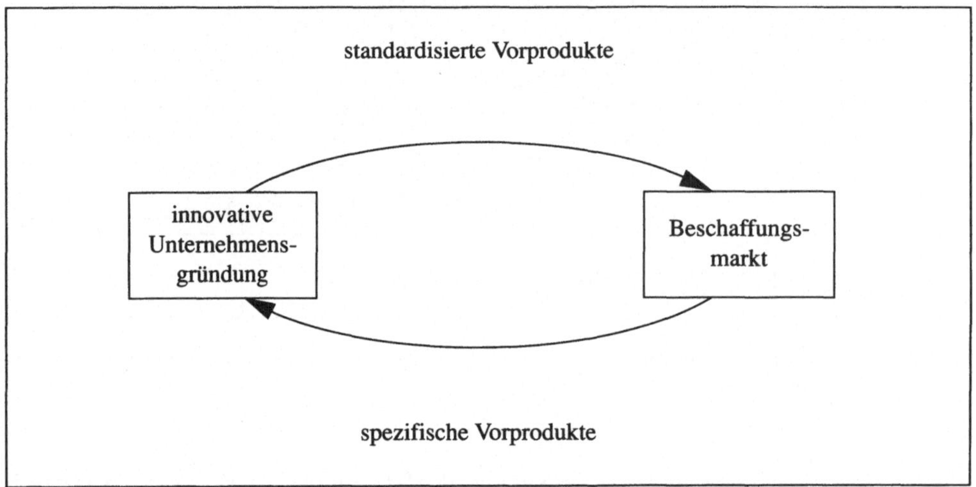

Abbildung 10: Beschaffungsmarktorientierte Ressourceneinbindungsstrategie

Gleiches gilt von der gedanklichen Grundstruktur auch für den Absatzmarkt, wie sich durch ein Teilergebnis der empirischen Untersuchung des Verhaltens innovativer Unternehmensgründer von Picot u.a. zeigen ließ, das den bereits theoretisch hergestellten Zusammenhang ökonomisch erfolgreicher Ressourceneinbindungsstrategien auch empirisch belegen konnte.

31 Zur ökonomisch-theoretischen Fundierung der Organisation innovativ-unternehmerischer Marktbeziehungen aus transaktionskostentheoretischer Sicht, vgl. Picot/Laub/Schneider (1989), S. 49–54 und S. 186–250.

32 Vgl. Picot/Laub/Schneider (1989), S. 236–254.

Bewegt man sich nun auf den Kontinuum zwischen einer unternehmensnahen Ressourceneinbindung einerseits und einer marktnahen Einbindung andererseits, kommt die tatsächliche Einbindungsnähe durch die Vertragsgestaltung zum Ausdruck; d.h. erfolgreiche innovative Unternehmensgründer werden personelle und produktorientierte Leistungen oder Teilleistungen, die mit hohem innovationsspezifischem Know-How ausgestattet sind, eher durch langfristige Verträge eng an das Unternehmen anbinden (Eigenfertigung), während mit abnehmender Know-How Spezifität tendenziell marktnähere Einbindungsformen gewählt werden (Fremdfertigung).

Aufbauend auf diesen Grundzusammenhängen empfiehlt sich gerade im organisatorischen Bereich die Konzeption einer standardisierten Produkt- und Vertragsanalyse als Bewertungshilfe. Dazu ist die innovative Problemlösung systematisch in Teilleistungen mit hohem und mit niedrigem Innovationsanteil zu zerlegen. Aufgrund dieser Detailanalyse können sodann die verschiedenen Einbindungsstrategien der Gründer (kurz-/langfristige Einbindung) hinsichtlich ihrer ökonomischen Effizienz untersucht werden. Als analytische Hilfsinstrumente könnten dabei standardisierte Bewertungsformulare herangezogen werden, die in ihrer Grundstruktur die folgenden Informationen liefern müßten (vgl. Abbildung 11).

		Bewertung des Innovationsanteils von Teilleistungen			
Bei niedrigem Innovationsanteil:	Fremdbezug	Teilleistungen	Innovationsanteil niedrig ... hoch 0 % 10 % 20 % 30 % 40 % 50 % 60 % 70 % 80 % 90 %	Bei hohem Innovationsanteil:	Eigenfertigung

Abbildung 11: Standardisiertes Bewertungsformular zur Effizienzbeurteilung ökonomischer Einbindungsstrategien

Von dieser Entscheidungsgrundlage ausgehend, war es wiederum Aufgabe der Bewerter Bedeutung bzw. Schwierigkeit der beschaffungs- und absatzmarktorientierten Ressourceneinbindungsanalyse zu beurteilen (vgl. Abbildung 12).

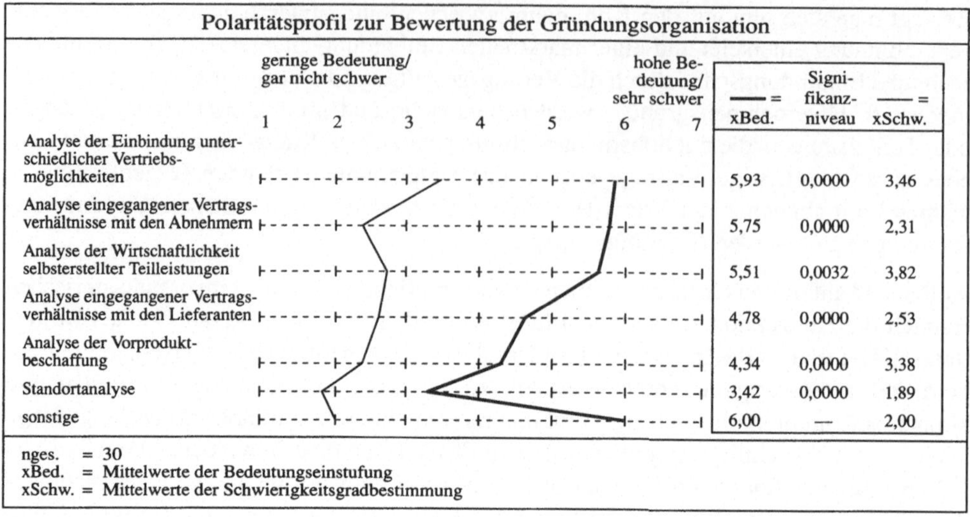

Abbildung 12: Vergleich der Bedeutung und Schwierigkeit von Kriterien zur Organisationsbewertung

Die insgesamt hohe Einstufung der Bedeutung der einzelnen Kriterien, mit einem durchschnittlichen Mittelwert von 5,1, zeigt, daß gerade auch die Berücksichtigung organisatorisch – marktlicher Zusammenhänge zur Bestimmung des Gesamterfolges wichtig und notwendig ist.

Dabei gilt das Bewertungsinteresse überwiegend der Organisation der Absatzmarktbeziehungen, sei es durch die Wahl geeigneter Vertriebsmöglichkeiten (internes Vertriebssystem, intern und extern kombiniertes Vertriebssystem (Handelsvertreter/Filialsystem) oder externes Vertriebssystem (OEM)) oder die Vertragsgestaltung mit den Abnehmern (lang-, mittel- oder kurzfristige Abnahmeverträge in mündlicher oder schriftlicher Form). Zur Stützung des Bewertungsprozesses sowie zur Prüfung eines möglichst günstigen Entscheidungsverhaltens, sind insbesondere die theoriegeleiteten Entscheidungshilfen zu Beginn dieses Abschnitts zu berücksichtigen.

Gleiches gilt für die Beschaffungsmarktseite, deren Bedeutung vergleichsweise gering eingestuft wird (MW = 4,78; 4,34). Dies mag damit zusammenhängen, daß die Vielfalt externer Beschaffungsmarktbeziehungen in der Gründungs- und Entstehungsphase zumeist noch sehr begrenzt ist. Dennoch können bereits hier Fehlentscheidungen getroffen werden, die zu einem späteren Zeitpunkt nur selten korrigiert werden, aber zu erheblichen ökonomischen Nachteilen in der Produkt- und Kostenpolitik führen können.

Mit einem Mittelwert von 6,0 wurden unter „sonstige“ neben der Notwendigkeit einer umfangreichen marktorientierten Produktanalyse vor allem auf die Berücksichtigung künftiger Personaleinbindungsstrategien sowie der innerorganisatorischen Ablaufgestaltung bei der Bewertung hingewiesen.

Die Schwierigkeiten der Bewertung werden mit einem durchschnittlichen Mittelwert von 2,65 deutlich geringer eingestuft, als bei der Gründungsidee (MW = 4,04) und der Gründerperson (MW = 3,43). Dies ist auf die günstigen Möglichkeiten der Informationsbeschaffung, die Stabilität der beschafften Informationen sowie die Existenz verwendbarer Vergleichsdaten und Erfahrungswerte zurückzuführen; d.h. Produkte und Verträge sind ebenso konkret vorhanden wie ökonomische Entscheidungsnormen die als Bewertungshilfe herangezogen werden können; d.h. eine Analyse der Produkteigenschaften hinsichtlich ihrer Innovationsspezifität ist ebenso möglich, wie die innovationsorientierte Bewertung von Verträgen hinsichtlich ihrer Einbindungstiefe. Desweiteren wird der Bewertungsvorgang dadurch vereinfacht, daß als hilfreiches Substitut für die fehlenden Erfahrungswerte bei der Personen und Ideenbewertung, bei der Organisationsbewertung ökonomisch fundierte Entscheidungshilfen herangezogen werden können.

Probleme hingegen ergeben sich bei der Wirtschaftlichkeitsanalyse der selbsterstellten Teilleistungen – häufig aufgrund des relativ hohen spezifischen Know-How Anteils – sowie bei der Bestimmung der günstigsten Vertriebsmöglichkeiten. Die Schwierigkeiten bei der Wirtschaftlichkeitsanalyse ergeben sich insbesondere bei einem zunehmend hohen spezifischen Know-How Anteil der zu bewertenden Teilleistung. Sie können zumeist besser von dem Gründer selbst gelöst werden, als durch den Bewerter. Daher ist es sinnvoll den Gründer durch einen intensiven Informationsaustausch in die Bewertungsentscheidung einzubinden. Schwierigkeiten bei der Wahl geeigneter Vertriebswege stehen nicht nur in unmittelbaren Zusammenhang mit den spezifischen Produkteigenschaften, sondern insbesondere auch mit dem marktlichen Erfolg, der bei innovativen Produkten a priori nicht genau zu bestimmen ist.

Insgesamt weist der Profilvergleich von Bedeutung und Schwierigkeiten der Bewertung eine für den gesamten Bewertungsprozeß günstige Struktur auf, wenn man das Verhältnis von Aussagewert (Bedeutung) und Zeitaufwand (Schwierigkeitsgrad) berücksichtigt. So wird beispielsweise der Vertragsanalyse auf der Abnehmerseite sehr hohe Bedeutung (MW = 5,75) beigemessen, während der Schwierigkeitsgrad äußerst niedrig eingestuft (MW = 2,31) wird; d.h. ein hoher Aussagewert bei geringem Zeitaufwand. Dadurch kommt nicht nur von theoretischer sondern auch von praktischer Seite der Einbindung organisatorisch – marktlicher Überlegungen in den Bewertungsprozeß besondere Bedeutung zu.

6.3 Grundraster im Überblick

Faßt man die einzelnen Ergebnisse zu einem Bewertungsleitfaden zusammen ergibt sich folgende Bewertungsstruktur (vgl. Abbildung 13).

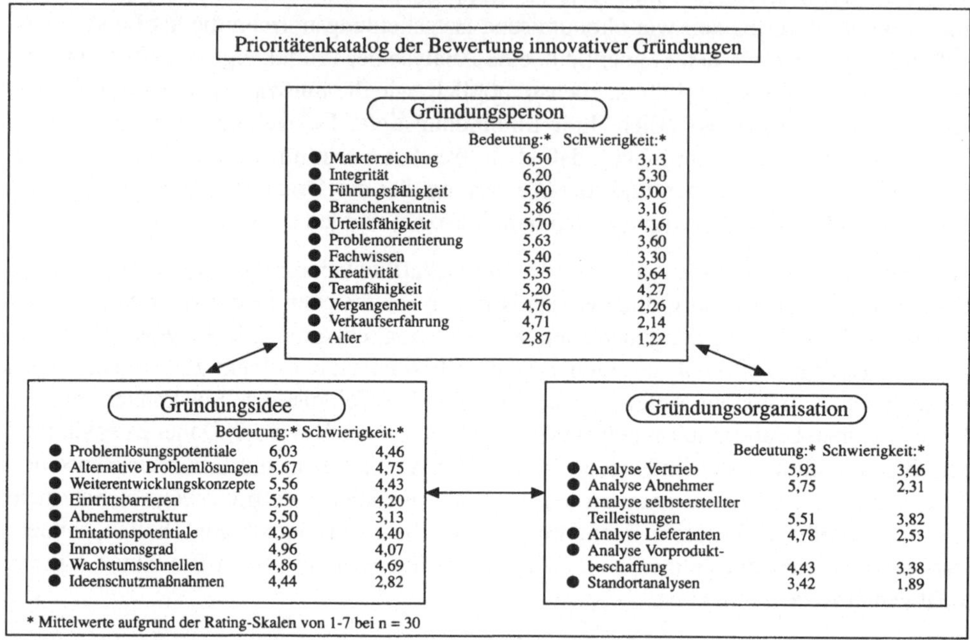

Abbildung 13: Gesamtkonzept zur qualitativen Bewertung innovativer Unternehmensgründungen

7. Fazit

Besinnt man sich der zugrundegelegten empirischen Fragestellungen, lassen sich diese aufgrund der empirischen Erkenntnisse zusammenfassend kurz beantworten:

(1) Obgleich es für die Bewertungsinstitutionen wünschenswert wäre, bereits heute über standardisierte Bewertungsverfahren zu verfügen, sind die bislang verwendeten Bewertungskonzepte auf interne Bewertungsleitfäden mit groben Chequelistencharakter beschränkt. Sinnvoll einsetzbare quantitative Bewertungsverfahren zur einfachen Ermittlung von Gegenwarts- oder Zukunftswerten innovativer Unternehmensgründungen existieren derzeit nicht. Dieses Defizit ist u.a. auf den zu geringen Erfahrungsaustausch zwischen den einzelnen Bewertungsinstitutionen zurückzuführen sowie auf die unzureichende Beschäftigung der empirischen Forschung mit diesem Themenbe-

reich. Daher sind die Bewertungsinstitutionen genötigt den Bewertungsprozeß auf die individuell vorhandenen Bewertungserfahrungen ihrer Bewerter zu stützen und hohe Unsicherheiten in Kauf zu nehmen.

(2) Zentrale Erfolgsfaktoren bei der Bewertung selbst, sind nicht überwiegend die Finanzierungsmöglichkeiten, wie häufig vermutet wird, sondern vor allem die tatsächlich zu erwartenden Marktpotentiale (Gründungsidee) und deren Abschätzungsmöglichkeiten, die unternehmerischen Fähigkeiten der Gründerperson oder des Gründerteams sowie die ökonomisch effiziente Gestaltung der Gründungsorganisation, vor allem hinsichtlich der künftigen Unternehmensentwicklung.

(3) Aufbauend auf dem IPO–Erfolgsfaktorentriangel, erlauben die umfangreichen Aussagen der Befragten den ersten Versuch zur Entwicklung eines standardisierten qualitativen Bewertungskonzeptes vorzunehmen, daß in konsolidierter Weise den Erfahrungshorizont hinsichtlich Bedeutung und Schwierigkeit der Bewertung einzelner Kriterien wiederspiegelt. Dadurch wird den Bewertungsinstitutionen ein qualitatives Kontrollinstrument geliefert, das sie in ihr bisher verwendetes Leitfadenkonzept integrieren können ebenso wie weniger erfahrenen Bewertern in kurzer Zeit ein Überblick über wesentliche Ansatzpunkte der Bewertung innovativer Gründungen gegeben werden kann.

(4) Schließlich ermöglichen die Ergebnisse auch für bestehende Unternehmen, die sich intern (F&E-Management) oder extern (spin-off-Management) mit dem Innovationsphänomen zu befassen haben, das Kennen, Können und Wollen ihrer Intrapreneurs zu prüfen. Es bleibt dabei jedoch zu berücksichtigen, das die Bewertung von Innovationspotentialen mit größten Problemen bzw. Risiken behaftet ist und daher dieser Beitrag gleichzeitig als „kritischer Filter“ bei der Lektüre der anderen Beiträge in diesem Band im Hinterkopf behalten werden sollte.

Literatur

BMFT (Hrsg.) (1987): Ratgeber Forschung und Technologie, Köln 1987.

Böhm, B. (1987): Förderung wird angenommen, in: Markt und Technik 50, 1987, S. 106 – 108.

Bretzke, W.R. (1975): Das Prognoseproblem bei der Unternehmensbewertung – Ansatz zu einer risikoorientierten Bewertung ganzer Unternehmungen auf der Grundlage modellgestützter Erfolgsprognosen, Schriftenreihe des Seminars für Allgemeine Betriebswirtschaftslehre und für Wirtschaftsprüfung der Universität Köln, Bd. 1, Düsseldorf 1975.

Brockhoff, K. (1972): Forschungsprojekte und Forschungsprogramme: ihre Bewertung und Auswahl, Wiesbaden 1972.

Brose, P. (1982): Planung, Bewertung und Kontrolle technologischer Innovationen, Berlin 1982.

Bühner, R. (1985): Strategie und Organisation, Wiesbaden 1985.

Busse von Colbe, W. (1957): Der Zukunftserfolg; Die Ermittlung des künftigen Unternehmenserfolgs und seine Bedeutung für die Bewertung von Industrieunternehmen, Wiesbaden 1975.

Casson, M. (1982): The Entrepreneur – An Economic Theory, Totawa – New Jersey 1982.

Dietz, J.B. (1989): Innovative Unternehmensgründungen, Wiesbaden 1989.

Engels, W. (1962): Betriebswirtschaftliche Bewertungslehre im Lichte der Entscheidungstheorie, Köln – Opladen 1962.

Fendel, A. (1987): Investmententscheidungsprozesse in Venture Capital-Unternehmungen – Darstellung und Möglichkeiten der instrumentellen Unterstützung, Köln 1987.

Gerybadze, A. (1985): Organizational Life Cycle of New Technology based firms, Cambridge 9/10.4.1985, Paper presented to the British-German-Symposium, Cambridge 1985.

Härtel; Langer (1984): Internationale Wettbewerbsfähigkeit und strukturelle Anpassungserfordernisse, Hamburg 1984.

Keil, G./Bachelier, R. (1986): Eine Zwischenbilanz des Modellversuchs des Bundesministers für Forschung und Technologie mit 12 Unternehmensbeispielen und Hinweisen für Interessenten, in: Fraunhofer Institut für Systemtechnik und Innovationsforschung (Hrsg.), Förderung technologieorientierter Unternehmensgründungen, Bonn 1986.

Klandt, H. (1984): Aktivität und Erfolg des Unternehmensgründers, eine empirische Analyse zur Einbeziehung des mikrosozialen Umfeldes, Bergisch Gladbach – Köln 1984.

Kolbe, K. (1959): Ermittlung von Gesamtwert und Geschäftswert der Unternehmung, Düsseldorf 1959.

Laub, U.D. (1989): Zur Bewertung innovativer Unternehmensgründungen im institutionellen Zusammenhang – Eine empirisch gestützte Analyse, München 1989.

Leser, N. (Hrsg.): Die Wiener Schule der Nationalökonomie, Graz – Wien 1986.

Mellerowicz, K. (1952): Der Wert der Unternehmung als Ganzes, Essen 1952.

Miller, D./Friesen, P.H. (1984): A Longitudinal Study of the Corporate Life Cycle, in: Management Science, Vol. 30, Nr. 10, 1984.

Moxter, A. (1978): über „Subjektivität" und „Objektivität" von Unternehmensbewertungen, in: Wirtschaftswissenschaftliches Studium 10, 1978, S. 483–486.

Moxter, A. (1983): Grundsätze ordnungsgemäßer Unternehmensbewertung, 2. Aufl., Wiesbaden 1983.

Münstermann, H. (1966): Wert und Bewertung der Unternehmung, Wiesbaden 1966.

Peemöller, V. M. (1984): Aufgaben und Anlässe der Unternehmensbewertung, in: Peemöller, V.M. (Hrsg.), Handbuch der Unternehmensbewertung, Allgemeiner Teil I, Landsberg/Lech 1984, S. 1 – 7.

Pfeiffer, W./Bischof, P. (1981): Produktlebenszyklen – Instrument jeder strategischen Produktplanung, in: Steinmann, H. (Hrsg.), Planung und Kontrolle – Probleme der strategischen Unternehmensführung, München 1981, S. 133 – 165.

Picot, A. (1977): Betriebswirtschaftliche Umweltbeziehungen und Umweltinformationen – Grundlagen einer erweiterten Erfolgsanalyse, Berlin 1977.

Picot, A. (1985): Transaktionskosten, in: Die Betriebswirtschaft 45, 1985, S. 224 – 225.
Picot, A./Laub, U.D./Schneider, D. (1989): Innovative Unternehmensgründungen – Eine ökonomisch-empirische Analyse, Heidelberg – New York – Tokio 1989.
Porter, M. E. (1983): Wettbewerbsstrategie, Frankfurt a.M. 1983.
Pratt, Sh. P. (1981): Valuing a Business, The Analysis and Appraisal of Closely Held Companies, Homewood/Illinois 1981.
Pratt, S. (1981): Guide to Venture Capital Sources, How to raise Venture Capital, 5th Ed., Wellesley Hills 1981.
Räbel, D. (1986): Venture Capital als Instrument der Innovationsfinanzierung, Eine kritische Analyse unter besonderer Berücksichtigung des Projektbewertungsproblems, Köln 1986.
Redlich, F. (1964): Der Unternehmer – Wirtschafts- und Sozialgeschichtliche Studien, Göttingen 1964.
Reekie, D. (1984): Markets, Entrepreneurs and Liberty, An Austrian View of Capitalism, Brighton 1984.
Schneider, D. (1988): Zur Entstehung innovativer Unternehmen – Eine ökonomisch-theoretische Perspektive, München 1988.
Sieben, G./Schildbach, Th. (1979): Zum Stand der Entwicklung der Lehre von Bewertung ganzer Unternehmen, in: Deutsches Steuerrecht (DStrR) 17, 1979, S. 455 – 462.
Wälchli, H. (1975): Investition ohne Risiko – Analyse des Risikos und seine Verminderung –, Zürich 1975.
Wrede, Th. (1987): Venture-Capital, Das US-amerikanische Modell und seine Umsetzung in der Bundesrepublik Deutschland, Köln 1987.

Zweites Kapitel

Organisation und Koordination

Dietram Schneider und Carmen Zieringer

Interorganisatorisches F&E-Management und F&E-Integration als Herausforderungen innovativen Unternehmertums: F&E zwischen E&F

1. Einführung

2. Unternehmertum und die Organisation von F&E-Aktivitäten

3. Vom intraorganisatorischen zum interorganisatorischen F&E-Management

4. Forschung und Entwicklung zwischen Eigenfertigung und Fremdbezug: F&E zwischen E&F

5. E oder F von F&E? – Integration oder Disintegration von F&E?
   5.1 Unternehmensspezifität und die Organisation von F&E
   5.2 Unsicherheit und die Organistion von F&E
   5.3 Häufigkeit und die Organisation von F&E
   5.4 Rechtliche und technologische Rahmenbedingungen und die Organisation von F&E

6. Ausblick

Literatur

1. Einführung

Neben der intuitiven und quasi am Zufall orientierten Gewinnung innovativer unternehmerischer Ideen, woraus ökonomisch tragfähige Innovationen entstehen können, bildet heute die organisierte Forschung und Entwicklung (F&E) die Haupttriebfeder der Generierung innovativer unternehmerischer Ideen. Damit kommt innovativem Unternehmertum nicht nur für die Entwicklung neuer und im dynamischen Wettbewerb verwertbarer Ideen und deren Durchsetzung im Sinne von Schumpeter Bedeutung zu. Vielmehr muß innovatives Unternehmertum heute Forschung und Entwicklung im und und besonders auch zwischen Unternehmen effizient organisieren. In einem auf Arbeitsteilung basierenden ökonomischen System gilt dieses Organisationsprimat um so mehr, als grundlegende (Basis-) Innovationen und innovative Fort- und Weiterentwicklungen in besonders hohem Ausmaß von großen Organisationseinheiten mit mehr oder minder großen F&E-Kapazitäten hervorgebracht werden. Und dieses Organisationsprimat gilt auch um so mehr, als eine Gesellschaft die schon beim Klassiker Adam Smith beschriebenen ökonomischen Vorteile der Arbeitsteilung auch im F&E-Bereich nutzen möchte. Der singuläre Pionierunternehmer scheint unter dieser Entwicklung trotz der vielbeachteten Welle innovativer und technologieorienterter Unternehmensgründungen[1] immer mehr in den Hintergrund zu treten.

In dieser Hinsicht stellt dieser Beitrag zunächst die Bedeutung innovativen Unternehmertums für die Organisation unternehmerischer F&E-Aktivitäten dar (Kapitel 2) und verdeutlicht die Relevanz eines interorganisatorischen F&E-Managements (Kapitel 3). Die Entwicklung eines interorganisatorischen F&E-Managements ist bislang aufgrund der intraorganisatorisch orientierten Dominanz der einschlägigen F&E-Literatur stiefmütterlich behandelt worden.[2] In Anlehnung an die organisationstheoretische Auffassung des Transaktionskostenansatzes[3], der neben der unternehmensinternen Organisation besonders auch die zwischenbetriebliche Organisation von unternehmerischen Aktivitäten untersucht, wird daher ein organisationstheoretischer Rahmen für das F&E-Management aufgespannt. Er reicht von der Eigenfertigung (make) bis zum Fremdbezug (buy) von F&E-Leistungen (Kapitel 4). Anschließend stellt sich die Frage nach den Einflußkriterien, die bei der Alternativenauswahl (E bzw. Eigenfertigung oder F bzw. Fremdbezug) zu berücksichtigen sind (Kapitel 5). In diesem Zusammenhang werden die Vor- und Nachteile der verschiedenen Organisationsformen diskutiert.

---

1 Vgl. z.B. Hunsdiek (1987); Schneider (1988); Picot, Laub u. Schneider (1989).

2 Zu einer Ausnahme vgl. insbesondere auch den Beitrag von Gerybadze in diesem Band.

3 Zur Transaktionskostentheorie vgl. insbesondere Coase (1937); Williamson (1975); im deutschsprachigen Raum besonders Picot (1982); Michaelis (1985).

2. Unternehmertum und die Organisation von F&E-Aktivitäten

Während Schumpeter in seiner Unternehmerkonzeption die Bedeutung eines auf sich allein gestellten Pionierunternehmers hervorhebt, der eine Volkswirtschaft durch schöpferische Zerstörung von eingefahrenen Bahnen (Gleichgewichten) voranbringt,[4] wird heute zunehmend die koordinierende Funktion des Unternehmers betont.[5] Danach koordinieren findige Unternehmer die Tausch- bzw. Transaktionsprozesse in einer arbeitsteilig organisierten Gesellschaft. Sie lenken in und zwischen Unternehmen Ressourcen in günstige und völlig neuartige Verwendungsarten, realisieren neue Ressourcenkombinationen, führen zwischen den Beteiligten neue Transaktionsgleichgewichte herbei und ordnen Menschen und Organisationen neue Aktivitätsbündel zu. Sie reorganisieren ständig die gesellschaftliche Arbeitsteilung.[6] Als Lohn erhalten sie eine Koordinationsrente – Arbitragegewinne, die aus der Überlegenheit von neuen Ressourcenkombinationen und der effizienteren Organisation der gesellschaftlichen Arbeitsteilung resultieren.

Ein F&E-orientiertes Organisationsmanagement kann daher nicht darauf beschränkt bleiben, allein für die unternehmensinterne Organisation von F&E-Aktivitäten Sorge zu tragen (z.B. Schaffung einer innovationsfreundlichen Organisationsstruktur und schöpferischer Freiräume im Unternehmen). Existiert beispielsweise auf den Beschaffungsmärkten für F&E-Leistungen ein Angebot, das im eigenen Unternehmen nutzbringend verwertet werden könnte, so sind Überlegungen darüber anzustellen, ob in diese Richtung noch selbst F&E-Aktivitäten unternommen werden sollen (Eigenfertigung) oder ob von Fremdbezug Gebrauch gemacht werden soll. Bei Fremdbezug stellt sich schließlich die Frage, in welcher organisatorisch-rechtlichen Ausgestaltung von außen F&E-Leistungen bereitgestellt werden können (z.B. Lizenzerwerb, langfristiger F&E-Vertrag). Auch wenn F&E-Leistungen noch nicht existieren, sondern erst noch generiert werden müssen, stellt sich die Frage nach ihrer arbeitsteiligen Organisation bzw. der Zuordnung der einzelnen Bündel von F&E-Aktivitäten zu verschiedenen Aufgabenträgern. Auch in diesem Fall hat koordinierendes Unternehmertum zu entscheiden, ob die einzelnen Aktivitäten intern (Eigenfertigung) oder extern (Fremdbezug) zu bewerkstelligen sind, und wie der Fremdbezug gegebenenfalls möglichst effizient organisiert werden kann (z.B. F&E-Kooperation).

Aus dieser Argumentation wird die zentrale Bedeutung koordinierenden Unternehmertums für die arbeitsteilige Organisation von F&E-Aktivitäten in einer wettbewerbsorientierten Gesellschaft offensichtlich. Darüber hinaus unterliegen Bereitstellungsformen für F&E-Leistungen in einer Wettbewerbsgesellschaft aus Effizienzgründen einer ständigen

---

4 Vgl. Schumpeter (1961), S. 79 – 117.

5 Vgl. z.B. Kirzner (1978); Albach (1979); Wegehenkel (1980); Schneider (1988), S. 37 – 110.

6 Dies geschieht z.B. auch im Rahmen sogenannter make-or-buy-, mergers-and-acquisitions- sowie Joint-Ventures-Aktivitäten wie sie von Laub, Baur und Gerybadze in diesem Band beschrieben werden.

Veränderungsdynamik. In Abhängigkeit unterschiedlicher Einflußgrößen[7], die den ständigen Wandel von Organisationsformen auslösen, werden F&E-Aktivitäten im Laufe der Zeit ständig restrukturiert. Unternehmen, die ihrerseits in einem komplexen Netz horizontaler und vertikaler Transaktionsbeziehungen eingebettet sind, integrieren und disintegrieren F&E-Aktivitäten unter Beachtung verschiedener Effizienzkriterien. Die Organisation von F&E in einer Gesellschaft unterliegt damit einer andauernden und von findigen Unternehmern induzierten Evolution.[8]

Um in diesem Evolutionsprozeß eine koordinierende Funktion übernehmen und im rivalisierenden Wettbewerb bestehen zu können, müssen findige Unternehmer ein ausgeprägtes Informationsmanagement unterhalten. Erfolgreiches Unternehmertum im F&E-Bereich von Unternehmen besteht unter diesem Blickwinkel vor allem darin, im dynamischen Wettbewerb gegenüber Konkurrenten einerseits Informationsvorteile hinsichtlich des Angebots von ökonomisch verwertbaren F&E-Leistungen zu gewinnen (z.B. neue und markttragfähige Technologien, Patente, Lizenzen) und andererseits Organisationsvorteile hinsichtlich der Bereitstellungswege und Organisationsformen für F&E-Leistungen aufzuspüren und zu nutzen. Besonders der letzte Aspekt steht im Mittelpunkt dieses Beitrags: Es geht um (1) die Entwicklung einer erhöhten Sensibilität für ein weites Kontinuum unterschiedlicher Organisationsformen für F&E und (2) die Diskussion von organisationsformspezifischen Vor- und Nachteilen unter Beachtung verschiedener effizienzbestimmender Einflußkriterien.

3. Vom intraorganisatorischen zum interorganisatorischen F&E-Management

Die Organisation von Forschungs- und Entwicklungsaktivitäten in Unternehmen steht im Mittelpunkt zahlreicher Literatur.[9] Konvergiert damit der Wert eines zusätzlichen Beitrags über dieses Thema zwangsläufig gegen Null? Die Verfasser glauben nein – denn meist wird in der Literatur nur das F&E-Management in Unternehmen behandelt. Es wird beschrieben, wie F&E im Unternehmen effizient organisiert und betrieben werden kann. Verschiedenste Ergebnisse entsprechender empirischer Untersuchungen werden dabei zusätzlich präsentiert. Ebenso fehlt es nicht an Berichten über praktische Erfahrungen mit verschiedenen intraorganisatorischen Organisationsformen. Die Darstellungen bleiben jedoch fast immer auf den unternehmensinternen Rahmen bzw. das intraorganisatorische

---

7 In Abschnitt 5 wird ein System solcher Einflußgrößen in Anlehnung an die sogenannte Transaktionskostentheorie aufgespannt.

8 Vgl. hierzu auch den evolutionstheoretischen Beitrag von Schneider in diesem Band.

9 Vgl. z.B. Mansfield u. Rapoport (1971); Pfeiffer u. Staudt (1974); Kern u. Schröder (1977), (1980); Lee u. Fisher (1986); Goldberg (1986).

F&E-Management beschränkt. Das Kontinuum zwischen den organisationstheoretischen Extrempunkten Eigenfertigung und Fremdbezug wird nur zur Hälfte aufgespannt, da man sich überwiegend auf die Eigenfertigung (make) von F&E-Leistungen und die hierfür wählbaren unternehmensinternen organisatorischen Strukturen konzentriert und den Fremdbezugsaspekt (buy) kaum berücksichtigt.

Eine zentrale Zielsetzung dieses Beitrags liegt daher darin, dem deutlichen Übergewicht der Literatur über das intraorganisatorische F&E-Management durch die Besinnung auf interorganisatorische Organisationsformen für F&E eine erweiterte und ganzheitliche Perspektive aufzuzeigen. Danach sind F&E-Aktivitäten auch über Unternehmensgrenzen hinweg organisierbar. Den Organisationsformen für F&E wird damit ein weites Spektrum von Ausgestaltungsalternativen eröffnet. Es reicht von Eigenfertigung (intraorganisatorische F&E) über die Kooperation bis zum Fremdbezug (interorganisatorische F&E) von F&E-Leistungen.

Eine solche Perspektive trägt auch einer Organisationsauffassung Rechnung, die nicht nur – wie z.B. die Vertreter des Situativen Ansatzes der Organisationsforschung[10] – den unternehmensinternen, sondern auch den zwischenbetrieblichen Organisationsrahmen im Blickfeld behält. Eine solche Untersuchungsperspektive zählt auch die Integration bzw. Disintegration von F&E-Aktivitäten in bzw. aus Unternehmen zu ihrem Gegenstandsbereich.

4. Forschung und Entwicklung zwischen Eigenfertigung und Fremdbezug: F&E zwischen E&F

Eigenfertigung (make) und Fremdbezung (buy) bilden lediglich die Extrempunkte eines Kontinuums verschiedener Organisationsformen für F&E. Durch die unterschiedlichen Organisationsformen kommt der vertikale Integrationsgrad zwischen Unternehmen zum Ausdruck. Zur Verdeutlichung kann man die Wertkette, die beispielsweise eine Leistung bis zur endgültigen Marktreife durchläuft, in vertikal angeordnete Produktionsstufen unterteilen. Wird dann eine Vorleistung, die früher selbst erstellt wurde (Eigenfertigung bzw. E), zukünftig vom Beschaffungsmarkt bezogen (Fremdbezug bzw. F), sinkt der vertikale Integrationsgrad. Wird dagegen eine Vorleistung, die früher am Beschaffungsmarkt bezogen wurde, zukünftig selbst erstellt, erhöht sich der vertikale Integrationsgrad.[11]

10 Vgl. z.B. Pugh et al (1968); Kieser u. Kubicek (1983); zu einer Kritik des Situativen Ansatzes, die an der ausschließlichen unternehmensinternen Orientierung ansetzt, vgl. Michaelis (1985).

11 Vgl. z.B. Schneider (1989), S. 154; sowie aus einer evolutionsorientierten Perspektive den Beitrag von Schneider und aus der Sicht eines Automobilunternehmens Baur in diesem Band.

In Analogie hierzu kann man auch von Veränderungen des „quasi-vertikalen Integrationsgrades" sprechen. So liegt beispielsweise ein hoher quasi-vertikaler Integrationsgrad vor, wenn zwar keine Eigenfertigung besteht, aber durch eine enge organisatorisch-rechtliche Einbindungsform (z.B. langfristiger F&E-Rahmen- oder Kooperationsvertrag) von einer „eigenfertigungsnahen" Organisationsform Gebrauch gemacht wird. Wird dagegen am Beschaffungsmarkt für F&E-Leistungen lediglich kurzfristig eine Lizenz erworben, ist die organisatorisch-rechtliche Einbindung der Vertragspartner relativ gering. Der quasi-vertikale Integrationsgrad ist niedrig.

Eine Entscheidung über die geeignete Organisationsform und den (quasi-) vertikalen Integrationsgrad ist grundsätzlich für jede singuläre F&E-Leistung des Unternehmens zu treffen. So ist nicht nur zu entscheiden, ob F&E prinzipiell selbst durchgeführt (Eigenfertigung) oder extern vergeben werden soll (Fremdbezug). Es ist auch zu entscheiden, ob bestimmte F&E-Teilleistungen extern oder intern bereitzustellen sind und welche organisatorisch-rechtliche Einbindungsform bei Fremdbezug zur Anwendung kommen soll.

Vor diesem organisationstheoretischen Hintergrund, der sowohl intraorganisatorische als auch interorganisatorische Organisationsformen einschließt, wird in Abbildung 1 ein Kontinuum verschiedener Ausgestaltungsformen für die Organisation von F&E dargestellt.[12]

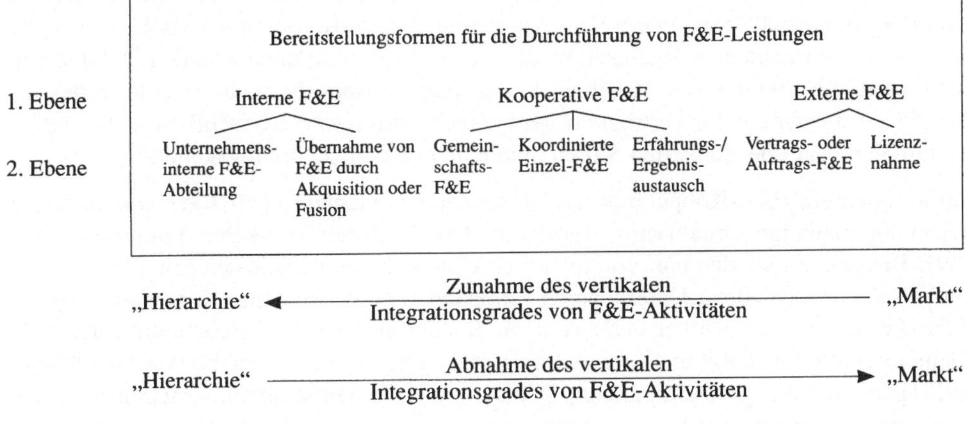

Abbildung 1: Bereitstellungsformen für F&E

12 Zu einem ähnlichen Kontinuum vgl. Baur in diesem Band. Auf eine explizite Einbeziehung von F&E-Joint-Ventures wurde an dieser Stelle verzichtet; vgl. hierzu die ausführlichen Darstellungen im Beitrag von Gerybadze.

Eigenfertigung von F&E

Die interne F&E setzt den Aufbau eigener F&E-Kapazitäten voraus. Der organisatorisch-rechtliche Einbindungsgrad der F&E-Ressourcen in die Unternehmung und der hierarchische Durchgriff auf diese ist am stärksten ausgeprägt. Die organisatorische Gestaltung interner F&E ist der Hauptansatzpunkt des traditionellen F&E-Managements. Hier stehen vor allem die interne Organisation von F&E-Abteilungen (sogenannte intrasystemare Strukturierung der F&E) und die organisatorische Eingliederung der F&E-Abteilung in die Gesamtunternehmung im Vordergrund.[13] In der Bundesrepublik Deutschland ist die interne F&E mit einem Anteil von über 90% an den Gesamtausgaben für F&E vorherrschend.[14] Die interorganisatorische Arbeitsteilung im F&E-Bereich ist heute offensichtlich noch sehr gering.

Kooperative F&E

Die F&E-Kooperation stellt eine Mischform der internen und externen F&E-Bereitstellung dar, „... da jedes Unternehmen im Rahmen einer F&E-Kooperation sowohl interne F&E durchführt als auch in gewisser Weise externe F&E in Anspruch nimmt."[15] Die verschiedenen Formen der F&E-Kooperation – Erfahrungs- und Ergebnisaustausch, koordinierte Einzel-F&E und Gemeinschafts-F&E – werden meist anhand des Kriteriums „Bindungsintensität" bzw. Intensität des vertikalen Integrationsgrades zwischen zwei oder mehreren Unternehmen (Organisationen) in einer Wertkette unterschieden.[16] Allgemein stellt dazu z.B. Baur fest: „Vertikale Kooperationsformen bezeichnen eine mittel- bis langfristig ausgerichtete, vertraglich geregelte Zusammenarbeit rechtlich selbständiger Unternehmen auf benachbarten Stufen innerhalb der Wertschöpfungskette".[17]

Im Rahmen der F&E-Kooperation ist die sogenannte Gemeinschaftsforschung und -entwicklung diejenige Organisationsform mit dem höchsten vertikalen Integrationsgrad. F&E-Ressourcen werden hier von mehreren Unternehmen gemeinsam erworben und genutzt; oder verschiedene Unternehmen schließen sich zusammen, um gemeinschaftlich F&E-Leistungen zu erwerben und zu nutzen. Bei den zahlreichen Erscheinungsformen der Gemeinschaftsforschung und -entwicklung (z.B. gemeinsame Vergabe von Forschungsaufträgen, Forschungsvereinigungen, Gründung von Gemeinschaftsunternehmen, die sich wiederum durch verschiedene Bindungsintensitäten bzw. vertikale Integrationsgrade unterscheiden) steht stets die kooperative Absicht, die gemeinschaftliche Nutzung von F&E-Ressourcenpools, die langfristige Bindung und meist auch der gemeinschaftliche Erwerb von Schutzrechten im Vordergrund.

---

13 Vgl. z.B. Kern u. Schröder (1980), Sp. 709 ff.

14 Vgl. hierzu Bundesminister für Forschung und Technologie (1988), S. 375.

15 Schneider u. Zieringer (1990), S. 64.

16 Vgl. z.B. Benisch (1969), S. 84; Machunsky (1985), S. 5.

17 Baur (1990), S. 101.

Bei der koordinierten Einzelforschung liegt ein niedrigerer vertikaler Integrationsgrad vor, da sich die beteiligten Unternehmen lediglich in abgestimmter Form mit der Absicht auf bestimmte Forschungsgebiete spezialisieren, die einzelnen F&E-Ergebnisse zusammenzuführen bzw. gegenseitig auszutauschen.[18] Jeder Partner erwirbt und nutzt seine eigenen F&E-Ressourcen. Ein organisatorisch-rechtlicher Durchgriff auf die F&E-Ressourcen der Partner ist bei dieser Organisationsform grundsätzlich nicht vorgesehen.

Beim Erfahrungs- und Ergebnisaustausch ist die Bindungsintensität am geringsten. Oft hat er lediglich informellen, kurzfristigen und „lockeren" Charakter und tritt nur im Zuge von Arbeitskreisen auf, deren Mitglieder häufig wechseln und nur sporadisch Anwesenheit zeigen.[19]

Fremdbezug von F&E

Der Fremdbezug von F&E-Leistungen stellt die Bereitstellungsform mit dem geringsten vertikalen Integrationsgrad dar. Bei externer F&E wird die Erstellung von F&E-Leistungen ausgelagert bzw. von außen auf dem Beschaffungsmarkt für F&E-Leistungen bezogen. Dies kann für einzelne oder auch für sämtliche F&E-Leistungen gelten, die ein Unternehmen benötigt. Die Vertrags- oder Auftragsforschung und -entwicklung und die Lizenznahme stellen die zwei grundsätzlichen Alternativen der externen Bereitstellung von F&E-Leistungen dar.

Im Rahmen der Vertrags- oder Auftrags-F&E vergibt ein Unternehmen F&E-Aufträge an Dritte, die im Zuge eines Dienstvertrages das vereinbarte F&E-Projekt gegen Vergütung übernehmen und die erforschten und entwickelten Erkenntnisse an den Auftraggeber übergeben.[20] Gewerbliche Unternehmen (z.B. Ingenieurbüros) sowie öffentliche und private Institutionen (z.B. Fraunhofer-Institute, Hochschulen, Battelle-Institut) kommen dabei als Auftragnehmer in Frage. Die Komplexität und der oft auftraggeberspezifische Zuschnitt der F&E-Projekte macht es meist erforderlich, daß zwischen Auftraggeber und Auftragnehmer häufig Abstimmungsgespräche stattfinden müssen, in denen z.B. das weitere Vorgehen eingehend beraten wird oder Leistungsspezifitäten neu angepaßt werden.

Bei der Lizenznahme ist der vertikale Integrationsgrad noch geringer als bei der Auftrags-F&E. Im Gegensatz zur Auftrags-F&E kann z.B. der Käufer (Auftraggeber) in den eigentlichen F&E-Prozeß nicht mehr eingreifen; die F&E-Leistung liegt in „verkaufsfertiger Form" bereits vor. Das Unternehmen informiert sich über die auf dem Beschaffungsmarkt erwerbbaren F&E-Lizenzen, die Bedingungen, unter denen sie erworben werden können und kauft schließlich die Lizenz (oder auch nicht).

---

18 Vgl. z.B. Machunsky (1985), S. 6 f.; Bartenbach (1985), S. 8.

19 Vgl. z.B. Machunsky (1985), S. 6 f.; ferner v. Hippel (1987). Allerdings können die Erfahrungs- und Ergebnisaustausche auch formell institutionalisiert sein und zu „Pflichtübungen" der Mitglieder gehören; die Bindungsintensität wird dadurch erhöht.

20 Vgl. z.B. Zenz (1980), S. 105; Brockhoff (1984), S. 163.

5. E oder F von F&E? – Integration oder Disintegration von F&E?

Neben der Systematisierung von Organisationsalternativen zwischen Eigenfertigung und Fremdbezug liefert eine Orientierung an der Transaktionskostentheorie auch für die Strukturierung des Alternativenauswahlprozesses – die Entscheidung über die gesellschaftliche Arbeitsteilung im F&E-Prozeß – einen fruchtbaren ökonomischen Analyserahmen. Er beruht auf einem System von Einflußgrößen:[21] Danach steigt die Notwendigkeit der vertikalen Integration von F&E-Aktivitäten mit zunehmender

Unternehmensspezifität und
Unsicherheit.

Als weitere Einflußgrößen werden die

Häufigkeit der F&E-Aktivitäten und
technologische und rechtliche Rahmenbedingungen

genannt.

Anhand dieser Einflußkriterien werden auf der Ebene der internen, externen und kooperativen F&E-Organisation die Vor- und Nachteile der verschiedenen Organisationsformen kurz diskutiert.[22]

5.1. Unternehmensspezifität und die Organisation von F&E

Gründe für E bzw. Integration von F&E

Je unternehmensspezifischer die vom Auftraggeber gewünschte F&E-Leistung, desto mehr werden auch spezifische und nur für einen sehr eingeschränkten Anwendungsbereich verwendbare Investitionen geleistet. Mit zunehmender Spezifität wird die Anzahl potentieller Transaktions- bzw. Marktpartner für die F&E-Leistung zunehmend eingeschränkt. Würde sich ein bestimmter Partner für die spezifische F&E-Leistung finden lassen, würde sich sowohl der Auftragnehmer als auch der Auftraggeber in starke Abhängigkeit begeben. Wird beispielsweise der Auftraggeber zahlungsunfähig oder verhält

---

21 Vgl. hierzu und zu anderen transaktionskostentheoretischen Systematisierungsansätzen z.B. Picot (1982); Baur (1990) sowie Baur in diesem Band.

22 In diesem Beitrag können nur ausgewählte Argumentationen vorgestellt werden. Zu einer tiefergehenden und transaktionskostentheoretisch fundierten Analyse der Vor- und Nachteile der einzelnen Organisationsformen für F&E vgl. Schneider u. Zieringer (1990).

er sich opportunistisch (nutzt z.B. die Abhängigkeit des Auftragnehmers aus, indem er den Kaufpreis reduziert oder ständig Preis- und Qualitätszugeständnisse verlangt), kann der Auftragnehmer die F&E-Leistung wegen des spezifischen Zuschnitts auf den Auftraggeber nicht mehr anderweitig verwerten, so daß er sich zwangsläufig „auspressen“ lassen muß. Denn der Wert seiner transaktionsspezifischen F&E-Investitionen würde auf Null sinken, sobald der Auftraggeber die Verbindung völlig aufkündigt. Auch die bereits eingegangenen „Tausch-Investitionen“, die beispielsweise für die Suche, Anbahnung und den vertraglichen Abschluß eines F&E-Vertrages angefallen sind (sogenannte set up costs, die gleichzeitig sunk costs darstellen), wären vergeblich gemacht worden und könnten in Zukunft nicht mehr ausgenutzt werden.

In ähnlicher Weise kann auch der Auftragnehmer versuchen, die Abhängigkeit des Auftraggebers auszunutzen, indem er z.B. die Diffusion von unternehmensspezifischem F&E-Wissen des Auftraggebers an Konkurrenten androht; oder im Wissen darüber, daß der Auftraggeber kurzfristig keine anderen Auftragnehmer finden wird (weil diese z.B. wiederum unternehmens- bzw. auftraggeberspezifisch investieren oder erst spezielle Erfahrungspotentiale aufbauen müßten[23]), Preissteigerungen durchzusetzen versucht.

Bei Technologieführern ist ferner zu bedenken, daß unternehmensspezifisches F&E-know-how meist die Basis für die Gewinnung und Sicherung einer führenden Technologieposition des Unternehmens darstellt. Gleichzeitig dienen besonders unternehmensspezifische F&E-Leistungen meist in besonderer Weise als Grundlage von Differenzierungsstrategien eines Technologieführers.[24] In der Wertkette vertikal angeordneter Produktionsprozesse müssen Technologieführer die erste Produktionsstufe kontrollieren, wollen sie ihre Wettbewerbsposition nicht gefährden. Bei Fremdbezug bzw. Disintegration würde eine durch Unternehmensspezifität ausgelöste Abhängigkeit von nur wenigen (oder im Extremfall von nur einem) F&E-Bereitstellern dazu führen, daß die weitere Erhaltung der Position des Unternehmens als Technologieführer und Differenzierer dem Einfluß von Vorlieferanten ausgesetzt wird. In einer solchen Situation kann der Technologieführer nur hoffen, daß es sich um ein bilaterales Monopol handelt, durch das auch der F&E-Lieferant in Abhängigkeit des F&E-Bestellers gerät. Dies wäre z.B. dann der Fall, wenn der F&E-Lieferant selbst in spezifische F&E-Anlagen investiert hat, die nur so lange genutzt werden können, wie die Transaktionsbeziehung mit dem Technologieführer aufrechterhalten wird.

Eine Transaktionsbeziehung im Sinne einer externen F&E-Bereitstellung und einer F&E-Kooperation wäre demnach ständig von potentiellem opportunistischen Verhalten der Transaktionspartner bedroht. Dies behindert eine Disintegration bzw. arbeitsteilige Organisation der F&E-Bereitstellung über die Unternehmensgrenzen hinweg. In dieser Hinsicht steigt mit zunehmender unternehmensspezifischer Auslegung der F&E-Leistung für

23 In diesem Zusammenhang spricht man von sogenannten „first mover advantages“, vgl. z.B. Williamson (1975), S. 34 f.

24 Vgl. ausführlicher Schneider u. Zieringer (1990), S. 180 ff. und die dort angegebene Literatur.

beide Transaktionspartner der Bedarf an vertikaler Integration; meist muß sogar zur Eigenfertigung übergegangen werden.

F bzw. Disintegration trotz Unternehmensspezifität

Trotz der prinzipiellen Vorziehenswürdigkeit der internen F&E bei vorliegender Unternehmensspezifität „... gibt es viele unternehmensspezifische F&E-Probleme, die sich wegen fehlender Spezialkenntnisse oder infolge einer Engpaßsituation im eigenen Unternehmen nicht oder nicht rechtzeitig lösen lassen".[25] So ist es z.B. denkbar, daß eine externe Organisation die erforderlichen spezifischen Investitionen für eine unternehmensspezifische F&E-Leistung bereits getätigt hat. Private und staatliche Forschungsinstitute haben sich oft auf bestimmte F&E-Gebiete – unabhängig von einem bestimmten Auftraggeber – spezialisiert, die für einzelne Unternehmen charakteristisch sind. Eine Vergabe von F&E-Aufträgen kann in diesem Fall zusätzliche Kosten für den Aufbau von eigenen F&E-Kapazitäten vermeiden und eine Teilhabe am bereits aufgebauten know-how des Auftragnehmers ermöglichen. Gleiches gilt für bereits vorhandene Lizenzen auf dem Beschaffungsmarkt für F&E-Leistungen.

Sowohl bei der Auftragsvergabe als auch beim Kauf von Lizenzen ist jedoch das entstehende small-numbers-Problem zu beachten: Oftmals begibt man sich in die Abhängigkeit eines einzelnen know-how-Trägers, der seine monopolartige Situation opportunistisch ausnutzen kann. Dies gilt z.B. dann, wenn aus Spezifitätsgründen für Fort- und Weiterentwicklungen, die auf bestimmten und extern bezogenen F&E-know-how aufbauen, nur der ursprüngliche F&E-Auftraggeber in Frage kommt. Der Auftragnehmer bei Auftrags-F&E wird sich ferner die während des Aufbaus seines know-hows aufgelaufenen Kosten von den einzelnen Auftraggebern bezahlen lassen. Und ständige Anpassungen an die zum Zeitpunkt der Auftragsvergabe vereinbarten Leistungsspezifitäten werden unumgänglich sein.

Bei Lizenznahme ist daran zu denken, daß das per Lizenz erworbene F&E-Wissen erst noch unternehmensspezifisch ausgerichtet und verfeinert werden muß; außerdem können Übertragungs- und Akzeptanzprobleme in der eigenen Unternehmung auftreten. Eine enge Beziehung zum externen F&E-Partner, der bei der unternehmensspezifischen Ausrichtung hilft und Akzeptanz- und Übernahmeprobleme dämpfen kann, scheint daher unbedingt notwendig. Auch die Anpassung von Leistungsspezifitäten bei Auftrags-F&E kann unter geringeren Reibungsverlusten erfolgen, wenn eine enge Beziehung zum Auftragnehmer besteht.

25 Bundesminister für Wirtschaft (1986), S. 22 f.

Unternehmensspezifität und F&E-Kooperation

Wenn die oben angeführten Gründe trotz der am Ende aufgeführten Einschränkungen für einen externen Bezug von F&E-Leistungen sprechen, dann sollte dies dennoch in einer kooperativen Weise geschehen. Bei Fremdbezug von F&E-Leistungen bzw. Disintegration von F&E-Aktivitäten trotz hoher Unternehmensspezifität ist ein hoher „quasi-vertikaler" Integrationsgrad angezeigt (z.B. langfristiger Lizenz- oder F&E-Vertrag), um sich gegebenenfalls einen Durchgriff zum Transaktionspartner zu sichern und die latente Gefahr eines opportunistischen Verhaltens zu mindern. Durch eine kooperative und längerfristige Organisation der F&E-Aktivitäten kann dies erreicht werden.

Darüber hinaus erweist sich eine kooperative Arbeitsteilung der F&E-Aktivitäten als sinnvoll, wenn die Hervorbringung und Nutzung neuer Technologien Unternehmen derselben Branche vor ähnliche F&E-Aufgaben stellt, aber die Übernahme der gesamten F&E-Aufgaben die einzelne Unternehmung überfordern würde. Allerdings sollte sichergestellt sein, daß für betriebsspezifische Anpassungen noch genügend Flexibilität besteht.

Andererseits kann durch kooperative Einzelforschung, die auch auf internationaler Grundlage möglich ist, das F&E-Potential eines und im günstigsten Fall aller beteiligten Unternehmen erheblich erhöht werden. Dies gilt besonders dann, wenn sich die Spezialisierungsunterschiede und die bei ihrer koordinativen Verbindung der einzelnen F&E-Pakete auftretenden Reibungsverluste durch Synergieeffekte überkompensieren lassen, die z.B. im Zuge von institutionalisierten Erfahrungsaustauschen entstehen können.

Trotz hoher Unternehmensspezifität kann eine Kooperation auch sinnvoll sein, wenn sich Schutzrechte gemeinsam einfacher durchsetzen und überwachen lassen. Handelt es sich darüber hinaus um eine F&E-Leistung, die zwar unternehmensspezifischen Charakter hat, jedoch in verschiedenen Branchen gebraucht wird, ist eine Zusammenarbeit branchenfremder Unternehmen günstiger als eine aufwendige betriebsinterne Erarbeitung durch jedes einzelne Unternehmen. Das aus gegenseitiger Konkurrenz ausgelöste Mißtrauen unter den Kooperationspartnern, das eine Kooperation belasten kann oder gar unmöglich macht, kann durch Zugehörigkeit zu verschiedenen Branchen reduziert werden.

Insgesamt bleibt natürlich aufgrund des unternehmensspezifischen Charakters der F&E-Leistung und des damit zwangsläufig verbundenen small-numbers-Problems stets ein gewisses Potential latent vorhandenen opportunistischen Verhaltens. Im Rahmen einer Kooperation kann ein gegenseitiges und insbesondere gleichverteiltes wirtschaftliches Abhängigkeitsverhältnis aber auch bindend wirken. Dies gilt um so mehr, je mehr die Kooperationspartner davon ausgehen, daß die arbeitsteilig-kooperative F&E-Bereitstellung nicht nur gegenwärtig, sondern auch zukünftig für sie Vorteile bringt und fortgeführt werden soll. Allerdings kann es zur Strategie eines F&E-Partners gehören, zukünftige arbeitsteilig und im Rahmen einer Kooperation organisierte F&E-Projekte nach dem Motto „wenn Du mich heute gut bedienst, kaufe ich auch später bei Dir" immer wieder in Aussicht zu stellen, um im gegenwärtigen Zeitpunkt ein für ihn vorteilhaftes Kooperationsergebnis zu erzielen und/oder um zu signalisieren, daß er bei opportunistischem Verhalten des Kooperationspartners auch zukünftig noch Sanktionsmaßnahmen ergreifen kann (Auftragsvergabe an andere F&E-Lieferanten, Zahlungsverweigerung usw.). In diesem Fall liegt die Kooperationsstrategie der „Erweiterung des Schattens der Zukunft" vor:

> „Wechselseitige Kooperation kann stabil sein relativ zur Gegenwart, wenn die Zukunft hinreichend wichtig ist. Das liegt daran, daß die Spieler die Defektion (opportunistisches Kooperationsverhalten, Anm. d. Verf.) des anderen implizit mit Vergeltung bedrohen können, sofern die Interaktion lang genug dauert, um die Drohung wirksam zu machen.... Die Situation ändert sich, wenn der Schatten der Zukunft nicht so groß ist".[26]

5.2 Unsicherheit und die Organistion von F&E

Gründe für E bzw. Integration von F&E

Unvollkommenheit der Information und begrenzte Rationalität des Unternehmers erschweren die Stabilisierung arbeitsteiliger F&E-Prozesse zwischen Unternehmen. In einer Welt zunehmender Komplexität und Dynamik (Nachfrageverschiebungen, politische und technologische Veränderungen) entstehen dadurch Unsicherheiten für Koordinationsprozesse zwischen der Unternehmung und ihren Transaktionspartnern. Der Fremdbezug von F&E-Leistungen wird riskant.[27]

In dieser Hinsicht erhöht eine Integration von F&E-Aktivitäten in die eigene Unternehmung z.B. die Überschau- und Beherrschbarkeit der Koordinationsprozesse für F&E z.B. aufgrund verbesserter interner Kontroll- und Steuerungsmöglichkeiten (Reduzierung opportunistischen Verhaltens).[28] Auch Informations- und Kommunikationsflüsse sind innerhalb der eigenen Unternehmensgrenzen besser kontrollier- und steuerbar, so daß z.B. auch tiefergehendere, komplexere und geheimnisbehaftete Informationen (substantiell wichtige Informationen[29] über neue Rezepturen, Technologien, F&E-know-how usw.) im Unternehmen einfacher und unter geringeren Vorbehalten austauschbar sind als dies über die Unternehmensgrenzen hinweg bei Fremdbezug oder Kooperation der Fall wäre.[30]

Auch durch Unternehmensspezifität bzw. mangelnde Transferierbarkeit der F&E-Leistungen in andere Verwendungsmöglichkeiten (z.B. Patent, das nur für einen be-

---

26 Axelrod (1987), S. 113 – 115.
27 Zu risikopolitischen Aspekten des Fremdbezugs vgl. z.B. allgemein Stark (1973).
28 Vgl. z.B. Porter (1984), S. 380; Harrigan (1983), S. 31.
29 Zum Begriff „Informationssubstanz" im Gegensatz zum Begriff „Informationssubstitut" (z.B. Preis, DIN-Normen) vgl. Schneider (1988), S. 101.
30 Vgl. z.B. Crocker (1983), S. 236.

stimmten Zweck einsetzbar ist) und daraus resultierende Informationsprobleme (steht die singuläre Verwendungsmöglichkeit auch zukünftig noch zur Verfügung? Ändert sich die Seriosität des Transaktionspartners?) entsteht Unsicherheit, die sich bereits a-priori für eine zwischen einzelnen Unternehmen arbeitsteilig zu organisierende Bereitstellung von F&E-Leistungen als äußerst hinderlich erweisen könnte. Im Anbahnungs- und Vereinbarungsstadium einer Transaktionsbeziehung werden dadurch Probleme bei den vertraglichen Verhandlungen auftreten; Unsicherheit läßt es nur beschränkt zu, die Zukunft in Verträgen, die eine F&E-Kooperation oder einen Fremdbezug von F&E-Leistungen begründen sollen, adäquat zu antizipieren; anschließend werden aufgrund von Unsicherheit nicht vorhersehbare Umweltveränderungen einen hohen Überwachungs- und Anpassungsbedarf notwendig machen. Diese Gründe erhöhen den Bedarf nach vertikaler Integration bzw. interner Bereitstellung von F&E-Leistungen. Grundlegend für diese Argumentation ist die transaktionskostentheoretisch fundierte These, daß im Rahmen interner F&E aufgrund eines unmittelbaren und auf „Hierarchie“ basierenden „Durchgriffs“ auf die am F&E-Prozeß Beteiligten Unsicherheit leichter handhabbar ist als im Rahmen von eher marktlich organisierten Transaktionsbeziehungen.

F bzw. Disintegration trotz Unsicherheit

Trotz Unsicherheit können wiederum kapazitäts- und know-how-orientierte Engpaßprobleme einen Fremdbezug von F&E-Leistungen notwendig machen.

Darüber hinaus kann hohe Unsicherheit selbst ein Grund sein, der für eine Disintegration von F&E-Aktivitäten bzw. für den Fremdbezug von F&E-Leistungen spricht: Unsicherheit über die erfolgreiche Vollendung von F&E-Projekten wird auch intern ausgelöst. In einer Unternehmung mit stark bürokratischer Organisationsstruktur und starr organisierten F&E-Abteilungen wird ein schnelles und flexibles Reagieren auf veränderte Umweltbedingungen kaum möglich sein. Eine starre und bürokratische Unternehmensorganisation birgt ihrerseits interne Koordinierungsunsicherheiten für die erfolgreiche Organisation interner F&E-Aktivitäten. Wenn der für das Auffangen von Umweltunsicherheit notwendige organisatorische Flexibilitätsbedarf in den eigenen F&E-Abteilungen nicht gewährleistet ist und aus Gründen der Bewahrung interner Ruhe und tradierter Verhaltensmuster schnelle Anpassungen der internen F&E nicht rasch genug erfolgen können, verlangt dies zwangsläufig nach externer Bereitstellung, will die Unternehmung den Anschluß an neue F&E-Trends und externe Entwicklungstendenzen nicht verlieren. Die Unsicherheit der Versorgung mit aktuellen F&E-Leistungen kann in dieser Hinsicht durch eine hohe und vor allem auch extern orientierte Bereitstellungsflexibilität reduziert werden. Eine hohe Reagibilität der Vergabe von F&E-Aufträgen und des Lizenzerwerbs ist hierfür eine notwendige Voraussetzung. Sie wird unterstützt durch ein unternehmerisches Informationsmanagement, das eine unverzügliche Markttransparenz über das Angebot von ökonomisch verwertbaren F&E-Leistungen auf dem Beschaffungsmarkt eröffnet.

Schließlich ist auch an die unsicherheitsmindernde Wirkung des Lizenzkaufs hinzuweisen: Die im F&E-Prozeß auftretbaren Unsicherheitskomponenten kann man grundsätzlich in die sogenannte prozeßinterne und prozeßexterne Unsicherheit unterteilen.[31] Die prozeßinterne Unsicherheit bezeichnet die Unsicherheitsfaktoren hinsichtlich der Gewinnung der angestrebten technologisch-physikalischen F&E-Ergebnisse im Zuge von F&E-Prozessen und der Beherrschung des F&E-Prozesses insgesamt. Die externe Unsicherheit betrifft die Unsicherheit über die marktliche Verwertbarkeit der erzielten F&E-Ergebnisse. In dieser Hinsicht wird offensichtlich, daß ein Lizenznehmer durch Lizenznahme die interne Prozeßunsicherheit nicht zu tragen braucht. Zwar wird der Lizenzgeber die Übernahme dieser Unsicherheitskomponente in der Kalkulation des Lizenzpreises berücksichtigen, das F&E-Ergebnis vorgelagerter und mit Unsicherheit behafteter F&E-Aktivitäten liegt aber bereits in „verkaufsfertiger und marktreifer“ Form vor. Auch der endgültige Preis der F&E-Leistung liegt fest und unterliegt nur noch einer „normalen“ marktlichen Veränderungsdynamik.

Unter Umständen kann sich somit die Unsicherheit im Verantwortungsbereich eines externen F&E-Lieferanten zusammen mit der durch Unternehmensspezifität ausgelösten Koordinierungsunsicherheit des Fremdbezugs als geringer erweisen als die Koordinierungsunsicherheit im eigenen Einzugsbereich. Das mit Fremdbezug verbundene Unsicherheitspotential ist dann geringer als das Unsicherheitspotential der Eigenfertigung. Wird in diesem Fall extern bezogen, so handelt es sich um eine auch gesellschaftlich ökonomisch sinnvolle Allokation von Unsicherheit an denjenigen in einer Wertkette, der sie unter geringeren Kosten absorbieren kann. Hierzu führt auch v. Hippel vor dem Hintergrund der Lizenznahme aus:

> „Agreements to trade or license know-how involve firms in less uncertainty than do aggreemenst to perform R&D cooperatively. This is because the former deals with existing knowledge of known value which can be exchanged quickly and certainly. In contrast, agreements to perform R&D offer future know-how conditioned by important uncertainties as to its value and the likelihood that it will be delivered at all.“[32]

Unsicherheit und F&E-Kooperation

Eine F&E-Kooperation in einer durch Unsicherheit gekennzeichneten Umwelt erfordert zwischen den Kooperationspartnern grundsätzlich ein hohes Maß an gegenseitigem Vertrauen und Loyalität sowie geringe gegenseitige Wettbewerbsintensität.[33] Diese Bedingungen sind dort eher anzutreffen, wo es sich um komplementäre (z.B. F&E in der Elek-

31 Vgl. hierzu z.B. Schneider u. Zieringer (1990), S. 11 f. und die dort angegebene Literatur.

32 v. Hippel (1987), S. 300.

33 Nicht die exakte und bis in jedes Detail geregelte Ausgestaltung von Kooperationsverträgen stellt daher das Problem dar, sondern vielmehr die Erhaltung von flexibilitätsschaffenden Freiräumen und Offenheit, wodurch Unsicherheit absorbiert werden kann.

troindustrie und im Automobilbau angesichts der zunehmenden Systemintegration) und nicht um substitutive Industriebereiche (z.B. Holz- versus Kunststoffindustrie im Küchendesign) handelt.

Eine F&E-Kooperation kann als Strategie der Risikominderung aufgefaßt werden. Über die Kooperationspartner diversifizierte F&E im Rahmen der koordinierten Einzelforschung macht es beispielsweise möglich, auf vielen für technologisch relevant gehaltenen F&E-Feldern tätig zu werden und dadurch verschiedene „know-how-Fragmente" bzw. die auf den einzelnen F&E-Feldern gewonnenen Erkenntnisse im eigenen Unternehmen zu nutzen. Das Risiko, auf technologisch unattraktiven F&E-Feldern in eine Sackgasse zu geraten, muß nicht allein getragen werden bzw. wird durch attraktivere F&E-Ventures aus dem Technologieportfolio der Kooperationspartner kompensiert.

In ähnlicher Weise sind bei der gemeinschaftlichen Vergabe von Forschungsaufträgen Kooperationsvorteile denkbar. Der Überblick mehrerer kooperierender Unternehmen über das Angebot von F&E-Leistungen am Beschaffungsmarkt ist sicherlich besser als bei einer singulären Unternehmung. Dies senkt Such- und Anbahnungskosten für die gemeinsame Fremdvergabe von F&E-Projekten. Auch das abchecken der angebotenen F&E-Leistungen und der Seriosität sowie des Geschäftsgebarens möglicher Transaktionspartner („screening") wird durch die Heterogenität der einzelnen Erfahrungspotentiale der Kooperationspartner anspruchsvoller und differenzierter ausfallen als dies bei einer einzelnen Unternehmung der Fall sein kann. Dies senkt sowohl bei der Anbahnung als auch bei der Aufrechterhaltung der Fremdbezugsbeziehung Kosten für die Überwachung und Kontrolle des F&E-Lieferanten und dessen Leistungen. Durch diese Kooperationseffekte werden arbeitsteilige F&E-Prozesse stabilisiert und die zugrundeliegenden Koordinationsbeziehungen zwischen den Beteiligten von Unsicherheit befreit.

Je höher insgesamt die Kooperationsvorteile ausfallen, desto mehr wird jeder Kooperationspartner versuchen, auch zukünftig Kooperationsmitglied zu bleiben. Der „Schatten der Zukunft" wird erweitert. Hinsichtlich potentiell opportunistischen Verhaltens der Kooperationspartner bedeutet dies, daß das Kooperationsinteresse steigen wird. Mit steigendem Kooperationsinteresse wird schließlich jedes Unternehmen versuchen, seine Attraktivität für andere Kooperationspartner zu erhöhen (durch Signalisierung von Vertragstreue, Seriosität, Glaubwürdigkeit usw.). Auch hierdurch sinkt die Koordinierungsunsicherheit der arbeitsteiligen Bereitstellung von F&E-Leistungen in einer Gesellschaft.

5.3 Häufigkeit und die Organisation von F&E

Die Häufigkeit, mit der F&E-Leistungen bereitgestellt werden, erweist sich im Zusammenspiel mit den anderen Einflußfaktoren als Verstärkungskriterium.[34] Sprechen z.B. Unsicherheit, Spezifität und die rechtlichen und technologischen Rahmenbedingungen für Integration bzw. Eigenfertigung, so wird diese Tendenz durch die Häufigkeit noch be-

34 Vgl. Picot (1982), S. 277.

stärkt, weil mit zunehmender interner Durchführung von F&E-Aktivitäten fixkostenartige F&E-Kapazitäten besser ausgelastet werden können. Die Häufigkeit gibt grundsätzlich an, wie oft bestimmte F&E-Aktivitäten abgewickelt beziehungsweise F&E-Leistungen bereitgestellt werden müssen.

Gründe für E bzw. Integration

Die Durchschnittskosten je F&E-Aktivität fallen mit zunehmender Häufigkeit aufgrund von Fixkostendegressionen, Lern- und Spezialisierungseffekten im F&E-Bereich. Daraus läßt sich ableiten, daß mit zunehmenden F&E-Aktivitäten im Unternehmen die Durchschnittskosten pro F&E-Projekt sinken, wodurch die Vorteile der Eigenerstellung von F&E bei steigender Auslastung immer mehr zunehmen. So ist der Aufbau interner F&E-Kapazitäten nur dann ökonomisch sinnvoll, wenn genügend F&E-Leistungen im Unternehmen zu bewerkstelligen sind.[35]

Zunehmende „economies of scale" im F&E-Bereich lassen sich damit insbesondere bei F&E-intensiven Großunternehmen vermuten, die hohe Häufigkeit der F&E-Aktivitäten sicherstellen können. Grundsätzlich können sich Großunternehmen u.a. wegen ihrer Finanzkraft auch eher hochtechnisierte Forschungsanlagen leisten und dafür für entsprechende Auslastung sorgen. Ebenso kann die Vielzahl und Heterogenität der in Großunternehmen durchgeführten F&E-Projekte bewirken, daß langfristig eine Kompensation von Erfolg und Mißerfolg eintritt.

Gründe für F bzw. Disintegration

Zunehmende Häufigkeit läßt vor diesem Hintergrund interne F&E zunehmend attraktiver erscheinen. Allerdings wurde in der obigen Argumentation von empirischen Effizienzmessungen der F&E-Aktivitäten abstrahiert. Empirische Untersuchungen zeigen, daß die F&E-Produktivität mit wachsender Größe der Unternehmung fällt.[36] Demotivierende Wirkungen von Großforschungsanlagen, mangelnde Identifikation und die in großen F&E-Zentren oft bis in das kleinste Detail vorangetriebene Arbeitsteilung im F&E-Bereich sowie innovationshemmende Organisationsstrukturen mögen hierfür ausschlaggebend sein. Hieraus kann gefolgert werden, daß F&E-Abteilungen nicht zu monströs dimensioniert und kleinere innovativ-unternehmerische F&E-Gruppen gebildet werden sollten (Zerschlagung überdimensionierter F&E-Abteilungen und intraorganisatorische Disintegration von F&E-Aktivitäten).

---

35 Vgl. in diesem Zusammenhang auch die Konzepte der sogenannten Forschungsschwelle bzw Mindesthäufigkeit bei z.B. Schätzle (1965), S. 167; Needham (1971), S. 68 ff.; Brockhoff (1980), wonach erst ab einer bestimmten Wirtschaftlichkeitsgrenze F&E ökonomisch effizient betrieben werden können. Bei Unterschreitung dieser Grenze können F&E-Aktivitäten keine positiven Beiträge für die Erreichung von Unternehmenszielen liefern.

36 Vgl. z.B. Corsten (1984), S. 224 f.; Kern u. Schröder (1977), S. 109; Wicher (1986), S. 237 f.

Aus dem Kapazitätseffekt ergibt sich auch ein Hinweis für die Bedeutung des Fremdbezugs gut bündelungsfähiger F&E-Leistungen bei Engpässen und Termindruck. Ebenso ist an die Befreiung der F&E-Kapazitäten von der „Grundlast" in F&E-Bereichen von Großunternehmen zu denken (z.B. Dokumentation, Archivierung, verwaltungstechnischer Abschluß, Betreuung älterer Projekte, Bewältigung von standardisierbaren F&E-Projekten). Hohe Grundlast kann Überlastung und Frustation auslösen und belegt Kapazitäten für innovatives Nachdenken. Vor diesem Hintergrund kann ein Fremdbezug von „Grundlastkomponenten" (z.B. Fortentwicklung, Dokumentation, standardisierbare F&E-Projekte) innovative F&E-Kapazitäten freischaufeln. Neben der intraorganisatorischen Parallelisierung ist daher besonders auch an die „interorganisatorische Parallelisierung von F&E-Aktivitäten" zu denken.[37]

Unter dem Häufigkeitsaspekt und den damit einhergehenden Fixkostendegressionen und Lerneffekten kommt ferner ins Blickfeld, daß diese Effekte in ähnlicher Form auch bei Fremdbezug von F&E-Leistungen auftreten. So sind Kosten der Suche nach Fremdbezugsquellen, der Anbahnung von Fremdbezugsbeziehungen und der Erstvereinbarung der Auftragsvergabe oder des Lizenzerwerbs sunk costs, die bei mehrmaliger Auftragsvergabe bzw. wiederholtem Lizenzerwerb nicht mehr erneut investiert werden müssen, sondern auf eine größere Anzahl von Transaktionen verteilt werden können.

Gründe für F&E-Kooperation

Vor allem Großunternehmen streben oft die Position von Technologieführern an und müssen demzufolge an der Spitze der technologischen Möglichkeiten operieren.[38] Technologiebewußte Unternehmen müssen daher ihre F&E-Aktivitäten immer mehr intensivieren. Insbesondere wenn sie Technologieführer werden wollen, müssen sie neben marktnaher und unmittelbar produkt- und damit wettbewersinduzierter anwendungsorientierter F&E vor allem auch Grundlagenforschung betreiben. Die einzelne Unternehmung kann hierfür oft keine ausreichende Auslastung sicherstellen. Die damit verbundenen Belastungen erhöhen die Bereitschaft bzw. den Zwang, besonders im Bereich der Grundlagenforschung F&E-Kooperationen einzugehen, gemeinschaftlich Forschungsinstitute zu errichten und mit universitären Hochschullabors Transaktionsbeziehungen zu unterhalten.[39] In diesem Zusammenhang sprechen Fusfeld und Haklisch von sogenannten „kollektiven" Forschungsaktivitäten in der Grundlagenforschung.[40]

Ein weiteres Kooperationsmotiv vor dem Hintergrund des Häufigkeitsarguments ergibt sich aus dem Konzept der Mindesthäufigkeit von F&E-Aktivitäten. Berg beschreibt z.B.

37 Vgl. hierzu Schneider und Zieringer (1990), S. 120.
38 Vgl. z.B. Wicher (1986), S. 239.
39 Vgl. z.B. insbesondere zur F&E-Kooperation mit Hochschulinstituten in der Grundlagenforschung der Pharmaindustrie Tapon (1989).
40 Vgl. Fusfeld u. Haklisch (1986).

einen empirischen Fall, in dem der Grund für eine Kooperation und anschließende Fusion vor allem darin lag, gemeinsam die Mindesthäufigkeit von F&E-Aktivitäten zu erreichen, um wettbewerbsfähig zu bleiben.[41]

Ähnlich wie beim Fremdbezug von F&E-Leistungen werden sich auch bei der F&E-Kooperation Lerneffekte und Fixkostendegressionen niederschlagen. Mit zunehmender Häufigkeit kooperativ bewerkstelligter F&E-Leistungen entsteht eine Vertrauensbasis. Dadurch werden gute Grundlagen für eine dauerhafte F&E-Kooperation gelegt (vgl. hierzu die Ausführungen in 5.2. dieses Beitrags).

5.4 Rechtliche und technologische Rahmenbedingungen und die Organisation von F&E

Die rechtlichen und technologischen Rahmenbedingungen bilden die Infrastruktur, in der sowohl im internen als auch im externen und kooperativen Rahmen Transaktionsbeziehungen ablaufen. Technologischen Rahmenbedingungen kommt z.B. bei der Verwendung von Informations- und Kommunikationstechniken im F&E-Prozeß Bedeutung zu (z.B. Telefon, Geräte für CAS oder CAD). Rechtliche Rahmenbedingungen konkretisieren sich z.B. anhand der Organisationsstruktur in einem Unternehmen (z.B. Verteilung der Anweisungsrechte), im Bürgerlichen Gesetzbuch, im individuellen Vertragsrecht und natürlich auch im Patentrecht.

Sowohl durch technologische als auch durch rechtliche Rahmenbedingungen kann die Wahl der geeigneten Organisationsform für F&E erheblich beeinflußt werden und damit die arbeitsteilige Organisation von F&E-Prozessen in einer Gesellschaft behindern oder fördern. An einigen Beispielen sollen diese Einflußgrößen der vertikalen Integration von F&E-Aktivitäten abschließend verdeutlicht werden:[42]

Einige Bedeutungsaspekte rechtlicher Rahmenbedingungen für die Organisation von F&E

Unter dem Blickwinkel der internationalen Arbeitsteilung für F&E kann beispielsweise eine Disintegration von F&E-Aktivitäten und sogar eine Verlagerung in das Ausland sinnvoll sein, wenn im Inland rechtliche Regelungen das Forschen auf bestimmten Gebieten untersagen. Hohe Rechtsunsicherheit im Ausland (z.B. latent vorhandene Konfiszierungsgefahr) kann demgegenüber für die Verlagerung der F&E-Aktivitäten in das Mutterland sprechen.

---

41 Vgl. Berg (1973), S. 45.

42 Vgl. hierzu ausführlich Schneider u. Zieringer (1990).

Auch im interorganisatorischen Zusammenhang unterliegt F&E-Wissen einer ständigen „Konfiszierungsgefahr“. Bei Verlagerung von F&E-Aktivitäten auf externe F&E-Einrichtungen oder auch bei der F&E-Kooperation besteht stets die Gefahr, daß die Auftragnehmer gewinnträchtige F&E-Informationen zurückhalten und/oder an Konkurrenten weitergeben. Vor allem für kleinere innovative Unternehmen ist dies ein überzeugender Grund für den Übergang zur Eigenfertigung oder hohen vertikalen Integration der F&E-Aktivitäten. Denn für kleinere Unternehmen ist die Erlangung von Schutzrechten (z.B. Patent) einerseits mit hohen Kosten verbunden; andererseits hängt ihre wirtschaftliche Existenzfähigkeit aufgrund der geringen Diversifikation ihres Sortiments oftmals nur von einer bestimmten Produktidee oder F&E-Leistung ab. Da F&E-Wissen innerhalb der eigenen Unternehmensgrenzen organisatorisch leichter und vor allem gegenüber dem Erwerb von Schutzrechten auch kostengünstiger vor dem Zugriff von Konkurrenten geschützt werden kann, gehen sie zur Eigenfertigung über.[43]

Insgesamt gilt, daß mit zunehmender Rechtssicherheit und zunehmender Kostengünstigkeit der Inanspruchnahme und Durchsetzbarkeit von Rechtskomponenten interorganisatorisch ausgelegte Transaktionsbeziehungen und die Disintegration von F&E-Aktivitäten gefördert werden – und umgekehrt: sinkende Verläßlichkeit des Rechtssystems und steigende Kosten der Inanspruchnahme und Durchsetzbarkeit von Rechten sind für eine Tauschgesellschaft allgemein wohlfahrtshemmend und die interorganisatorische Arbeitsteilung im F&E-Bereich besonders schädlich.

Einige Bedeutungsaspekte technologischer Rahmenbedingungen für die Organisation von F&E

Information und Kommunikation sind Grundvoraussetzungen für eine arbeitsteilige Organisation von F&E-Prozessen. In dieser Hinsicht unterstützen Informations- und Kommunikationstechnologien die Arbeitsteilung zwischen den Menschen und ihrer Organisationen. Ist Kommunikation nicht möglich oder prohibitiv teuer, muß zum Selbstversorgertum (Eigenfertigung) übergegangen werden.

Zwischenbetriebliche Koordinationsprozesse werden beispielsweise durch Möglichkeiten der Datenfernübertragung und die nachrichtentechnische Vernetzung von Unternehmen erleichtert. Per File-Transfer übertragene F&E-Informationen vernetzter F&E-Einheiten verschiedener Unternehmen beschleunigen den oft sehr zeitraubenden zwischenbetrieblichen know-how-Transfer. Dieses optimistische Bild hat jedoch u.a. zur Voraussetzung, daß Datensicherheit während des Transferprozesses gewährleistet ist, (internationale) F&E-orientierte Datenstrukturen standardisiert und vom Empfänger eindeutig dekodiert werden können.

43 Vgl. z.B. Picot, Laub u. Schneider (1989), S. 123 – 129.

Auch durch verbesserte und durch mehrere Systemkomponenten integrierende und daher flexibler einsetzbare F&E-Apparaturen werden günstige Bedingungen für eine marktliche F&E-Bereitstellung eröffnet. So reduzieren flexibel einsetzbare F&E-Apparaturen den Spezifitätsgrad der F&E-Investitionen (CAD- und CAS-Geräte können bei entsprechender Softwareausstattung i.d.R. sowohl für das Styling von Autos als auch für das Styling von Flugzeugen herangezogen werden). Die Abhängigkeit von einem bestimmten Auftraggeber (z.B. Automobilproduzent) wird hierdurch reduziert; und marktliche Transaktionsbeziehungen werden von der latenten Gefahr opportunistischen Verhaltens entlastet.[44]

Vor diesem Hintergrund wird offensichtlich, daß die arbeitsteilige interorganisatorische Durchführung von F&E-Prozessen durch verbesserte Informations- und Kommunikationstechnologien insgesamt gefördert wird (und umgekehrt).

Dies gilt jedoch nur mit Einschränkungen, wenn die einzelnen Technologien in und zwischen Unternehmen miteinander nicht kompatibel sind und/oder durch sie zusätzliche Transaktionsbarrieren aufgebaut werden. So vermindert zwar der Einsatz von CAD und CAS die Entwicklungszeit und erhöht die Visualisierbarkeit von F&E-Entwürfen; und hierdurch kann z.B. auch die Kommunikation über „das Erdachte" und die vormals nur im Gehirn des Entwicklers vorhandene Vision mit eventuellen Fremdbezugs- oder Kooperationspartnern für die Bereitstellung von Prototypen erleichtert werden; allerdings können sich interorganisatorische Kommunikationsbarrieren einstellen, wenn die auf Diskette gespeicherte CAD-Version des Prototyps mit den Systemen der Fremdbezugs- oder Kooperationspartner nicht kompatibel ist.

Diese Kompatibilitätsprobleme können dazu führen, daß grundsätzlich nur mit solchen Bereitstellern von F&E-Leistungen Transaktionsbeziehungen eingegangen werden, die über gleiche Systeme und das entsprechende Anwender-know-how verfügen oder mächtige Großunternehmen externen F&E-Lieferanten (z.B. kleinere Ingenieurbüros) ihre Systeme aufzwingen, um Systemkompatibilität ohne Mediensprünge zu realisieren.

6. Ausblick

Um die Vorteile der gesellschaftlichen Arbeitsteilung in und zwischen Unternehmen auch im F&E-Bereich nutzen und eventuell aus der Arbeitsteilung entstehende Kontraproduktivitätseffekte reduzieren zu können, ist die Entwicklung immer neuerer und überlegener Organisationsformen erforderlich. Organisationsformen für F&E werden damit selbst zum Gegenstand von F&E-Anstrengungen innovativen Unternehmertums. Die Organisations-

44 Vgl. hierzu z.B. auch Bühner (1988), S. 401, der diesen Zusammenhang vor dem Hintergrund von flexiblen Fertigungsanlagen im Produktionsprozeß ableitet.

forschung erhält dadurch stets neue Aufgabenstellungen, die für sie als Wissenschaft immer wieder neue Innovationschancen eröffnet.

Ob sich im F&E-Bereich allgemeine Tendenzen der Integration oder Disintegration von F&E-Aktivitäten abzeichnen, kann letztlich nur unter äußerster Vorsicht angedeutet werden. Allerdings gibt es zahlreiche Hinweise, die für eine grundsätzliche Disintegration von F&E-Aktivitäten sprechen. Hierzu zählen z.B. die Bemühungen von vielen (Groß-) Unternehmen, Hierarchieebenen abzuflachen und Fertigungstiefen zu reduzieren und damit einhergehend zunehmend ergebnisorientierte Steuerungs- und Anreizmechanismen einzuführen, die auf eine steigende Tendenz zur Nutzung des Marktmechanismus (Disintegration, Preis- und Ergebnissteuerung) und Reduzierung hierarchischer Allokationsmechanismen (Integration, Anweisungssteuerung bzw. Steuerung über „fiat") hinweisen.[45] Auch die immer ausgefeilteren Informations- und Kommunikationstechnologien, die besonders die marktliche Organisation von unternehmerischen Aktivitäten unterstützen, scheinen diese Entwicklung grundsätzlich zu fördern[46].

Innovative Herausforderungen und die Bewältigung der dadurch immer neu entstehenden Unsicherheits-, Spezifitäts- und Informationsprobleme, lassen aber einen deterministischen und unaufhaltsamen Evolutionssog in Richtung Disintegration und völliger Marktallokation eher unwahrscheinlich erscheinen.

Literatur

Albach, H. (1979): Zur Wiederentdeckung des Unternehmers in der wirtschaftlichen Diskussion, in: Zeitschrift für die gesamte Staatswissenschaft, S. 533 – 552.

Axelrod, R. (1987): Die Evolution der Kooperation, übersetzt und mit einem Nachwort von W. Raub und T. Voss, München.

Bartenbach, K. (1985): Zwischenbetriebliche Forschungs- und Entwicklungskooperation und das Recht der Arbeitnehmererfindung, München.

Baur, C. (1990): Make-or-Buy-Entscheidungen in einem Unternehmen der Automobilindustrie – Analyse und Gestaltungsempfehlungen aus transaktionskostentheoretischer Sicht, München.

Benisch, W. (1969): Kooperationsfibel, Bergisch Gladbach.

Berg, H. (1973): Unternehmensgröße und Wettbewerbsfähigkeit, in: Wirtschaftsdienst 1, S. 44 – 49.

45 Vgl. z.B. die Umorganisation bei Siemens, die in der Presse mit Argumenten wie Marktnähe, Förderung des Unternehmertums, Bildung kleinerer, überschaubarer und ergebnisorientierter Entscheidungseinheiten usw. begleitet wurde und mit einer Verdoppelung der geschäftsführenden Bereiche verbunden war (Disintegration im Unternehmen). Vgl. hierzu auch Baur (1990), S. 134 f., der in Anlehnung an die FAST-Studie (1988) eine Fortsetzung der Reduzierung der Fertigungstiefen und Wertschöpfungsquoten in der Automobilindustrie erwartet; ferner Baur in diesem Band.

46 Vgl. z.B. zu theoretischen Ableitungen hierzu Schneider (1988), S. 163 f.; Picot (1989), S. 368 f.

Brockhoff, K. (1980): Wachstumsschwellen und Forschungsschwellen, in: Zeitschrift für Betriebswirtschaft, S. 475 – 499.

Brockhoff, K. (1984): Forschung und Entwicklung, in: Vahlens Kompendium der Betriebswirtschaftslehre Bd. 1, München, S. 161 – 186.

Bundesminister für Forschung und Technologie (1988b): Faktenbericht 1988 zum Bundesbericht Forschung, Bonn.

Bundesminister für Wirtschaft (1986): Die Förderung von Forschung und Technologie in kleinen und mittleren Unternehmen durch die Bundesregierung – Bilanz 1986, Bonn

Bühner, R. (1988): Technologieorientierung als Wettbewerbsstrategie, in: Zeitschrift für betriebswirtschaftliche Forschung, S. 387 – 496.

Coase, R. (1937): The Nature of the Firm, in: Economia, 4, S. 386 – 405.

Corsten, H. (1984): Die Unternehmensgröße als Determinante der Innovationsaktivitäten, in: Wirtschaftswissenschaftliches Studium, S. 224 – 228.

Crocker, K.J. (1983): Vertical Integration and the Strategic Use of Private Information, in: Bell Journal of Economics, S. 236 – 248.

FAST-Studie (1988): Verbundfertigungen, Beschaffungslogistik und die Verringerung der Fertigungstiefe in der bundesdeutschen Automobilindustrie, FAST-Studie Nr. 8 Hintergrundpapier aus dem Forschungsprojekt „Logistikkonzepte“, Berlin.

Fusfeld, H.; Haklisch, C. (1986): Kollektive Industrieforschung, in: Harvard Manager 2, S. 34 – 41.

Goldberg, W. H. (1986): Zur Organisation interner Innovationsvorhaben in älteren und größeren Unternehmungen, in: Die Betriebswirtschaft, S. 128 – 139.

Harrigan, K.R. (1983): Strategies for Vertical Integration, Lexington .

Hippel v., E. (1987): Cooperation between rivals: Informal know-how trading, in: Research Policy, S. 291 – 302.

Hunsdiek, D. (1987): Unternehmungsgründung als Folgeinnovation, Stuttgart.

Kern, W.; Schröder, H.H. (1977): Forschung und Entwicklung in der Unternehmung, Reinbeck b. Hamburg.

Kern, W.; Schröder, H.H. (1980): Organisation der Forschung und Entwicklung, in: Handwörterbuch der Organisation, Hrsg. v. Grochla, E., Stuttgart, Sp. 707 – 719.

Kieser, A.; Kubicek, H. (1983): Organisation, 2. Aufl., Berlin u. New York.

Kirzner, J.M. (1978): Wettbewerb und Unternehmertum, Tübingen.

Lee, T.H.; Fisher, J.C. (1986): Haben Sie Ihre Forschung und Entwicklung im Griff? – Fünf Prüfsteine für die F&E-Evaluierung, in: Harvard Manager 3, S. 13 – 17.

Machunsky, J. (1985): Forschungskooperationen im Recht der Wettbewerbsbeschränkungen, Göttingen.

Mansfield, E.; Rapoport, J. et al (1971) Research and Innovation in the Modern Corporation, New York.

Michaelis, E. (1985): Organisation unternehmerischer Aufgaben – Transaktionskosten als Beurteilungskriterium, Frankfurt/Main.

Needham, D. (1971): Economic Analysis and Industrial Structure, London.

Pfeiffer, W.; Staudt, E. (1974): Zur Planung von Forschung und Entwicklung in der Unternehmung, in: Zeitschrift für Betriebswirtschaft, S. 280 – 287.

Picot, A. (1982): Transaktionskostenansatz in der Organisationstheorie: Stand der Diskussion und Assagewert, in: Die Betriebswirtschaft, S. 267 – 284.

Picot, A. (1989): Zur Bedeutung allgemeiner Theorieansätze für die betriebswirtschaftliche Information und Kommunikation: Der Beitrag der Transaktionskosten- und Principal-Agent-Theorie, in: Die Betriebswirtschaftslehre im Spannungsfeld zwischen Generalisierung und Spezialisierung, Hrsg. v. W. Kirsch u. A. Picot, Wiesbaden, S. 361 – 379.

Picot, A.; Laub, U.; Schneider, D. (1989): Innovative Unternehmensgründungen – Eine ökonomisch-empirische Analyse, Berlin usw.

Porter, M.E. (1984): Wettbewerbsstrategie, 2. Aufl., Frankfurt.

Pugh, D.S.; Hickson, D.J.; Hinings, C.R. Turner, C. (1968): Dimensions of Organization Structure, in: Administrative Science Quarterly, S. 65 – 105.

Schätzle, G. (1965): Forschung und Entwicklung als unternehmerische Aufgabe, in: Beiträge zur betriebswirtschaftlichen Forschung, Hrsg. v. E. Gutenberg u.a., Bd. 22, Köln u. Opladen, S. 144 – 174.

Schneider, D. (1988): Zur Entstehung innovativer Unternehmen – Eine ökonomisch-theoretische Perspektive, München.

Schneider, D. (1989): Strategische Aspekte für das Controlling von Eigenfertigung und Fremdbezug (EuF), in: controller magazin 3, S. 153 – 155.

Schneider, D.; Zieringer, C. (1990): Strategie der Organisation von Forschung und Entwicklung – Transaktionskostentheoretische und Wettbewerbsstrategische Überlegungen, bislang unveröffentlichtes Manuskript; erscheint demnächst im Gabler-Verlag.

Schumpeter, J.A. (1961): Konjunkturzyklen Bd 1, Göttingen.

Stark, H. (1973): Rationalisierungsreserve Fremdbezug unter risikopolitischem Aspekt, in: Rationalisierung, S. 304 – 308.

Tapon, F. (1989): A Transaction Cost Analysis of Innovations in the Organization of Pharmaceutical R&D, in: Journal of Economic Behavior and Organization, S. 197 – 213.

Wegehenkel, L. (1980): Transaktionskosten, Wirtschaftssystem und Unternehmertum, Tübingen.

Wicher, H. (1986): Unternehmensgröße und Innovationsverhalten, in: Das Wirtschaftsstudium, S. 237 – 242.

Williamson, O.E. (1975): Markets and Hierarchies: Analysis and Antitrust Implications, New York u. London.

Zenz, P.M. (1980): Die betriebswirtschaftliche Beurteilung von Forschungs- und Entwicklungsleistungen im Industriebetrieb, Frankfurt/Main.

Cornelius Baur

Vertikale Kooperation als Strategie innovativen Unternehmertums

– Dargestellt am Beispiel der Automobilindustrie –

1. Problematik
   1.1 Akquisition ist „out“ – Kooperation ist „in“
   1.2 Die Automobilindustrie – reif für die vertikale Desintegration?
   1.3 Konsequenz: Ein ideales Koordinatorunternehmen

2. Fallstudie: Innovation als Wettbewerbsstrategie
   2.1 Projektbeschreibung
   2.2 Das Koordinatorunternehmen
      2.2.1 Eigenfertigungs- und Fremdbezugsstruktur
      2.2.2 Entwicklung
      2.2.3 Lieferverträge
   2.3 Ergebnisübersicht

3. Risiken für das Koordinatorunternehmen
   3.1 Stabil nur bei Wachstum?
   3.2 Geister, die ich rief – oder – zieht man sich nicht die eigene Konkurrenz?
   3.3 Identitätskrise: Sind wir noch ein Automobilhersteller?
   3.4 Wo sind die High-Potentials?

Literatur

In den reifen Automobilmärkten der westlichen Welt ist die technologische Innovation wesentliche Voraussetzung für ein weiteres Unternehmenswachstum und die Sicherung der Unternehmensgewinne. Der folgende Beitrag analysiert die Auswirkungen dieses wettbewerbsbestimmenden Faktors auf die Fertigungsstrukturen der Automobilunternehmen und insbesondere die Gestaltung der Lieferantenbeziehungen. Die sich abzeichnende Entwicklung von Koordinatorunternehmen wird an Hand von empirischen Ergebnissen aus einem zweijährigen Kooperationsprojekt zwischen dem Institut für Organisation der Ludwig-Maximilians-Universität München (Lehrstuhl Prof. Dr. A. Picot) und einem bedeutenden deutschen Automobilhersteller verdeutlicht.

1. Problematik

1.1 Akquisition ist „out" – Kooperation ist „in"

Das wirtschaftliche Umfeld bestimmt maßgeblich aktuelle Fragestellungen in der betriebswirtschaftlichen Diskussion. Eine bislang relevante Thematik tritt infolge veränderter wirtschaftlicher Verhältnisse in den Hintergrund und wird von betriebswirtschaftlichen Aufgaben mit aktuellerem Bezug abgelöst.

Stark vereinfacht zeigen sich folgende Entwicklungsströme: In den 20er Jahren standen primär Inflationsrechnungslegung und Bilanz- und Kapitalerhaltungstheorien im Vordergrund. Daran schloß sich eine Zeit intensiver Bemühungen um eine Weiterentwicklung der Kostenrechnung und Preiskalkulation an. Diese Epoche setzte sich auch bis in die frühen 40er Jahre fort. Arbeiten an der Investitions- und Finanzierungstheorie prägten die 50er und 60er Jahre. Die folgende Jahrzehnte brachten die Annäherung zwischen einer akademisch geprägten Diskussion über die „Theorie der Unternehmung" und der Wirtschaftspraxis[1]. So wurden in den 70er Jahren vor allem Methoden der strategischen Unternehmensplanung (z.B. Erfahrungskurvenkonzept und Portfolioplanung) diskutiert. Das anschließende Jahrzehnt stand „im Banne des Investmentbankings"[2]. Aus seiner Sprachwelt stammen die schnellen Reichtum verheißenden Schlagworte wie Mergers and Acquisitions, Leveraged Buy-out, Junk Bonds, Mezzanine Financing, Golden Parachutes, oder Raiders. Der Hollywoodstreifen „Wall Street" mit Michael Douglas als skrupelloser „Raider" Gordon Gekko wurde zum Kultfilm dieser Jahre.

Empirische Untersuchungen decken die Mißerfolge der Akquisitionsmanie auf[3]. So gilt unter Insidern die Faustformel, daß nur jede dritte Akquisition für den Erwerber auch den gewünschten Erfolg schafft. Umsetzung und Realisation der zuvor hochgepriesenen Syn-

1 Vgl. Wöhe (1990), S. 225.
2 Cayatas/Mahari (1988).
3 Vgl. Porter (1987); Bühner (1990); vgl. hierzu auch den Beitrag zu M&A von Laub in diesem Band.

ergiepotentiale bleiben zumeist deutlich hinter den hochgespannten Erwartungen zurück[4]. Zu den Gewinnern zählen jedoch die Investmentbanker und Raider: Sie beraten heute wieder ihre ehemaligen Kunden bei der Restrukturierung der oftmals nur wenig profitablen Unternehmensgruppen[5].

Gleichzeitig schlagen die Auswirkungen bedeutender Entwicklungen durch: Die Einführung leistungsfähiger Informations- und Kommunikationstechnologien und die Verschärfung des globalen Wettbewerbs. Letzterer zwingt zu einer schnellen und entschlossenen Gangart bei der Desintegration strategisch nicht relevanter und unrentabeler Fertigungsstufen. Dieser Schritt verlangt heute jedoch nicht mehr die Abtrennung kostengünstiger Leistungsbeziehungen. Neue Informations- und Kommunikationstechniken schaffen die Voraussetzung für eine auch zukünftig effiziente Zusammenarbeit der zuvor integrierten Unternehmen[6]. Vertikale Kooperationsformen bilden die Basis ihrer stabilen zwischenbetrieblichen Beziehungen. Dabei gruppieren sich die rechtlich selbständigen Unternehmen um das dominante Koordinator- oder Schaltbrettunternehmen. Diese auch als Wertschöpfungspartnerschaften bezeichneten Unternehmensverbände bilden nun eine Schicksalsgemeinschaft mit gemeinsamer Mission[7]. Berichte über die Wettbewerbsvorteile dieser neuen Organisationsformen vor allem in der japanischen Automobilindustrie[8] und der italienischen Bekleidungsindustrie[9] finden sich heute nahezu in allen einschlägigen Fachzeitschriften. Die 90er Jahren sind offensichtlich auf dem Weg zum Jahrzehnt der Kooperationen[10].

1.2 Die Automobilindustrie – reif für die vertikale Desintegration?

Die deutsche Automobilindustrie erlebt zur Zeit einen unerwarteten Nachfrageboom. Gleichzeitig häufen sich aber alarmierende Meldungen über Stillegungen von Montagewerken und umfangreiche Personalfreisetzungen in der nordamerikanischen Automobilindustrie. Wie ist also die strukturelle Entwicklung der Automobilindustrie einzuschätzen?

Die Automobilindustrie wird als reife bzw. bereits stagnierende Branche betrachtet[11]. Langfriststudien wie etwa der Bericht der OECD prognostizieren ein schwaches Wachs-

4 Vgl. Bühner/Spindler (1986).
5 Vgl. Rappaport (1990).
6 Vgl. statt vieler Benjamin/Malone/Yates (1986).
7 Vgl. Miles/Snow (1986); Thorelli (1986); Jarillo (1988); Johnston/Lawrence (1988); zu einer empirischen Untersuchung von Netzwerkbeziehungen vgl. Hakansson (1989).
8 Vgl. ausführlich Ernst (1989).
9 Vgl. Johnston/Lawrence (1988); Porter (1990).
10 Vor dem Hintergrund dieses Trends sind sicherlich auch die Beiträge von Gerybadze sowie Schneider/Zieringer in diesem Band zu sehen.
11 Vgl. z.B. Meffert (1986), S. 663; Jones (1988), S. 12.

tum von 1,5 % bis 2 % bis zum Jahr 2000. Überkapazitäten von 4-5 Millionen Fahrzeugen bei einer weltweiten PKW-Produktion von jährlich ca. 35 Millionen Einheiten und die Liberalisierung der Märkte in Europa erschweren die Wettbewerbsbedingungen für deutsche Hersteller. Zusätzlichen Wettbewerbsdruck schafft das Vordringen japanischer Automobilkonzerne in die bis jetzt durch Käuferpräferenzen geschützten Segmente der gehobenen Mittelklassefahrzeuge und der Luxuslimousinen. Diese Entwicklung setzt jedoch erst mit Verzögerung auch auf europäischen Automobilmärkten ein.

Zentraler Angriffspunkt der Rationalisierungsstrategien in den Automobilunternehmen ist die Überprüfung der Fertigungstiefe[12]. Dieses Vorgehen bietet erhebliche Einsparungspotentiale, da sich selbst geringe Kostenvorteile pro Stück bei Änderung der Make-or-Buy-Entscheidungen infolge der hohen Stückzahlen zu bedeutenden Kosteneinsparungen aufaddieren. Der geradezu weltweite Trend zur Senkung der Fertigungstiefe zeigt, daß hier Eigenfertigungsumfänge über ein effizientes Maß hinaus aufgebaut wurden. Auch die meisten deutschen Hersteller wollen ihre Eigenfertigungsumfänge bis 1995 um 5-6 % senken[13]. Dabei machen die Make-or-Buy-Analysen selbst vor klassischen Eigenfertigungsumfängen wie Zylinderköpfen oder Rohkarossenteilen nicht halt.

Vorbild und Ziel dieser Bestrebungen sind wieder einmal japanische Hersteller: Sie haben ihre ehemaligen Eigenfertigungsaufgaben weitestgehend auf externe Lieferanten delegiert und beschränken sich nun auf die übergelagerte Entwicklung des Gesamtsystems und die Koordination des Wertschöpfungsprozesses (Systemintegrator). Im Gegensatz zu den üblichen Einjahresverträgen in der deutschen Automobilindustrie binden japanische Hersteller ihre Lieferanten aber erheblich enger mit Hilfe langfristiger Lieferverträge (lifecycle-contracting), Kapitalbeteiligungen oder Personalverflechtungen ein[14].

1.3 Konsequenz: Ein ideales Koordinatorunternehmen

Wie sieht nun ein ideales Koordinatorunternehmen aus? Zur Untersuchung dieser Frage wird im folgenden auf den Koordinationskostenansatz zurückgegriffen[15]. Koordinations- oder Transaktionskosten bezeichnen vereinfacht alle Kosten beim Austausch von Leistungen. Hierzu zählen in einer ersten Stufe der Leistungsbeziehungen die Kosten der Suche nach Transaktionspartnern, der Verhandlung von Verträgen und der hierzu erforderlichen Informationsübertragung. In einer zweiten Stufe nach Vertragsabschluß entstehen Koordinationskosten besonders infolge der notwendigen Kontrolle der Verträge und des Informationsaustausches über technische, designbedingte oder quantitative Änderun-

12 Vgl. ausführlich Baur (1990); zu strategischen Aspekten von Make-or-Buy-Entscheidungen vgl. auch Schneider (1989).

13 Vgl. Arthur Anderson & Co./Wildemann (1988), S. 19.

14 Vgl. Demes (1989), S. 274; Ernst (1988).

15 Vgl. Coase (1937), Williamson (1975) und (1985), Klein/Crawford/Alchian (1978); Picot (1982); Michaelis (1985).

gen des zu liefernden Produktes. Ein erheblicher – wenn auch zahlenmäßig schwer zu erfassender – Kostenblock sind Bindungs- und Abhängigkeitskosten von bestimmten Lieferanten aufgrund mangelnder Konkurrenz auf dem Beschaffungsmarkt[16].

Die Koordinationskostentheorie hat sich nun bemüht, Einflußgrößen für Koordinationskosten zu ermitteln und Strategien zur Minimierung dieser Koordinationskosten durch die Wahl einer bestimmten Form der Gestaltung der Lieferbeziehung zu entwickeln.

Letztere Aussage ist gerade für das Thema dieses Aufsatzes von großer Bedeutung: So bleiben Empfehlungen auf Basis der Beurteilung von Einflußgrößen der Leistungen nicht bei einer reinen Eigenfertigungs- oder Fremdbezugsempfehlung stehen. Vielmehr werden auch vertikale Kooperationsformen wie Kapitalbeteiligungen an Lieferanten, langfristige Entwicklungs- und Lieferverträge oder kurzfristige Lieferverträge explizit berücksichtigt. Dabei können diese Vertrags- und Koordinationsformen nach ihrem vertikalen Integrationsgrad unterschieden werden. Darunter versteht man den Umfang der Ähnlichkeit bzw. Unähnlichkeit dieser Koordinationsform mit einer unternehmensinternen Erstellung[17]. Weist die Vertragsform sehr viele Ähnlichkeiten mit der Eigenerstellung auf wie z.B. die langfristige Orientierung oder das Anweisungsrecht zur Lösung von Streitigkeiten spricht man von Koordinationsformen mit einem hohen vertikalen Integrationsgrad. Ähnelt die Ausgestaltung der Lieferbeziehung dagegen mehr einem reinen Marktbezug wie z.B. bei einer eher kurzfristigen Ausrichtung ohne Anweisungsrecht des Bestellers bei Streitigkeiten liegt eher eine Koordinationsform mit einem niedrigen vertikalen Integrationsgrad vor.

Welche zentralen Einflußgrößen der Koordinationskosten und welche Strategieempfehlungen gibt es nun? Die wichtigste Einflußgröße ist die Spezifität. Sie sagt aus, daß z.B. ein spezifisches Werkzeug für die Formgebung eines nur bei einem bestimmten Automobilhersteller verwendbaren Preßteils nur in einer bestimmten spezifischen Leistungsbeziehung eingesetzt werden kann. In jeder anderen Geschäftsbeziehung ist dieses spezifische Werkzeug nutzlos und müßte erst unter erheblichen Umrüstkosten auf die neue Leistungs- oder Transaktionsbeziehung angepaßt werden. So müßte der Lieferant des Mercedes-Benz-Sterns beim Abbruch der Lieferbeziehung erst erhebliche Kosten für die Umrüstung seiner spezifischen Preß- und Stanzwerkzeuge aufwenden, um dann beispielsweise die BMW-Plakette fertigen zu können.

Spezifität ist jedoch nicht nur auf Anlagen oder Werkzeuge beschränkt. Auch Know-how, Erfahrungen oder die räumliche Lage von Investitionen können spezifisch sein. Letztere liegt vor, wenn sich z.B. ein Lieferant für die JIT-Belieferung nahe bei einem Montagewerk des Bestellers ansiedelt und keine weiteren Kunden von diesem Werk (JIT-) beliefert werden können. In diesem Fall sind möglicherweise die Fertigungsanlagen standardisiert.

---

16 Der Anteil der Koordinationskosten an den Gesamtkosten vieler industrieller Unternehmen und auch am Bruttosozialprodukt wird auf bis zu 50 % geschätzt; vgl. North (1984), S. 7; Picot (1986), S. 768; Baur (1990), S. 47, Fn. 42.

17 Vgl. Imai/Itami (1984), S. 287; vgl. die Übersicht zu Begriffsdefinitionen bei Baur (1990), S. 94 ff.

Der gesamte Fertigungskomplex ist aber spezifisch, da er nur zur JIT-Belieferung eines bestimmten Automobilherstellers dienen kann.

Mit zunehmender Spezifität der eingesetzten Produktionsfaktoren erhöhen sich die gegenseitigen Abhängigkeiten. Infolge der fehlenden Marktpreise wird gleichzeitig auch die Preisbestimmung erschwert. Ohne Marktpreise müssen auch die Änderungskosten bei Änderungen der spezifischen Produktionsfaktoren verhandelt werden. Diese wenigen Aspekte zeigen, daß Koordinationskosten mit zunehmender Spezifität der eingesetzten Produktionsfaktoren kräftig steigen.

Wie lassen sich nun diese Koordinationskosten senken? Durch die Wahl einer Koordinationsform mit einem hohen Integrationsgrad müssen Lieferpreise nicht mehr umständlich ausgehandelt werden. Ebenso entfallen Streitigkeiten bei Änderungen spezifischer Produktionsfaktoren. Die Vertragsparteien könnten vielmehr im festen Vertrauen auf eine langfristige Beziehung die erforderlichen spezifischen Produktionsfaktoren erwerben oder herstellen. Soweit aber nur unspezifische Fertigungsmittel eingesetzt werden, sollten Vertragsformen mit einem geringen Integrationsgrad Verwendung finden. Hier besteht keine Notwendigkeit für eine langfristigen Absicherung. Der Austausch eines Vertragspartner verursacht nur geringe Wechselkosten.

Eine weitere Einflußgröße wurde bereits angesprochen: Die Unsicherheit. Spezifische Investitionen in langlebigen Fertigungsanlagen lassen sich grundsätzlich auch durch Verträge mit entsprechenden Fristigkeiten absichern. Je höher aber die Unsicherheit bezüglich Design, Qualität oder Nachfrage der Teile, desto weniger gelingt eine umfassende vertragliche Absicherung und desto höher steigen die Koordinationskosten bei Formulierung des Vertrages oder bei nachvertraglichen Anpassungen.

Auch Änderungen per se verursachen hohe Koordinationskosten: Bei Bezug über den Markt müßten Änderungsinformationen von der Entwicklung an den Einkauf und von dort an die Lieferanten weitergegeben und die Änderungskosten mit diesen ausgehandelt werden. Dagegen können Änderungsinformationen bei unternehmensinterner Erstellung oder bei eng eingebundenen Lieferanten problemlos und zügig weitergegeben werden. Kostenintensive Verhandlungen oder umständliche Informationswege entfallen.

Innovative Produkte sind meist mit einer sehr hohen Unsicherheit und Spezifität und damit hohen Koordinationskosten bei marktlichem Bezug verbunden. So müßte der Besteller dem Lieferanten erst die „sensitiven" Informationen umständlich übermitteln, ihn zur Übernahme der innovativen Investitionen überzeugen und eine aufwendige vertragliche Absicherung sicherstellen[18]. Zur Erstellung innovativer Produkte eignen sich daher grundsätzlich eher stark integrierte Koordinationsformen. „Innovation schreit nach vertikaler Integration"[19].

Komplexität von Teilen ist eine weitere Einflußgröße: Je mehr Einzelteile und je stärker und vielfältiger die Abhängigkeiten zwischen ihnen, desto höhere Koordinationskosten

18 Vgl. hierzu auch Laub in seinem Beitrag zur Innovationsbewertung.
19 Schneider (1988), S. 200.

verursacht die erforderliche umfangreiche Abstimmung bei marktlichem Bezug. Der weite Informationsvorsprung der Lieferanten erhöht zudem Bindungs- und Abhängigkeitskosten. Hohe Koordinationskosten setzen hier aber grundsätzlich die Existenz spezifischer oder nur von wenigen Lieferanten lieferbarer Teile voraus. Koordinationsformen mit einem hohen Integrationsgrad senken bei sehr komplexen und spezifischen Teilen wiederum die Koordinationskosten.

Welche Strategieempfehlungen lassen sich jetzt auf Grundlage dieser Einflußgrößen ableiten? Grundsätzlich gilt folgendes:

Sehr standardisierte, einfache und traditionelle Teile, deren Bedarf nur wenig schwankt und deren konstruktive Maße auch nur selten geändert werden, sollten regelmäßig über Vertragsbeziehungen mit einem geringen vertikalen Integrationsgrad – etwa über kurzfristige Lieferverträge – bezogen werden.

Mit Ansteigen jeder einzelnen Einflußgröße, also mit höherer Spezifität, ansteigender Komplexität, zunehmender Unsicherheit und erhöhtem Innovationsgrad der Teile sind Koordinationsformen mit höherem vertikalen Integrationsgrad zu wählen. In diesem Zwischenbereich zwischen niedrigen und sehr hohen Ausprägungen der Einflußgrößen sollten längerfristige Kooperationsformen wie langfristige Verträge, kombinierte Entwicklungs- und Produktionsverträge oder im Extremfall Lieferantenansiedlungen verwendet werden.

Sehr spezifische, innovative und komplexe Teile, die mit einer sehr hohen technischen und quantitativen Unsicherheit behaftet sind, sollten schließlich nur unternehmensintern erstellt werden.

Diese grundsätzlichen Strategieempfehlungen gelten jedoch nur beschränkt bei hohen Know-how-Barrieren für den Besteller. Strategieempfehlungen müssen hier berücksichtigen, daß der Erwerb des Entwicklungs- und Fertigungs-Know-hows mit hohen, oftmals prohibitiven Koordinationskosten verbunden ist[20]. Diese hohen Koordinationskosten entstehen etwa durch die notwendige Übertragung von personengebundenem Wissen ohne eine Abwerbung des Know-how-Trägers vom Lieferanten. Auch die Schwierigkeit den Wert des Know-hows festzustellen, ohne gleichzeitig das Know-how selbst preiszugeben, erschwert den Know-how-Erwerb[21]. Diese wenigen Beispiele zeigen bereits die Konsequenzen hoher Know-how-Barrieren. Unter diesen Umständen muß der Besteller selbst trotz sehr hoher Ausprägungen der Einflußgrößen auf die unternehmensinterne Erstellung verzichten. Anstelle der Eigenerstellung treten dann sehr enge vertikale Kooperationsformen wie Kapitalbeteiligungen, Joint-Ventures, Ansiedlungen von Lieferanten oder intensive gemeinsame Entwicklungs- und Produktionskooperationen[22].

---

20 Vgl. z.B. Silver (1984).

21 Vgl. Arrow (1970), S. 152.

22 Vgl. zu internationalen Joint-Ventures den Beitrag von Gerybadze in diesem Band.

Diese Strategieempfehlungen haben fundamentale Bedeutung für die Fragestellung dieses Beitrags:

Wie bereits festgestellt wurde, ist der hohe Innovationsgrad der Komponenten und des Gesamtsystems ein wesentlicher Wettbewerbsfaktor in der Automobilindustrie. Gleichzeitig finden gerade im Automobilbau sehr viele und sehr unterschiedliche Komponenten mit unterschiedlichsten technologischen Anforderungen und Spezialkenntnissen Eingang in das komplexe Endprodukt Auto.

Bei kontinuierlicher und innovativer Weiterentwicklung der Komponenten können kleine bis mittelgroße Automobilhersteller nicht mehr alle relevanten Technologiefelder beherrschen. Die Innovationsanstrengungen der Lieferanten erhöhen somit die Know-how-Barrieren für die Automobilhersteller. Dies löst in der Folge einen starken Trend zu vertikalen Kooperationsformen und zu einem kräftigen Abbau traditioneller Eigenfertigungsaktivitäten aus. Ein zuvor stark integrierter Automobilhersteller entwickelt sich daher bei wachsendem Innovationsgrad der Komponenten und relevanten Fertigungsprozesse notwendigerweise zu einem Koordinatorunternehmen. Dieses Koordinatorunternehmen wird als Systemintegrator folglich auch sehr spezifische, komplexe, innovative Komponenten von Lieferanten beziehen. Allerdings wird der Koordinator mit seinen Kernlieferanten aber auch sehr enge kooperative Beziehungen aufbauen.

Im folgenden Abschnitt wird gezeigt, wie ein bedeutender deutscher Autombilhersteller bereits den Weg zum Koordinatorunternehmen eingeschlagen hat und auch Lieferanten hochspezifischer und innovativer Komponenten unter Einsatz der Palette unterschiedlicher Kooperationsformen effizient einbindet.

2. Fallstudie: Innovation als Wettbewerbsstrategie

2.1 Projektbeschreibung

Der Automobilproduzent bezeichnet sich mit etwa 500.000 verkauften PKW und etwa 20 Milliarden DM Umsatz als „kleinster Massenhersteller“ der bundesdeutschen Automobilindustrie[23]. Das Unternehmen produziert fünf Modellreihen. Der Umsatz wird jedoch primär mit drei Reihen erzeugt. Diese Modelle sind in der oberen Mittelklasse (Hauptumsatzträger) und im Ober- bzw. Luxusklassensegment plaziert. Das Unternehmen verfolgt mit einer kundenindividuellen Produktauslegung (Auftragsfertigung) und einer starken Technologieorientierung eine konsequente Differenzierungsstrategie. Als Konsequenz entstehen etwa 930.000 Produktvarianten, darunter allein etwa 1.400 verschiedene

23 Die Zahlenangaben beziehen sich, soweit nicht anders vermerkt, auf den Jahresabschluß der Aktiengesellschaft im Jahre 1988.

Motorentypen. Mit etwa 45 % (bei sinkender Tendenz) liegt die Wertschöpfungsquote des Unternehmens im Durchschnitt der bundesdeutschen Automobilindustrie[24]. Dabei fällt der Eigenfertigungsanteil mit zunehmender Leistungsstärke und Exklusivität der Modellreihen jedoch stark ab. So beträgt dieser Wert bei der (leistungsmäßig) kleinsten Serie noch 40 %, während er bei dem Spitzenmodell aus dem Luxusklassensegment auf 10 % absinkt.

Eigenfertigungsschwerpunkt ist die historisch gewachsene Blech- und Metallverarbeitung, insbesondere die Rohkarossen-, Achsen- und Motorfertigung. Hier verfügt der Automobilhersteller über überlegene Entwicklungs- und Fertigungskompetenz. Diese Fertigungsbereiche werden auch von anderen Automobilherstellern als sogenannte „Kernfertigung" betrachtet[25]. Infolge massiver Automatisierung und Rationalisierung sinkt die Wertschöpfung der Automobilhersteller in diesen Bereichen aber beständig. Typische Fremdbezugsdomänen sind u.a. die Elektrik- und Elektronikumfänge, die Getriebefertigung und die Heiz- und Klimaanlage. Der Wertanteil dieser Bereiche an den proportionalen Herstellkosten hat sich von Modell zu Modell laufend erhöht und wird auch weiter zunehmen.

Zum Thema „Entwicklung der Fertigungstiefe" konnten im Rahmen eines zweijährigen Kooperationsprojektes zwischen dem Institut für Organisation der Ludwig-Maximilians-Universität München und dem Automobilhersteller umfangreiche Daten mit Hilfe von standardisierten Interviews erhoben werden[26]. Die Antworten der Fachleute des Unternehmens wurden auf einer in der sozial-wissenschaftlichen Forschung üblichen 7 Punkte Rating-Skala mit den Endpunkten „Eigenschaft trifft voll zu" und „Eigenschaft trifft überhaupt nicht zu" erfaßt. Insgesamt konnten im Frühjahr 1989 54 Interviews mit Gruppen-, Abteilungs- oder Hauptabteilungsleitern aus den Bereichen Entwicklung, Finanz-Controlling, Einkauf und Technische Zentralplanung geführt werden. Dabei wurden Daten zu 22 Bereichen mit 30 (22 fremdbezogenen und 8 eigengefertigten) Komponenten erhoben. Sie bestimmen etwa 85 % der proportionalen Herstellkosten eines Standardmodells des Automobilherstellers.

Abbildung 1 gibt einen Überblick über untersuchte Bereiche bzw. Komponenten. 14 Bereiche enthalten demnach nur fremdbezogene Komponenten wie beispielsweise Abgasanlage oder Bremse, während sich 8 Bereiche aus eigengefertigten und fremdbezogenen Komponenten zusammensetzen wie z.B. Fahrzeugelektrik oder Rohkarosse[27]. Bei den nachfolgenden Auswertungen sind die Komponentenbezeichnungen – auf Ersuchen des Unternehmens der Fallstudie – verschlüsselt.

---

24 Vgl. Arthur Anderson & Co./Wildemann (1988), S. 19.

25 Vgl. FAST (1988), S. 17 f.

26 Vgl. hierzu und zum folgenden Baur (1990), S. 167 ff.

27 Die eigengefertigte Komponente in der Rohkarosse umfaßt z.B. die Bodengruppe, Seiten- und Dachrahmen oder die Außenhaut (z.B. Front- und Heckverkleidung) des Fahrzeugs. In der fremdbezogenen Komponente des Bereichs Rohkarosse finden sich dagegen verschiedene Kleinpreßteile, Winkel oder Verbindungsteile.

Bereiche (22)	Komponenten (30)	
	fremdbezogene Komponenten	eigengefertigte Komponeten
Abgasanlage	Abgasanlage	
Allgemeine Fahrzeugelektrik	Allgemeine Fahrzeugelektrik	Allgemeine Fahrzeugelektrik
Bremse	Bremse	
Fahrwerkselektrik	Fahrwerkselektrik	
Fahrwerkselektronik	Fahrwerkselektronik	
Getriebe	Getriebe	
Grundmotor	Grundmotor	Grundmotor
Gummi, Glas, Dichtungen	Gummi, Glas, Dichtungen	
Guss- und Schmiedeteile	Guss- und Schmiedeteile	
Heiz- und Klimaanlage	Heiz- und Klimaanlage	
Hinterachse	Hinterachse	Hinterachse
Instrumente/Meßgeräte	Instrumente/Meßgeräte	
Karosserieausstattung	Karosserieausstattung	Karosserieausstattung
Kunststoffteile	Kunststoffteile	Kunststoffteile
Kühlung	Kühlung	
Lenkung	Lenkung	
Leuchten/Rückstrahler	Leuchten/Rückstrahler	
Motorelektronik	Motorelektronik	
Rohkarrosse	Rohkarrosse	
Schrauben, Verbindungsteile	Schrauben, Verbindungsteile	
Sitze	Sitze	Sitze
Vorderachse	Vorderachse	Vorderachse

Abbildung 1: Übersicht über untersuchte Bereiche bzw. Komponenten

Die Analyse der vertraglichen Einbindung von Lieferanten beruht auf Befragungsergebnissen von 20 Einkaufsleitern. Analog konnten 21 Entwicklungsleiter zur Organisation der Teileentwicklung befragt werden. Bei Korrelationsanalysen wurde auf die Einschätzung der Komponenten durch mehrere Experten (Durchschnittswerte) zurückgegriffen.

Wie äußert sich nun Innovation als Wettbewerbsstrategie? Der durchschnittliche Innovationsgrad des Gesamtfahrzeugs über alle 30 Komponenten wird mit 5,3 auf der Rating-Skala mit dem Endpunkt 7 als „sehr hoher Innovationsgrad“ doch als bereits relativ hoch eingeschätzt. Interessant ist auch die Analyse nach eigengefertigten und fremdbezogenen Komponenten: Die Bereiche mit Eigenfertigungs- und Fremdbezugsumfängen sind deutlich weniger innovativ (4,8) als ausschließlich fremdbezogene Bereiche (5,7).

2.2 Das Koordinatorunternehmen

2.2.1 Eigenfertigungs- und Fremdbezugsstruktur

Eine globale Gegenüberstellung der Profile gibt einen sehr guten Einblick in die Struktur der Fertigungsumfänge und das Anspruchsniveau der Kaufteile (vgl. Abbildungen 2 bis 4). Die Ausprägungen der Eigenschaften wurden als Durchschnittswerte der Bewertungen der Fachbereiche ermittelt.

Wie schätzen Sie die gegenwärtigen Eigenschaften der fremdbezogenen und der eigengefertigten Komponenten ein?

fremdbezogene Komponenten : ————————

eigengefertigte Komponenten : - - - - - - - - - -

	Trifft überhaupt nicht zu 1 – 2 – 3 – 4 – 5 – 6 – 7 Trifft voll zu	Signif. niveau	Mittelwerte fremd-bezog. Kompo. n = 22	Mittelwerte eigen-gefer. Kompo. n = 8
(a) erfordern eine vergleichsweise hohe Sachkenntnis (für die Produktion)		0,158	5,5	4,5
(b) können einfach von auswärts bezogen werden		0,057	3,6	5,0
(c) sind sehr komplex		0,104	5,4	4,4
(d) sind einfach und standardisiert		0,216	2,1	2,9
(e) müssen mit teuren Werkzeugen hergestellt werden (im Vergleich zu Werkzeugen für andere Teile)		0,858	4,8	5,0
(f) müssen oft geändert werden		0,753	4,8	5,0
(g) erfordern einfache Arbeitsgänge		0,191	3,1	4,0
(h) benötigen einen hohen Koordinations- und Abstimmungsaufwand (z.B. Zeit, Paßgenauigkeit)		0,760	5,3	5,2
(i) werden in vielen Varianten hergestellt		0,296	4,6	3,9
(j) benötigen ein spezifisches Fertigungs-Know-how		0,296	3,4	4,1
(k) sind von besonderer Bedeutung für die Qualität des Gesamtfahrzeugs		0,352	5,9	5,5
(l) unterliegen einer stark schwankenden Nachfrage		0,639	2,7	2,5
(m) ihre Qualität kann einfach überwacht werden		0,477	3,2	3,6
(n) müssen aus fertigungstechnischen und/oder logistischen Gründen möglichst nahe beim Verbauort produziert werden		0,135	3,1	3,7
(o) müssen mit spezifischen Werkzeugen gefertigt werden		0,841	5,8	5,9
(p) sind strategisch relevant		0,198	4,5	3,7

Abbildung 2: Profildarstellung der Eigenschaften von 30 Komponenten

Welche wesentlichen Erkenntnisse kann man erkennen?

Besonders wichtig erscheinen drei Aussagen:

(1) Eigengefertigte und fremdbezogene Komponenten weisen sehr hohe Ausprägungen der Einflußgrößen auf, d.h. die Koordination dieser Komponenten ist mit hohen Koordinationskosten verbunden. So müssen fast durchwegs spezifische Werkzeuge eingesetzt werden (vgl. Item o in Abbildung 2)

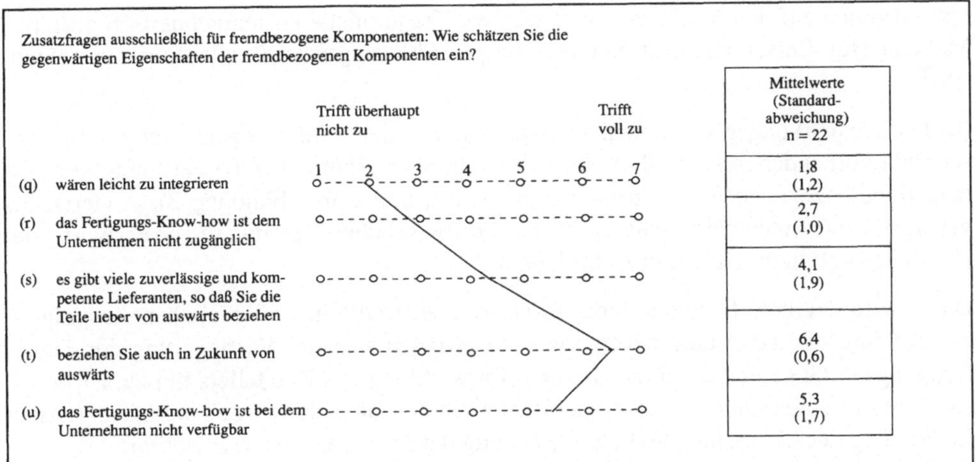

Abbildung 3: Profildarstellung zusätzlicher Eigenschaften fremdbezogener Komponenten

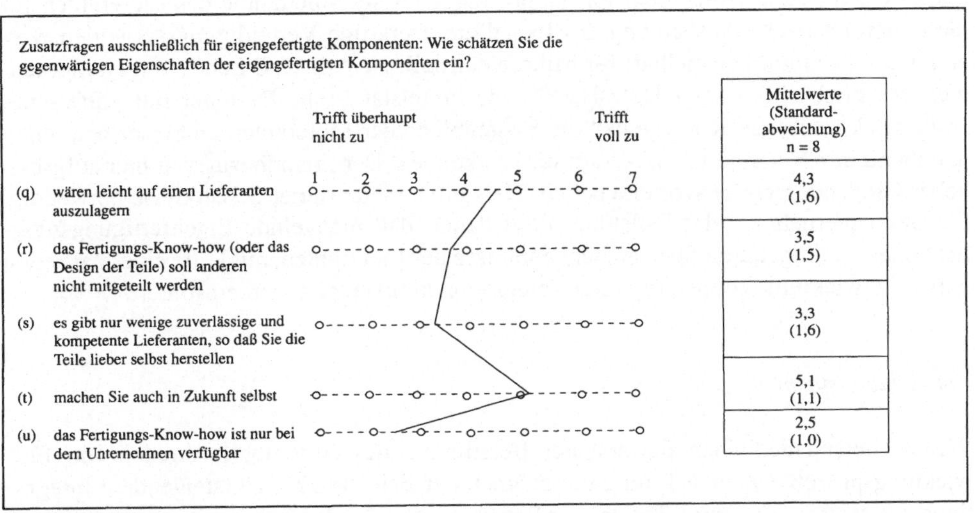

Abbildung 4: Profildarstellung zusätzlicher Eigenschaften eigengefertigter Komponenten

(2) Die Profile zeigen, daß die Kaufteile im Durchschnitt sehr anspruchsvoll sind und teilweise die Ausprägungen der Hausteile sogar übertreffen (vgl. z.B. Item a, b, c oder g in Abbildung 2). Dies deutet auf einen Ablösungsprozeß bei den Eigenfertigungsumfängen hin. Offensichtlich befinden sich bei den Hausteilen noch in erheblichem Umfang Fertigungsumfänge, die weniger koordinationskostenintensiv sind und die langsam aus dem

Unternehmen auf den Markt gedrängt werden. Traditionelle kostenrechnerisch gestützte Make-or-Buy-Entscheidungen können diesen Ablösungsprozeß allerdings verschleppen[28].

(3) Die Auswirkungen des hohen Innovationsgrads der Kaufteile zeigt sich am nur beschränkt vorhandenen Know-how im Automobilunternehmen für die Fertigung von bislang fremdbezogenen Komponenten (vgl. Item q und u in Abbildung 3). Andererseits verfügen Lieferanten offensichtlich über die erforderlichen Kenntnisse zur Fertigung der Hausteile (vgl. Item q und u in Abbildung 4).

Damit wird deutlich: Der hohe Innovationsgrad der Kaufteile und die hohen Ausprägungen der Einflußgrößen dieser Komponenten zwingen zu einer Verringerung der Eigenfertigungsumfänge und zu einer stärkeren Entwicklung des Herstellers hin zum Koordinator. Wie reagiert nun das Automobilunternehmen hinsichtlich der organisatorischen Einbindung der Lieferanten und der Gestaltung der Entwicklungsorganisation?

2.2.2 Entwicklung

Eine starke Know-how-Kompetenz des Bestellers senkt hohe Koordinationskosten bei marktlichem Bezug. Allgemein formuliert, reduziert sie Spielräume des Lieferanten für die opportunistische Ausbeutung des Bestellers. Derartige Verteidigungsstrategien werden in der Literatur beispielhaft für Mikroelektronik-, Textil- und Lebensmittelunternehmen beschrieben. So zeigt Hotz-Hart[29], wie mittelständische Besteller mit Hilfe einer „mikroelektronischen Kompetenz" die Kostenpläne der Lieferanten einfacher beurteilen und damit ihre Verhandlungsposition stärken können. Der Fremdbezug war hier aufgrund hoher Größendegressionsvorteile bei der Herstellung integrierter Schaltkreise notwendig. Für das Unternehmen der Fallstudie folgt daher, daß mangelnde Eigenfertigungsmöglichkeiten, bedingt durch Spezialistenkenntnisse der Lieferanten, mit Hilfe einer partiellen hohen Entwicklungskooperation und -integration kompensiert werden sollten.

Entwicklungsformen

Welche unterschiedlichen Formen der Beteiligung des Automobilherstellers am Entwicklungsprozeß zeigen sich im Unternehmen der Fallstudie? Nach steigendem Integrationsgrad lassen sich grundsätzlich vier Formen unterscheiden[30]:

- Lieferantenentwicklung
- Blackboxentwicklung
- Kooperationsentwicklung
- Eigenentwicklung.

---

28 Vgl. Baur (1990), S.16 ff.; vgl. ähnlich Schneider/Zieringer (1990).
29 Vgl. Hotz-Hart (1989), S. 121 f.
30 Zu einer anderen Systematisierung vgl. den Beitrag von Scheider/Zieringer in diesem Band.

Einen groben Überblick über die Organisation des Entwicklungsprozesses für 22 Bereiche gibt Abbildung 5.

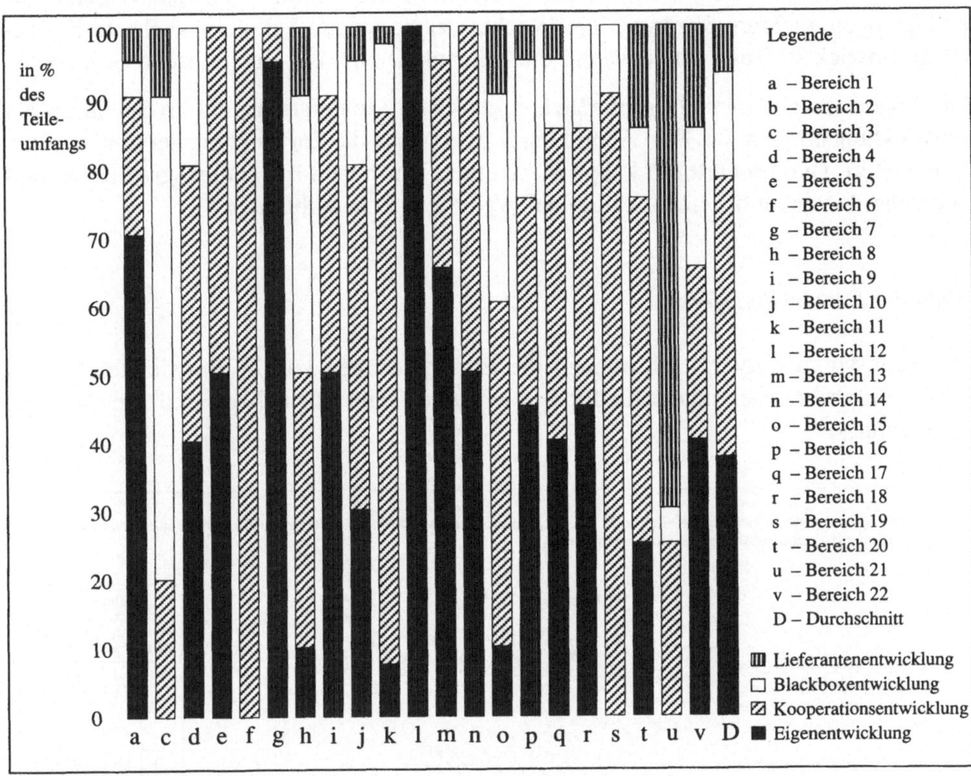

Abbildung 5: Überblick über die Organisation der Teileentwicklung

Die „ausschließliche Lieferantenentwicklung" stellt die Entwicklungsform mit der geringsten Beteiligung des Bestellers dar. Hierbei wird i.d.R. ein fertig entwickeltes Teil (u.U. mit geringfügigen Anpassungen) wie z.B. Starter, Befestigungsteile oder die Bremsflüssigkeit gleichsam „aus dem Katalog" des Lieferanten bestellt. Aufgrund der hohen Spezifität der Teile nimmt die ausschließliche Lieferantenentwicklung nur einen geringen Anteil am gesamten Spektrum ein.

Auch bei sogenannten Blackboxteilen übernimmt der Lieferant die Entwicklung. Im Gegensatz zur vorangegangenen Form definiert der Besteller hier aber Funktionen oder Maße, so daß bereits ein höherer (bei einigen Teilen sogar sehr hoher) Spezifitätsgrad vorliegt. Da der Besteller nicht über das Entwicklungs-Know-how für diese Umfänge verfügt, eröffnen sich für Lieferanten hier zum Teil erhebliche Freiräume für opportunistisches Verhalten (insbesondere bei fertigungstechnischen Änderungen). Zu den Blackboxteilen zählen z.B. Relais, aber auch das Lenkgetriebe oder die elektronische Motorsteuerung.

Einen wesentlich höheren Integrationsgrad weist die Kooperationsentwicklung auf. Diese Form kennzeichnet einen sehr engen gemeinsamen Entwicklungsprozeß, bei dem Besteller und Lieferant in gegenseitiger und kontinuierlicher Abstimmung (gemeinsame Arbeitsgruppen, mehrere Sitzungen pro Woche) das komplette Teil entwickeln. In Kooperation entwickelte Teile sind etwa die Einspritzanlage oder das elektronische Gaspedal.

Die Eigenentwicklung stellt schließlich den höchsten Integrationsgrad im Spektrum der Entwicklungsformen dar. Wie Abbildung 5 zeigt, weist die Entwicklung der untersuchten Bereiche im Durchschnitt mit knapp 80 % einen sehr hohen Integrationsgrad (Eigenentwicklung, Kooperationsentwicklung) auf (vgl. Säule D in Abbildung 5).

Wahl der Entwicklungsform

In einem Mittelwertvergleich können die Einschätzungen von 21 Entwicklungsleitern über die Eigenschaften unterschiedlich entwickelter Teile gegenübergestellt werden (vgl. Abbildung 6)[31].

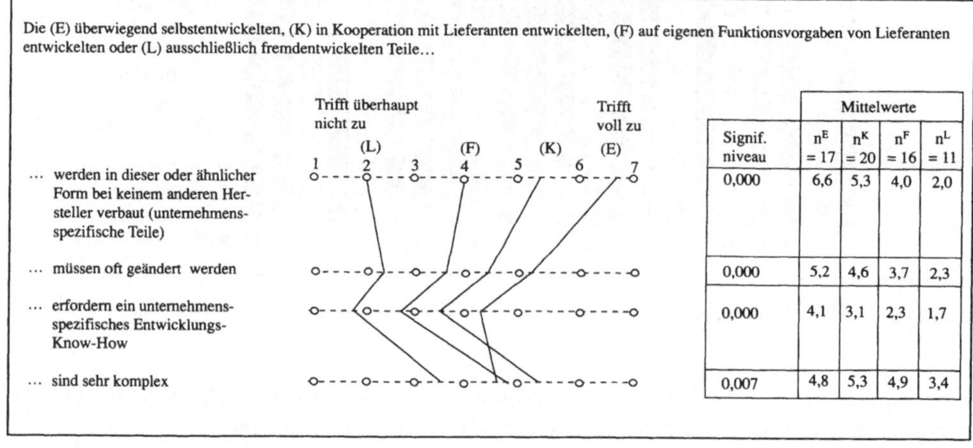

Signif. niveau	Mittelwerte n^E = 17	n^K = 20	n^F = 16	n^L = 11
0,000	6,6	5,3	4,0	2,0
0,000	5,2	4,6	3,7	2,3
0,000	4,1	3,1	2,3	1,7
0,007	4,8	5,3	4,9	3,4

Abbildung 6: Einschätzung der Eigenschaften unterschiedlich entwickelter Teile aus Sicht von Entwicklungsleitern

Grundsätzlich entspricht die Wahl der Entwicklungsformen den theoretischen Ausführungen über Koordinatorunternehmen. Unternehmensspezifische Teile werden tendenziell in Koordinationsformen mit einem sehr hohen Integrationsgrad entwickelt. Demnach

31 Mittels einer einfaktoriellen Varianzanalyse konnte die Nullhypothese, daß die Gruppenmittelwerte der Eigenschaften bezogen auf die Gruppierungsvariable (Entwicklungsform) gleich sind, zu den in Abbildung 6 angegebenen Signifikanzniveaus abgelehnt werden. Auch die auf dem paarweisen Vergleich der Mittelwerte aufbauenden t-Tests unterstützen die Ergebnisse der Varianzanalyse.

verfügt das Automobilunternehmen auch bei solchen Teilen über Entwicklungskompetenz, die eine starke Abhängigkeit von einem Lieferanten erzeugen könnten. Dies bestätigt zudem die Reihenfolge der Entwicklungsformen bei der Einschätzung des spezifischen Entwicklungs-Know-hows. Weiter dokumentiert der hohe Integrationsgrad in der Entwicklung änderungsintensiver Teile die Reduzierung hoher Koordinationskosten infolge häufiger Änderungen in der Entwicklungsphase[32]. Beim Kriterium „Komplexität" zeigt sich aber ein überraschendes Resultat: In Anbetracht der (durchschnittlich) hohen Spezifität der Komponenten wäre ein niedrigerer Komplexitätsgrad der unternehmensextern entwickelten Komponenten zu erwarten gewesen. Tatsächlich übertreffen die in Kooperation und nach Funktionsvorschriften entwickelten und auch überwiegend fremdbezogenen Komponenten die unternehmensintern entwickelten Komponenten an Komplexität. Möglicherweise ist dies ein Ergebnis der verstärkten Integration zusätzlicher Funktionen in fremdbezogene Komponenten.

Mit einer Korrelationsanalyse lassen sich weitere Einflußgrößen der Integrationsentscheidung analysieren – allerdings aufgrund der Datenstruktur nur für Bereiche ohne ei-

Die Entscheidung über einen hohen Integrationsgrad in der Entwicklung (Eigenentwicklung und Entwicklungskooperation) korreliert mit folgenden Einflußgrößen der Komponenten:

negative Korrelation	Einflußgrößen	positive Korrelation
	hohe Sachkentnis	.4497* .062**
- .1359 .329	einfach zu beziehen	
- .1811 .277	sind einfach und standardisiert	
	Verwendung teurer Werkzeuge	.5437 .026
- .3406 .127	einfache Arbeitsgänge	
	hoher Koordinationsaufwand	.6414 .009
	besondere Bedeutung für die Gesamtqualität	.3567 .116
	Fertigungs-Know-how nicht zugänglich	.6397 .009
-.4051 .085	einfache Qualitätsüberwachung	
	strategisch relevant	.5277 .032
	hoher Innovationsgrad der Komponenten	.3696 .107

* Korrelationskoeffizient ** Signifikanzniveau (für n = 13)

Abbildung 7: Einflußgrößen eines hohen Integrationsgrades in der Entwicklung

32 Den erheblichen Koordinationsaufwand verdeutlichen Ergebnisse einer empirischen Untersuchung von Lowell (1988), S. 55. Demnach wird der Zeitaufwand für Kontrolle und Abstimmung zwischen Entwicklungsabteilungen des Automobilherstellers und des Lieferanten auf etwa 50 % der gesamten Arbeitszeit der Entwicklungsingenieure geschätzt.

gengefertigte Komponenten. Die Kooperationsentwicklung erfordert bereits eine sehr enge Einbindung des externen Entwicklungspartners. Daher wurde der Anteil eigenentwickelter und in Kooperation entwickelter Teile als Maß für einen hohen Integrationsgrad in der Entwicklung zusammengefaßt (vgl. Abbildung 7)[33].

Auch die stärkere Ausprägung dieser Einflußgrößen bedingt grundsätzlich einen Anstieg des Integrationsgrades der gewählten Entwicklungsform. Demnach entwickelt der Automobilhersteller innovative, (in der Fertigung) anspruchsvolle und schwierig zu bewertende Komponenten tendenziell in einer engeren Einbindungsform. Interessant ist zudem der hochsignifikante Zusammenhang zwischen der Wahl einer stark integrierten Entwicklungsform und der Einschätzung der Zugänglichkeit des Fertigungs-Know-hows: Offensichtlich versucht das Unternehmen eingeschränkte Eigenfertigungsmöglichkeiten mit einem höheren Integrationsgrad in der Entwicklung zu kompensieren. Erhebliche Bedeutung für die Integrationsentscheidung der Entwicklung hat zudem die Koordinationsintensität der Komponenten[34]: So wird bei Komponenten mit einem koordinationsintensiven Fertigungsprozeß bereits in der Entwicklung eine enge Einbindung angestrebt. Dies erlaubt eine Erleichterung der Abstimmprozesse und damit eine Senkung der Koordinationskosten. Schließlich zwingt auch das größere Schutzbedürfnis strategisch relevanter Komponenten zur Wahl eines stärkeren Integrationsgrades und damit einer besseren Kontrolle des differenzierungsrelevanten Entwicklungs-Know-hows.

2.2.3 Lieferverträge

Die Organisation des Entwicklungsprozesses zeigt bereits starke Profile eines Koordinatorunternehmens. Es stellt sich nun die Frage, ob sich diese Entwicklung auch bei der Wahl der vertraglichen Einbindungsformen für die physische Belieferung mit Produkten fortsetzt.

---

33 Die Abbildung ist wie folgt zu lesen: In der vertikalen Achse sind Eigenschaften (hier von fremdbezogenen Komponenten) aufgeführt. Diese Eigenschaften wurden mit Hilfe standardisierter Interviews erhoben. Richtung und Ausmaß der Korrelation dieser Eigenschaften wird durch die Richtung und Länge der Säule in der Zeile der jeweiligen Eigenschaft visualisiert. Neben bzw. in der Säule sind Korrelationskoeffizient und Signifikanzniveau angegeben. Beispielsweise korreliert die Entscheidung, fremdbezogene Komponenten in einer hochintegrierten Organisationsform zu entwickeln stark positiv mit dem Koordinationsaufwand bei Fertigung dieser Komponenten (Korrelationskoeffizient +.6414; Signifikanzniveau .009).

34 In bezug auf widersprüchliche Ergebnisse bisheriger empirischer Untersuchungen zum Kriterium „Koordinationsintensität" ergeben sich interessante Einsichten: So verhindern hohe Know-how-Barrieren zwar die Integration koordinationsintensiver Komponenten. Der Mittelwertvergleich (vgl. Abbildung 2) zeigt daher – wie auch bei Hübner (1987), S. 135 – keine signifikanten Differenzen. Um Koordinationskosteneinsparungen zu erzielen, erfolgt aber eine stärkere Integration ihrer Entwicklung. Der von Monteverde/Teece (1982) ermittelte signifikante Einfluß auf die Integrationsentscheidung kann somit für den Bereich der Entwicklungsorganisation bestätigt werden.

Vertragsformen

Welche unterschiedlichen Formen der vertragliche Einbindung der Lieferanten werden grundsätzlich eingesetzt? Wie Abbildung 8 zeigt, weisen die verwendeten Vertragsarten ein sehr viel differenzierteres Spektrum auf als die stark vereinfachte Differenzierung von Hübner[35] erwarten läßt.

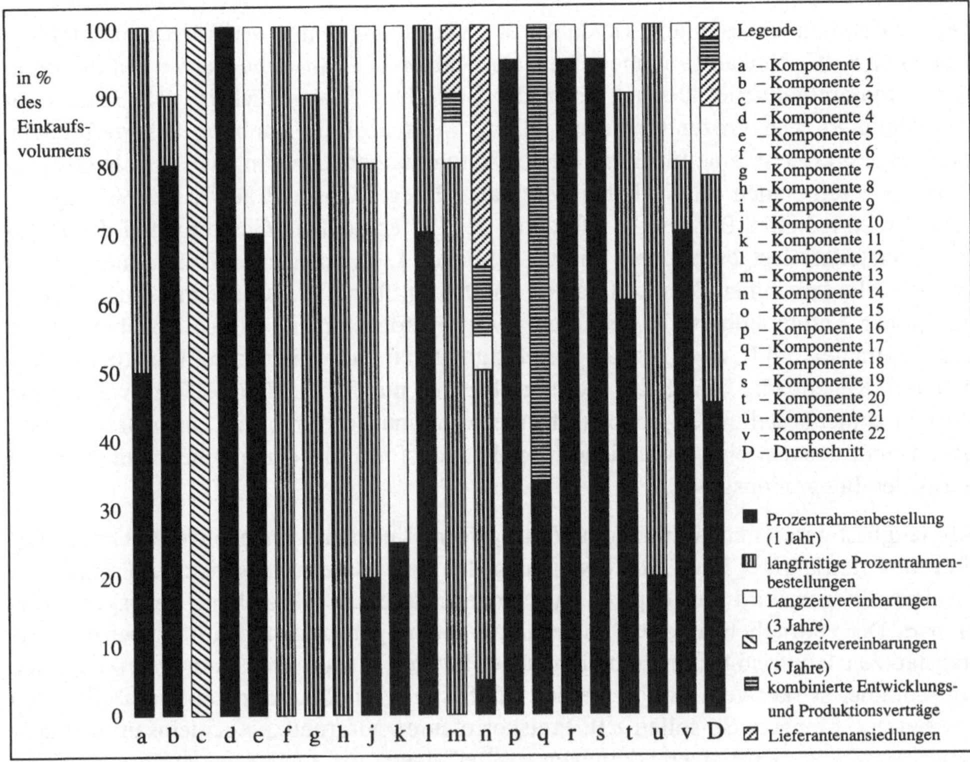

Abbildung 8: Überblick über die vertragliche Einbindung der Lieferanten

Nach steigendem vertikalen Integrationsgrad können folgende Bereitstellungsformen unterschieden werden:

- Prozentrahmenbestellung (1 Jahr)
- langfristige Prozentrahmenbestellung
- Langzeitvereinbarung (3 Jahre)

35 Vgl. Hübner (1987), S. 72, der lediglich in vertikale Integration und die quasi-vertikale Integration unterscheidet.

- Langzeitvereinbarung (5 Jahre)
- kombinierte Entwicklungs- und Produktionsverträge
- Lieferantenansiedlungen[36].

Die hier ermittelten Daten bestätigen die Aussagen von Hübner jedoch insoweit, als ebenfalls keine kurzfristigen Spotmarktverträge Verwendung finden. Dies entspricht auch den Erwartungen aus dem Profil fremdbezogener Komponenten (vgl. Abbildungen 2 bis 4).

Die Prozentrahmenbestellung ist daher die Vertragsform mit der kürzesten Laufzeit. Knapp 80 % des Einkaufsvolumens im Unternehmen der Fallstudie werden mit dieser, in der Automobilindustrie üblichen Form der Bestellung[37], abgewickelt (vgl. Säule D in Abbildung 8). Die Prozentrahmenbestellung weist aber im Hinblick auf vertragliche Freiräume und Zeiträume für Eingriffe des Automobilherstellers in das Handeln des Lieferanten bereits einen relativ hohen vertikalen Integrationsgrad auf[38]: Bei Vertragsabschluß wird lediglich Preis und Lieferquote des Lieferanten am Gesamtbedarf des Automobilherstellers festgeschrieben. Die tatsächlichen Liefermengen und -termine teilt das Automobilunternehmen dem Lieferanten kurzfristig über Lieferabrufe mit. Zudem übernimmt der Automobilhersteller bei dieser Vertragsform einen Teil des Abnahmerisikos des Lieferanten: i.d.R. zwei Monate für Fertigmaterial und weitere zwei Monate für Vormaterial. Regelmäßig erfolgt ein Vertragsabschluß nur für ein Jahr. Häufig werden die Prozentrahmenbestellungen jedoch (informell) automatisch um bis zu einem Jahr verlängert. Damit entsteht eine zusätzliche Koordinationsform mit einem tendenziell höheren vertikalen Integrationsgrad.

Als langfristigere (standardmäßige) Vertragsform findet die Langzeitvereinbarung mit drei- und fünfjähriger Laufzeit Verwendung. Im Gegensatz zu langfristigen Prozentrahmenbestellungen wird hier explizit eine längerfristige Lieferbeziehung vertraglich vereinbart. Der vertraglich fixierte Belieferungszeitraum geht zudem deutlich über die Vertragslaufzeit langfristiger Prozentrahmenbestellungen hinaus. Der Vertragstyp löst sich somit immer stärker vom Prototyp eines kurzfristigen Marktvertrags mit vorab fixierten Preisen und Mengen: So sollen z.B. Preiskorrekturen aufgrund „... gemeinsam wertanalytisch ermittelter Kostenveränderungen ...“[39] erfolgen.

Einen höheren Integrationsgrad weisen kombinierte Entwicklungs- und Produktionsverträge auf. Sie verbinden – primär im Elektronikbereich[40] – Langzeitvereinbarungen über die Fertigung der Komponenten mit einem Entwicklungsvertrag. Infolge der größeren Unsicherheit aus dem Entwicklungsauftrag wird eine noch engere Form der Einbindung und ein noch weiterer vertraglicher Freiraum notwendig.

36 Kapitalbeteiligungen stellen marktliche Koordinationsformen mit dem höchsten vertikalen Integrationsgrad dar. Das Unternehmen der Fallstudie hält aber keine Kapitalanteile an Lieferanten in der Automobilindustrie.

37 Vgl. z.B. Münzner (1985), S. 253 f.; so auch schon in den 60er Jahren, vgl. Petzold (1968), S. 142.

38 Auch Petzold (1968), S. 142 f., betont die starke Einbindungswirkung der Prozentrahmenbestellungen.

39 Standardtext (Orginal) einer Langzeitvereinbarung des Unternehmens der Fallstudie.

40 Vgl. Säule q in Abbildung 8. Im geringen Umfang wählt der Automobilhersteller diesen Vertragstyp auch bei Sitz- und Karosserieausstattungsteilen.

Lieferantenansiedlungsverträge sind die eingesetzten marktlichen Koordinationsformen mit dem höchsten Integrationsgrad[41]. Sie werden i.d.R. infolge der hohen erforderlichen spezifischen Investitionen für die gesamte Laufzeit eines Modells (zur Zeit noch 7 Jahre) abgeschlossen. Daher beruhen sie auch weitgehend auf allgemeinen und damit flexiblen Generalklauseln: So wird z.B. bei Preisen, Zahlungsbedingungen und Lieferkonditionen eine „... flexible Handhabung angestrebt, damit Produktivitätsfortschritte, Rationalisierungsmaßnahmen, Material- und Lohnkostenverschiebungen, Stückkostenänderungen etc. berücksichtigt werden können“[42].

Wahl der Vertragsform

In den Interviews mit 20 Einkaufsleitern wurde das Profil der Komponenten pro Vertragsart erhoben (vgl. Abbildung 9)[43]. Welche Kriterien bestimmen nun die Wahl der Vertragsform?

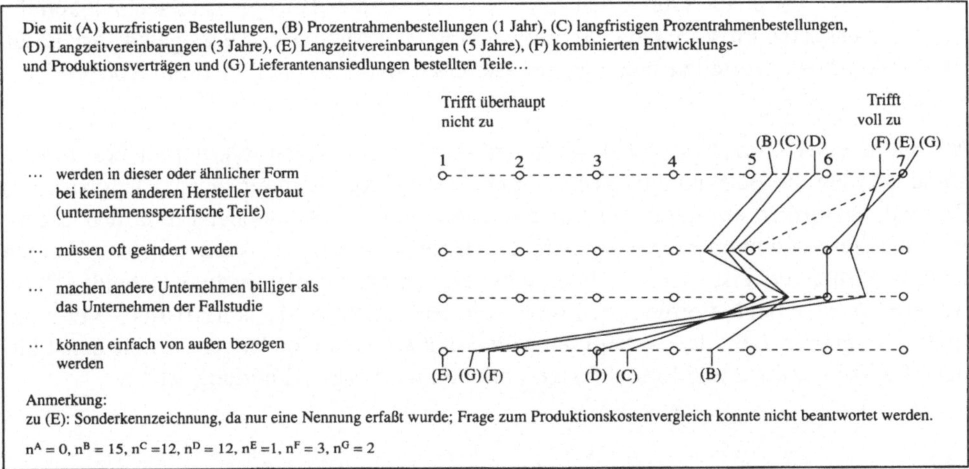

Abbildung 9: Einschätzungen der Eigenschaften unterschiedlich eng eingebundener Teile aus Sicht von Einkaufsleitern

41 Der hohe vertikale Integrationsgrad der mit Lieferantenansiedlungsverträgen verknüpften JIT-Belieferung wird auch von Frazier et al. (1988), S. 56 erkannt: „... JIT exchanges appear more similar to hierarchical exchanges than to traditional relational exchanges because of the ressources committed to them and the way in which they are conducted“. Nagel (1988), S. 2292 ff. bejaht in Ausnahmefällen sogar die Anwendung des Konzernvertragsrechts auf diese Art von JIT-Lieferbeziehungen. Der Ansiedlungsvertrag wird dann als Beherrschungsvertrag (Vertragskonzern) interpretiert.

42 Orginaltext aus einem Lieferantenansiedlungsvertrag des Unternehmens der Fallstudie. Die tatsächlich praktizierte Einbindungsdauer liegt jedoch i.d.R. infolge der „first mover advantages“ der Lieferanten noch deutlich höher. Hierzu zählen z.B. die langen Fertigungs- und Einarbeitungszeiten von Ersatzwerkzeugen für die Fertigung bei anderen Lieferanten oder die abstimmungsintensive Anpassung der Lieferantenlogistik auf die Anforderungen des Automobilherstellers. Kurzfristig ist ein Lieferantenwechsel während der Laufzeit eines Modells überhaupt nicht und längerfristig nur unter Inkaufnahme erheblicher Umstellungskosten und -risiken möglich. Zudem bestehen bei einigen Komponenten enge Angebotsoligopole und teilweise sogar Angebotsmonopole.

Mit zunehmender Spezifität der Teile vereinbart der Automobilhersteller tendenziell längerfristige Verträge. Dies belegt nachdrücklich den erhöhten Bindungsbedarf zur Absicherung spezifischer Investitionen und zur Sicherstellung der Versorgung mit spezifischen Vorprodukten. Mit dieser Analyse korrespondiert auch die Umkehrung der Reihenfolge der Vertragsformen bei dem Kriterium „einfach zu beziehen". Gleichwohl betrifft diese Feststellung auch nicht spezifitätsbedingte Monopole bzw. Oligopole auf dem Lieferantenmarkt (z.B. Monopol bei der Motorelektronik). Auch die Beziehung zwischen Änderungshäufigkeit und vertikalem Integrationsgrad zeigt einen effizient agierenden Koordinator. Hier werden Koordinationskosteneinsparungen bei hohem Änderungsbedarf (z.B. gemeinsame Sprache, größeres Vertrauen) durch eine längerfristige Einbindung sichtbar. Hochinteressante Einsichten erlaubt die Analyse der unterschiedlichen Einschätzung der Produktionskostenvorteile der Lieferanten: Langfristig eingebundene Teile erhöhen ihre Produktionskostenvorteile und verbilligen damit die Vorprodukte für das Unternehmen. Dies belegt Aussagen in der Literatur, wonach ein langfristiger Vertrag die Lieferanten zur Übernahme von spezifischeren Investitionen[44] in die Fertigungsanlagen oder die Ablauforganisation[45] veranlaßt. Durch den Einsatz spezifischerer Fertigungsanlagen sinken die Produktionskosten im Vergleich zur Verwendung von Mehrzweckaggregaten. An diesen Produktionskostenvorteilen beteiligt der Lieferant den Besteller in Form von Preisabschlägen.

Mit Hilfe einer Korrelationsanalyse lassen sich weitere Auswahlkriterien bestimmen. Dabei werden die Beziehungen zwischen dem Anteil kurzfristiger (analog langfristiger) Einbindungsformen am gesamten Einkaufsvolumen einer Komponente und den Eigenschaften dieser Komponenten untersucht. Die Unterscheidung von kurz- und langfristigen Vertragsformen erweist sich jedoch als schwierig und nur subjektiv zu entscheiden[46]. Im weiteren werden beide Formen der Prozentrahmenbestellung als „kurzfristige" Vertragsform zusammengefaßt, da erst bei Langzeitvereinbarungen eine längere als die sonst übliche Laufzeit explizit und formal festgeschrieben wird (vgl. Abbildung 10)[47].

---

43 Aufgrund geringer Fallzahlen für die Lieferantenansiedlungen, die kombinierten Entwicklungs- und Produktionsverträge und die fünfjährigen Langzeitvereinbarungen konnte ein t-Test nur zwischen den Mittelwerten der einjährigen und langfristigen Prozentrahmenbestellungen und der dreijährigen Langzeitvereinbarungen vorgenommen werden. Nach den Ergebnissen dieser Untersuchung weist lediglich das Kriterium „einfach zu beziehen" signifikante Mittelwertunterschiede auf.

44 Vgl. z.B. Masten (1986), S. 493 ff.

45 Nach Erfahrungen bei dem Automobilhersteller kommt insbesondere der spezifischen Ausrichtung der Logistik auf den Besteller eine wesentliche Bedeutung zu.

46 Die Beantwortung der Frage, ob lang- oder kurzfristige Verträge vorliegen, kann wohl auch nur branchenbezogen erfolgen. So bezeichnet z.B. Bjuggren (1985), S. 53, in seiner Untersuchung der Papier- und Papierstoffindustrie einjährige Verträge als langfristig. Dagegen klassifiziert Joskow (1985), S. 54, ein- bis fünfjährige Lieferverträge in der Energieversorgungsbranche als kurzfristig.

47 Die Ergebnisse der Korrelationsanalyse werden auch durch einen (hier nicht beschriebenen) Mittelwertvergleich der Gruppen überwiegend „kurzfristig" und „langfristig" eingebundener Komponenten zum Teil hochsignifikant bestätigt.

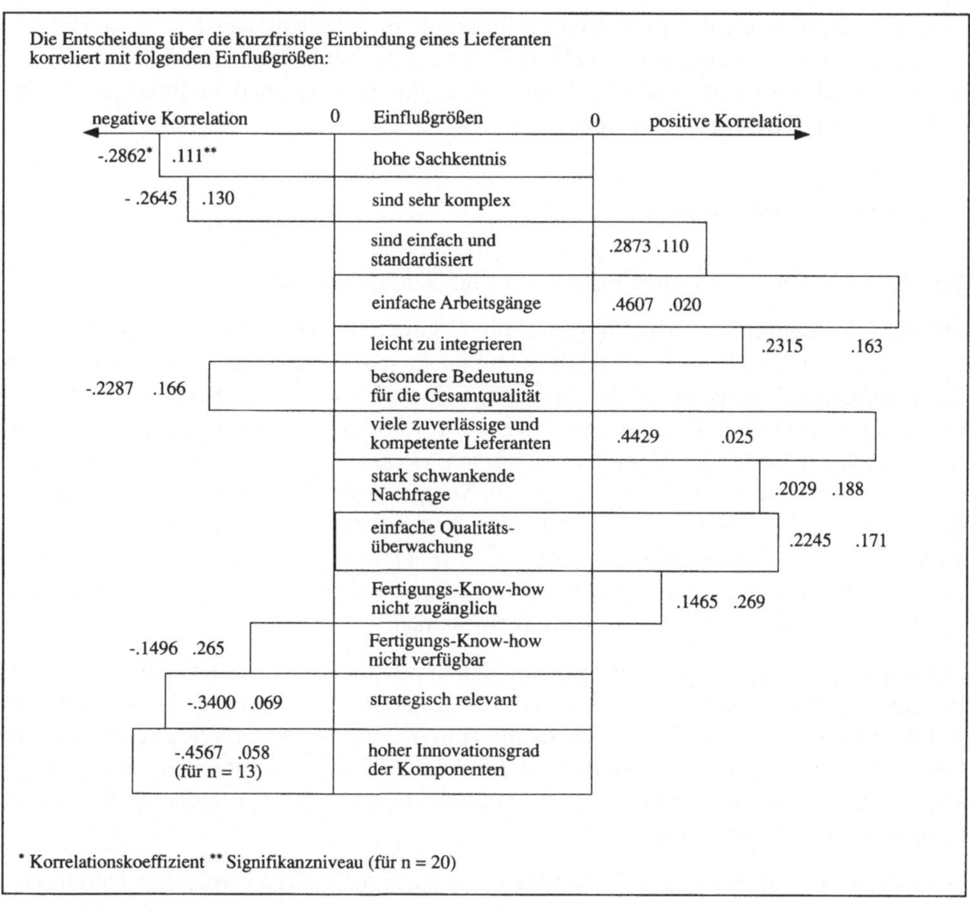

Abbildung 10: Einflußgrößen einer kurzfristigen Einbindung

Die Ergebnisse zeigen das Profil eines effizienten Koordinatorunternehmens: Wenig komplexe und anspruchsvolle, einfach zu beziehende und traditionelle Komponenten sind eher kurzfristig eingebunden (et vice versa). Dagegen verlangen stark differenzierungsrelevante Komponenten eine längerfristige Einbindung. Dies bestätigt erhebliche Auswirkungen dieses Kriteriums auf das Niveau der Koordinationskosten. Auch die signifikant längerfristige Einbindung von Lieferanten innovativer Komponenten stellt eine den hohen Know-how-Barrieren entsprechende, theoriekonforme Strategie dar.

Die Korrelationen der Know-how-Items erlauben weitere interessante Schlußfolgerungen. So deutet die gegenläufige Korrelation von Verfügbarkeit und Zugänglichkeit auf mächtige und technologisch kompetente Lieferanten hin. Diese können aus ihrer Machtposition eine längerfristige Bindung durch den Besteller verhindern. Aus theoretischer Sicht überrascht – wie bereits beim Profilvergleich (vgl. Abbildung 2) – die positive Korrelation der

Mengenunsicherheit mit der kurzfristigen Einbindung. Möglicherweise spiegeln sich hier bereits die koordinationskostensenkende Folgen der Einführung von Informations- und Kommunikationstechniken wieder[48], so daß die Mengenunsicherheit (tendenziell) ihre Bedeutung als Einflußgröße verliert.

2.3 Ergebnisübersicht

Welche wichtigen empirischen Ergebnisse sind deutlich geworden?

Mit dem Profilvergleich (Abbildungen 2 bis 4) konnte belegt werden, daß der Automobilhersteller auch sehr anspruchsvolle Komponenten von externen Lieferanten bezieht. Die beschränkte Verfügbarkeit des Fertigungs-Know-hows für eine potentielle Eigenfertigung dieser kritischen Komponenten (Item u in Abbildung 3) verursacht den vorhergesagten Trend zu vertikalen Kooperationsformen. Gleichzeitig konzentriert sich der Automobilhersteller auf die Eigenfertigung von wenigen sehr koordinationsintensiven Umfängen (Motor, Großpreßteile). Aufgrund der Verkrustungseffekte durch produktionskostenbasierte Make-or-Buy-Entscheidungen[49] löst sich der Hersteller allerdings nur langsam von traditionellen Fertigungsaufgaben. Diese werden zukünftig koordinationskostengünstiger von externen Lieferanten übernommen.

Die empirischen Ergebnisse haben gezeigt, daß der Automobilhersteller Entwicklung und Belieferung mit Serienteilen weitgehend koordinationskosteneffizient organisiert. Der Automobilhersteller entwickelt sich damit zum Koordinatorunternehmen, das externe Entwicklungspartner und Lieferanten entsprechend den Eigenschaften der fremdbezogenen Leistungen entweder sehr eng (z.B. Motorelektronik) oder eher locker (z.B. Winkel, Kleinpreßteile) an sich bindet.

Der Erfolg von Koordinatorunternehmen ist aber auch mit Risiken verbunden. Durch seine extrovertierte Stellung ist der Koordinator im Vergleich zu einem „klassisch" stark vertikal integrierten Unternehmen eher vermehrt Risiken aus seinem Umfeld ausgesetzt. Welche Gefahren sind damit angesprochen?

48 Vgl. Ciborra (1987); Picot (1989); vgl. überblickend Baur (1990), S. 86 ff.

49 Vgl. Baur (1990), S. 16 ff.

3. Risiken für das Koordinatorunternehmen

3.1 Stabil nur bei Wachstum?

Ein bedeutender Unsicherheitsfaktor ist sicherlich das Wachstum der Nachfrage nach Produkten des Koordinatorunternehmens. Bei rückläufiger Nachfrage und damit verstärktem Rationalisierungsdruck auf einzelne Wertschöpfungsstufen bzw. -unternehmen besteht die Gefahr, daß ein die gesamte Gruppe schädigendes strategisches Verhalten einiger Netzwerkunternehmen das kooperative Beziehungsgeflecht zerstört. So könnte z.B. der Hersteller der Motorelektronik versuchen, seinen Gewinnrückgang bei sinkender Nachfrage mit Hilfe überhöhter Änderungs- und Stückkosten aufzufangen. Die Stabilisierung der Wertschöpfungspartnerschaft wird dann zur Schlüsselaufgabe für das Koordinatorunternehmen. Diese Bewährungsprobe steht den japanischen Wertschöpfungspartnerschaften in der Automobilindustrie noch bevor.

Folgende Strategien bieten sich beispielsweise an[50]:

(1) Öffentliche Erklärungen des Koordinators hinsichtlich einer beabsichtigten langfristigen Vertragsbeziehung. Die den Lieferanten in Aussicht gestellten zukünftigen Gewinne bei Fortsetzung der Lieferbeziehung schwächen die Anreize für nichtkooperatives Verhalten. Dem gleichen Zweck dient auch die Vereinbarung von Vertragsstrafen.

(2) Aufbau einer dauerhaften Reputation (nach anfänglichem kooperativem Verhalten), Gleiches mit Gleichem zu vergelten. Diese Strategie bestraft sofort nicht-kooperatives Verhalten des Wertschöpfungspartners. Sein kooperatives Verhalten wird dagegen unverzüglich belohnt.

(3) Einführung eines offenen Informationsnetzes zwischen den Netzwerkunternehmen („full-disclosure information system"). Das Netzwerk wird durch gegenseitige Kontrollmöglichkeiten und die Ausschlußdrohung bei nicht-kooperativem Verhalten stabilisiert[51].

(4) Aufnahme von Unternehmen mit gleichen Normen und Werten. Dies erleichtert den Vertrauensbildungsprozeß und mildert die Anpassungsprobleme bei verstärktem Wettbewerbsdruck. Hier bieten sich auch wechselseitige Kapitalbeteiligungen an, die eine weitere Harmonisierung des Anpassungs- und Abstimmungsprozesses erlauben.

(5) Teilweise Risikoübernahme durch den Besteller. Bei rückläufiger Nachfrage werden dadurch Gewinneinbußen der Netzwerkunternehmen (zum Teil) aufgefangen.

(6) Partielle Eigenfertigung besonders koordinationskostenkritischer Komponenten unter Inkaufnahme erheblicher Produktionskostennachteile. Diese Strategie entspricht allerdings eher einer vertikalen Beherrschungsstrategie[52].

---

50 Vgl. Miles/Snow (1986); Thorelli (1986); Jarillo/Ricart (1987); Johnston/Lawrence (1988); Baur (1990), S. 104 ff.

51 Von Oetinger (1989), S. 153, weist auch besonders auf die Entsendung von „Verbindungsoffizieren" zur Kontrolle der Partnerunternehmen hin.

52 Vgl. Baur (1990), S. 96 ff.

3.2 Geister, die ich rief – oder – zieht man sich nicht die eigene Konkurrenz?

Vertikale Kooperation erfordert einen wesentlich intensiveren Informationsaustausch als bei wettbewerbsorientierten Lieferantenmarktverhältnissen. So verlangt die Delegation von Entwicklungs- und Fertigungsaufgaben für größere Subsysteme wie Instrumentenkombination oder Seitentüren weitreichende Informationen über andere Teilsysteme und deren Schnittstellen[53]. Dies birgt die latente Gefahr, daß ein Lieferant seine zunehmende Subsystemverantwortung dazu mißbraucht, eine stärkere Kompetenz auch hinsichtlich der Gesamtkonzeption des Fahrzeugs zu erwerben. Dieses Risiko wird noch dadurch begünstigt, daß die Delegation abstimmungsintensiver Aufgaben an Lieferanten als (kurzfristig) bequeme und schnelle Lösung eigener Aufgaben erscheint. Ein Lieferant kann dadurch schrittweise in die Rolle des Systemintegrators schlüpfen und schließlich den ehemaligen Koordinator als Vertriebsorganisation übernehmen.

Diese Gefahrenquelle erscheint nur oberflächlich als eine schwierige Gratwanderung zwischen vollem oder beschränktem Informationszugang. Sie löst sich auf, wenn es das Koordinatorunternehmen als seine Aufgabe ansieht, selbst eine hohe Attraktivität für andere Partnerunternehmen zu bieten und einen gesuchten Mehrwert – in Form einer kompetenten und übergreifenden Gesamtsystemkoordination – bereitzustellen. Das Koordinatorunternehmen versteht sich so als primus inter pares und nicht als systemimmanente und unangreifbare Institution. Dies verlangt aber, daß sich der Koordinator permanent um eine hohe Entwicklungskompetenz bei koordinationskostenintensiven Schnittstellen und Subsystemen bemühen muß.

3.3 Identitätskrise: Sind wir noch ein Automobilhersteller?

Die Frage nach dem Identitätsverlust beschäftigt die Automobilhersteller sehr intensiv, da sie die Unternehmen in ihrem Selbstverständnis trifft.

Dabei besteht ein enger Zusammenhang zum Begriff der Wertschöpfung. Eine hohe Wertschöpfung gilt in vielen – gerade aber in von Technikern bestimmten – Unternehmen immer noch als anzustrebendes Ziel[54]. Eine Vielzahl empirischer Untersuchungen belegt jedoch, daß Unternehmen mit hoher wie auch mit niedriger Wertschöpfung sehr erfolgreich sind[55]. Eine hohe Wertschöpfung ist daher kein notwendiger Erfolgsfaktor.

---

53 Vertikale Kooperation birgt auch die nicht zu unterschätzende Gefahr, daß wettbewerbsrelevante Informationen z.B. über das Fahrzeugdesign oder neue elektronische Features noch frühzeitiger einem noch größeren Kreis von „Externen“ bekannt wird.

54 Vgl. Williamson (1985), S. 87.

55 Vgl. z.B. Bowman (1978); Buzzell (1983); vgl. auch ausführlich den Überblick zu empirischen Untersuchungen bei Baur (1990), S. 29 f. und 127 f.

Korrekturen bzw. Anpassungen der Mission sind ein normaler Prozeß im Lebenszyklus eines Unternehmens. Kurzfristig läßt sich diese Entwicklung zwar aufhalten. Aber bereits mittelfristig würde der traditionell integrierte Automobilhersteller zum leichten Ziel (target) einer feindlichen Unternehmensübernahme (hostile take-over)[56] durch die internationale Konkurrenz oder Unternehmen auf vorgelagerten Wertschöpfungsstufen. Beispiele für eine tiefgreifende Umstrukturierung der Arbeitsteilung innerhalb der Wertschöpfungskette finden sich u.a. im Verlagswesen, bei Computerherstellern oder in der Modebranche. So haben viele Verlagshäuser die eigentliche Produktion ausgelagert und beschränken sich auf die übergelagerte Koordination und Abwicklung des Gesamtprojektes. Ähnlich auch einige Computerhersteller: Entwicklung und Fertigung einzelner Komponenten wie Festplatte, Laufwerk, Tastatur oder Monitor sind spezialisierten Lieferanten übertragen; Systemherrschaft und Gesamtkoordination verbleiben beim „Computerhersteller“.

Durch die Entwicklung von Koordinatorunternehmen verschwimmen zuvor klar definierte Unternehmensgrenzen. Die Bezeichnung „Automobilhersteller“ löst sich vom Koordinatorunternehmen und umfaßt schließlich die gesamte Gruppe von eng eingebundenen und gegebenenfalls kapitalmäßig verflochtenen Partnerunternehmen. Potentielle Identifikations- und Motivationsverluste beim ehemaligen integrierten Automobilhersteller stehen entsprechende Gewinne auf der Zulieferseite gegenüber.

Letztlich muß auch die Frage umformuliert werden: Sie darf nicht lauten „Sind wir noch ein Automobilhersteller?“, sondern sie muß lauten: „Sind wir noch ein innovatives Unternehmen?“. Das Verharren in verkrusteten Organisationsstrukturen läßt sich mit innovativem Unternehmertum jedoch nicht vereinbaren.

3.4 Wo sind die High-Potentials?

Ein letzter Problembereich betrifft Änderungen in der Qualifikation der Mitarbeiter und die Auswahl der „richtigen“ Netzwerkunternehmen. Die folgenden Ausführungen sollen die zahlreichen Problemfelder nur anreißen:

Für das Koordinatorunternehmen läßt sich ein dramatischer Anstieg hinsichtlich der erforderlichen Mitarbeiterqualifikationen für kaufmännische und technisch/naturwissenschaftliche Aufgaben prognostizieren. Traditionelle Berufsbilder und Stelleninhalte ändern sich: Zukünftige Koordinatoraufgaben verlangen z.B. vermehrt technisch kompetente Einkäufer. Eine kooperative Verhandlung von Entwicklungs- und Herstellungskosten wird harte „Preispoker“ mit Lieferanten ersetzen[57]. Auch Organisations- und Koordinationsfä-

56 Vgl. Otto (1988).

57 Diese Entwicklung läßt sich bei japanischen Wertschöpfungspartnerschaften in der Automobilindustrie beobachten; vgl. Demes (1989); Ernst (1989).

higkeit sind zunehmend gefordert. So werden Mitarbeiter des Koordinatorunternehmens weitgehend unternehmensübergreifende Projekte leiten. Die Projektarbeit mit „externen Lieferanten" wird zur Regel, nicht zur Ausnahme. Auch das Anforderungsprofil der Mitarbeiter in den anderen Netzwerkunternehmen wird sich infolge der Delegation von Subsystemverantwortung deutlich erhöhen. Die größeren finanziellen Spielräume geben dem Koordinatorunternehmen jedoch einen bedeutenden Wettbewerbsvorteil bei der Beschaffung hochqualifizierter Mitarbeiter.

Der Aufbau eines effizienten Netzwerksystems erfordert die Selektion der High-Potentials unter den Lieferanten. Als wichtige Faktoren gelten u.a. das finanzielle, technologische und innovative Potential. Zukünftige Netzwerkunternehmen müssen in der Lage sein, die technologische Weiterentwicklung ihres Subsystems selbständig zu betreiben und zu beobachten. Prozeß- und Produktinnovationen in ihrem Verantwortungsbereich müssen selbständig eingeführt werden, ohne daß eine zusätzliche Kontrolle und Unterstützung durch den Koordinator erforderlich wird. Als Folge der explodierenden Variantenzahlen gewinnt zudem die JIT-Lieferfähigkeit und damit die räumliche Nähe zu den Endmontagewerken des Koordinatorunternehmens an Gewicht. Zunehmend wichtiger wird auch die Fähigkeit des Lieferanten, ausländische Produktionsstätten des Koordinators direkt zu beliefern.

Bereits vor dem Hintergrund dieser wenigen Problembereiche wird deutlich, daß die Entwicklung von kooperativen Netzwerkbeziehungen nur schrittweise über einen längeren Zeitraum erfolgen kann.

Literatur

Arrow, K.J. (1970): Essays in the Theory of Risk Bearing, Amsterdam und London 1970

Arthur Anderson & Co.; Wildemann, H. (1988): Die deutsche Automobilindustrie – ein Blick in die Zukunft, Frankfurt 1988.

Baur, C. (1990): Make-or-Buy-Entscheidungen in einem Unternehmen der Automobilindustrie – empirische Analyse und Gestaltung der Fertigungstiefe aus transaktionskostentheoretischer Sicht, München 1990.

Benjamin, R./Malone, T./Yates, J. (1986): Electronic Markets and Electronic Hierarchies: Effects of Information Technology on Market Structures and Corporate Strategies, Working Paper 90s: 86-018 der Sloan School of Management, Massachusetts Institute of Technology 1986.

Bjuggren, P.-O. (1985): A Transaction Cost Approach to Vertical Integration: The Case of the Swedish Pulp and Paper Industry, Lund 1985.

Bowman, E.H. (1978): Strategy, Annual Reports and Alchemy, in: California Management Review 1978, S. 64 – 71.

Buzzell, R.D. (1983): Is vertical integration profitable?, in: Harvard Business Review 1/1983, S. 92 – 102.

Bühner, R. (1990): Reaktionen des Aktienmarktes auf Unternehmenszusammenschlüsse, in: Zeitschrift für betriebswirtschaftliche Forschung 1990, S. 295 – 316.

Bühner, R./Spindler, H.-J. (1986): Synergieerwartungen bei Unternehmenszusammenschlüssen, in: Der Betrieb 1986, S. 601 – 606.

Cayatas, I.G.; Mahari, J.I. (1988): Im Banne des Investment Bankings, Stuttgart 1988-

Ciborra, C.U. (1987): Reframing the Role of Computers in Organizations – The Transaction Costs Approach, in: Office: Technology and People 1987, S. 17 – 38.

Coase, R.H. (1937): The Nature of the Firm, in: Economica Vol. 4 1937, S. 386 – 405.

Demes, H. (1989): Die pyramidenförmige Struktur der japanischen Automobilindustrie und die Zusammenarbeit zwischen Endherstellern und Zulieferern, in: Systematische Rationalisierung und Zulieferindustrie, Hrsg. v. Altmann, N./Sauer, D., Frankfurt/New York 1989, S. 251 – 297.

Ernst, A. (1989): Subkontraktbeziehungen in der industriellen Zulieferung in Japan, in: ifo-Schnelldienst 5-6/1989, S. 9 – 24.

FAST (1988): Verbundfertigungen, Beschaffungslogistik und die Verringerung der Fertigungstiefe in der bundesdeutschen Automobilindustrie, FAST-Studie Nr. 8 Hintergrundpapier aus dem Forschungsprojekt „Logistikkonzepte“, Berlin 1988.

Frazier, G.L./Spekman, R.E./O’Neal, C.R. (1988): Just-In-Time Exchange Relationships in Industrial Markets, in: Journal of Marketing 10/1988, S. 52 – 67-

Hakansson, H. (1989): Corporate Technological Behaviour – Co-operation and Networks, London 1989.

Hotz-Hart, B. (1989): Mikroelektronik und Produktstrategie in der Schweizer Industrie, in: Die Unternehmung 1989, S. 112 – 125.

Hübner, T. (1987): Vertikale Integration in der Automobilindustrie – Anreizsystem und wettbewerbspolitsche Beurteilung, Berlin 1987.

Imai,K./Itami, H. (1984): Interpenetration of Organization and Market, in: International Journal of Industrial Organization 1984, S. 285 – 310.

Jarillo, J.C. (1988): On Strategic Networks, in: Strategic Management Journal 1988, S. 31 – 41.

Jarillo, J.C./Ricart, J.E. (1987): Sustaining Networks, in: Interfaces 1987, S. 82 – 91.

Johnston, R./Lawrence, P.R. (1988): Beyond Vertical Integration – the Rise of the Value-Adding Partnership, in: Harvard Business Review 4/1988, S. 94 - 101.

Jones, D.T. (1988): Structural Adjustment in the Automobile Industry, in: STI Review, Hrsg. v. OECD Directorate for Science, Technology and Industry Nr. 3 1988, S. 7 – 64.

Joskow, P.L. (1985): Vertical Integration and Long-term Contracts: The Case of Coalburning Electric Generating Plants, in: Journal of Law, Economics, and Organization 1985, S. 33 – 80.

Klein, B./Crawford, R.G.; Alchian, A.A. (1978): Vertical Integration, Appropriable Quasi-Rents, and the Competitive Contracting Process, in: Journal of Law and Economics 1978, S. 297 – 326.

Lowell, J. (1988): No threat – Engineering Survey, in: WARD`s Auto World, Nr. 3 1988, S. 54 – 56.

Masten, S.E. (1986): Institutional Choice and the Organization of Production, in: Journal of Institutional and Theoretical Economics 1986, S. 493 – 509.

Meffert, H. (1986): Marketing und strategische Unternehmensführung – ein wettbewerbsorientierter Kontingenzansatz, in: Strategische Unternehmungsplanung – Stand und Entwicklungstendenzen, Hrsg. v. Hahn, D.; Taylor, R., 4. Aufl., Heidelberg/Wien 1986, S. 660 – 683.

Michaelis, E. (1985): Organisation unternehmerischer Aufgaben – Transaktionskosten als Beurteilungskriterium, Frankfurt a.M. usw. 1985.

Miles, R.E./Snow, C.C. (1986): Organizations: New Concepts for New Forms, in: California Management Review Spring 1986, S. 62 – 73.

Monteverde, T./Teece, D.J. (1982): Supplier Switching Costs and Vertical Integration in the U.S. Automobile Industry, in: The Bell Journal of Economics 1982, S. 206 – 213.

Münzer, H. (1985): Beschaffungsstrategien in einem Großunternehmen, in: Zeitschrift für betriebswirtschaftliche Forschung 1985, S. 250 – 256.

Nagel, B. (1988): Der Lieferant On Line – Unternehmensrechtliche Probleme der Just-in-Time-Produktion am Beispiel der Automobilindustrie, in: Der Betrieb 1988, S. 2291 – 2294.

North, D.C. (1984): Transaction Costs, Institutions, and Economic History, in: Journal of Institutional and Theoretical Economics 1984, S. 7 – 17.

Oetinger, B. von (1989): „Make or Buy“: Flexibilität durch Wertschöpfungspartnerschaften, in: Make or Buy, Hrsg. v. Hess, W.; Tschirky, H.; Lang, P., Zürich 1989, S. 147 – 155.

Otto, H.-J. (1988): Übernahmeversuche bei Aktiengesellschaften und Strategien der Abwehr, in: Der Betrieb 1988, Beilage Nr. 12.

Petzold, I. (1968): Die Zulieferindustrie – eine betriebswirtschaftliche Untersuchung unter Berücksichtigung der industriellen Zulieferbetriebe zur Automobilindustrie, Düsseldorf 1968.

Picot, A. (1982): Transaktionskostenansatz in der Organisationstheorie: Stand der Diskussion und Aussagewert, in: Die Betriebswirtschaft 1982, S. 267 – 284.

Picot, A. (1986): Informationsmanagement und Unternehmensstrategie, in: 3. Europäischer Kongreß über Bürosysteme und Informationsmanagement (CW-CSE), München 1986, S. 757 – 796.

Picot, A. (1989): Zur Bedeutung allgemeiner Theorieansätze für die betriebswirtschaftliche Information und Kommunikation: Der Beitrag der Transaktionskosten- und Principal-Agent-Theorie, in: Die Betriebswirtschaftslehre im Spannungsfeld zwischen Generalisierung und Spezialisierung, Hrsg. v. Kirsch, W./Picot, A., Wiesbaden 1989, S. 361 – 379.

Porter, M.E. (1987): From Competitive Advantage to Corporate Strategy, in: Harvard Business Review May-June 1987, S. 43 – 59.

Porter, M.E. (1990): The Competitive Advantage of Nations, in: Harvard Business Review March-April 1990, S. 73 – 93.

Rappaport, A. (1990): The Staying Power of the Public Corporation, in: Harvard Business Review January-February 1990, S. 96 – 104.

Schneider, Dietram (1988): Zur Entstehung innovativer Unternehmen – Eine ökonomisch-theoretische Perspektive, München 1988.

Schneider, Dietram (1989): Strategische Aspekte für das Controlling von Eigenfertigung und Fremdbezug (EuF), in: controller magazin 1989, S. 153 – 155.
Schneider, Dietram/Zieringer, C. (1990): Strategien der F&E-Organisation – transaktionskostentheoretische und unternehmensstrategische Überlegungen, unveröffentlichtes Manuskript, München 1990, erscheint demnächst im Gabler-Verlag.
Silver, M. (1984): Enterprise and the Scope of the Firm, Oxford 1984
Thorelli, H.B. (1986): Networks: Between Markets and Hierarchies, in: Strategic Management Journal 1986, S. 37 – 51.
Williamson, O.E. (1975): Markets and Hierarchies: Analysis and Antitrust Implications, New York 1975.
Williamson, O.E. (1985): The Economic Institutions of Capitalism: Firms, Markets, Relational Contracting, New York 1985.
Wöhe, G. (1990): Entwicklungstendenzen der Allgemeinen Betriebswirtschaftslehre im letzten Drittel unseres Jahrhunderts – Rückblick und Ausblick -, in: Die Betriebswirtschaft 1990, S. 223 – 236.

Ulf D. Laub

Mergers & Acquisitions als zukunftsorientierte Strategie innovativen Unternehmertums

1. Einleitung: M & A und innovatives Unternehmertum

2. M & A spezifische Rahmenbedingungen
   2.1 Begriff
   2.2 Institutionen
   2.3 Provisionen

3. Tendenzen und Branchen
   3.1 Überblick
   3.2 Transaktionsanalyse
   3.3 Branchenanalyse

4. Motivstrukturen
   4.1 Überblick
   4.2 Verkäuferseite
   4.3 Käuferseite

5. Ressourcenkoordination als Innovationsstrategie

6. Planung, Auswahl und Umsetzung

7. Ausblick

Literatur

1. Einleitung: M & A und innovatives Unternehmertum

Beinahe täglich finden sich Hinweise auf Akquisitions- und Übernahmebemühungen verschiedenster Unternehmen in der Wirtschaftspresse. Ein Prozeß des Umbruchs und der Neuordnung, der mit Beginn der Realisierungsphase des europäischen Binnenmarktes zunehmend an Bedeutung gewonnen hat.

Obwohl die Bundesrepublik Deutschland im internationalen Vergleich weit hinter den USA und im europäischen Vergleich hinter Frankreich und England zurücksteht, sind auch hierzulande sowohl mittelständische als auch große Unternehmen um eine Verstärkung ihrer Geschäftsfelder und den Ausbau europaweiter Präsenz bemüht, wie beispielsweise die Übernahmen von Plessey und Nixdorf durch Siemens und von Morgan Grenfell durch die Deutsche Bank gezeigt haben.

In der deutschsprachigen Wirtschaftsliteratur wurde die Thematik bislang nur begrenzt aufgegriffen, wobei zumeist formale Kriterien der technischen und rechtlichen Abwicklung behandelt werden.[1]

Bedenkt man jedoch, daß für zahlreiche Unternehmer die Europäisierung mit der Erschließung neuer Marktsegmente und Standorte verknüpft ist (innovative unternehmerische Initiative), wird die Einbindung der M & A Thematik, die eng mit unternehmerischen und innovativen Elementen behaftet ist, in diesen Band deutlich.

Innovation im weitesten Sinne bedeutet Neues zu schaffen und Unternehmertum bedeutet die Umsetzung dieser Neuerungsprozesse, wobei gleichzeitig den Vorstellungen vom Schumpeter'schen Unternehmer gefolgt wird.[2] Dabei ist einschränkend anzumerken, daß nicht alle M & A - Aktivitäten von einem Neuheitsgrad gekennzeichnet sind, der automatisch mit einem Innovationsvorgang gleichzusetzen ist. Grundsätzlich handelt es sich jedoch um die Neukombination vorhandener Ressourcen, die zumeist in einem neuen situativen Umfeld stattfindet und zumindest innerorganisatorische Neuerungsprozesse erforderlich macht. Produktorientierte oder sonstige nach außen gerichtete Innovationsprozesse hingegen, können, jedoch müssen nicht Ziel solcher Transaktionen sein.[3]

Ziel des Beitrags ist zunächst die Gewinnung eines Gesamtüberblicks über die Ausprägungsformen der vorhandenen Rahmendaten, Abläufe, Tendenzen und Motivstrukturen im M & A Geschäft, um vor diesem Hintergrund strategische und prozessorientierte Grundlagen der Verknüpfung von M & A Aktivitäten mit einem erfolgreichen, innovationsorientierten Unternehmertum aufzuzeigen.

---

1 Vgl. Jung (1983); Beisel/Klumpp (1985); Hölters (1989); Bressmer/Moser/Sertl (1989) und die dort angegebenen Literaturhinweise; im englischsprachigen Raum vgl. Ravenscraft/Scherer (1987); Auerbach (1988).

2 Vgl. Schumpeter (1928), S. 478 - 480.

3 Vgl. zum Spannungsfeld zwischen Können und Wollen im übertragenen Sinne auch den Beitrag von Huber und Schneider in diesem Band.

Befaßt man sich daher speziell vor dem Hintergrund innovativen, unternehmerischen Handelns mit der M & A - Thematik, bedarf es zunächst einer Situationsanalyse, um eine grobe Einschätzung der Bedeutung solcher Aktivitäten überhaupt vornehmen zu können. Da es sich hierbei zumeist nicht um regional begrenztes, sondern um grenzüberschreitendes Unternehmertum handelt, folgt eine internationale Betrachtung der M & A Aktivitäten, bevor die Motivstrukturen sowohl im Überblick als auch hinsichtlich des Innovationsaspektes untersucht werden. Dabei wird im wesentlichen der Frage nachgegangen, inwieweit M & A Aktivitäten von Innovationsgedanken gesteuert bzw. als Innovationsstrategie betrachtet werden können. Den Abschluß bilden Empfehlungen für die erfolgreiche Planung und Realisierung von M & A Projekten sowie ein kritischer Ausblick.

2. Spezifische Rahmenbedingungen der M & A Aktivitäten in der Bundesrepublik Deutschland

2.1 Begriff

Während in der Bundesrepublik Deutschland noch bis vor wenigen Jahren von Beteiligungsaktivitäten gesprochen wurde und damit die Ausnutzung verschiedener Möglichkeiten des Anteilserwerbes an bestehenden Unternehmen in jeglicher Form, sei es als Minderheits- oder Mehrheitsbeteiligung, als Aktien- oder Rentenpapier oder als offene bzw. stille Beteiligung, gemeint war, trug der Import des M & A Begriffes zu einer begrifflichen Verwirrung bei.

Eine klare Abgrenzung wurde auch bis dato nicht geschaffen, obgleich jedem deutlich ist, daß es sich um die Beteiligung an Unternehmen oder die Übernahme von Unternehmen durch andere Unternehmen oder Investorengruppen handelt. Inwieweit Beteiligungsober- oder -untergrenzen gemessen am Eigenkapital eine Zuordnung zur Gruppe der Mergers (Verschmelzung/Fusion) oder der Akquisitions (Neuerwerb) erlauben, ist nicht eindeutig geklärt.[4]

Das Bundeskartellamt stützt sich bei seiner Interpretation im wesentlichen auf die Aussagen des § 23 des Gesetzes für Wettbewerbsbeschränkungen, wobei es im Falle einer Fusion von einer 100% - Übernahme ausgeht, bei der das übernommene Unternehmen seine rechtliche Selbständigkeit verliert und vollständig in der neuen Muttergesellschaft aufgeht. Akquisitionen hingegen sind zunächst sämtliche Anteilserwerbe größer 25%;[5] d.h. sowohl Minderheits- als auch Mehrheitsbeteiligungen fallen in diesen undifferenzierten

4 Zumindest werden jedoch für den deutschen Sprachraum die steuerrechtlichen Problemstellungen dargelegt; vgl. beispielsweise Hölters (1989); Beisel/Klumpp (1985).

5 Zumindest aus kartellrechtlicher Sicht, da hier nur Anteilserwerbe von 25% und mehr relevant sind.

6 Im einzelnen vgl. hierzu die Ausführungen im § 23 des Gesetzes für Wettbewerbsbeschränkungen (GWB).

Bereich.[6] Die verschiedenen Möglichkeiten der rechtlichen Ausgestaltung der Beteiligungsverhältnisse unterliegen der individuellen problemspezifischen Ausgestaltung.[7]

Ein internationaler Vergleich der M & A - Transaktionen wird zunehmend dadurch erschwert, daß die jeweiligen kartellrechtlichen Entscheidungsträger, die gleichzeitig als eine der wenigen zentralen Erfassungsstellen fungieren, uneinheitliche Bezugsgrößen als Bemessungsgrundlage verwenden (z.B. Bundesrepublik Deutschland/Umsatz; England/ Vermögenswerte).

Die Unstrukturiertheit führt zu einem breiten Spektrum unterschiedlicher Aktivitäten, die unter dem M & A Begriff zusammengefaßt werden können.

Im Gegensatz zu den reinen Beteiligungsbemühungen bestehender Unternehmen zum Zwecke der Kapitalanlage, entsprechen die M & A Aktivitäten in weit stärkerem Maße unternehmenspolitisch – strategischen und wachstumsorientierten Zielen ebenso wie der Erwerb von Mehrheitsstimmrechten überwiegend zur aktiven Mitwirkung bei der Gestaltung der Geschäftspolitik des akquirierten bzw. übernommenen Unternehmens beitragen soll; d.h. eine Abgrenzung zwischen der traditionellen Beteiligungspolitik und den M & A Aktivitäten läßt sich vorwiegend aufgrund der verschiedenen Motivstrukturen des Beteiligungserwerbs vornehmen.[8]

2.2 Institutionen

Erst mit der zunehmenden Verbreitung des M & A Begriffes sowie aufgrund der zunehmenden internationalen Akquisitions-, Kooperations- und Übernahmebemühungen begann man auch in der Bundesrepublik sich intensiver mit der Durchführung ganzer Unternehmensübernahmen von der Suche bis zum Vertragsabschluß als neuem, provisionsbehafteten Dienstleistungsprodukt zu befassen.

Ähnlich wie bei der Professionalisierung des internationalen Emissionsgeschäftes durch amerikanische Investmentbanken fungierten auch hinsichtlich einer Belebung des M & A Geschäftes in der Bundesrepublik Deutschland die amerikanischen Investmenthäuser als Vorreiter. Erst Ende der achtziger Jahre begannen zunehmend auch deutsche Kreditinstitute eigene Töchter zu gründen, wie beispielsweise die Deutsche Bank mit ihrer db consult oder die BHF Bank mit ihrer Frankfurt Consult. Ebenso existieren interne Spezialabteilungen wie beispielsweise bei der Westdeutschen Landesbank, der Dresdner Bank oder der Bayerischen Vereinsbank.

Da das M & A Geschäft in der Bundesrepublik Deutschland im Vergleich zu den europäischen Nachbarländern schwach ausgeprägt ist, findet eine gewisse Konzentration auf Frankfurt als Bankenzentrum statt. Betrachtet man speziell die führenden Institutionen wie

7 Die Diskussion steuerrechtlicher Einzelfragen soll hier nicht Gegenstand weiterer Erörterungen werden, da sie in Spezialwerken ausführlich dargestellt werden; vgl. Hölters (1989).

8 Vgl. hierzu die Ausführungen in Kapitel 4.

Banken, Investmenthäuser und Wirtschaftsprüfungsgesellschaften im M & A Markt, kann

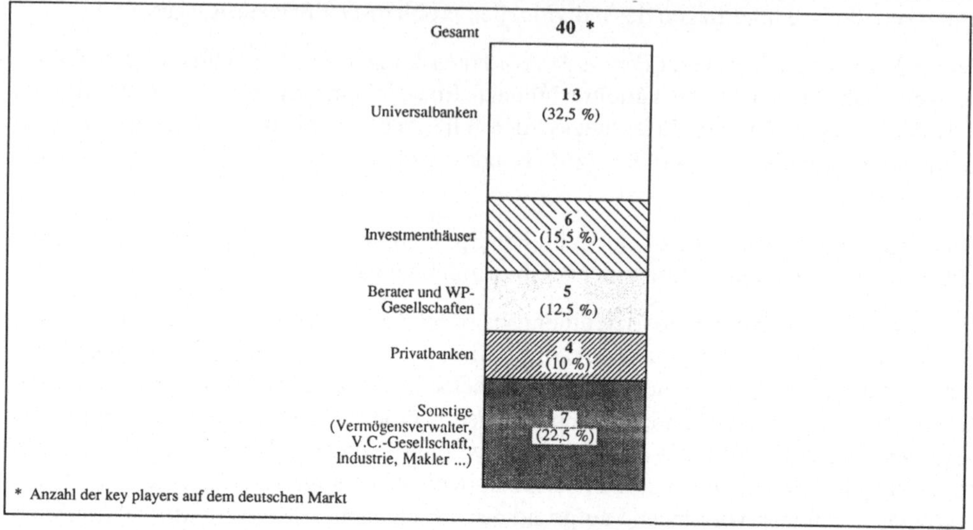

Abbildung 1: Grobstruktur der Key Players im M & A Geschäft der Bundesrepublik Deutschland

Abbildung 1: Grobstruktur der Key Players im M & A Geschäft der Bundesrepublik Deutschland

Einer Untersuchung der Westdeutschen Landesbank sind die führenden Marktteilnehmer im Bankensektor zu entnehmen (vgl. Tabelle 1).

Obgleich vielfach von den Banken und Investmenthäusern versucht wird, die gesamte Palette der Beratungsleistungen selbst zu übernehmen, ergeben sich in der Praxis wiederholt Interessenskonflikte zwischen den Bankkonzepten einerseits und den steuerlichen Lösungsvorschlägen der Wirtschaftsprüfer andererseits. Daher empfiehlt es sich bereits frühzeitig, international erfahrene Prüfungsgesellschaften wie Arthur Young, Arthur Anderson oder KPMG und Beratungsgesellschaften wie A.T. Kearney, Bain & Company, Booz, Allen & Hamilton oder Boston Consulting Group in den Entscheidungsprozeß miteinzubeziehen.

2.3 Provisionen

Einen wesentlichen Anreiz des M & A Geschäftes bilden die Vermittlungsprovisionen, die im Erfolgsfalle von der Höhe des Transaktionsbetrages abhängen. Ein Vergleich mit den USA zeigt, daß in der Bundesrepublik Deutschland bei Transaktionen bis 100 Mio. DM teilweise höhere Provisionen verdient werden als in den USA (vgl. Tabelle 2).

---

9 Eine Strukturierung der Anzahl der Key Players konnte durch die Unterstützung von Ch. Christ, M & A Beraterin in Frankfurt sowie durch eigene Analysen vorgenommen werden.

Tabelle 1: Vergleich inländischer und ausländischer Banken im M & A Geschäft der Bundesrepublik Deutschland[10]

Deutsche Banken im M+A-Geschäft

Bank (oder Tochter-gesellschaft)	Standort des M+A-Teams	Anzahl der M+A-Berater in der BRD	Seit .. Jahren in der BRD im M+A-Geschäft	Gesamtzahl der Transaktionen
Commerzbank	Frankfurt	7 - 8	15	ca. 12 (1988)
DB Consult GmbH	Frankfurt	19	4	ca. 20
DG Bank	Frankfurt	5	8	n.v.
Dresdner Bank	Frankfurt	5	25	n.v.
Frankfurt Consult GmbH	Frankfurt	3,5	7	ca. 15
Industriekredit Bank	Düsseldorf	4	7	n.v.
Merck, Fink & Co.	Düsseldorf/ München	2	3	n.v.
Metzler Consult GmbH	Frankfurt	12	18	n.v.
Trinkaus Consult GmbH	Düsseldorf	6	15	n.v.
WestLB Mergers & Acquisitions	Düsseldorf	9	18	ca. 100

Ausländische Banken im M+A-Geschäft

Ausländische Banken	Standort des M+A-Teams	Anzahl der M+A-Berater	Seit .. Jahren in der BRD im M+A-Geschäft	Gesamtzahl der Transaktionen
Bankers Trust	Frankfurt	4	4	n.v.
Chase Bank	Frankfurt	5	5	n.v.
Citibank	Frankfurt	3	1 - 2	3 (1988)
Merrill Lynch	Frankfurt	2	5	n.v.
Morgan Guaranty	Frankfurt	6	7	n.v.
Morgan Stanley	Frankfurt	2	3	n.v.
Salomon Brothers	Frankfurt	5	4	5 (1988)
Schweizerischer Bankverein	Frankfurt	3	3	n.v.
Shearson Lehman Hutton	Frankfurt	1,5	4	n.v.
Sogenal	Frankfurt	2	4	n.v.

• Die Übersicht erhebt keinen Anspruch auf Vollständigkeit - die Zahl der M+A-Berater ist häufig - aufgrund der Überscheidung von M+A und Corporate Finance nicht genau festzustellen

Tabelle 2: Internationaler Vergleich der Provisionsstrukturen des M & A Geschäftes

Transaktionvolumen in DM \ Land	BRD	USA
< 10 Mio	max 4 %	max 5 %
< 100 Mio	1,5 % - 3,5 %	1,5 % - 2 %
> 100 Mio	max 1 %	1,5 - 0,25 %

Da die Informationen zu den Provisionsstrukturen nicht transparent sind, ergeben sich verschiedentlich Informationslücken. Daher gibt Tabelle 2 nur einen groben Überblick über die verschiedenen Strukturen, ohne einen Anspruch auf Vollständigkeit oder Richtigkeit zu erheben.[11] Als Basisprovision wird in der Bundesrepublik Deutschland unabhängig von der Transaktionshöhe eine Basisgebühr von 25000–50000 DM erhoben.

10 Hierbei handelt es sich um Untersuchungsergebnisse der Westdeutschen Landesbank Mergers & Acquisitions sowie von Korn/Ferry International GmbH, Frankfurt, die aufgrund der Überschneidungen von M & A Aktivitäten und der Corporate Finance Aktivitäten keinen Anspruch auf Vollständigkeit erhebt.

11 Angear/Dewhurst (1989), S.23; o. Verf. (1989), S. 8 - 11.

3. Tendenzen und Branchen

3.1 Überblick

Quantifizierungen von Transaktionsanzahl und -volumina sind durchaus problembehaftet, da die unterschiedlichen begrifflichen Abgrenzungen, die häufig nicht zentrale Erfassung aller Transaktionen und die vielfach ungenauen oder nicht bekannten Kaufpreisangaben zu erheblichen Verzerrungen führen. Hinzu kommen die verschiedenen Transaktionen im mittelständischen Bereich, über deren Zustandekommen nur wenig an die Öffentlichkeit gelangt.

Dennoch sind staatliche Einrichtungen wie das Bundeskartellamt und privatwirtschaftliche Initiatoren wie die Wupper & Partner GmbH in Hamburg oder sonstige M & A Spezialisten[12] um eine möglichst genaue Erfassung der Transaktionsvolumina bemüht.[13]

Auf Grundlage dieser unterschiedlichen Informationsquellen sowie unter Berücksichtigung zahlreicher Einzelveröffentlichungen in der Tagespresse lassen sich grobe Entwicklungstendenzen erkennen, die jedoch kurzfristigen Wandlungen unterliegen.[14]

Beschränkt man sich auf grenzüberschreitende Transaktionen, sind innerhalb Europas England und Frankreich führend. Eine internationale Transaktionsanalyse der weltweiten M & A Aktivitäten im grenzüberschreitenden Verkehr 1988 führt zu der in Abbildung 2 dargestellten Grobschätzung[15].

---

12 Auf internationaler Ebene gehören hierzu beispielsweise Firmen wie Peat Marwick (KPMG), die speziell für Mandanten eine regelmäßig Transaktionsanalysen unter dem Titel „Deal Watch" veröffentlichen ebenso wie Translink mit ihrem „European Deal Review".

13 Vgl. ergänzend auch die Darstellung der take-over-Aktivitäten bei Heintzeler (1989), S. 839 - 841 sowie in der Franfurter Allgemeinen Zeitung vom 13.1.1990, o. Verf. (1990d), S. 14.

14 Bei diesen unterschiedlichen Informationsquellen ist gerade im europäischen und im internationalen Datenvergleich die eingeschränkte, direkte Vergleichbarkeit aufgrund der verschiedenen Bewertungs- und Erfassungsansätze zu berücksichtigen.

15 Die zugrundeliegenden Basisdaten beziehen sich auf einen Betrachtungszeitraum vom 31.3. 1988 - 31. 3. 1989 ; vgl. KPMG (1989), S. 23 - 35.

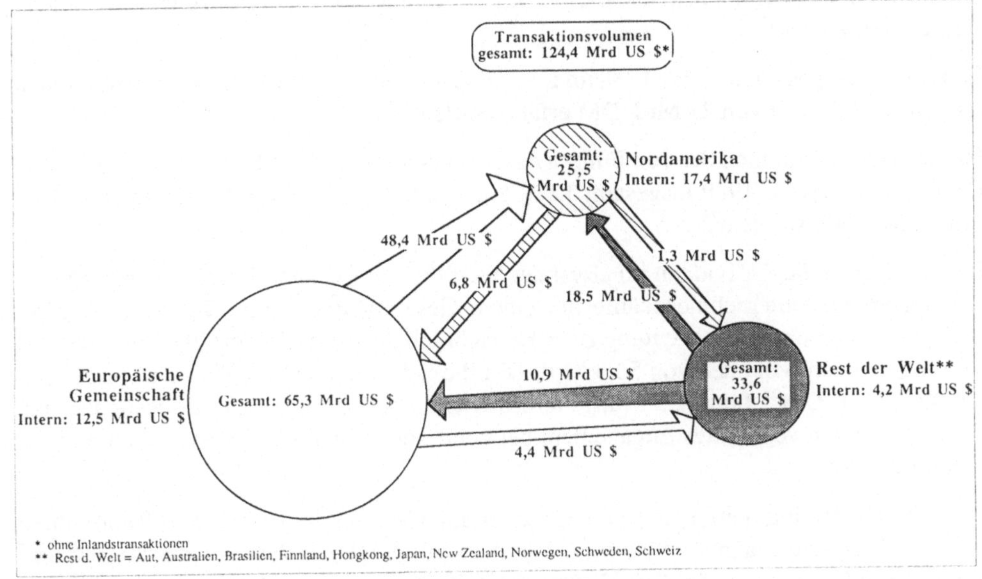

Abbildung 2: Internationale Entwicklung der Kaufaktivitäten 1988

3.2 Transaktionen[16]

Aufgrund des Zahlenmaterials in Abbildung 2 erweisen sich die Europäer als die stärksten internationalen Akquisiteure. Entsprechend den jüngsten Entwicklungen treten die USA wieder an erste Stelle im internationalen Vergleich, während Großbritannien das beliebteste Übernahmeziel bildet.[17]

Insgesamt fanden, bezogen auf das Jahr 1988, im grenzüberschreitenden Kaufs- und Verkaufsverkehr 2326 Transaktionen im Gesamtwert von 118 Mrd. US$ statt.[18] Unter den Ländern der Europäischen Gemeinschaft war England 1988 mit 44,5 Mrd. US$ der stärkste Akquisiteur im internationalen grenzüberschreitenden Verkehr (vgl. Abb. 3), während sich die USA als Investoren in Europa eher zurückhaltend zeigten. Innerhalb Europas hingegen werden inzwischen, basierend auf Zahlen von 1989 die Franzosen mit

16 Die Darstellung der verschiedenen Transaktionsvolumina dient dazu, eine grobe Vorstellung über internationale M & A Aktivitäten zu vermitteln; die schnellen Veränderungen des Transaktionsverhaltens in den verschiedenen Ländern sowie die unvollständige und unzureichende Verfügbarkeit von Daten führt, über einen längeren Zeitraum betrachtet, zu widersprüchlichen Ergebnissen und zu einer unzureichenden direkten Vergleichbarkeit der Daten.

17 Vgl. o. Verf. (1990), S. 15.

18 Der Betrachtungszeitraum bezieht sich auf das Gesamtjahr 1988 – daher auch die Differenz zum Gesamtvolumen in Abbildung 2; vgl. Sauer/Schinogl (1989), S. B 13.

insgesamt 210 Übernahmen als die stärksten Akquisiteure im grenzüberschreitenden Verkehr betrachtet.[19]

Innerhalb Europas konnten für 1988 im grenzüberschreitenden Verkehr 589 Transaktionen mit einem Volumen von 21 Mrd. DM erfaßt werden.[20]

Für das Gesamtvolumen der von Europa ausgehenden grenzüberschreitenden M & A Aktivitäten konnten für 1989 insgesamt 1275 Transaktionen mit einem Wert von etwa 76,1 Mrd. DM erfaßt werden.[21]

Betrachtet man die Aktivitäten im „Rest der Welt“[22], dann kommt dieser Gruppierung als Zielländern für Unternehmenskäufe mit einem Gesamtvolumen für 1988 von 9,9 Mrd. US$ nur untergeordnete Bedeutung zu.[23] Hinsichtlich der Akquisitionstätigkeit 1988 sind bei einem Gesamtvolumen von 56,5 Mrd. DM die Schweiz mit 14,3 Mrd. DM und Japan mit 12,6 Mrd. DM[24] führend.[25] Jüngsten Entwicklungen zufolge kann insbesondere bei den Japanern ein verstärktes Engagement bei bundesdeutschen Aktiengesellschaften festgestellt werden.[26]

Hinsichtlich der internationalen grenzüberschreitenden Kaufs- und Verkaufsaktivitäten der EG – Länder im Jahre 1988, wird die starke Rolle Englands deutlich, das im Betrachtungsjahr 68% der europäischen Gesamtakquisitionen bei einem Transaktionsvolumen von 858 Unternehmen bestritten hat (vgl. Abbildung 3).[27]

Versucht man schließlich aufgrund der bis zum ersten Halbjahr 1989 angefallenen Transaktionen die Entwicklungsrichtung nach Anzahl und Wert der Transaktionen zu erfassen, ergibt sich das in Abbildung 4 dargestellte Gesamtbild.[28]

---

19 Vgl. o. Verf. (1990a), S. 24.
20 Vgl. Dickins (1989), S. 7 - 12; zur Vervollständigung des Gesamtbildes vgl. o. Verf. (1990d), S. 14.
21 Vgl. o. Verf. (1990), S. 15; das Transaktionsvolumen wurde zu aktuellen Kursen (1.3.90) umgerechnet.
22 Hierzu werden verschiedene Einzelstaaten wie Australien, Brasilien, Finnland, Norwegen, Schweden, Hongkong, Japan sowie die Schweiz und Österreich gezählt.
23 Vgl. KPMG (1989), S. 33.
24 Gerechnet zu aktuellen Kursen von 1:1,68.
25 Vgl. KPMG (1989), S. 32.
26 Vgl. Narusawa (1990), S. B 9.
27 Vgl. KPMG (1989), S. 25 f.
28 Vgl. KPMG (1989), S. 19 - 33.

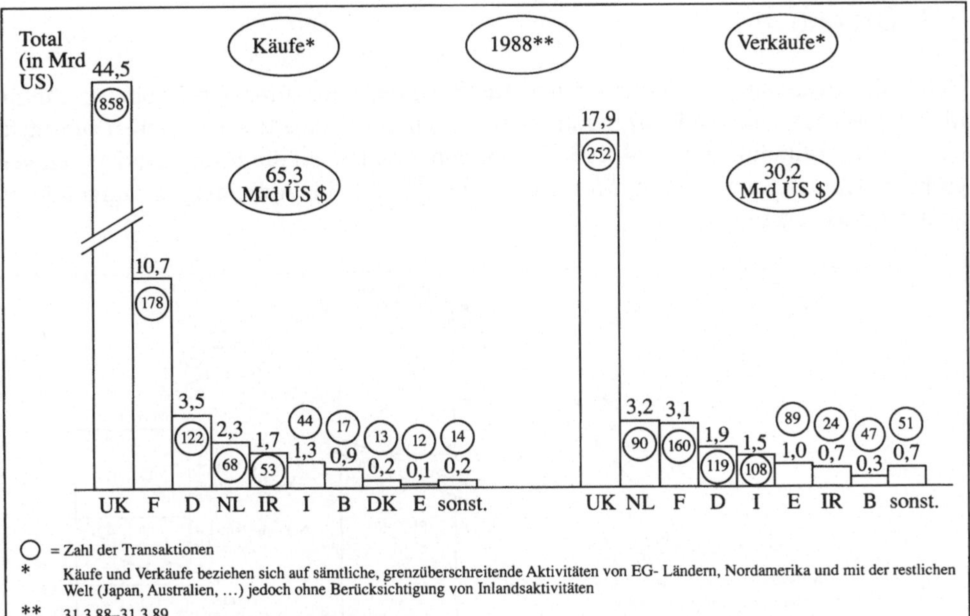

Abbildung 3: Internationale grenzüberschreitende Aktivitäten der EG-Staaten 1988

1. Jüngste Entwicklungen nach Marktsegmenten auf der Käuferseite*:

Region	< 100 Mio US $	> 100 Mio US $
Gesamt	etwa gleich / etwa gleich	mehr / mehr
EG	etwa gleich / etwa gleich	etwas mehr / billiger
NA	wenig er/ teurer	mehr / teurer
Rest	mehr / billiger	mehr / billiger

.... / ....
Anzahl / Wert

2. Jüngste Entwicklungen nach Marktsegmenten auf der Verkäuferseite*:

Region	< 100 Mio US $	> 100 Mio US $
Gesamt	etwa gleich / etwa gleich	mehr / mehr
EG	weniger / teurer	etwas mehr / billiger
NA	weniger / teurer	mehr / teurer
Rest	etwa gleich / billiger	unverändert / billiger

.... / ....
Anzahl / Wert

* ohne Inlandstransaktionen

Abbildung 4: Internationale Entwicklung des Transaktionsverhaltens gemessen am Transaktionsvolumen

3.3 Branchen

Neben der Erfassung von Volumen und Richtung der internationalen Kapitalströme im M & A Geschäft sind die Konzentrationstendenzen in verschiedenen Branchen zu beachten. Für den Zeitraum von 1984–1988 lassen sich, gestützt auf die Erfassung der weltweit größten Transaktionen durch Morgan Grenfell[29], die in Abbildung 5 aufgeführten Schwerpunkte erkennen.

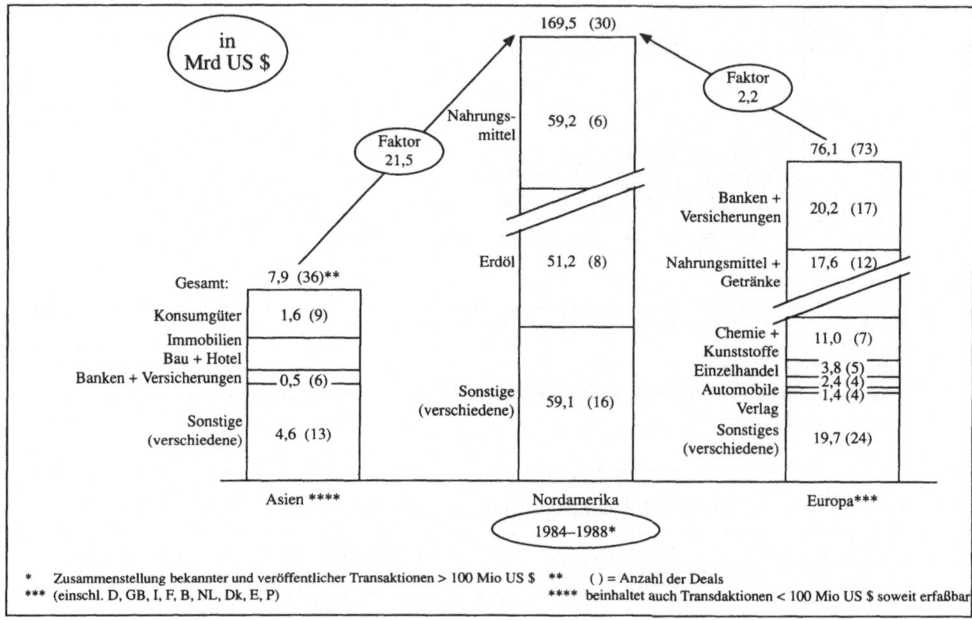

Abbildung 5: Internationale Branchenanalyse der größten Transaktionen 1984–1988

Ungeachtet der Tatsache, daß zunehmende M & A Aktivitäten verteilt über alle Branchen stattfinden, ergab sich für Europa bis 1988 das in Abbildung 6 dargestellte Gesamtbild[30].

Während bis 1988 die wesentlichen Transaktionen im Nahrungsmittel- und Dienstleistungssektor stattgefunden haben, konnte 1989 zusätzlich der Elektronikbereich an Bedeutung gewinnen, wie die folgenden Beispiele belegen:

- Im Konsumgüterbereich übernahm alleine Unilever 55 Unternehmen, wovon ein Großteil im Körperpflegemittelbereich angesiedelt war (Fabergé u. Elizabeth Arden/

---

29 Vgl. Grenfell (1989), S. 27 - 274; S. 371 - 421; S. 423 - 577.

30 Vgl. Grenfell (1989), S. 27 - 274

1,55 Mrd. US$; Kosmetikbereich von Calvin Klein/306 Mio US$)[31]; im Foodbereich wurden zur Ergänzung beispielweise Homann, Martin Braun KG und Taunus Feinkost übernommen.[32] BSN und Agnelli übernahmen Galbani (Molkerei und Wurst) für 3,14 Mrd. DM und Bel (Käse) übernahm Maizena[33].

- Im Dienstleistungsbereich sind beispielsweise die Übernahme der Colonia Versicherung durch den Victoire Konzern (ca. 3 Mrd. DM)[34] sowie von Morgan Grenfell durch die Deutsche Bank anzuführen.
- Im Elektronikbereich schließlich können u.a. die Übernahmen von Plessey (1,7 Mrd. Pfund) und Nixdorf durch Siemens und von RCA durch Thomson genannt werden.

In allen drei Branchen handelt es sich um Wirtschaftszweige, die durch eine hohe Wettbewerbsintensität gekennzeichnet sind und daher besonders durch innovatives Verhalten ihre Marktpositionen behaupten oder erweitern müssen.

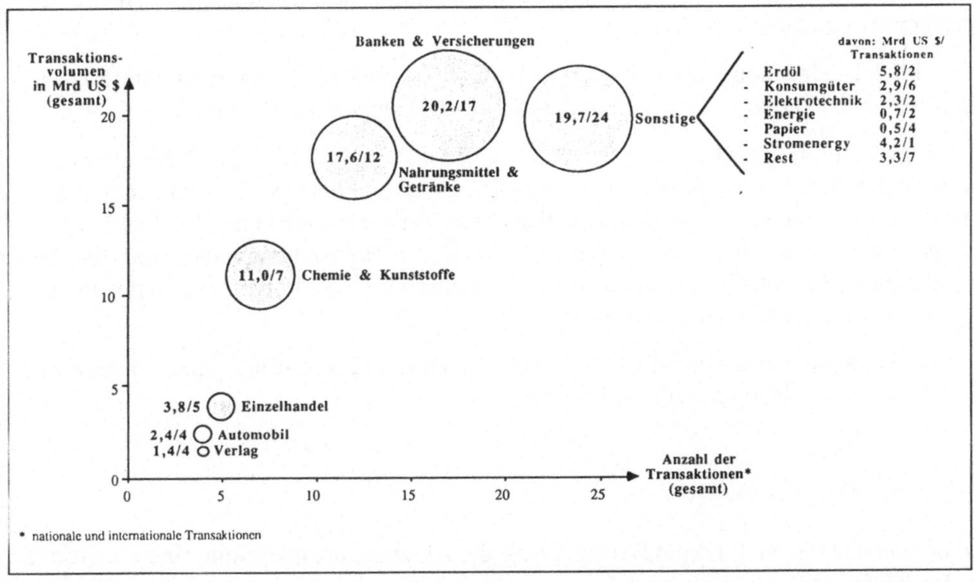

Abbildung 6: Konzentration der größten Transaktionen innerhalb Europas von 1984–1988

31 Vgl. o. Verf. (1989a), S. 10
32 Vgl. o. Verf. (1990b), S. 20
33 Vgl. o. Verf. (1990a), S. 24
34 Vgl. o. Verf. (1990c), S. 21

4. Motivstrukturen

4.1 Überblick

Fragt man sich nach den Motiven für den Kauf bzw. die Übernahme eines oder mehrerer Unternehmen, wird vor allem die Erhaltung und Weiterentwicklung der eigenen Wettbewerbsposition im Vordergrund stehen. Dies kann durch den Ausbau bestehender Marktanteile (Marktführerschaft) und die Nutzung von Mengeneffekten (Economies of Scale) in bekannten Segmenten, aber auch durch die Erschließung neuer Marktsegmente im Sinne von Diversifikationsbemühungen zur Generierung neuer Standbeine sowie zur Gewinnung externer Denk- und Produktinnovationsanstöße geschehen.

Berücksichtigt man im Rahmen der Entwicklung eines europäischen Binnenmarktes die Bemühungen, auch in europäischen Nachbarländern zunehmend wettbewerbsfähig oder zumindest präsent zu sein, dann ist die Akquisition von Unternehmen insbesondere auf die Möglichkeiten der Erschließung von Vertriebswegen sowie die Nutzung bereits vor Ort bestehender Kontakte zurückzuführen.

Wesentlich ist eine möglichst effiziente Koordination von Ressourcen im In- und Ausland, um tatsächlich Wettbewerbs- und Innovationsvorteile sichern zu können.

Dabei kann durch die Akquisition eines geeigneten Partners im Ausland vor allem hinsichtlich der Gewinnung spezifischen Know-Hows sowohl bezüglich spezifischer Markterfordernisse als auch bezüglich des Aufbaus von Vertriebswegen und Kundenkontakten Zeit gespart werden. Zusätzlich kann der externe Know-How-Zuwachs den Input für neue Produktideen, Produktionsverfahren oder Vertriebsstrategien liefern und damit die gesamte Innovationsfähigkeit erhöhen.

Entsprechend den unterschiedlichen Interessen (Käufer/Verkäufer) sind verschiedene Motive zu berücksichtigen (vgl. Abbildung 7).

4.2 Verkäuferseite

Bevor man über die vielfältigen Beweggründe der Akquisiteure nachsinnt, sind die Motive der Verkäufer zu berücksichtigen.

Ungeachtet branchenspezifischer Eigenheiten dominieren bei den Verkäufern eher allgemeine Motive die Verkaufsentscheidung, wie steuerrechtliche Überlegungen, Nachfolgeprobleme oder erhöhter Freizeitbedarf.

Unter steuerlichen Gesichtspunkten veranlaßte die Gesetzesänderung zur steuerlichen Behandlung von Veräußerungsgewinnen (§ 16, 17 und insbesondere 34 (1) EStG) verkaufsorientierte Unternehmer die Veräußerung möglichst vor dem 1.1.1990 vorzunehmen, sofern der zu erwartende Veräußerungsgewinn über 30 Mio. DM lag, da ansonsten nicht mehr der halbe, sondern der volle sonst übliche Steuersatz (Einkommen 53%) veranschlagt wird. Daß es nicht zu einer unerwartet hohen Anzahl von Übernahmen im mittelständischen Bereich kam, ist vor allem darauf zurückzuführen, daß die steuerliche Bemessungsgrenze auf 30 Mio. DM heraufgesetzt wurde.[35] Inwieweit solche Regelungen sinnvoll sind, bleibt insofern fraglich, als einerseits kurzfristige unternehmerische Entscheidungen herbeigeführt werden, die unter unternehmensstrategischen aber auch unter gesamtwirtschaftlichen Aspekten zu langfristig negativen Entwicklungen beitragen können; andererseits mittel- und langfristigen unternehmerischen Initiativen zur Reallokation und Neukombination von Ressourcen über 30 Mio. DM ein Riegel vorgeschoben wird und dadurch auch die Möglichkeiten zur Generierung neuer Innovationspotentiale beeinträchtigt werden.

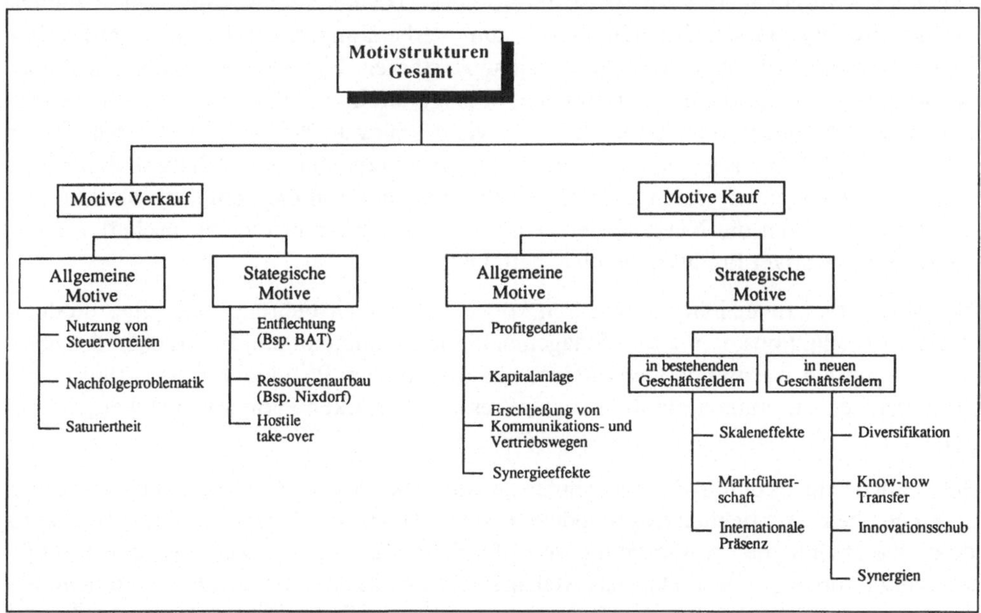

Abbildung 7: Überblick über Motivstrukturen für M & A Aktivitäten

Ebenso wie bestimmte externe Rahmendaten, können auch interne Konstellationen wie das Fehlen geeigneter Nachfolger zu Verkaufsüberlegungen führen. Dabei dürfte für einen verantwortungsbewußten und zukunftsorientierten Unternehmer das Auffinden eines geeigneten Managementteams/Nachfolgers wichtiger aber auch problembehafteter sein als das Aushandeln eines optimalen Verkaufspreises.

Die Saturiertheit (Überdrüssigkeit verknüpft mit dem Gedanken des Abschöpfens) hingegen macht eher kurzfristige Verkaufsentscheidungen erforderlich. Der Unternehmer möchte sich aus bestehenden vertraglichen Verpflichtungen und Verantwortungen lösen

35 Zu einer ausführlichen Abhandlung steuerlicher Problemstellungen beim Unternehmenskauf vgl. Purwins (1989), S. 232 - 294.

und einen möglichst hohen Veräußerungsgewinn abschöpfen. Bezogen auf das Verkaufsobjekt „Unternehmen" spielen zukunftsbezogene oder innovationsorientierte Überlegungen nur eine untergeordenete Rolle.

Neben diesen allgemeinen Motiven, die in unterschiedlichen Kombinationen auftreten können, beeinflussen unternehmenspolitisch bedingte, strategische Überlegungen den Verkauf von Unternehmensteilen oder ganzen Unternehmen. Dementsprechend ergeben sich insbesondere bei großen Unternehmen, die sich auf bestimmte Kerngeschäftsbereiche zur Stärkung der eigenen Ertragskraft konzentrieren - wie dies beispielweise bei B.A.T. nach dem mißglückten Übernahmeversuch durch Goldsmith und Partner der Fall war - zunehmend Möglichkeiten zur Akquisition solcher Tochtergesellschaften. Diese zumeist ertragsschwachen Geschäftsfelder werden zum Verkauf angeboten, um mit dem Kapitalrückfluß zukunftsträchtige Geschäftsbereiche zu stärken. Ebenso wie Ressourcenengpässe, beispielsweise im finanziellen Bereich, bedingt durch produktpolitische Fehlentscheidungen Anlaß zum Verkauf geben können, wie das jüngste Beispiel der Übernahme von Nixdorf durch Siemens gezeigt hat. Der Verlust an unternehmerischer Selbständigkeit des Nixdorf - Managements kann dabei durch die Integration in die komplexe Struktur von Siemens und durch die Nutzung der neugewonnenen Ressourcengemeinschaft zur Gewinnung innovativer Produktpotentiale beitragen.

Neben den rein finanziellen Engpässen können aber auch Führungsprobleme, produkt- und/oder produktionsorientierte Managementfehler, konjunkturelle Einbrüche oder überdurchschnittlich wachsende Konkurrenten zu marktlichen Positionsverlusten führen, die nur durch den Zusammenschluß mit einem ressourcenstarken Partner gelöst werden können.

Schließlich kann es durch die sogenannten „hostile-take-overs"[36] zu Übernahmeversuchen kommen, die ausschließlich extern induziert sind. Die Übernahmeinteressenten versuchen durch die „heimliche" Ansammlung von Mehrheitsstimmrechten zunächst ihre Kaufabsichten zu verbergen, um dann das Management des zu übernehmenden Unternehmens mit vollendeten Tatsachen zu konfrontieren. Solche feindlichen Übernahmeversuche, die überwiegend von an Kapitalgewinnen interessierten Investorengruppen vorgenommen werden, können zu erheblichen Spekulationen am Aktienmarkt führen, das gesamte Management in höchste Bedrängnis bringen und damit kurzfristige Fehlentscheidungen verursachen, die sich häufig nur durch das schützende, höhere Angebot eines sogenannten „white knight", einem freundlich gesinnten Unternehmen, vermeiden lassen. Eine derartige Konstellation führte zu den Übernahmeverhandlungen zwischen Times und Warner (Verhandlungssumme 36 Mrd. DM) zum Schutz gegen den Versuch einer feindlichen Übernahme durch Paramount Pictures.[37] Ebenso wie B.A.T. den Übernahmeversuch von Rothschild, Goldsmith und Packer, die durch General Electric und verschiedene Banken als Financiers gestützt waren, durch sofortige Gegenmaßnahmen abwehrte.[38]

36 Vgl. hierzu den beispielhaft dargestellten Ablauf eines hostile-take-overs bei Heintzeler (1989), S. 846 f.
37 Vgl. o. Verf. (1989c), S. 17.
38 Vgl. o. Verf. (1989d), S. 13.

4.3 Käuferseite

Betrachtet man die allgemeinen Motive auf der Akquisitionsseite, ist grundsätzlich zu differenzieren, ob der Akquisiteur, ähnlich wie KKR (Kohlberg, Kravis, Roberts & Partner) die Akquisition aus rein finanzpolitischen Motiven durchführt (z.B. Leveraged-Buy-Outs) und dadurch zu einer möglichst frühzeitigen Liquidierung des eingesetzten Kapitals angehalten ist, oder ob es sich bei dem Akquisiteur um ein Unternehmen handelt, bei dem markt- und wettbewerbsinduzierte Veränderungen die Akquisition erforderlich machen.

Im ersten Fall wird die Gewinnung zukunftsorientierter Innovations- und Know-How-Potentiale eher vernachläßigt, jedoch durch gezielte Rationalisierungsmaßnahmen und die Auflösung stiller Reserven (asset stripping) eine möglichst frühzeitige Tilgung der Fremdfinanzierungsmittel angestrebt.

Die zweite Alternative hingegen ist unternehmens- und wettbewerbspolitisch bedingt und damit sowohl von kurz- als auch von langfristigen Überlegungen begleitet. Daher können in solchen Fällen innovationsorientierte Strategieüberlegungen den Auswahlprozeß bereits erheblich beeinflussen.

Betrachtet man die Motive im Einzelnen, sind zunächst die Kapitalüberschüsse zu nennen. Die kontinuierliche, positive Konjunkturlage der vergangenen Jahre hat insbesondere bei Großunternehmen in verschiedenen Branchen zu einem erhöhten Anlagebedarf geführt, um überschüssige Liquidität günstig zu reinvestieren. Werden vor dem Hintergrund solcher Bedürfnisse neue Unternehmen akquiriert, stehen zunächst Renditeüberlegungen im Vordergrund, bevor potentielle Synergieeffekte (z.B. window-on-technology) näher geprüft werden.

Ein weiterer, zunächst als allgemeines Motiv zu betrachtender Beweggrund sind Bemühungen zur Erschließung neuer Kontakt- und Kommunikationsmöglichkeiten. Spezifische unternehmenspolitische oder strategische Anforderungen müssen dabei erst noch im Verlauf des Akquisitionsprozesses entwickelt werden, wie dies beispielsweise bei den ersten Ostblock joint-ventures der Fall ist. Dabei ist alleine die erstmalige Koordination neuer Informationen bei der Anbahnung, dem Aufbau und der Weiterentwicklung neuer Kontakte von hoher unternehmerischer Motivation geprägt, während sich Innovationspotentiale bereits aus einem neuartigen situativen Umfeld (Umweltsituation wie z.B. in der DDR) ergeben können.

Schließlich sind Synergieeffekte eines der meistgenannten Motive für Akquisitionsbemühungen. Die Realisierungschancen der erwarteten Synergiepotentiale werden jedoch häufig in Frage gestellt, da unternehmenskulturbedingte Informationsbarrieren, unzureichende Integrationsbemühungen und unqualifizierte Diversifikationsentscheidungen den erwarteten Synergieerfolg Erfolg vermissen lassen.

Bei den strategisch motivierten Zielen wird von den Bemühungen bestehender Unternehmen einerseits in bekannten und andererseits in neu zu erschließenden Geschäftsfeldern ausgegangen. Portfolio-Selektions-Strategien einzelner Investorengruppen werden im speziellen nicht berücksichtigt.

In bestehenden Geschäftsfeldern ist es vorrangiges Ziel der Akquisitionsbemühungen, zum einen produktionsorientierte Mengeneffekte zu realisieren, um Kostenvorteile zu erwirtschaften und bestehende Marktpositionen zu festigen oder auszubauen und zum anderen um die europaweite und internationale Präsenz zu erhöhen. In den angestammten Geschäftsbereichen können Skaleneffekte zu Preis- und damit zu Wettbewerbsvorteilen führen, während ein marktorientiertes Volumenwachstum nur bei einer mittel- bis langfristig gesicherten Ertragslage in den angestrebten Wachstumssegmenten sinnvoll ist. Zusätzlich können auch in bekannten Geschäftsbereichen durch gezielte Akquisitionen Erfahrungsaustausche herbeigeführt werden, deren Informationsgehalt zur Gewinnung innovativer Lösungsansätze in organisatorischen, marktbezogenen oder produktorientierten Bereichen beitragen können. Die Erwirtschaftung derartiger Innovationssynergien sind vor allem in Märkten notwendig, in denen ein ausgeprägter Verdrängungswettbewerb vorherrscht und demzufolge für zahlreiche Wettbewerber ausschließlich innovative Nischenstrategien ein Überleben ihres Unternehmens sichern. Regionale Diversifikationsbemühungen hingegen dienen überwiegend der Anpassung an den verschärften innereuropäischen Wettbewerb und der Verstärkung der überregionalen Präsenz.

Hinsichtlich der Erschließung neuer Geschäftsfelder dagegen, wird die Akquisitionsentscheidung ebenso von produktorientierten Innovations- und Diversifikationsstrategien wie von gezielten Möglichkeiten der Nutzung von Know-how-Synergien dominiert. Hier können insbesondere branchenübergreifende Akquisitionen, vor allem im Ausland, zum einen zur Erweiterung der Produktpalette und zum anderen zum Know-how-Transfer beitragen. Die Unterlassung spezifischer Branchenanalysen sowie genauer Analyse der eigenen strategischen Erfordernisse kann zu folgenschweren Fehlentscheidungen führen. Nur gezielte und mit den betroffenen Bereichen abgestimmte Akquisitionsbemühungen können die gemeinsame Basis zur Weiterentwicklung künftiger Innovationsstrategien bilden, damit schließlich die vielzitierte Summe aller Teile mehr ergibt als das ursprüngliche Ganze und nicht umgekehrt.

5. Ressourcenkoordination als Innovationsstrategie

Unter den verschiedenen Alternativen, die eine Akquisitionsstrategie initiieren können, ist die Gewichtung des Innovationsmotives immer von den unternehmensspezifischen Anforderungen abhängig. Innovative Anstöße von außen werden dann Beachtung finden, wenn dadurch unternehmensinterne oder -externe (anwenderbezogene) Kosten- bzw. Zeitvorteile erwirtschaftet werden können.

Strebt man zunächst unter dem Blickwinkel von Informations- und Innovationsstrategien eine isolierte Betrachtung des Akquisitionsprozesses an, dann findet alleine durch die Ressourcenkoordination, d.h. die Zusammenlegung und Neukombination verschiedener

Ressourcen (Arbeitskräfte, Finanzmittel, Lieferanten, Abnehmer, Märkte, Organisationsstrukturen usw.) und die damit verbundenen Know-How-Transferleistungen Informationsaustausche statt, die bei entsprechender Aufnahme-, Koordinations- und Weiterverarbeitungsbereitschaft durch die Beteiligten bereits zu positiven Innovationseffekten führen können. Dabei darf jedoch das Bemühen zur Generierung neuer Ideenpotentiale nicht nur auf die Suche nach innovativen Produktlösungen begrenzt bleiben, sondern muß sich auch auf die Möglichkeiten zur Gewinnung neuer Kooperations-, Vertriebs-, Marketing- und sonstiger Innovationsstrategien zur Effizienzsteigerung oder der Sicherung von Markterfolgen erstrecken.

Inwieweit generell Innovationsstrategien das Akquisitionsgeschehen bestimmen oder nur begleiten, bleibt ohne die Einbindung empirisch gesicherter Daten unbestimmt. Nur im Bereich der Venture-Capital-Finanzierung existiert das Corporate-Venture-Capital als Sonderform der Beteiligungsfinanzierung durch Großunternehmen, die sich dadurch auszeichnet, daß überwiegend Mehrheitsbeteiligungen an innovativen und zumeist technisch-orientierten Wachstumsunternehmen gesucht werden, um dadurch neue Einblicke in innovative Entwicklungen und potentielle Diversifikationsmöglichkeiten zu erhalten.[39] Alleine diese Akquisitionsstrategie ist gleichzeitig als Innovationsstrategie zu betrachten, wobei eindeutig Technikaspekte das Entscheidungs- und Auswahlverhalten bestimmen, da technologische Innovationsvorsprünge erwirtschaftet und schließlich first-mover-advantages[40] realisiert werden sollen. Diese eindeutige Ausrichtung auf eine innovationsorientierte Akquisitionsstrategie ist bei den sonst üblichen Akquisitionsbemühungen jedoch nicht typisch.

Ist die Realisierung von Innovationssynergien ein wesentliches Akquisitionsziel, dann ist zunächst zu klären, ob diese Synergien nicht mit den eigenen Ressourcen günstiger zu erreichen wären als durch die zusätzliche Einbindung externer Ressourcen. Handelt es sich hauptsächlich um die Gewinnung zusätzlicher Innovationspotentiale, beispielsweise durch die gezielte Nutzung von Synergien zwischen bestimmten Produktbereichen oder ganz allgemein durch neuerworbene Informationsaustausche, dann können transaktionskostentheoretische Denkansätze als Entscheidungshilfen fungieren.[41]

Bereits in einer jüngst durchgeführten empirischen Untersuchung über sehr erfolgreiche und weniger erfolgreiche innovative Unternehmensgründungen konnte aufgezeigt werden, daß es sich vor dem Hintergrund transaktionskostentheoretischer Überlegungen empfiehlt, sein Entscheidungsverhalten an dem zum Tausch notwendigen Informationsinhalten (spezifisches/unspezifisches Know-how) auszurichten.[42]

39 Zu Ansätzen des Corporate-Venture-Capital vgl. Laub (1985), S. 40 - 46; Räbel (1986), S. 142 - 148; Laub (1989), S. 33 - 35.

40 Zur Bedeutung der first-mover-advantages im innovationsorientierten Kontext, vgl. Schneider (1988), S. 74 - 110 und den Beitrag von Schneider in diesem Band.

41 Vgl. Picot/Laub/Schneider (1989), S. 10 - 56; Schneider (1988), S. 74 - 110.

42 Zu den empirischen Untersuchungsergebnissen bezüglich unterschiedlicher transaktionskostenorientierter Einbindungsstrategien vgl. Picot/Laub/Schneider (1989), S. 203 - 226.

Ist demzufolge die Gewinnung zusätzlichen, innovativen Know-hows das Hauptmotiv der Akquisitionsstrategie und ein intensiver gegenseitiger Informationsaustausch Bedingung zur Gewinnung gemeinsamen, neuen Know-Hows, dann kann nur eine Einbindungsstrategie sinnvoll sein, die auf engen vertraglichen Bindungen basiert. Hierdurch wird der neue Partner eng in die bestehenden Hierarchien eingebunden und der einseitigen Nutzung von Informationsvorteilen vorgebeugt.

Liegen hingegen die Schwerpunkte der Akquisitionsbemühungen in anderen Bereichen als der innovationsorientierten Know-how-Gewinnung, dann kann mit abnehmender Spezifität des Anforderungsprofiles an den Akquisitionskandidaten die vertragliche Einbindungsnähe entsprechend großzügig, beispielweise in Form eines Rahmenvertrages, gestaltet werden. Dadurch geht keiner der Vertragspartner eine zu „enge Bindung" ein und dennoch bestehen hinreichende Möglichkeiten des gegenseitigen Informationsaustausches.

Ist es beispielsweise Ziel der Akquisitionsstrategie, neue Geschäftsfelder in an sich bekannten Produktbereichen zu erschließen bzw. bestehende Geschäftsbereiche durch Zukäufe zu erweitern, dann empfiehlt es sich bei solchen Akquisitionsobjekten, die keinen spezifischen Know-How-Transfer erwarten lassen, von einem zu engen vertraglichen Einbindungsverhältnis Abstand zu nehmen. Dadurch können zunächst auch die Verantwortlichkeiten für nicht sofort erkennbare Managementfehler (Folgeschäden) frühzeitig dosiert werden.

Die akquirierende Gesellschaft „reserviert" sich dadurch einerseits ein gewisses Mitspracherecht, ohne andererseits dabei zuviel von den eigenen Dispositionsspielräumen aufgeben zu müssen. Ebenso wie sich das anvisierte Unternehmen zunächst seine Selbständigkeit weitgehend erhalten kann, wobei jedoch die grundsätzliche Möglichkeit des Zugriffes auf die Ressourcenausstattung des Akquisiteurs besteht. Art und Erfolg der Zusammenarbeit werden desweiteren die Inhalte künftiger Informationsaustausche bestimmen. In jedem Fall sind die gegenseitigen Verpflichtungen noch derart gestaltet, daß nachhaltige ökonomische Negativeffekte überwiegend vom Verursacher zu tragen sind.

Sollten im Rahmen einer Kooperation bzw. einer Minderheitsbeteiligung Kommunikationsbarrieren - wie unzureichende Mitarbeiterinformationen, unterschiedliche Führungsstile, unbefriedigende Informationsinstrumente oder zu heterogene Unternehmenskulturen - überwunden werden und dadurch ehemals prohibitiv hohe Informationskosten sinken, können die daraus resultierenden Informationsaustausche zur Gewinnung innovativer Problemlösungen führen. Eine solche Situation würde neue Vertragsverhandlungen erforderlich machen, die zu einer engeren Einbindung des Akquisitionsobjektes führen. Nur dadurch kann eine enge gemeinsame Nutzung der vorhandenen Ressourcen gesichert, gegenseitige Vertrauenspotentiale aufgebaut und im günstigsten Fall tatsächliche first-mover-advantages realisiert werden. Eine derartige Zusammenarbeit ist jedoch nur zu erwarten, wenn das übernommene Unternehmen weitgehend von dem akquirierenden Unternehmen gestützt wird.

Da es sich bei den Entscheidungsprozessen im Rahmen akquisitorischer Aktivitäten in der Praxis zumeist nicht um einen so extensiven „Beschnupperungsprozeß" handelt wie er kurz aufgezeigt wurde, ist es einfacher, sich hinsichtlich der Einbindungsnähe des zu akquirierenden Unternehmens einerseits an den entgegengebrachten Informationsbarrieren zu orientieren und andererseits die eigenen Vorstellungen über Spezifität und Nähe der Informationsaustausche zu prüfen. Erst die Schnittmenge aus den beiden Verhandlungspositionen wird eine grobe Positionierung der Einbindungsnähe zwischen dem sehr freien Kooperations- oder Rahmenvertrag einerseits und einer vollständigen Übernahme im Sinne einer Fusion andererseits ermöglichen.

6. Planung, Auswahl und Umsetzung

Die Voraussetzung zur Realisierung erfolgreicher, innovationsorientierter Akquisitionsstrategien bildet ein umsichtig und professionell durchgeführter Akquisitionsprozeß. Vorab lassen sich dic wesentlichen Schritte zur Planung und Realisierung von Akquisitionen entsprechend den Erfahrungen von Kröger, in acht Regeln zusammenfassend darstellen[43]:

(1) Jeder Akquisition sollte eine eindeutige Strategie zugrunde liegen, um dadurch einer strategischen Notwendigkeit gerecht zu werden, die kostengünstiger und/oder kurzfristiger nicht realisiert werden kann.
(2) Geplante Synergien sollten genau definiert und möglichst quantifiziert werden, unter besonderer Berücksichtigung der einzelnen Wertschöpfungsprozesse und deren wesentlichen Kostenhebeln.
(3) Für den Auswahlprozeß selbst bedarf es einer umfassenden Kenntnis von Branchen (strategisches Umfeld, Erfolgsmechanik, Konkurrenzstruktur) und Ressourcenstruktur, um sinnvoll auswählen zu können.
(4) Der Wert eines Unternehmens bemißt sich nicht nur nach seiner bilanzbasierten Bewertung, sondern vor allem nach seiner strategischen Position, die künftige Erfolgspotentiale miteinschließt.
(5) Unmittelbar nach der Akquisition sind alle Mitarbeiter in umfassender Weise zu informieren, um Vertrauen zu schaffen und den Integrationsprozeß zu beschleunigen.
(6) Innerhalb von zwei bis drei Monaten sollte ein Controlling System eingebunden sein.
(7) Synergien lassen sich nur durch gemeinsame Zielorientierung und zielkonforme Kontrollprozesse realisieren.
(8) Schließlich bedarf es einer sensiblen Harmonisierung der unterschiedlichen Unternehmenskulturen.

---

43 Diese von Fritz Kröger, Geschäftsleitungsmitglied bei A.T. Kearney GmbH, München aufgestellten Akquisitionsregeln wurden unter dem Titel: „International Akquisitions - Eight Rules for Successful Planning and Implementation“ auf internationalen Vorträgen bei der Herbsttagung der Deutschen Gruppe der Internationalen Handelskammer in Frankfurt am 7. November 1988, der „Federation of Danish Industries“ in Kopenhagen am 10. März 1989 und der Deutsch - Norwegischen Handelskammer in Oslo am 9. November 1989 präsentiert; vgl. auch o. Verf. (1988), S. 7.

Versucht man den gesamten innovationsorientierten Akquisitionsprozeß in einzelne Akquisitionsschritte zu unterteilen, sind drei Hauptphasen zu erkennen (vgl. Abbildung 8).

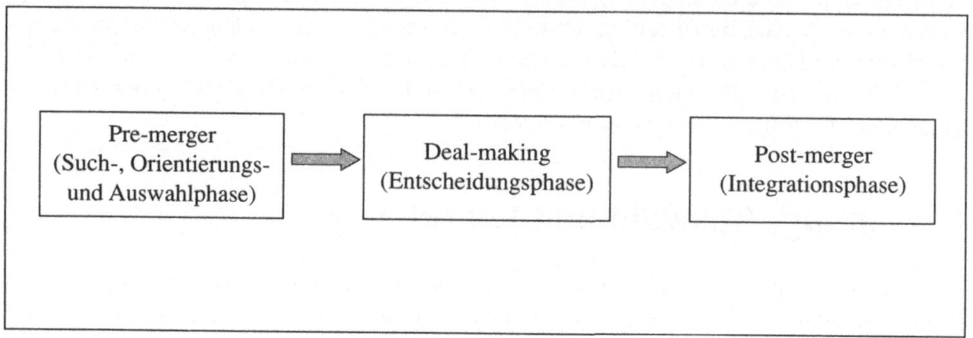

Abbildung 8: Überblick über den M & A Auswahlprozeß

Die pre-merger Phase besteht aus einem Such-, Orientierungs- und Auswahlprozeß. In diesem frühen Stadium des Akquisitionsprozesses müssen erste Vorstellungen über mögliche Kooperationsformen, angestrebte Synergien, Branchen, Größenordnungen (Mengeneffekte) und gemeinsame strategische Ziele entwickelt werden.

Die Grundlage zur Entwicklung eines geeigneten Anforderungsprofiles im Akquisitionsprozeß bilden daher zunächst marktsegmentbezogene Kostenanalysen und die Ableitung von Wertschöpfungsketten, die Bestimmung vorhandener Ressourcen zur Ausschöpfung von Marktpotentialen sowie der Versuch einer Prognose künftiger Entwicklungen. Ergänzend ist eine grobe Erfassung der Konkurrenzdaten zur Abrundung des Gesamtbildes sinnvoll. Obwohl solche Analysen auch unternehmensintern durchgeführt werden können (z.B. BASF, Daimler Benz, Siemens) findet durch die Wahrnehmung des M & A Geschäftes von Dienstleistungsbetrieben wie Banken, Wirtschaftsprüfungsgesellschaften und Beratungen zunehmend eine Verlagerung nach außen statt.[44]

Die professionelle Wahrnehmung solcher Aufgaben bildet in der pre - merger Phase die Voraussetzung zum Erkennen von Risikobereichen, zur Festlegung kritischer Massen und zur genaueren Bestimmung der künftig zu verfolgenden strategischen Ziele. Sind dabei innovationsorientierte Ziele vorrangig, bedarf es einer besonderen Beachtung der aufgezeigten Analyseformen, um in hinreichender Weise Informationsdefizite zu kompensieren und dementsprechend die Realisierung erhoffter Synergien hinreichend beurteilen zu können.

Während die Such- und Orientierungsphase noch von hoher Unsicherheit gekennzeichnet ist, nähert man sich in der Auswahlphase einer Entscheidungssituation an, in der Anfor-

44 Vgl. hierzu auch Kapitel 2.2.

derungsprofil und Leistungsprofil in Einklang zu bringen sind. Die zur Auswahl stehenden Akquisitionsobjekte bilden dabei den externen Entscheidungsrahmen. Erfahrene Spezialisten müssen in ähnlicher Weise wie bei dem akquirierenden Unternehmen den Versuch einer umfassenden Ressourcen-, Kosten- und Stärken/Schwächenanalyse durchführen, bevor in Abstimmung mit den Zielvorstellungen des akquirierenden Unternehmens ein auch steuerlich fundierter Verhandlungs- und Preisvorschlag entwickelt werden kann.

Gelingt es nach verschiedenen Selektionsrunden interessierte Verhandlungspartner zusammenzuführen, beeinflussen nicht nur objektive Analyseergebnisse, positive Ertragserwartungen und potentielle Synergieeffekte, sondern vor allem auch zwischenmenschliche Verhaltensweisen und Verhandlungsgeschick den Entscheidungsprozeß.

Nach den erfolgreich abgeschlossenen Verhandlungen und einem Vertragsabschluß begibt man sich in die dritte Akquisitionsphase, die post - merger Phase, in der die zusammengeführten Unternehmen zu integrieren sind. Während in den Veröffentlichungen zur Übernahmeproblematik vor allem der Auswahlprozeß bis zum Vertragsabschluß betrachtet wird, findet häufig eine Vernachlässigung der für den Gesamterfolg entscheidenden Integrationsphase statt. Dabei wird zunehmend deutlich, daß ein Übernahmeerfolg nur dann gewährleistet sein kann, wenn durch eine umsichtige Informationspolitik aller Mitarbeiter zum Abbau vorhandener Hemmschwellen sowie zur Harmonisierung unternehmenskulturbedingter Barrieren beigetragen wird, ebenso wie die Einrichtung geeigneter Controllingsysteme notwendig ist, um die Integration zu koordinieren und zu kontrollieren.

7. Ausblick

Die Übernahmewelle hat ökonomische Konzentrationsprozesse erheblich verstärkt und dadurch teilweise strukturelle Veränderungen in den einzelnen Volkswirtschaften eingeleitet. Dadurch besteht zunehmend die Gefahr der Herausbildung überwiegend starrer Hierarchien, die eine freie Marktwirtschaft eher behindern, als sie durch innovationsorientierte unternehmerische Initiative in einem ständig sich erneuernden Wettbewerbsprozeß zu beleben.

Nichtsdestoweniger werden zunächst Änderungsprozesse hervorgerufen, die durch die Neukombination unterschiedlicher Ressourcen Möglichkeiten zur Gewinnung innovativen Ideenpotentiales bieten. Diese Möglichkeiten nehmen mit der Unterschiedlichkeit bzw. dem Neuheitsgrad der kombinierten Ressourcen zu, weshalb gerade grenzüberschreitende und internationale Akquisitionsbemühungen hohe Innovationpotentiale beinhalten können. Die Kehrseite bei den mit einem zunehmenden Neuheitsgrad behafteten Ressourcenkombinationen bilden die nicht zu überbrückenden Informationslücken (Erfahrungsdefizite, unzureichende Branchen- und Produktkenntnis usw.), die zu einer erhöhten Risikosituation führen können.

Zur Abwägung solcher Risiken sowie zur genaueren Beurteilung der Ressourcenpotentiale des Verhandlungspartners empfiehlt es sich für jede Akquisitionsstrategie, die Einbindungsnähe langsam zu steuern, sofern die Wettbewerbssituation dies erlaubt. Erst eine möglichst genaue Kenntnis der gesamten Ressourcenausstattung des zu akquirierenden Unternehmens wird Aufschlüsse über mögliche Innovationspotentiale und deren Realisierungschancen zulassen.

Insgesamt lassen die grenzüberschreitenden Akquisitionsbemühungen in Europa eher positive Effekte erwarten, da eine überlegte Zusammenlegung und Nutzung vorhandener Ressourcen unter besonderer Berücksichtigung entscheidungsrelevanter Grenzwerte (z.B. kritische Masse) ökonomische Effizienzsteigerungen ermöglichen sollte. Wird in diesem Zusammenhang die Gewinnung von Innovationspotentialen angestrebt, fördert dies gleichzeitig die wirtschaftliche Wettbewerbsfähigkeit.

Anders verhält sich dies bei den Akquisitionsbemühungen, die überwiegend finanzwirtschaftlichen Zielen folgen. Das Vorgehen des Ausschlachtens (asset stripping) kann gesamtwirtschaftlich nicht als sinnvoll betrachtet werden, da zugunsten kurzfristiger Effizienzsteigerungen bzw. Gewinnaussichten langfristig nutzbare Ressourcen geopfert werden.

Vergleicht man daher eine rein innovationsorientierte Akquisitionsstrategie mit einer rein finanzwirtschaftlich orientierten Akquisitionsstrategie, dann wird mittel- oder langfristig unter einzel- und gesamtwirtschaftlichen Erfolgskriterien der Innovationsstrategie der Vorzug zu geben sein. Häufig werden sich jedoch Akquisitionsstrategien in der Praxis finden, die verschiedene Ziele miteinander verknüpfen.

Künftig jedoch wird man sich mit den Ergebnissen unüberlegter Akquisitionsstrategien befassen müssen. Bislang wird davon ausgegangen, daß etwa 50% aller Akquisitionen sowohl in Europa als auch in den USA Mißerfolge sind; die Mißerfolgsquote von Gelegenheitsakquisitionen soll sogar bei 80% liegen.[45] Dabei bleibt zu berücksichtigen, daß Erfolgsnachweise der umfangreichen Akquisitionen der vergangenen zwei Jahre noch ausstehen. In jedem Fall wird die Merger - Welle der vergangenen und der folgenden Jahre zu einem erhöhten professionellen Beratungsbedarf führen, um Akquisitionsfehler zu bereinigen und eine ökonomisch effiziente und strategisch sinnvolle Ressourcenneustrukturierung zu ermöglichen.

---

45 Vgl. o. Verf. (1988a), S. 7.

Literatur

Angear, Th. R./Dewhurst, J. (1989): How to Buy a Company, Cambridge 1989.

Auerbach, A.J. (Hrsg.) (1988): Mergers ana Acquisitions, Chicago – London 1988.

Beisel, W./Klumpp, H.H. (1985): Der Unternehmenskauf - Gesamtdarstellung der zivil- und steuerrechtlichen Vorgänge einschließlich gesellschafts-, arbeits-, und kartellrechtlicher Fragen bei der Übertragung eines Unternehmens, München 1985.

Bressmer, C./Moser, A.C./Sertl, W. (1989): Vorbereitung und Abwicklung der Übernahme von Unternehmen, Stuttgart 1989.

Grenfell, M. (1989): Global Mergers and Acquisitions Handbook, Hamburg 1989.

Heintzeler, F. (1989): Unfreundliche Firmenübernahmen bald auch in Deutschland, in: Österreichisches Bankarchiv (ÖBA), 9/89, S. 839 – 846.

Hölters, W. (Hrsg.) (1989): Handbuch des Unternehmens- und Beteiligungskaufs - Grundfragen – Bewertung – Finanzierung – Steuerrecht – Arbeitsrecht – Vertragsrecht – Kartellrecht – Vertragsbeispiele, Köln 1989.

Jung, W. (1985): Praxis des Unternehmenskaufs, Stuttgart 1983.

KPMG (Hrsg.) (1989): Deal Watch – International Mergers and Acquisitions, Frankfurt, Juni 1989.

Kröger, F. (1988/89): International Acquisitions – Eight Rules for Successful Planning and Implementation, Zusammenfassung eines Vortrages bei der Herbsttagung der Deutschen Gruppe der Internationalen Handelskammer in Frankfurt am 7. November 1988, der „Federation of Danish Industries“ in Kopenhagen am 10. März 1989 und der Deutsch - Norwegischen Handelskammer in Oslo am 9. November 1989.

Laub, U.D. (1985): Venture-Capital-Markt, München 1985.

Laub, U.D. (1989): Zur Bewertung innovativer Unternehmensgründungen im institutionellen Zusammenhang - Eine empirisch gestützte Analyse, München 1989.

Leppin, S. (1989): Investorengruppe bietet 40 Mrd. Mark für B.A.T., in: Lebensmittelzeitung (LBZ), 14.7 1989, S.13f..

Lieberman, D./Galen, M. (1989): This Close To Victory, in: Business Week, 31. Juli 1989, S. 20 – 22.

Moser, A.C. (1987): Merger and Acquisitions – Bestimmungsfaktoren, Formen, Abläufe, Linz 1987.

Narusawa, K. (1990): Anlagestrategien Japan – Europa und die Schwellenländer Asiens sind derzeit die bevorzugten Anlageziele, in: Handelsblatt, 15.3.1990, S. B9.

Ohem,K. (1989): Neun von zehn Firmenfusionen bleiben erfolglos – Eine Bilanz der Ankäufe und Zusammenschlüsse in der Bundesrepublik, Frankfurter Allgemeine Zeitung, 9.6.1989, S. 21.

O. Verf. (1988): Firmenkäufe sollten keine Spontankäufe sein – Herbsttagung der Deutschen Gruppe der Internationalen Handelskammer, in: Blick durch die Wirtschaft, 9.11.1988, S. 7.

O. Verf. (1988a): Die Hälfte aller Unternehmensübernahmen erweist sich als Fehlschlag, in: Frankfurter Allgemeine Zeitung, 9.11.1988, S.14.

O. Verf. (1989): Cross-Border M&A in: The Wall Street Journal/Europe, 6. 7. 1989, S. 8 – 11.

O. Verf. (1989a): Antidote for a Hostile Offer, in: The Journal Of Business Strategy, Sept./Oct. 1989, S. 4 – 8.

O. Verf. (1990): Rekordwert bei Übernahmen, in: Frankfurter Allgemeine Zeitung, 5. 2. 1990, S. 15.

O. Verf. (1990a): Die Franzosen gehen auf Firmenkauf, in: Süddeutsche Zeitung, 27.2. 1990, S. 24.

O. Verf. (1990b): Unilever kauft sich viel Wachstum hinzu, in: Frankfurter Allgemeine Zeitung, 28.2. 1990, S. 20.

O. Verf. (1990c): 8 Milliarden DM für Europa-Versicherung Colonia-Victoire, in: Frankfurter Allgemeine Zeitung, 8.9.1989, S. 21.

O. Verf. (1990d): Unternehmensverkäufe 1989 erbrachten rund 57 Milliarden DM, in: Frankfurter Allgemeine Zeitung, 13.1.1990, S. 14.

Picot, A. (1982):Transaktionskostenansatz in der Organisationstheorie: Stand der Diskussion und Aussagewert, in: Die Betriebswirtschaft 42, 1982, S. 267 – 284.

Picot, A. (1985): Transaktionskosten, in: Die Betriebswirtschaft 45, 1985, S. 224 – 225.

Picot, A./Laub, U.D./Schneider, D. (1989): Innovative Unternehmensgründungen – Eine ökonomisch-empirische Analyse, Heidelberg – Berlin – New York 1989.

Purwins, H. (1989): Steuerrechtliche Fragen, in: Hölters, W. (1989) (Hrsg.) Handbuch des Unternehmens- und Beteiligungskaufs, Köln 1989, S. 232 – 294.

Ravenscraft, D.J./Scherer, F.M. (1987): Mergers, Sell-Offs & Economic Efficiency, Washington/D.C. 1987.

Räbel, D. (1986): Venture Capital als Instrument der Innovationsfinanzierung - Eine kritische Analyse unter besonderer Berücksichtigung des Projektbewertungsproblems, Köln 1986.

Rädler, A./Pöllath, R. (1982): Handbuch der Unternehmensakquisition, Frankfurt 1982.

Sauer, K.P./Schinogl, Th. (1989): Grenzüberschreitende Transaktionen – In der EG sind die Mittelständler der Motor, in: Handelsblatt, 19. 4. 1989, S. B13.

Schneider, Dietram (1988): Zur Entstehung innovativer Unternehmen – Eine ökonomisch-theoretische Perspektive, München 1988.

Schumpeter, J. (1928): Unternehmer, in: Handwörterbuch der Staatswissenschaften 8, 4. Auflage, Jena 1928, S. 476 – 487.

Alexander Gerybadze

Innovation und Unternehmertum im Rahmen internationaler Joint-Ventures

– Eine kritische Analyse –

1. Einleitung

2. Internationale Joint-Ventures: Zwischen Markt und Hierarchie

3. Übersicht über neuere empirische Entwicklungen

4. Ökonomische Erklärungsansätze für internationale Joint Ventures: Eine kritische Bestandsaufnahme

5. Unter welchen Bedingungen sind Joint-Ventures ein geeignetes Instrument für die Verstärkung von Innovation und Unternehmertum?

6. Schlußfolgerungen

Literatur

1. Einleitung

Neuere Formen der zwischenbetrieblichen Zusammenarbeit zwischen Unternehmungen aus verschiedenen Ländern werden immer häufiger in der Managementliteratur und in der Wirtschaftspresse thematisiert. Wirtschaftswissenschaftliche Veröffentlichungen zielen darauf ab, den empirisch beobachtbaren Veränderungen von Wettbewerbs- und Marktaustauschbeziehungen durch die Entwicklung neuer Konzepte und Erklärungsansätze Rechnung zu tragen. Traditionelle Erklärungsmuster, die von bestimmten Marktformen und von isolierten Wettbewerbsstrategien unabhängig voneinander operierender Firmen ausgehen, erweisen sich immer weniger als tragfähig angesichts der Tatsache, daß international tätige Großunternehmen in eine Vielzahl von „Strategischen Allianzen" mit Marktpartnern und häufig sogar auch mit Konkurrenzunternehmen eingebunden sind[1].

Somit scheinen auf den ersten Blick traditionelle (eher „ego-zentrierte") Wettbewerbsstrategien zugunsten einer parallelen Verfolgung von kooperativen und kompetitiven Strategien zurückgedrängt zu werden. Zahlreiche international ausgerichtete Investitionsmaßnahmen stützen sich immer häufiger auf gemeinschaftlich verfolgte Strategien von zwei oder mehreren Firmen ab. Parallel zu der Internationalisierung von Marktaustauschbeziehungen erfolgt eine Verstärkung von Direktinvestitionen im Rahmen von Joint-Ventures. Aufwendige internationale Innovationsvorhaben, so die neuerdings verbreitete Auffassung, sind vielfach nur noch im Rahmen von Kooperationsprojekten und Gemeinschaftsunternehmen durchführbar und finanzierbar.

Im Zuge dieser Entwicklung werden zugleich vielfältige organisatorische Neuerungen erprobt. Neue, sogenannte hybride Formen der Unternehmensorganisation „zwischen Markt und Hierarchie" (Thorelli 1986) erlangen eine immer größere Aufmerksamkeit. Die Wirtschaftswissenschaft hat sich einer stringenten Erklärung dieses Phänomens bislang noch weitgehend entzogen. Erst in allerletzter Zeit wird versucht, in den ökonomischen Vergleich diskreter struktureller Alternativen (Simon 1978) auch neuere Formen zwischenbetrieblicher Zusammenarbeit explizit einzubeziehen[2]. Im vorliegenden Beitrag wird versucht, neuere Erklärungsansätze kritisch daraufhin zu überprüfen, ob sie wirklich die ökonomische Vorteilhaftigkeit bestimmter Formen kooperativer Zusammenarbeit gegenüber alternativen organisatorischen Lösungen begründen können. Zu diesem Zweck werden zunächst die wichtigsten Formen der unternehmensübergreifenden Zusammenarbeit verglichen (Abschnitt 2) und im Hinblick auf ihre empirische Relevanz untersucht (Teil 3). Anschließend werden die wichtigsten ökonomischen Erklärungsansätze einer kritischen Prüfung unterzogen (Abschnitt 4). In Teil 5 und 6 wird versucht, Bedingungen her-

1 Vgl. hierzu auch den Beitrag von Laub zum Thema „Mergers and Acquisitions" in diesem Buch.

2 Bis Mitte der 80er Jahre hat man sich noch weitgehend auf den Vergleich der beiden institutionellen Alternativen „Markt und Hierarchie" konzentriert. In den letzten Jahren gibt es eine zunehmende Zahl von Versuchen, auch hybride Formen der Unternehmensorganisation und ihre ökonomischen Vorteile theoretisch zu begründen (vgl. Williamson (1990), Teece (1986), (1987) und Jarillo (1988)).

auszuarbeiten, unter denen internationale Joint Ventures nachweislich als die ökonomisch vorteilhafteste und zugleich als eine hinreichend stabile organisatorische Lösung angesehen werden können.

2. Internationale Joint Ventures: Zwischen Markt und Hierarchie

Die Koordination und Abwicklung komplexer Leistungsprozesse kann grundsätzlich durch drei diskrete strukturelle Alternativen bewältigt werden: zum einen kann die Koordination spezialisierter Leistungen über Austauschbeziehungen zwischen autonomen Akteuren angestrebt werden (Marktlösung). Alternativ dazu kann es sich als ökonomisch vorteilhaft erweisen, die Koordination von Ressourcen und Leistungsprozessen innerhalb einer einzelnen, vertikal integrierten Unternehmung zusammenzufassen (integrierte Lösung). Beide idealtypischen Formen von Markt und Hierachie sind in der Regel als Extrempunkte eines Kontinuums anzusehen, wie dies in Abbildung 1 veranschaulicht wird[3]. Diese Extrempunkte werden häufig erst am Ende von langwierigen Anpassungsprozessen aufgesucht. In Abhängigkeit von Produktions- und Transaktionskostenbedingungen erfolgt in einem fiktiven oder auch real erreichbaren Gleichgewichtszustand die endgültige Festlegung auf eine der Alternativen „Markt und Hierarchie". Hybride Koordinationsformen „zwischen Markt und Hierarchie" sind zumeist temporäre Zwischenlösungen, können sich jedoch unter ganz bestimmten Voraussetzungen auch längerfristig als überlegen herausstellen. Der vorliegende Beitrag ist auf die Überprüfung der Validität dieser Voraussetzungen ausgerichtet.

Solange Innovation und Unternehmertum ein beherrschendes Element des Wettbewerbsprozesses darstellen und gleichgewichtsferne Aktivitäten im Vordergrund stehen, erlangen sog. hybride Formen der Koordination und Organisation eine vergleichsweise hohe Bedeutung. Dabei handelt es sich zunächst um kooperative Lösungen, bei denen sich zwei oder mehr Firmen entschließen, bestimmte Leistungsstufen und Aktivitäten gemeinsam durchzuführen, ohne jedoch ihre institutionelle und rechtliche Unabhängigkeit aufzugeben. Diese hybriden Formen der Koordination werden in dem mittleren Feld in Abb.1 dargestellt; dabei gibt es auch Übergangslösungen kooperativ geprägter Austauschbeziehungen, die eher dem Marktmodell (z.B. Netzwerke ohne zentralen Koordinator) oder dem Hierarchiemodell (z.B. Zulieferer-Kunden-Beziehungen mit einem Systemführer) zuzuordnen sind[4].

---

3 Im Rahmen dieser Betrachtungsweise eines Kontinuums unterschiedlicher Koordinationsmodelle vgl. auch den Beitrag von Schneider und Zieringer in diesem Band.

4 Diese unterschiedlichen Koordinationsmodelle und ihre jeweiligen Vorzüge werden in dem Beitrag von Baur in diesem Band am Beispiel der Automobilindustrie beleuchtet.

Unter dem Begriff „hybride Form der Kooperation“ kann ferner auch die gleichzeitige, differenzierte Verfolgung von Markt- und Integrationslösung, von kompetitiven und kooperativen Strategien durch dieselben Firmen verstanden werden[5]. Beide Formen „hybrider Koordinationsformen, d.h. die gleichzeitige Verfolgung von kooperativen und kompetitiven Strategien und die Wahl einer bestimmten, diskreten Organisationsform in dem mittleren Bereich zwischen Markt und Hierarchie werden häufig miteinander verwechselt. Im folgenden werden wir uns auf den letztgenannten Begriff, d.h. auf die Analyse ganz bestimmter Formen der kooperativen Zusammenarbeit zwischen Firmen beschränken, die als mehr oder weniger stabile organisatorische Lösung angesehen werden können und darauf ausgerichtet sind, bestimmte wirtschaftliche Zielsetzungen und Leistungsstufen gemeinschaftlich zu verfolgen.

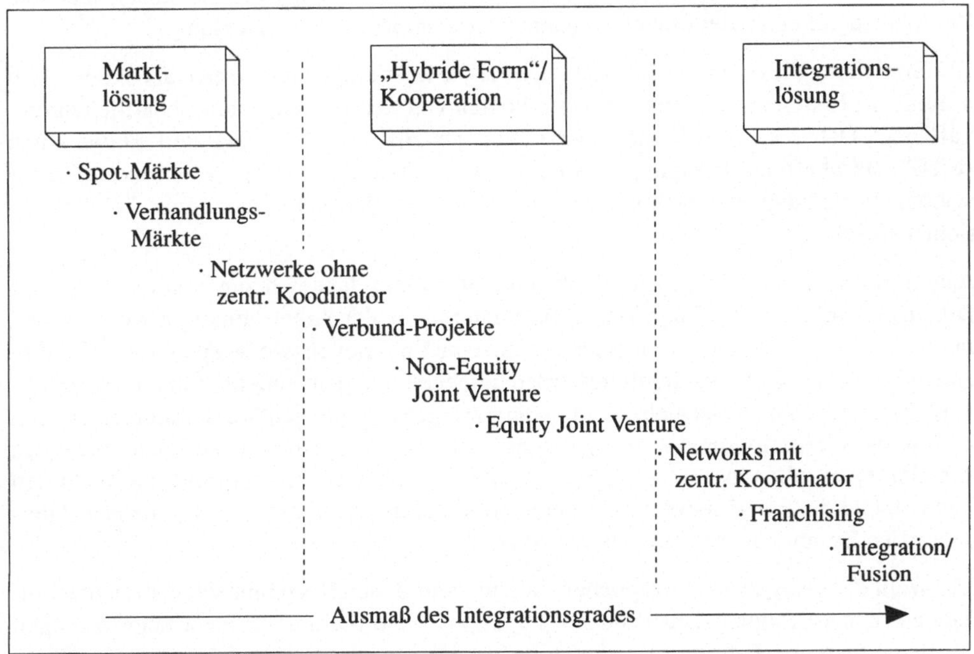

Abbildung 1: Gegenüberstellung von Formen der Koordination

5 Für viele komplexe Leistungsprozesse wie beispielsweise die Herstellung eines Automobils oder Flugzeugs erweist sich in der Regel eine Mischlösung als vorteilhaft, bei der einzelne Prozeßstufen (insbesondere die Fertigung bestimmter Komponenten und Subsysteme) im Rahmen von Marktlösungen, andere hingegen eher im Rahmen stark vertikal integrierter Firmen bewältigt werden (so z.B. im Automobilbau die Montage und Systemintegration).

Bei der Analyse kooperativer Formen der Koordination und Leistungserbringung ist zwischen Zielen, Funktionen, räumlichen Aspekten und vertraglichen Regelungen zu unterscheiden. Zwei oder mehr Firmen beteiligen sich an Kooperationen, um gemeinschaftlich folgende Ziele zu erreichen[6]:

(1) Erschließung eines bestimmten Marktes,
(2) Erschließung einer neuen Technologie bzw. eines neuen Know-how-Bereiches,
(3) Erzielung eines höheren Effizienzgrades durch Ausschöpfung von Kostensenkungspotentialen.

In Ergänzung zu diesen vergleichsweise präzise beschreibbaren wirtschaftlichen Motiven werden Kooperationen häufig auch zur Verfolgung gemeinsamer strategischer, politischer und sozialer Zielsetzungen eingegangen, die sich nicht in einem überschaubaren Zeitrahmen auf einen der drei erstgenanntenen Gründe reduzieren lassen.

Zur Erreichung dieser Ziele erweist es sich für die kooperierenden Firmen als ökonomisch vorteilhaft, bestimmte Funktionen durch Poolen von Ressourcen gemeinschaftlich durchzuführen. Dabei kann sich die Kooperation jeweils auf Forschung und Entwicklung (F&E), Beschaffung, Fertigung, Marketing, Vertrieb und auf einzelne Servicestufen beschränken; sie kann aber auch eine neuartige, gemeinschaftliche Bündelung dieser Funktionen vorsehen.

Jede dieser Funktionen und jede Form ihrer Bündelung läßt sich zugleich in räumlicher Dimension abbilden. Im Zuge wachsender internationaler Arbeitsteilung erweist es sich immer häufiger als ökonomisch sinnvoll, einzelne Funktionen wie beispielsweise F&E in einem Land, andere Wertschöpfungsstufen hingegen in einem anderen Land durchzuführen[7]; oder aber Firmen aus mehreren Ländern bringen komplementäre Ressourcen ein, um bestimmte Wertschöpfungsstufen gemeinschaftlich durchzuführen. Bei den folgenden Ausführungen sollen insbesondere Kooperationsvorhaben zwischen Firmen aus mehreren Ländern und die Frage der ökonomischen Vorteilhaftigkeit bestimmter Formen der internationalen Zusammenarbeit in den Vordergrund gestellt werden.

Die Wahl der geeigneten vertraglichen und institutionellen Regelung sollte strenggenommen aus den verfolgten Zielsetzungen, Funktionen und räumlichen Prioritätensetzungen abgeleitet werden. Aufgrund kombinatorischer Überlegungen läßt sich jedoch leicht ersehen, daß bereits für wenige Zielalternativen, Funktionen und räumliche Schwerpunktbereiche eine große Zahl recht unterschiedlicher vertraglicher Optionen berücksichtigt werden muß. Die für ein bestimmtes Projekt sinnvolle Regelung kann sich bereits für ein leicht modifiziertes Vorhaben als ungeeignet erweisen. Aus genau diesem Grund erweist es sich immer wieder als schwierig und häufig unergiebig, verallgemeinernde Aussagen

6 Die Formulierung einer gemeinsamen Zielsetzung ist das Kernelement jeder Kooperation. Das lateinische Wort „cooperare“ beinhaltet die zielorientierte Zusammenarbeit von zwei oder mehr Personen (vgl. Eschenburg (1971), S.4).

7 Vgl. Porter (1986) und Dunning (1988).

über die relative Vorteilhaftigkeit einzelner Kooperationsformen und ganz bestimmter institutioneller Regelungen abzuleiten, wenn nicht zugleich das jeweils verfolgte Projekt im Detail analysiert wird.

Dennoch wird im folgenden versucht, theoretische und empirische Hinweise dafür zu gewinnen, ob bestimmte Formen der internationalen Zusammenarbeit von Firmen, die sich auf die Erschließung neuer Märkte und Technologien richten, wirklich an Bedeutung zunehmen und ob hierfür die Gründung eines Gemeinschaftsunternehmens die nachhaltig ergiebigste Form darstellt, um Innovationsprozesse bestimmter Art zu bewältigen. Unsere Überlegungen bauen auf bestimmten generischen Charakteristiken von Investitionsprozessen und auf einer Erweiterung neo-institutionalistischer Erklärungsansätze auf.

3. Übersicht über neuere empirische Entwicklungen

Es gibt eine beständig wachsende Zahl an empirischen Untersuchungen über internationale Joint Ventures und strategische Allianzen. Die im folgenden berücksichtigten Arbeiten umfassen:

(1) neuere volks- und betriebswirtschaftliche Studien über internationale Dirketinvestitionen und Investitionsstrategien multinationaler Unternehmen[8],
(2) Datenbankanalysen und statistische Surveys über Joint-Ventures und strategische Allianzen[9], sowie
(3) Fallanalysen und Veröffentlichungen von Unternehmensberatungsfirmen[10].

Die überwiegende Mehrzahl dieser Untersuchungen kommt zu der Schlußfolgerung, daß die Anzahl internationaler Joint-Venture-Vereinbarungen im Verlauf der letzten zehn bis fünfzehn Jahre kontinuierlich zugenommen hat. Diese Entwicklung wird in Zusammenhang mit der Internationalisierung der Wirtschaft, einer wachsenden Wettbewerbsintensität und mit der zunehmenden Bedeutung neuer Technologien gebracht. Diese Entwicklungen, so die verbreitete Auffassung, hätten zu neuartigen Mustern transnationaler Geschäftsbeziehungen geführt, in deren Mittelpunkt immer stärker firmenübergreifende Kooperationen stünden[11].

---

8 Vgl. Buckley und Casson (1985), Bartlett und Ghoshal (1989), Contractor und Lorange (1987, 1988), Lorange (1985), Harrigan (1985, 1986, 1988), Dunning (1988), Porter (1986), Porter und Fuller (1986) und UNCTC (1988).

9 Joint-Ventures werden regelmäßig dokumentiert in dem Report Mergers and Acquisitions. Die Vereinten Nationen (UNCTC 1988) und die OECD (1986) publizieren statistische Surveys zu diesem Thema. Innerhalb der letzten Jahre hat MERIT eine detaillierte Datenbank zu internationalen Kooperationsprojekten im Hochtechnologiebereich erstellt (vgl. Hagedoorn und Schakenraad 1989).

10 Vgl. Ohmae (1985), Business International Cooperation (1987), sowie unveröffentlichte Untersuchungen von Arthur, D. Little, Booz, Allen & Hamilton, Boston Consulting Group, Coopers and Lybrand und Mckinsey.

11 Vgl. Ohmae (1985), S.14, Bleicher (1987), S.2, und Dunning (1988), S.377ff.

„One of the features of the mid 1980s has been a dramatic escalation in the numer of strategic and ‚first-best' cooperative ventures concluded between large enterprises that are often domiciled in different countries, with the express purpose of either exploiting production synergies or reducing transaction costs of activities at different stages of the value-adding chain; or to capture strategic and economic gains by pooling resources among enterprises engaged in similar value-adding activities. Both these types of coalitions are very different in kind and purpose from the joint-ventures and non-equity arrangements of the earlier postwar period which more often than not were made for defensive or second-best reasons, e.g. in response to the exhortations of host governments“[12].

Diese Darstellung indiziert eine Entwicklung, die tendenziell von stärker marktorientierten Transaktionsbeziehungen früherer Jahre wegführt. Reine Lizenzvereinbarungen werden zurückgedrängt zugunsten reziproker Vereinbarungen zwischen Partnern, die über äquivalente Stärken und komplementäre Know-how-Bereiche verfügen. Nicht umsonst ist der überwiegende Teil aller neueren Joint-Venture-Vereinbarungen auf Firmen aus den sog. Triade-Ländern (USA, Japan, Westeuropa) konzentriert[13]. Hinzu kommt die starke Konzentration zumindest der dokumentierten Joint-Venture-Vereinbarungen auf die Gruppe der FORTUNE 500-Firmen; bei diesen setzt sich zunehmend die Einschätzung durch, daß „die Position einer Unternehmung im Wettbewerb nicht mehr allein von ihr selbst, sondern immer stärker von den Allianzen abhängt, die sie einzugehen imstande ist“[14]. Große multinationale Unternehmungen scheinen somit in nachhaltiger Weise eine Metamorphose zu vollziehen, an deren Ende stärker die Rolle eines internationalen System-Integrators und eines Koordinators für eine Vielzahl parallel verfolgter bilateraler und multilateraler Projekte im Vordergrund steht:

„From behaving largely as a confederation of loosely knit foreign affiliates, ... the multinational enterprise is now increasingly assuming the role of an orchestrator of production and transactions within a cluster or network of cross-border internal and external relationships. ....The decision-taking nexus of the multinational enterprise in the late 1980s has come to resemble the central nervous system of a much larger group of interdependent but less formally governed activities, whose function is primarily to advance the global competitive strategy and position of the core organization. This it does, not only by, or even mainly, organizing its internal production and transactions in the most efficient way, or by its technology, product and marketing strategies, but by the nature and form of alliances it concludes with other firms“[15].

12 Dunning (1988), S.328.

13 Vgl. Ohmae (1985), S.14, Bleicher (1987), S.2, Lorange (1985), S.17.

14 Bruno Lamborghini, Direktor von Olivetti, zitiert in : Coopers and Lybrand, Corporate Odd Couples, in: Business Week, Juli 21, 1986, S.99.

15 Dunning (1988), S.327.

Diese Tendenz zum Systemgeschäft, für das das gleichzeitige Eingehen zahlreicher Joint-Venture-Beziehungen unverzichtbar erscheint, ist in einzelnen Industriezweigen deutlich stärker ausgeprägt als in anderen. Nicht zuletzt aus diesem Grunde treten internationale Joint-Venture-Vereinbarungen auch gehäuft in bestimmten Branchen wie der Automobilindustrie, der Elektronik und Informationstechnik, der Telekommunikation, in der chemisch-pharmazeutischen Industrie und im Bereich der Luft- und Raumfahrttechnik auf. Im Querschnittsvergleich über alle Industriezweige zeigt sich, daß die Häufigkeit internationaler Joint Venture-Vereinbarungen positiv mit folgenden Variablen korreliert ist: mit der durchschnittlichen Firmengröße, mit der Kapitalintensität und dem Wachstum der Sachkapitalanlagen, sowie mit der F&E-Intensität[16].

Firmen in Branchen mit hohen F&E-Investitionen neigen dazu, sich bei ihren Suchstrategien stärker nach außen zu öffnen. Dies gilt sowohl für die Häufigkeit internationaler Joint-Ventures innerhalb derselben Branche, als auch für die Zusammenarbeit mit Unternehmen aus anderen Industriezweigen. Sie sind überdurchschnittlich aktiv bei der Hervorbringung und Nutzung wichtiger generischer, bzw. systemischer Technologien, durch die Produkte und Produktionsverfahren in mehreren Branchen gleichzeitig nachhaltige Veränderungen erfahren. Systemische Technologien wie die Mikroelektronik, Computertechnik, Telekommunikation, Robotik, Biotechnologie ebenso wie neue Verbundwerkstoffe erfordern und erzeugen „Verkettungswirkungen" (sog. chain links[17]), die vielfach gerade erst durch Joint-Ventures und Gemeinschaftsprojekte mehrerer beteiligter Firmen das erforderliche Momentum erlangen. Neuere Untersuchungen zu internationalen Joint-Ventures im Hochtechnologiebereich heben daher gerade auf derartige Verkettungswirkungen ab. Eine Studie der Vereinten Nationen weist darauf hin, daß ein sehr großer Anteil internationaler Technologie-Vereinbarungen auf Entwicklungen im Bereich der Informationstechnologie und Biotechnologie konzentriert war (UNCTC (1988)). Im Rahmen der CATI-Datenbank des Forschungsinstituts MERIT wurden 7000 Kooperationsabkommen analysiert, von denen 2700 auf Projekte im Bereich der Informationstechnologie, 1200 auf die Biotechnologie und 700 auf neue Materialien entfielen[18].

Mit der Zunahme internationaler Joint-Ventures sind zugleich auch beträchtliche qualitative Änderungen im Hinblick auf strategische Zielsetzungen, berücksichtigte Funktionen und vertragliche Regelungen einhergegangen. Internationale Joint-Venture-Vereinbarungen erlangen in zunehmendem Maße einen strategischen Stellenwert für die beteiligten Firmen:

> „Coalitions are becoming more strategic, through linking major competitors together to compete worldwide. More traditional coalitions were often tactical, involving tie ups with local firms to gain market access or to transfer technology passively to regions where a firm did not want to compete directly. The widespread in-

---

16 Vgl. Berg, Duncan und Friedman (1982), Marity und Smiley (1983), Porter und Fuller (1986) und UNCTC (1988).

17 Vgl. Kline und Rosenberg (1986) und Teece (1989).

18 Hagedoorn und Schakenraad (1989b), S.2.

cidence of coalitions and the growing need to integrate them into global strategies has increased the need to understand the role of coalitions in international strategy" (PORTER und FULLER (1986), S.315f.).

Während Joint-Ventures in der Vergangenheit stärker auf die Erlangung eines höheren Effizienzgrades durch gemeinschaftliche Ausnutzung von Kostensenkungspotentialen innerhalb der Produktion ausgerichtet waren und daher vielfach auf den Bereich des operativen Managements beschränkt blieben, sind Kooperationsvereinbarungen heute in zunehmender Weise auf die Erschließung neuer Geschäftsfelder und „strategischer Fenster" hin orientiert. Joint Venture-Vereinbarungen sind wichtiger Bestandteil der unternehmerischen Wachstums- und Diversifikationsstrategie geworden und ziehen immer stärker die Aufmerksamkeit des Top-Managements auf sich.

Diese verstärkte Ausrichtung auf künftige Opportunitäten hat auch zu einer Bedeutungsverschiebung bei den einzelnen Funktionsbereichen geführt: kostenorientierte Fertigungs-Joint-Ventures werden tendenziell zurückgedrängt zugunsten von F&E-Kooperationen und Vereinbarungen, die auf die Verbesserung und Beschleunigung des Produktentwicklungsprozesses, der Warenversorgungskette und der inner- und überbetrieblichen Kommunikation hin ausgerichtet sind. Markt- und kundenseitig sind Joint Ventures zunehmend auf die gemeinschaftliche Erschließung neuer Ländergruppen, strategischer Marktsegmente und die Erprobung neuer Distributions- und Servicekonzepte ausgerichtet.

Diese veränderten Zielsetzungen und funktional orientierten Schwerpunktsetzungen ziehen Veränderungen bei den vertraglichen Regelungen und institutionellen Koordinierungsformen nach sich. Hybride Formen der Koordination erlangen eine zunehmende Bedeutung sowohl im Vergleich zu reinen Marktlösungen, wie auch im Vergleich zu Integrationslösungen. Indem Assoziationen mit Partnern vergleichbarer Kompetenz und Stärke gesucht werden, geht man immer stärker von uni-direktionalen Transferbeziehungen und Lizenzverträgen ab. Gemeinschaftliche Projekte, in denen Kompetenzen und Verantwortlichkeiten in etwa ausgeglichen sind, erlangen eine zunehmende Bedeutung. Die Gründung von zielorientierten Gemeinschaftsunternehmen, insbesondere im F&E-Bereich, aber auch für die gemeinschaftliche Erschließung neuer Märkte nimmt kontinuierlich zu.

Mitunter werden gemeinschaftliche Projekte und Joint-Ventures trotz dieser partnerschaftlichen Zusammenarbeit als Vorform oder Einstiegsweg für eine spätere Integrationslösung angesehen. Häufig empfielt es sich sogar, ein F&E-Joint-Venture unter mehrheitliche oder gar alleinige Regie eines Partners überzuleiten, sobald das dadurch erschlossene Geschäftsfeld einen größeren kommerziellen Stellenwert erlangt. Dies bedeutet jedoch nicht notwendig, daß der Trend zur späteren Umstellung auf eine vollständige Integrationslösung durchweg vorherrschend wäre. Denn parallel dazu geht man auch in mehreren stark vertikal integrierten Industriebereichen dazu über, bestimmte Funktionen auszulagern, auf Gemeinschaftsprojekte mit anderen Partnern zu verteilen und eine etwas stärker disintegrierte Koordinierungsform im Rahmen von „dynamischen Netzwerken" zu suchen.

4. Ökonomische Erklärungsansätze für internationale Joint Ventures: Eine kritische Bestandsaufnahme

Die meisten empirischen Analysen und ökonomischen Erklärungsansätze für Joint Ventures und strategische Allianzen gehen von relativ einfacher Motivforschung aus, bei der die beteiligten Entscheidungsträger nach den Gründen für das Eingehen bestimmter kooperativer Vereinbarungen gefragt werden. Gemäß einer relativ frühen Untersuchung von WEST (1959) wurden für Kooperationen vor allem folgende Begründungen ins Feld geführt:

(1) der Wunsch nach Diversifikation,
(2) die Überwindung von Kapitalbeschränkungen,
(3) Beschränkungen bzw. Auflagen von Regierungen (insbesondere bei länderübergreifenden Kooperationsvereinbarungen) und
(4) das Poolen von Know-how.

Fusfeld (1958) hat ergänzend dazu auf die Motive der Kostenreduzierung und der Einschränkung von Wettbewerb, insbesondere für den Fall horizontaler Kooperation verwiesen. Mariti und Smiley (1983) haben in einer empirischen Analyse ermittelt, daß folgende Zielsetzungen bei zwischenbetrieblichen Kooperationsabkommen im Vordergrund standen: gemeinschaftliche Marketingvereinbarungen, die Ausschöpfung von Skalenerträgen, der Wunsch nach Risikoreduzierung und die Bestrebung, technologische Synergien gemeinschaftlich auszuschöpfen. Mit leichteren Akzentverschiebungen stellt die neuere Kooperationsforschung im Zusammenhang mit den in den 80er Jahren zunehmenden internationalen Kooperationsabkommen und strategischen Allianzen zwischen Firmen aus den Ländern der Triade insbesondere folgende Motive heraus:

(1) Aufteilung von hohen F&E-Kosten
(2) Gewinnung komplementärer Technologien und Know-how-Bereiche
(3) Reduzierung von Risiken
(4) Gemeinschaftliche Ausschöpfung von Skalenerträgen
(5) Gemeinschaftliche Überwindung von Eintrittsbarrieren für neue Märkte[19].

Unseres Erachtens reicht diese Motivforschung nicht aus, um ökonomische Vorteile zu begründen, die kooperierende Firmen sowohl beim Eingehen von Vereinbarungen, als auch während der gesamten Zeitdauer einer Kooperation anstreben und auch realisieren. Zumeist wird nur einmalig gefragt, welche Gründe für das Eingehen von Kooperationen ausschlaggebend waren; demgegenüber wird nur selten überprüft, wie sich Motive im Verlauf des Kooperationsprojekts ändern, ob die jeweilige Vereinbarung auch tatsächlich

19 Vgl. Contractor und Lorange (1988), Ghemawat, Porter und Rawlinson (1986) und Dunning (1988).

zur Realisierung der ursprünglichen Zielsetzung führt, und ob die Kooperation auch wirklich den ökonomisch vorteilhaftesten Weg für die Verfolgung dieser Zielsetzungen darstellt[20].

Auch aus theoretischer Sicht stellen die angeführten Begründungen bestenfalls Ad-hoc-Erklärungen dar; sie lassen sich im wesentlichen auf drei Argumente reduzieren, die aber alle nicht dazu geeignet sind, überzeugende ökonomische Vorteile der Kooperation gegenüber anderen organisatorischen Alternativen zu begründen:

(1) Argument der Unteilbarkeit und von zunehmenden Skalenerträgen
(2) Argument der Ausschöpfung von Synergien
(3) Argument der Risikostreuung bzw. -reduzierung.

Zwar stellen Unteilbarkeiten und zunehmende Skalenerträge für eine Reihe von Kooperationsprojekten das ursprüngliche Motiv für die Beteiligten dar, eine Kooperation einzugehen. Hohe Mindestinvestitionen im F&E-Bereich und zunehmende Skalenerträge in Beschaffung, Fertigung und Vertrieb veranlassen viele kleine und mittlere Firmen, nicht selten aber auch große Unternehmungen, eine gemeinschaftliche Vorgehensweise zu erwägen. Zu fragen ist aber, ob Kooperationen in solchen Fällen wirklich ökonomische Vorteile gegenüber der Marktlösung wie auch im Vergleich zur Integrationslösung bringen, oder ob diese bestenfalls vorübergehend genutzt werden, um temporär bestehende Betriebsgrößennachteile und finanzielle Restriktionen zu überbrücken.

Unteilbarkeiten und zunehmende Skalenerträge gehen mit einer entsprechend hohen optimalen Betriebsgröße einher und begründen tendenziell die Vorteilhaftigkeit von Integrationslösungen. Die Kooperation stellt auf dem Weg zu einer solchen Integrationslösung bestenfalls eine Übergangskonstruktion dar, würde aber über kurz oder lang durch die effizientere Nutzung der Betriebsgrößenvorteile innerhalb einer einzelnen Firma abgelöst[21]. Das Ausmaß der Unteilbarkeit kann darüber hinausgehend in Einzelfällen auch eine Dimension erreichen, für die selbst die größten Firmen einer Branche nicht die Möglichkeit sehen, die Internalisierungsvorteile In-house voll auszuschöpfen. Mehrere große Hersteller mögen dann zwar gewillt sein, Konsortien einzugehen, um bestimmte betriebliche Leistungen gemeinsam durchzuführen. Es gibt jedoch kein überzeugendes Argument, warum sich in diesem Fall nicht besser eine einzelne, unabhängige Firma auf die Erstellung der betrieblichen Leistungen mit zunehmenden Skalenerträgen spezialisiert und alle interessierten Firmen über Marktaustauschbeziehungen bedient. Eine Marktlösung wäre

20 Vergleicht man beispielsweise die im Zusammenhang mit Mergers and Acqisitions genannten Motive (siehe den Beitrag von Laub in diesem Band) mit den oben aufgeführten Begründungen, so fällt auf, daß oftmals dieselben Motive sowohl für die Vorteilhaftigkeit der Kooperations- wie auch der Integrationslösung „herhalten" müssen. Schon aufgrund dieser Inkonsistenz läßt sich folgern, daß die oftmals „vordergründig" genannten Motive keinesfalls für eine Begründung der Vorteilhaftigkeit bestimmter Koordinationsmodelle ausreichen.

21 Es kann dann zwar zu Verzögerungen bei der Anpassung an eine kostenminimale Betriebsgröße kommen; wirklich dauerhafte Vorteile einer Kooperation lassen sich aber nicht begründen.

in diesem Fall vorteilhaft gegenüber einer Kooperationslösung, und letztere müßte wiederum nur als Übergangslösung angesehen werden[22].

Aus ähnlichen Überlegungen ist auch das Synergieargument nicht als schlüssig für die Begründung von Kooperationen anzusehen. Economies-of-scope können dazu führen, daß zwei Firmen Kostenreduzierungen erzielen können, indem sie zwei Produkte gemeinschaftlich produzieren oder indem sie zwei komplementäre Inputs gemeinsam nutzen, die bisher von jeder Firma getrennt eingesetzt wurden. Obgleich eine Kooperationslösung eine Besserstellung gegenüber einer Marktlösung herbeizuführen vermag, bei der zwei kleine, unabhängige Firmen jeweils nicht imstande sind, Economies-of-scope auszuschöpfen, kann die Kooperationslösung dennoch nicht als die überlegene und stabile organisatorische Lösung angesehen werden. Jede Zusammenfassung im Rahmen einer integrierten Firma könnte mindestens die gleichen Vorteile bringen, und würde vielfach sogar eine kostenwirksamere Ausschöpfung von Synergievorteilen ermöglichen.

Es mag spezielle Konstellationen geben, in denen mögliche Economies-of scope nur im Rahmen kooperativer Arrangements ausgeschöpft werden können: dies ist dann der Fall, wenn zwei unabhängige Firmen Ressourcen monopolisieren, die zur Ausschöpfung von Synergien benötigt werden. Eine solche Monopolisierung kritischer Vermögensbestandteile oder Ressourcen ist insbesondere für Kooperationen im Technologiebereich oder bei der gemeinschaftlichen Erschließung von Märkten von ausschlaggebender Bedeutung: reine Marktlösungen würden nicht zu der gewünschten Ausschöpfung von Synergien führen, weil die Marktpartner sich gegenseitig Ressourcen vorenthalten oder hierfür inakzeptable Preise fordern. Eine Integrationslösung wäre auf der anderen Seite nicht durchsetzbar, solange die beteiligten Firmen sich eine strategische Position im Hinblick auf die Kontrolle ihrer exklusiven Ressourcen bewahren wollen.

Die Begründung der Vorteilhaftigkeit kooperativer Lösungen setzt in solchen Fällen die Spezifizierung von Eigentumsrechten und von bestimmten institutionellen Regelungen voraus. Es müssen dann ganz spezifische institutionelle Charakteristiken und Fragen der Ressourcenverteilung und des Zugangs zu exklusiven Vermögensbestandteilen zur Erklärung herangezogen werden[23]; das reine Synergieargument reicht in diesem Zusammenhang als hinreichende Erklärung für die institutionelle Wahl nicht aus. Sofern umgekehrt ein hohes Maß an Synergien vorliegt, ohne daß es zugleich zu nennenswerten Einschränkungen des Zugangs zu den erforderlichen Ressourcen kommt, weisen Economies-of-scope eher in Richtung einer Integrationslösung; Kooperationen können dann als hilfreicher Zwischenschritt gewählt werden, werden sich aber kaum als dauerhaft überlegene Lösung behaupten können.

---

22 Entsprechend zeigen Williamson (1985) und Buckley und Casson (1988) auf, daß bei sehr hohen Unteilbarkeiten die Herausbildung einer Marktlösung, bei der ein bzw. wenige spezialisierte Zulieferer alle Firmen beliefern, die bislang eher auf unterkritische In-house-Lösungen zurückgegriffen haben, Effizienzvorteile mit sich bringt. Auf die Darstellung ökonomischer Vorteile beim Übergang von einer Integrationslösung zu einer Marktlösung geht Schneider (1988) im Zusammenhang mit der Entstehung von Gründungsunternehmen und neuen organisatorischen Einheiten ein.

23 Siehe hierzu unsere Darstellungen in Abschnitt 5.

Auch das Argument der Risikoreduzierung, das in den meisten Analysen von Kooperationen und Joint-Ventures immer wieder hervorgehoben wird, mag berechtigterweise angezweifelt werden. Zwar erscheint es auf den ersten Blick plausibel, daß zwei Firmen, die bestimmte risikobehaftete Aktivitäten gemeinschaftlich durchführen, negative Konsequenzen besser bewältigen, als wenn sie sich zur eigenständigen Durchführung entschließen würden. Dennoch ist nicht unbedingt gesichert, daß Kooperationen wirklich zur Diversifizierung von Risiken beitragen und ob sie wirklich als überlegene organisatorische Regelungen zur Risikoreduzierung angesehen werden können. Unterscheidet man zwei Risikokomponenten, d.h. (1) die Wahrscheinlichkeit des Eintretens eines Schadensfalls (sog. Primärrisiko) und (2) die Höhe der möglichen Verluste (Sekundärrisiko), so muß zunächst festgehalten werden, daß die Kooperation zwischen zwei oder mehr Firmen in der Regel keineswegs zu einer Reduzierung des Primärrisikos beiträgt. Eher das Gegenteil ist der Fall: durch das Poolen von Aktivitäten müssen zusätzliche Koordinationsprobleme zwischen den Partnern in Kauf genommen werden, durch die sich die Wahrscheinlichkeit des Eintretens eines Schadensfalls eher noch erhöht[24].

Kooperationen und Joint-Ventures sind demgegenüber eher darauf angelegt, das Sekundärrisiko zu reduzieren, d.h. die Konsequenzen eines möglichen Schadensfalls für die einzelnen Partner abzumildern. Ein solcher Versicherungseffekt kann dazu beitragen, ein Projekt durchführbar zu machen, das mehrere unabhängige Firmen eigenständig nicht angehen würden. Dennoch ist ein positiver Versicherungseffekt durch Kooperation nur im Vergleich mit einer Marktlösung wirksam. Eine integrierte Firma würde demgegenüber mindestens die gleichen Möglichkeiten aufweisen, die Konsequenzen eines Schadensfalls zu absorbieren.

Insgesamt, so erscheint es, können alle drei üblicherweise ins Feld geführten Argumente nicht zur Erklärung überzeugender und dauerhafter ökonomischer Vorteile der Kooperation herangezogen werden. Insofern ergibt sich auch eine Abweichung gegenüber der Argumentation von Schneider und Zieringer in diesem Band, die m. E. nicht hinreichend die Frage der Stabilität und dauerhaften Vorteilhaftigkeit von Kooperationslösungen thematisieren. Behauptete Kooperationsvorteile sind in der Mehrzahl der Fälle nur unzureichend offengelegte oder durch Restriktionen in ihrer Durchsetzung behinderte Integrationsvorteile. Ausgehend von einer reinen Marktlösung bietet eine hybride Form der Organisation zwar temporär Vorteile durch die wirksamere Ausschöpfung von Skalenerträgen, Economies-of-scale und durch ein Poolen von Risiken. Sie wird aber tendenziell übervorteilt durch eine konsequente Internalisierungslösung im Rahmen einer integrierten Firma (vgl. dazu Abbildung 2). Umgekehrt kann es wiederum Situationen geben in denen, ausgehend von einer bestehenden Integrationslösung, der Übergang zu einer Marktlösung

24 Es gibt eine Ausnahme, in der durch Kooperation auch eine Reduzierung des Primärrisikos herbeigeführt wird, nämlich dann, wenn die einzelnen Partner über verläßliche und komplementäre Informationen zur Beurteilung einzelner Risikokomponenten verfügen und dadurch in der Gruppe bessere Entscheidungen treffen können als unabhängig voneinander. Auch hier ist wieder die Frage der Know-how-Verteilung und des Informationszutritts entscheidend und es kann nur unter ganz speziellen Bedingungen von einer Risikoreduzierung durch Kooperation ausgegangen werden.

dauerhafte ökonomische Vorteile verspricht. Temporäre Kooperationslösungen, z.B. durch Gemeinschaftsprojekte zwischen rechtlich verselbständigten Geschäftsbereichen einer bislang integrierten Unternehmung, mögen sich auch hier als gefälliger Zwischenschritt anbieten, um einen zunehmenden Grad an Disintegration in die Wege zu leiten[25]. Dauerhafte Kooperationslösungen werden aber nur dann von Bestand sein, wenn sich die beteiligten Partner davon längerfristig angelegte, effektive Vorteile gegenüber wirklich offenen und kompetitiven Marktaustauschbeziehungen versprechen.

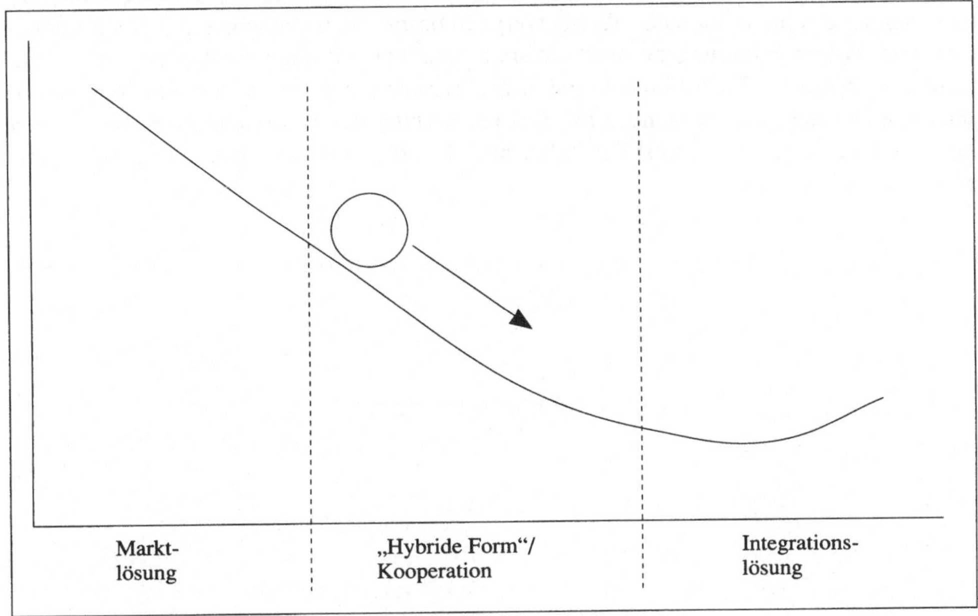

Abbildung 2: Kooperation als Übergangslösung

Um in stichhaltiger Weise die mögliche ökonomische Überlegenheit von Kooperationslösungen gegenüber anderen Organisationslösungen zu begründen, müßten daher weitere Argumente ins Feld geführt werden. Buckley und Casson (1988) argumentieren, daß nur durch das Zusammenwirken von Unteilbarkeiten, Internalisierungsvorteilen und gleichzeitigen Integrationshindernissen eine effektive und mehr oder weniger dauerhafte Vorteilhaftigkeit hybrider Kooperationslösungen begründbar ist. Dies wird in Abbildung 3 veranschaulicht; während Unteilbarkeiten und Internalisierungsvorteile tendenziell die Wahl einer Integrationslösung begünstigen, stehen dieser bestimmte Integrationshinder-

25 Vorstellbar ist beispielsweise, daß eine integrierte Firma zunächst einzelne Leistungsbereiche auslagert und an den neu entstehenden Gesellschaften anfangs eine Minderheitsbeteiligung hält. In späteren Phasen wird auch diese Minderheitsbeteiligung verkauft und die weiteren Kontakte zwischen ehemaliger Mutter und Tochter beschränken sich fortan auf reine Markttransaktionen.

nisse im Wege. Diese Integrationshindernisse können rechtlich bzw. politisch begründet sein, wie dies in der Regel bei Joint-Ventures zwischen Nord und Süd und im Ost-West-Geschäft der Fall ist. Die überwiegende Zahl der Joint-Ventures zwischen Firmen aus den Triade-Ländern erscheint jedoch weniger durch rechtlich-politische Restriktionen geprägt zu sein, als vielmehr durch temporäre Integrationshindernisse und Informationsasymmetrien bei den beteiligten Firmen. Zudem muß die ökonomische Vorteilhaftigkeit hybrider Formen der Organisation insbesondere mit dem Wunsch nach höherer Flexibilität und Anpassungsfähigkeit in Zusammenhang gebracht werden, der gerade im Zuge einer Intensivierung des internationalen Wettbewerbs in bestimmten Branchen immer stärker betont wird. Solche Erklärungsansätze, die am beschränkten Zugang zu Ressourcen und Informationen und an Flexibilitätsvorteilen bestimmter organisatorischer Regelungen ansetzen, erscheinen überzeugender für die Begründung der Vorteilhaftigkeit bestimmter Formen der Kooperation und sollen daher im folgenden Abschnitt näher ausgeführt werden.

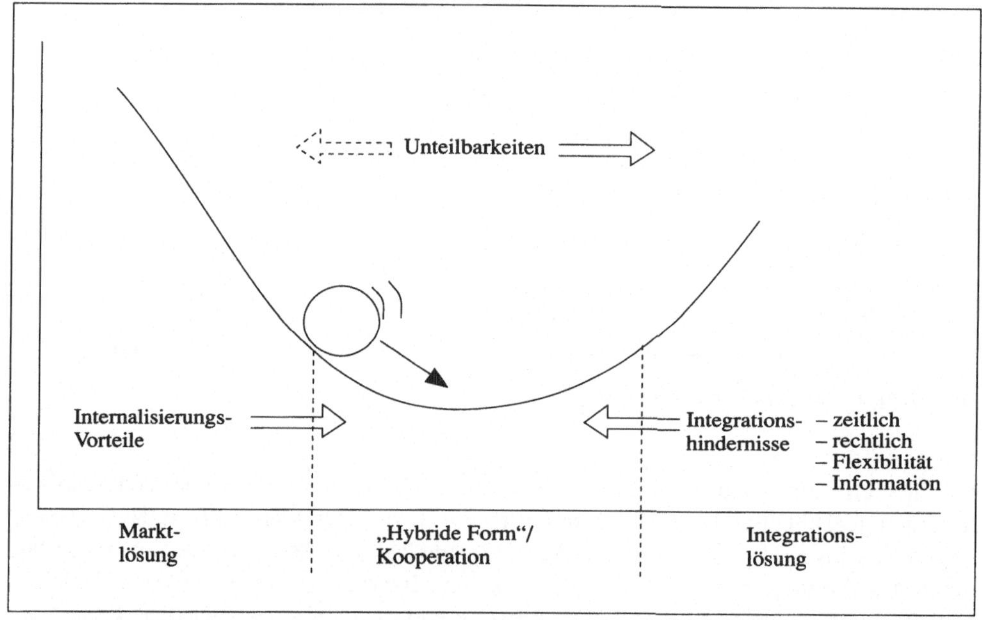

Abbildung 3: Kooperation als stabile Lösung

5. Unter welchen Bedingungen sind Joint-Ventures ein geeignetes Instrument für die Verstärkung von Innovation und Unternehmertum?

Wie die vorangestellten Überlegungen zeigen, sind „neuere Kooperationslösungen" gerade nicht durch ein simples ökonomisches Kostenkalkül begründbar, das sich primär auf die Überwindung von Unteilbarkeiten, die Ausschöpfung von Kostendegressions- und Synergievorteilen oder auf die Streuung von Risiken ausrichtet. International tätige Firmen, die sich in Geschäftsfeldern mit hoher Dynamik bewegen, verfolgen Kooperationsstrategien eher deshalb, um gemeinschaftlich Opportunitäten zu erschließen, für die sich das Markt-, Technologie- und Ertragspotential bislang nur schemenhaft abzeichnet. Sie wollen dabei Erfahrungen anderer nutzen, die ihnen bei einer besseren Einschätzung von Potentialen und Risiken behilflich sein können, die aber zugleich an ihren eigenen Erfahrungen in reziproker Weise partizipieren können[26].

Neuere Kooperationen sind auch in zunehmender Weise auf die Gewinnung von Zeit und Flexibilität ausgerichtet. Indem Firmen auf Know-how und F&E-Ergebnisse anderer zurückgreifen, ersparen sie sich selbst zeitaufwendige Suchprozesse. Bieten sie dem möglichen Kooperationspartner ihrerseits komplementäre F&E-Ergebnisse an, so gelingt es beiden, gemeinschaftlich früher mit einem neuen Produkt oder Verfahren am Markt zu sein und einen entscheidenden Wettbewerbsvorteil zu erlangen. Mögliche Vorteile einer Integrationslösung zwischen beiden Firmen werden bei entsprechend hoher Markt- und Technologiedynamik durch Flexibilitätsvorteile hybrider Organisationsformen überkompensiert. Partner, die für einen Marktzyklus und für eine Technologiegeneration die richtigen sind, müssen dann nicht auch für den nächsten Zyklus und die folgende Technologiegeneration „das richtige Gespann" bilden. Strategische Allianzen erleichtern dann den „Partnertausch" im Vergleich zu einer vollständigen Integrationslösung.

Die koordinierte, aber flexible Vorgehensweise mit offenen Lösungen und Strukturen erweist sich gerade für „prä-paradigmatische Phasen" (Teece (1986)) als besonders bedeutsam, in denen sich bestimmte technologische Standards und ein dominantes Design noch nicht verbindlich herauskristallisiert haben. Koalitionen von Firmen können sich dann formieren, um gemeinschaftlich einen Standard durchzusetzen. Ihr Gemeinschaftsinteresse beschränkt sich aber auf einen temporär begrenzten Sachverhalt: sobald sich ein bestimmtes dominantes Design durchgesetzt hat, kann es durchaus von Vorteil sein, wenn die beteiligten Firmen anschließend autonome Wettbewerbsstrategien verfolgen. Umge-

---

26 Diese Argumention mag zwar auch im Sinne von „Ausschöpfung von Synergie" oder „Risikominderung" interpretiert werden, ist jedoch m.E. deutlich von simplen Begriffen des „Poolens von Ressourcen" und der „Risikostreuung" zu unterscheiden, insofern die Nutzung von Know-how auschlaggebend ist. Erst bei hoher Know-how-Intensität erlangen Fragen der langwierigen (Human-)Kapitalbildung und der beschränkten Übertragbarkeit kritischer Ressourcen einen derart hohen Stellenwert, daß hybride Kooperationsformen nicht ohne weiteres durch Integrationslösungen ersetzt werden können.

kehrt erweist sich die strukturelle Offenheit als Vorteil, wenn es der Koalition nicht gelingt, ihren Standard verbindlich durchzusetzen: Firmen können sich dann leichter einer anderen Koalition zuwenden, die ihnen eher die Durchsetzung ihrer Ziele verspricht.

Diese strukturelle Offenheit und die Zeit- und Flexibilitätsvorteile die sie ermöglicht, müssen jedoch vielfach durch erhebliche organisatorische Probleme und Anpassungsfriktionen erkauft werden. Koalitionen zwischen Firmen sind hochgradig instabil und weisen ihre eigenen, typischen Ineffizienzen auf. Koordinationsprobleme, die Williamson (1985) durch das Zusammenwirken von Verhaltenscharakteristiken (beschränkte Rationalität, Opportunismus) und Umfeldcharakteristiken (hohe Unsicherheit und Spezifizität von Investitionen) erklärt (vgl. Abbildung 4), potenzieren sich vielfach noch, wenn die Möglichkeit zu wechselnden Koalitionen besteht. Dennoch wird nicht zur vollständigen Integration übergegangen, eine Lösung, die Williamson (1985) nahelegen würde, sofern die genannten Zeit- und Flexibilitätsvorteile hybrider Organisation überwiegen.

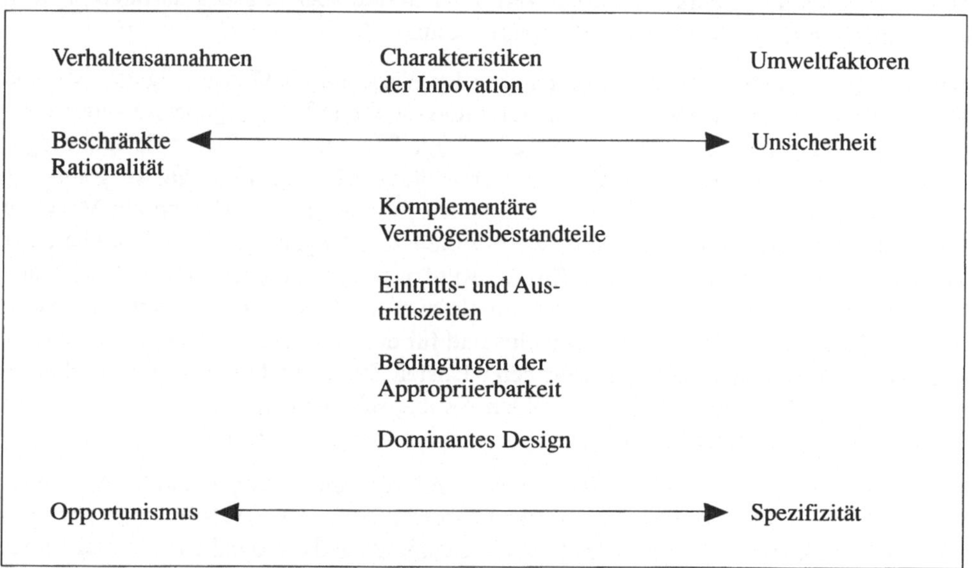

Abbildung 4: Bedingungen für die Vorteilhaftigkeit von Joint Ventures

Angesichts einer solchen Organisierungsproblematik können sich hybride Koordinationsformen als hinreichend stabile Koalitionen nur behaupten, sofern alle beteiligten Firmen effektive ökonomische Vorteile daraus ziehen, die Koalition einzugehen und am Leben zu erhalten. Dies gelingt nur dann, wenn das gemeinschaftlich zu verfolgende Innovationsvorhaben durch ganz bestimmte Charakteristiken geprägt ist, die im mittleren Teil der Abb. 4 aufgeführt sind. Zu diesen Innovationscharakteristiken zählen:

(1) Komplementarität der erforderlichen Vermögensbestandteile

(2) Zeitprofil für den Zu- und Austritt
(3) Bedingungen der Appropriierbarkeit von Know-how
(4) Lösung des Problems des dominanten Designs.

Mit dem Begriff komplementäre Vermögensbestandteile (complementary assets) beschreibt Teece (1986, 1987) die Interdependenzen zwischen langlebigen und spezialisierten Ressourcen, die für die Realisierung von Innovationen benötigt werden. Maßgebliche Neuerungen wie beispielsweise die Einführung von Computer Integrated Manufacturing (CIM), Satellitenkommunikationssystemen, hochauflösendem Fernsehen (HDTV) oder dem Integrated Services Digital Network (ISDN) sind ausgesprochen systemischer Natur, d.h. sie erfordern die enge Zusammenarbeit zwischen vielen Know-how-Trägern, Herstellerfirmen und Anwendergruppen. Der Erfolg solcher systemischer Innovationen hängt ganz entscheidend von der zeitadäquaten und eng koordinierten Zusammenarbeit zwischen all diesen beteiligten Gruppen ab, die einzeln jeweils nur einen kleinen Ausschnitt des erforderlichen Ressourcenspektrums kontrollieren. Die Vielfalt der erforderlichen komplementären Vermögensbestandteile, ein temporär eng limitierter Ressourcenbesitz, aber auch die geforderte Flexibilität setzen der Bewältigung solch systemischer Innovationen im Rahmen von Integrationslösungen enge Grenzen. Marktlösungen kommen infolge „zu dünner" Anbietergruppierungen, hochgradig komplexer Information, aufgrund hoher Externalitäten und bei strategischem Verhalten einzelner Spezialisten ebenfalls nicht zustande.

Die Bewältigung solcher systemischer Innovationen ist daher nur durch Rückgriff auf hybride Koordinationsformen möglich. Nicht immer sind aber die Voraussetzungen erfüllt, daß die geeigneten Kooperationsformen auch tatsächlich eingegangen werden und die erforderliche Stabilität aufweisen. Hierfür ist die Art der Komplementarität der erforderlichen Vermögensbestandteile ausschlaggebend. Teece (1986, 1987) unterscheidet zwischen einseitigen und wechselseitigen Abhängigkeiten zwischen spezialisierten Ressourcen und bestimmten Innovationsprojekten. Ist ein Vermögensbestandteil einseitig spezialisiert und abhängig von einer Innovation (unilateral specialization), so geht sein Eigentümer ein sehr hohes Risiko ein, im Falle des Fehlverhaltens eines Beteiligten und des Scheiterns der Innovation eine Expropriation von Quasirenten zu erfahren. Ist die Innovation umgekehrt auf einseitige Weise abhängig von dem Vermögensbestandteil, das im Zweifelsfall auch anderweitig genutzt werden kann, so erlangt dessen Eigentümer eine starke strategische Verhandlungsposition. Der Erfolg der Innovation und das Schicksal der anderen Beteiligten „liegt in seinen Händen". Indem er besonders hohe Preise für die Nutzung seiner Ressourcen fordert oder deren Bereitstellung verzögert, kann er die gesamte Innovation zu Fall bringen und die Expropriation von Quasirenten für andere Ressourcenbesitzer herbeiführen[27].

---

27 Ein Beispiel stellte die verzögerte Einführung kritischer Komponenten des Bildschirmtextsystems in der Bundesrepublik dar. Abhängigkeiten der Deutschen Bundespost von dem Hersteller des Zentralrechners führten zur Verzögerung bei der Einführung des Systems, lösten ihrerseits Akzeptanzprobleme bei den potentiellen Nutzern aus und trugen zu der unbefriedigenden Diffusion des Systems bei. Infolge eines zu geringen Verbreitungsgrads konnten Hersteller von Endgeräten nur unzureichend ihre F&E-Investitionen amortisieren.

Das Risiko der Expropriation von Quasirenten durch strategisches Verhalten einzelner Firmen ist für die Beteiligten entsprechend geringer, wenn die Vermögensbestandteile reziproke Abhängigkeiten aufweisen bzw. „ko-spezialisiert“ sind. Wechselseitige Abhängigkeiten zwischen Vermögensbestandteilen und einer Innovation ebenso wie zwischen den Vermögensbesitzern untereinander erzeugen stabilere Beziehungen. A weiß von B, daß dieser in ähnlichem Umfang Verzicht leisten müßte, würde A seine Ressourcen vorenthalten, wie A umgekehrt unter strategischem Verhalten von B „zu leiden“ hätte. Der Anreiz für beide, sich kooperativ zu verhalten, eine faire Aufteilung von Gewinnmöglichkeiten aus der Innovation herbeizuführen und die Kooperation zu stabilisieren, wird entsprechend hoch sein.

Ausschlaggebend für die Vorteilhaftigkeit und Stabilität sind vor allem die zeitlichen Bedingungen des Zutritts und Austritts für die einzelnen Eigentümer von kritischen Vermögensbestandteilen. Als Eintrittszeit bezeichnen wir die Zeitdauer, die benötigt wird, um eine spezialisierte Ressource (z.B. Know-how, Versuchseinrichtungen) zu reproduzieren bzw. in das Eigentum einer Person oder einer Firma zu überführen, die bisher noch nicht darüber verfügt. Vergleichbare Eintrittszeiten für verschiedene Vermögensbestandteile, die für eine Innovation erforderlich sind, erzeugen symmetrische Abhängigkeiten und tragen zur Bereitschaft der Beteiligten bei, bestimmte Koalitionen einzugehen und diese „am Leben zu erhalten“.

In entsprechender Weise soll als Austrittszeit die Zeitdauer definiert werden, die erforderlich ist, einen hochgradig spezialisierten Vermögensbestandteil zu amortisieren bzw. zu veräußern. Eine annähernd symmetrische Kapitalbindung und Fungibilität der wichtigsten Vermögensbestandteile trägt entsprechend zur Stabilität der eingegangenen Koalitionen bei.

Ein ganz entscheidendes Charakteristikum des Zutritts ebenso wie des Austritts sind die Bedingungen der Appropriierbarkeit von Know-how[28]. Ein gewisser Grad von Externalität technischen Wissens ist stets unvermeidbar (Arrow (1962)); es gibt jedoch beträchtliche branchen- und technologiespezifische Unterschiede im Hinblick auf das Ausmaß dieser Externalität (vgl. Levin et al. (1987)). Pisano, Russo und Teece (1988) unterscheiden zwischen Innovationen, die durch starke Appropriierbarkeit (Know-how nur gering codifiziert, an sachliche Vermögensbestandteile gebunden und durch legale Mechanismen abgesichert), und solchen, die eher durch schwache Appropriierbarkeit gekennzeichnet sind (Know-how stark codifiziert, an Personen gebunden und nicht legal abgesichert). Markttransaktionen sind nur solange wirksam, wie eine hinreichend starke Appropriierbarkeit vorliegt. Bei schwacher Appropriierbarkeit werden die beteiligten Know-how-Träger versuchen, sich durch kooperative Beziehungen vor Expropriationen abzusichern,

28 Leichte Bedingungen der Appropriierbarkeit führen zu einer Verringerung der Zutrittszeiten und -kosten für denjenigen, der bislang noch nicht über das relevante Know-how verfügt; sie erschweren zugleich aber auch die Amortisationsbedingungen für denjenigen, der in die Produktion des Wissens investiert hat und erzwingen die vorzeitige Expropriierung seiner Quasirenten.

wobei die Art der bevorzugten Kooperationsform von Art und Ausmaß der Know-how-Externalität abhängt[29]. Für ein entsprechend begrenztes Maß an Externalität, das sich durch Beschränkung der Kontakte auf bestimmte Akteure, zwischen denen Vertrauensbeziehungen bestehen, kontrollieren läßt, werden „weiche“ Formen der Zusammenarbeit in Netzwerken hinreichend sein. Fällt die Gefahr der mangelnden Appropriierbarkeit entsprechend höher aus, werden Firmen sich durch „härtere Formen“ der Kooperation absichern, vorzugsweise im Rahmen von Gemeinschaftsprojekten oder Joint Ventures mit Eigenkapitalbindung und strengen, gegenseitigen vertraglichen Vereinbarungen. In solchen Fällen erweist es sich in der Regel als besonders vorteilhaft, wenn beide Partner entsprechend komplementäre Informationen einbringen, für die sie ein vergleichbares Risiko der Expropriierung von Quasirenten tragen. Erst wenn die Gefahr der mangelnden Appropriierbarkeit einen bestimmten, sensitiven Bereich überschreitet bzw. wenn diese einzelne Beteiligte deutlich härter trifft als andere, werden kooperative Lösungen nicht mehr hinreichend sein und Firmen werden eher bestrebt sein, ihre Innovationsaktivitäten möglichst weitgehend durch In-house kontrollierte Aktivitäten abzudecken.

Entscheidend für die Begünstigung kooperativer Lösungen ist ferner auch der Prozeß der Formierung eines dominanten Designs. Innovationen und maßgebliche technische Standards entstehen nicht einmalig, sondern sind typischerweise Ergebnis eines aufwendigen Versuch-Irrtum-Prozesses. In der Lernphase vor Etablierung eines dominanten Designs bzw. vor der Festlegung des „technologischen Paradigmas“[30] kann die erforderliche Koordinierung weder angemessen im Rahmen einer Marktlösung noch verläßlich durch eine Integrationslösung bewerkstelligt werden. Die Koordination über Markttransaktionen scheitert häufig daran, daß die gehandelten Informationen „zu dünn“ sind, daß Abmachungen gebrochen werden und daß gemeinschaftliche Interessen nur unzureichend organisierbar sind. Auf der anderen Seite kann eine große, integrierte Firma zwar gelegentlich durch schiere Marktmacht versuchen, einen Standard bzw. ein dominantes Design eigenständig „durchzudrücken“. Die Gefahr ist jedoch dann groß, daß sie in eine „Sackgasse“ gerät und mitunter durch „Setzen auf den falschen Standard“ ihre Marktmacht einbüßt [31]. Solange sich also noch kein dominantes Design im Markt durchgesetzt hat und keine der beteiligten Firmen mit verläßlicher Sicherheit davon ausgehen kann, die „richtige Trajektorie erkannt“ zu haben und entsprechend vehement im Markt durchsetzen zu können, spricht vieles dafür, durch kooperative Strategien eine Externalisierung von Suchprozeduren und eine gemeinschaftliche Willensbildung über den zu verfolgenden Standard in die Wege zu leiten. Sobald sich das dominante Design einmal verbindlich herauskristallisiert hat, können die Beteiligten schließlich wieder zum „Tagesgeschäft unter normalen Wettbewerbsbedingungen übergehen“.

---

29 Im Hinblick auf die Frage der Appropriierbarkeit und der Spezifizität des Know-how-Anteils bei Innovationen haben Picot, Laub, Schneider (1989) theoretische wie auch empirische Untersuchungen durchgeführt. Sie beleuchten am Beispiel innovativer Unternehmensgründungen unterschiedliche Strategien der Know-how-Absicherung und der Einbindung kritischer Ressourcen.

30 Vgl. hierzu Teece (1987, 69), Abernathy und Utterback (1978), Doz (1982) und Clarke (1985).

31 Typisches Beipiel sind die empfindlichen Verluste, die Grundig und Philips durch Insistieren auf den Video-2000-Standard erleiden mußten. Auch dem Weltmarktführer Sony gelang es letztendlich nicht, „seinen“ Standard Betamax im Markt durchzusetzen.

6. Schlußfolgerungen

Gründe für die effektive Vorteilhaftigkeit neuer Formen der Kooperation und für die Stabilität kooperativer Lösungen sind nicht so sehr in der Überwindung von Unteilbarkeiten, in der gemeinschaftlichen Kostenreduzierung, oder im Streben nach Risikostreuung zu suchen. Sofern sich die Motive der Kooperation allein darauf beschränken würden, wäre die Kooperation der Integrationslösung auf lange Sicht unterlegen und könnte in diesem Fall auch nur als Zwischenetappe auf dem Weg zur vollständigen Internalisierung oder Fusion angesehen werden.

Viel bedeutsamer für die Begründung neuer Formen der Kooperation sind unternehmerisch motivierte Bestrebungen von Firmen, neue Opportunitäten und komplementäre Wissensbereiche gemeinschaftlich zu explorieren, um dadurch einen Zeit- und Flexibilitätsgewinn zu realisieren. Bedingungen, die für die Vorteilhaftigkeit und Stabilität von Kooperationsvereinbarungen und Joint Ventures sprechen, sind insbesondere:

(1) ein hohes Maß an Komplementarität zwischen den Vermögensbestandteilen verschiedener Firmen mit relativ symmetrischen, gegenseitigen Abhängigkeiten,
(2) relativ lange Eintritts- und Gestehungszeiten für Know-how und für den Zutritt zu spezialisierten Ressourcen,
(3) vergleichsweise lange Austrittszeiten und eine entsprechend lange und zwischen mehreren Partnern ausgeglichene Kapitalbindung.
(4) Bedingungen einer nur eingeschränkten Appropriierbarkeit des relevanten Know-hows sowie
(5) die noch ausstehende Lösung des dominanten Design-Problems bzw. eines einheitlichen Standards.

Die genannten Bedingungen sind nur in einem Teil der Fälle erfüllt, in denen Unternehmen die Vorteilhaftigkeit von internationalen Joint Ventures und strategischen Allianzen preisen. Nur in einem relativ kleinen Prozentsatz dieser Fälle dürften daher effektive ökonomische Vorteile internationaler Joint Ventures im Vergleich zu alternativen Formen der Führung und Organisation realisiert werden. Echte Vorteile aus Joint Ventures scheinen erwartungsgemäß dort vorzuliegen:

- wo Firmen im Bereich von Forschung und Entwicklung auf vergleichsweise komplexen Gebieten zusammenarbeiten;
- wo Firmen aus mehreren Ländern sich komplementär beim Aufbau von Marketing, Vertrieb und Service unterstützen;
- und dort, wo Firmen gemeinsam komplexe neue Systeme der Fertigungsautomatisierung, der integrierten Logistik und der Informationsverarbeitung- und übertragung erproben und durchsetzen.

Diese Bereiche scheinen in der Tat auch die Schwerpunktfelder internationaler Joint Ventures und strategischer Allianzen zu sein. Auch hier muß jedoch differenziert werden zwischen Bereichen, in denen effektive, stabilisierbare Vorteile von Kooperationslösungen vorliegen und solchen, in denen dies nicht der Fall ist. So sind beispielsweise internationale Joint Ventures im F&E-Bereich nur dort ausgesprochen ergiebig, wo wirklich hohe Komplementaritäten zwischen den Wissensbasen verschiedener Firmen vorliegen, wo Zu- und Austrittszeiten entsprechend lang sind, wo Probleme der Know-how-Externalität sich in einem beherrschbaren Rahmen bewegen und wo Anstrengungen zur gemeinschaftlichen Festlegung eines dominanten Designs eine Rolle spielen.

Für die Vorteilhaftigkeit von internationalen Joint Ventures im Marketing- und Vertriebsbereich sprechen insbesondere die langen Zutrittszeiten und -kosten für den Aufbau nationaler Vertriebs- und Servicesysteme und für die vielfach angestrebte Marken- bzw. Kundenbindung. Firmen, die in einen für sie neuen regionalen Markt eindringen wollen, sind gut beraten, sich dabei auf das in Jahren und Jahrzehnten gewachsene Know-how heimischer Partner abzustützen. Die entscheidende Frage ist jedoch auch hier, welche weitergehenden Gemeinsamkeiten zwischen beiden Partnern noch dazu beitragen, das Joint Venture weiter am Leben zu erhalten, nachdem einmal der Eintritt in den anvisierten Markt gelungen ist.

Joint Ventures und strategische Allianzen in übergreifenden Synergiefeldern (Fabrikautomatisierung, Integrierte Logistik, neue Telekommunikationssysteme) sind zwar für komplexe, stark systemische Innovationen als weitgehend unverzichtbar anzusehen. In der Praxis leiden sie jedoch häufig darunter, daß sie als nationale und internationale Prestigeprojekte viel zu große Aufmerksamkeit erlangen, durch politische Interferenzen beeinträchtigt werden und die Gruppe der Beteiligten, ihre Zielsetzungen und jeweiligen Aufgabenstellungen viel zu diffus sind, um die erforderliche Durchschlagskraft zu erlangen[32].

Die in Abschnitt 3 dargestellten empirischen Veränderungen lassen somit zwar auf den ersten Blick einen Trend zur Disintegration für bestimmte Funktionsbereiche und Wertschöpfungsstufen, eine größere institutionelle Flexibilität und Offenheit und ein erhöhtes Maß an internationaler Kooperation erkennen. Dennoch sollten die aufgezählten empirischen Indizien nicht zu der voreiligen Schlußfolgerung verleiten, als ginge die Entwicklung eindeutig und geradlinig in Richtung einer erhöhten Kooperation und Partnerschaft. Bestimmte Entwicklungen, die auf den ersten Blick den Eindruck offener Strukturen erwecken, können sich bei näherer Hinsicht als zentralistisch und restriktiv herausstellen. So erlauben es bestimmte institutionelle Innovationen einzelnen Firmen durchaus, in einem Netzwerk von Kooperationsbeziehungen „die Zügel äußerst fest in der Hand zu behalten“ [33].

Es sollte auch wiederholt davor gewarnt werden, internationale Joint-Ventures und strategische Allianzen als „Patentrezept“ oder gar „Allheilmittel“ für die Bewältigung von Innovationen und die Begünstigung innovativen Unternehmertums anzusehen. Die zen-

32 Auf diese Weise werden internationale Vorhaben und Innovationen wie z.B. HDTV oder JESSI viel zu sehr in politischen Zirkeln und Massenmedien „breitgetreten“, anstatt von vornherein im Rahmen von effizienter Koordination und Führung vorangebracht zu werden.

33 Z.B. durch neue Just-in-time-Liefervereinbarungen, OEM- und Franchising-Verträge.

trale Aufgabenstellung des Entrepreneurs, der in seiner doppelten Rolle als Manager und Eigentümer, als Fach- und Machtpromotor Innovationen zum Durchbruch verhilft, darf nicht verwässert werden durch die Einbindung zu vieler Partner. Indem sich zwei oder mehr unternehmerische Führungszentren Verantwortung, Kompetenzen und Risiken aufzuteilen versuchen, wie dies bei Joint-Ventures unvermeidlich ist, besteht häufig die Gefahr, daß maßgebliche Innovationen „zwischen die Stühle geraten". Joint-Ventures und strategische Allianzen stellen grundsätzlich nur Quasi-Regelungen dar, die entschiedenes Unternehmertum innerhalb verbindlich festgeschriebener Strukturen mit klaren Eigentumsregelungen und Kompetenzbereichen nicht ersetzen können.

Obwohl es durchaus gute Gründe geben mag, von Vorteilen hybrider Organiationsformen für die Generierung von Innovation und Unternehmertum auszugehen, muß doch immer hervorgehoben werden, daß Joint-Ventures unter Führungsgesichtspunkten häufig als nur „zweitbeste" organisatorische Lösungen anzusehen sind (vgl. Gullander 1976). In Anbetracht dieser Vorbehalte sollte darauf hingewiesen werden, daß es sich bei der eingangs beschriebenen Proliferation von Joint-Ventures und strategischen Allianzen durchaus auch um ein temporäres Phänomen handeln kann. Angesichts der relativ geringen Erfolgsquote zwischenbetrieblicher Projekte und Gemeinschaftsunternehmen[34] wäre es ein Fehler, die beschriebenen Trends zu frühzeitig fortzuschreiben und die vermeintlichen Vorteile hybrider Koordinations- und Organisationsformen überzubewerten.

Die beobachtete Präferenz für Joint-Ventures und strategische Allianzen in Management-Kreisen der Triade-Länder mag sich somit auf längere Sicht durchaus auch als eine vorübergehende Erscheinung herausstellen, die momentan zwar erforderlich sein mag, um einen Schub der Globalisierung zu bewältigen und um eine breite Welle von generischen Technologien zu assimilieren. Sobald eine neue Stufe der Konsolidierung angestrebt wird und in dem Maße, wie die heute begonnenen Gemeinschaftsprojekte nicht die in sie gesetzten Erwartungen erfüllen, kann es durchaus auch wieder zu Rückschlägen und zu einem erneuten, entgegengerichteten Schub unternehmerischer Integration und Konzentration kommen.

34 Untersuchungen der Erfolgswahrscheinlichkeit von Joint Ventures wurden beispielsweise von Harrigan (1988) und Kogut (1988) durchgeführt. Kogut (1988), S. 40 f. zeigt auf, daß Mißerfolgsquoten von Joint Ventures nahezu ebenso hoch sind wie für kleine Gründungsunternehmen. Nur etwa die Hälfte aller Joint Ventures überstehen die ersten sechs Jahre.

Literatur

Alchian, A.A. (1984), Specificity, Specialization and Coalitions, Journal of Institutional and Theoretical Economics, 140/1 (1984), S. 34 – 49.

Aoki, M., Gustafsson, B., Williamson, O.E. (Eds.) (1989), The Firm as a Nexus of Treaties, New York 1989.

Arrow, K.J. (1962), Economic Welfare and the Allocation of Resources for Invention, in: Nelson, R.R. (Ed.), The Rate and Direction of Inventive Activity: Economic and Social Factors, Princeton, N.J. 1962, S. 609 – 625.

Bartlett, C.A., Ghoshal, S. (1989), Managing Across Borders. The Transnational Solution, Boston, Mass. 1989.

Bidlingmaier, J. (1967), Begriff und Formen der Kooperation im Handel, in: Bidlingmaier, J., Jacobi, H., Uherek, E.W., Absatzpolitik und Distribution, Studienreihe Betrieb und Markt, Sonderband zum 60 Geburtstag von Karl Christian Behrens, Wiesbaden 1967.

Berg, S.V., Duncan, J., Friedman, P (1982), Joint Venture Strategies and Corporate Innovation, Cambridge, Mass. 1982.

Bleicher, K. (1987), Strategien der Unternehmensakquisition und -kooperation, unveröffentlichtes Manuskript, Seminar für System-Marketing der Universität St.Gallen, 1987.

Buckley, P.J., Casson, M.C. (1985), Economic Theory of the Multinaltional Enterprise. Selected Papers, London 1985.

Buckley, P.J., Casson, M.C. (1988), A Theory of Cooperation in International Business, in: Contractor and Lorange (1988), S. 19 – 38.

Business International Corporation (1987), Competitive Alliances. How to Succeed at Cross-Regional Collaboration, New York 1987.

Contractor, F.J., Lorange, P. (1987), Cooperative Strategies in International Business, Lexington, Mass. 1987.

Contractor, F.J., Lorange, P. (1988), Cooperative Strategies in International Business, Management International Review, Special Issue 1988.

Coopers & Lybrand (1986), Corporate Odd Couples, in: Business Week, July 21, 1986, S. 99.

Dunning, J.H. (1988), Explaining International Production, London 1988.

Eschenburg, R. (1971), Ökonomische Theorie der genossenschaftlichen Zusammenarbeit, Schriften zur Kooperationsforschung, Band 1, Tübingen 1971.

Farmer, D.H., Macmillan, K. (1976), Voluntary Collaboration vs 'Disloyalty' to Suppliers, Journal of Purchasing in Materials Management, 12 (4), 1976, S. 3 – 8.

Fusfeld, D.R. (1958), Joint Subsidiaries in the Iron and Steel Industry, American Economic Review, 48 (1958), S. 578 – 587.

Gerlach, M. (1988), Alliances and the Social Organization of Japanese Business, Unpublished book manuskript, University of California Berkeley 1988.

Gerth, E. (1971), Zwischenbetriebliche Kooperation, Stuttgart 1971.

Gerybadze, A. (1990), The Implementation of Industrial Policy in an Evolutionary Perspective, in: Witt, U. (Ed.), Contributions to Evolutionary Economics, Ann Arbor, Michigan 1990.

Gerybadze, A. (1991), Multilateral Investment and Finance, Habilitationsschrift, Universität Heidelberg, in Vorbereitung zur Veröffentlichung, Heidelberg 1991.

Ghemawat, P., Porter, M.E., Rawlinson, R.A. (1986), Patterns of International Coalition Activity, in: Porter (1986), S. 346 – 365.

Grochla, E. (1959), Betriebsverband und Verbandbetrieb. Wesen, Formen und Organisationen der Verbände aus betriebswirtschaftlicher Sicht, Berlin 1959.

Gullander, S. (1976), Joint-Ventures in Europe: Determinants of Entry, International Studies of Management and Organization, 6/1976, S. 85 – 111.

Hagedoorn, J., Schakenraad, J. (1989a), Strategic Partnering and Technological Cooperation, in: Dankbaar, B, Groenewegen, J. and Schenk, H., Perspectives in Industrial Economics, Dordrecht, 1989.

Hagedoorn, J., Schakenraad, J. (1989b), Partnerships and Networks in Core Technologies, Paper for the Conference on „The Economics of Technical Change“, Maastricht, November 1989.

Hakansson, H. (Ed.) (1987), Industrial Technological Development: A Network Approach, London 1987.

Harrigan, K.R. (1985), Strategies for Joint Ventures, Lexington, Mass. 1985.

Harrigan, K.R. (1986), Managing for Joint Venture Success, Lexington, Mass 1986.

Harrigan, K.R. (1988), Strategic Alliances and Partner Assymmetries, in: Contractor and Lorange (1988), S. 53 – 72.

Hayek, F.A. (1945), The Use of Knowledge in Society, American Economic Review, 35, 1945, S. 519 – 530.

Horwitch, M. (1989), Post Modern Management, New York (The Free Press) 1989.

Imai, K.I., Baba, Y. (1989), Systemic Innovation and Cross-Border Networks, Paper prepared for the International Seminar on the Contributions of Science and Technology to Economic Growth at the OECD, Paris, June 1989.

Jarillo, J.C., Ricart, J.E. (1987), Sustaining Networks, Interfaces 17/1987, S. 82 – 91.

Jarillo, J.C. (1988), On Strategic Networks, Strategic Management Journal, January-February, 9, 1988, S. 31 – 41.

Johnson, J., Mattsson, L.G. (1989), Interorganizational Relations in Industrial Systems: A Network Approach Compared with the Transaction Cost Approach, International Journal of Management and Organization, 1989.

Klein, B., Crawford, R.A., Alchian, A.A. (1978), Vertical Integration, Appropriable Rents, and the Competitive Contracting Process, Journal of Law and Economics, 21/ 1978, pp. 297 – 326.

Kline, S.J., Rosenberg, N. (1986), An Overview of Innovation, in: Rosenberg, N., and Landau R. (Eds.), The Positive Sum Strategy, Cambridge, Mass. 1986.

Knight, F.H.(1921), Risk, Uncertainty and Profit, Boston 1921.

Kogut, B. (1988), A Study of the Life Cycle of Joint Ventures, in: Contractor and LORANGE (1988), S. 39 – 52.

Levin, R., Klevorick, R., Nelson, R., Winter, S.G. (1987), Appropriating the Returns from Individual Research and Development, Papers on Economic Activity, Yale University, New Haven, Conn. 1987.

Lorange, P. (1985), Cooperative Ventures in Multinational Sellings: A Framework, Mimeo, Wharton School, University of Pennsylvania, Philadelphia, November 1985.
Lorenzoni, G. (1982), From Vertical Integration to Vertical Disintegration. Paper Presented at the Strategic Management Society Conference, Montreal 1982.
Mariti, P., Smiley, R.H. (1983), Cooperative Agreements and the Organization of Industry, The Journal of Industrial Economics, 31 (1983), S. 437 – 451.
Ochsenbauer, C. (1989), Organisatorische Alternativen zur Hierarchie, München 1989.
OECD (1986), Technical Cooperation Agreements between Firms. Some Initial Data and Analysis, Paris 1986.
Ohmae, K. (1985), Macht der Triade, Wiesbaden 1985.
Olson, M. (1968), Die Logik des kollektiven Handelns, Tübingen 1968.
Picot, A., Laub, U.D., Schneider, D. (1989), Innovative Unternehmensgründungen. Eine ökonomisch-empirische Analyse, Berlin, Heidelberg, New York 1989.
Picot, A., Dietl, H. (1990), Transaktionskostentheorie, WiSt 4/1990, S. 178 – 183.
Pisano, G.P., Russo, M.V., Teece, D.J. (1988), Joint Ventures and Collaborative Arrangements in the Telecommunications Equipment Industry, in: Mowery, D.C. (Ed.), International Collaborative Ventures in U.S. Manufacturing, Washington, D.C. 1988, S. 23 – 70.
Porter, M.E. (1985), Competitive Advantage. Creating and Sustaining Superior Performance, New York 1985.
Porter, M.E. (Ed.) (1986), Competition in Global Industries, Boston, Mass. 1986.
Porter, M.E., Fuller, M.B. (1986), Coalitions and Global Strategy, in: Porter (1986), S. 315-343.
Richardson, G.B. (1972), The Organization of Industry, Economic Journal, 82 (1972), S. 883 – 896.
Schneider, Dieter (1973), Unternehmungsziele und Unternehmungskooperation. Ein Beitrag zur Erklärung kooperativ bedingter Zielvariationen, Wiesbaden 1973.
Schneider, Dietram (1988), Zur Entstehung innovativer Unternehmen. Eine ökonomisch-theoretische Perspektive, München 1988.
Shackle, G.L.S. (1955), Uncertainty in Economics and other Reflections, Cambridge 1955.
Simon, H.A. (1978), Rationality as Process ans as Product of Thought, American Economic Review, 68/1978, S. 1 – 16.
Teece, D.J. (1986), Profiting from Technological Innovation, Research Policy, 15/1986, S. 285 – 305
Teece, D.J.(1987), Capturing Value from Technological Innovation: Integration, Strategic Partnering, and Licensing Decisions, , in: Guile, B.R., Brooks, H. (Eds.), Technology and Global Industry. Companies and Nations in the World Economy, Washington, D.C. 1987, S. 65 – 95.
Teece, D.J. (1989), Technological Development and the Organization of Industry, Paper prepared for the International Seminar on the Contributions of Science and Technology to Economic Growth at the OECD, Paris, June 1989.
Thorelli, H.B. (1986), Networks: Between Markets and Hierarchies, Strategic Management Journal 7/1986, S. 37 – 51.

Tirole, J. (1989), The Theory of Industrial Organization, Cambridge, Mass.1989.
UNCTC (1988), Transnational Corporations and Economic Development, Fourth Survey, United Nations Center on Transnational Corporations, New York 1988.
West, M.W. (1959), The Jointly Owned Subsidiary, Harvard Business Review, 37/4 (1959), S. 165 – 172.
Williamson, O.E. (1985), The Economic Institutions of Capitalism, New York 1985.
Williamson, O.E. (1990), Comparative Economic Organization: The Analysis of Discrete Structural Alternatives, Manuskript zum Vortrag auf der Jahrestagung des Verbands der Hochschullehrer für Betriebswirtschaft am 11.6.90 in Frankfurt.

Drittes Kapitel

Personal und Interessenvertretung

Josef Huber und Dietram Schneider*

Personalmanagement und Unternehmenskultur: Innovationsfähigkeit zwischen Wollen und Können im Unternehmen

1. Einführung

2. Grundlagen

3. Innovation als Informationsproblem – Kennen

4. Innovation als Motivationsproblem – Wollen
   4.1 Anreizsysteme für kreative Köpfe
   4.2 Anreizsysteme für Mentoren
   4.3 Anreizsysteme für Manager

5. Innovation als Qualifikationsproblem – Können
   5.1 Anforderungen an ein innovatives Personalpotential – Personalanforderungsanalyse
   5.2 Beurteilung des Qualifikationspotentials – Personalpotentialanalyse
   5.3 Förderung des Personalpotentials – Personalentwicklungsanalyse

6. Zusammenfassung

Literatur

---

* Dieser Beitrag entstand aus der Tätigkeit der Autoren im Rahmen des Forschungsprojekts „PRIMUS“ des Arbeitskreises für Personal und Management, München.

1. Einführung

Durch Innovationen können Wettbewerbsvorteile gewonnen und gesichert werden. Vor allem deshalb wurde das Innovationsphänomen in der Vergangenheit häufig diskutiert. Dabei standen Konzeptionen des Innovationsmanagements und organisatorische Gesichtspunkte im Mittelpunkt des Interesses.

In diesem Beitrag stehen dagegen personelle Aspekte im Vordergrund. Angesichts der zunehmenden Bedeutung des betrieblichen Humankapitals wird diskutiert, wie die Innovationsfähigkeit von Unternehmen durch personalwirtschaftliche Maßnahmen gefördert werden kann. Die Wechselwirkungen zwischen einem aktiven betrieblichen Personalmanagement und einer innovationsfreundlichen Unternehmenskultur werden dabei in besonderer Weise berücksichtigt.

Als Bezugsrahmen dient die Kurzformel:

Innovationsfähigkeit = Kennen · Können · Wollen

In dieser Konzeption wird der Innovationsprozeß als ein Informations- (Kennen), ein Qualifikations- (Können) und ein Motivationsproblem (Wollen) interpretiert.[1]

2. Grundlagen

Heute stehen Unternehmen vor der Situation, daß sich Veränderungsprozesse außerhalb und innerhalb der Organisationen mit zunehmender Geschwindigkeit vollziehen. Dauerte beispielsweise die Entwicklung des Elektromotors noch 65 Jahre, so betrug die Zeitspanne zwischen Idee und marktlicher Verwertbarkeit leistungsfähiger Solarbatterien nur noch etwa zwei Jahre. Um nicht von den Konkurrenten überrollt zu werden, müssen Unternehmen immer schneller auf Wandlungsprozesse reagieren. Daher wird die Steigerung der Innovationsfähigkeit zunehmend wichtiger.

Innovationsprozesse dürfen nicht nur auf die Produktseite bzw. die Leistungen für den Absatzmarkt einer Unternehmung beschränkt bleiben. Vielmehr müssen auch im unternehmensinternen Bereich Innovationspotentiale aufgespürt und genutzt werden. Um die Reaktionsgeschwindigkeit der Unternehmung auf Wandlungsprozesse zu erhöhen, sind

1 Zu ähnlichen Konzeptionen und zur Bedeutung eines aktiven Personalmanagements für den Innovationsprozeß vgl. z.B. auch Riekhof (1986), (1987); Berthel (1986), (1987); Schneider, Huber und Müller (1990).

2 Vgl. z.B. Picot u. Schneider (1988).

auch Innovationen organisatorischer (Strukturinnovationen, administrativ-organisatorische Innovationen[2]) und personalwirtschaftlicher Art (z.B. flexible Arbeitssysteme, flexible Arbeitszeit[3]) sowie Innovationen hinsichtlich der technologischen Arbeitsprozesse (Verfahrensinnovationen) erforderlich. Grundsätzlich sollte die Innovationsfähigkeit alle Unternehmensbereiche überlagern.

Innovationen kommen in der Regel nicht zufällig zustande. Vielmehr hängt die Fähigkeit, neue Ideen hervorzubringen, von bestimmten betriebswirtschaftlichen, sozialen, technischen, organisatorischen und ökologischen Rahmenbedingungen ab. Insgesamt gilt aber stets: Der auslösende Faktor ist und bleibt immer der Mensch!

Diese Erkenntnis dürfte auch ein Grund dafür sein, daß dem betrieblichen Personalbereich besonders in letzter Zeit immer mehr Bedeutung beigemessen wird. Verschärfend kommen z.B. die Änderung der Einstellung zur Arbeit, Strukturveränderungen des zukünftig verfügbaren Arbeits- bzw. Führungskräftepotentials, die Erhöhung des Anteils und des Aufwands für Bildung während des Erwerbszeitraums und damit einhergehend des Wandels zu einer Informations- und Bildungsgesellschaft hinzu.[4]

So kommt es nicht von ungefähr, wenn Heinz Dürr, ehemals Vorsitzender des Vorstands der AEG, einen Aufsatz unter den Titel „Humankapital wichtiger als Finanzkapital“ stellt.[5]

Vor diesem Hintergrund ergibt sich die zentrale Fragestellung dieses Beitrags: Durch welche personalwirtschaftlichen Maßnahmen kann die Innovationsfähigkeit in Unternehmen gefördert werden?

Hauptaufgaben einer innovationsorientierten Personalwirtschaft sind damit neben der Beschaffung innovativen Humankapitals die Förderung der Motivation und der Qualifikation des Mitarbeiterpotentials.

Somit darf sich das betriebliche Personalwesen nicht – wie dies in vielen Unternehmen vor allem der kleineren und mittleren Größenklasse der Fall ist – auf die Personalbeschaffung und -verwaltung beschränken. Eine Konzentration auf diese traditionellen Bereiche mag für die Bewältigung personalwirtschaftlicher Routineaufgaben ausreichend sein. Sie ist aber besonders angesichts der oben beschriebenen Wandlungsprozesse im Hinblick auf ein innovationsorientiertes Personalmanagement unzureichend und kann sich langfristig sogar als kontraproduktiv erweisen.

Bereiche wie Personalplanung, -entwicklung und -führung sind wichtige Elemente einer modernen und innovationsorientierten Personalwirtschaft im Unternehmen. Dies ist nicht nur eine Domäne von Großunternehmen, die sich für die Bewältigung dieser Aufgaben entsprechend große Stäbe halten können. Für diese Zusammenhänge entwickeln auch

3 Vgl. z.B. Schneider (1987), (1990).

4 Vgl. hierzu stellvertretend und überblickartig z.B. Wirth (1969); v. Brauchitsch (1981); Schanz (1985); Bihl (1987).

5 Vgl. Dürr (1989).

6 Dieses Ergebnis zeichnet sich auch im Rahmen des empirischen Forschungsprojekts „PRIMUS“ des Arbeitskreises für Personal und Management, München, ab, in dem 35 mittelständisch strukturierte Unternehmen anhand eines fast 500 Statements umfassenden Fragebogens untersucht werden konnten; vgl. Schneider, Huber und Müller (1990).

Klein- und Mittelstandsunternehmen immer mehr Sensibilität, obgleich hier noch erhebliche Defizite bestehen.[6]

Alle personalwirtschaftlichen Maßnahmen stehen auch in einer engen Beziehung zur Unternehmenskultur, zum impliziten Bewußtsein und zur sozio-ökonomischen Klammer, die alle im Unternehmen tätigen Menschen verbindet.[7] Die Unternehmenskultur lebt aus Erfahrungen, Erfolgsmustern und Wertvorstellungen. Sie bildet sozusagen einen kollektivierenden Überbau über alle Unternehmensbereiche. „In ihr sammeln sich Normen und Ziele, Vorbilder und Leitlinien sowie die Grundannahmen, die das Verhalten der Mitglieder im Unternehmen prägen."[8] Dieses Phänomen gilt es im Hinblick auf die Steigerung der Innovationsfähigkeit von Unternehmen zu nutzen. Daher werden in diesem Beitrag immer wieder Querverbindungen zur Unternehmenskultur verdeutlicht.

Die Diskussion personalwirtschaftlicher Elemente (Anreizstruktur, Anforderungs-, Potential- und Entwicklungsanalyse), der Unternehmenskultur und den Innovationsvoraussetzungen (Kennen – Information, Wollen – Motivation, Können – Qualifikation) steht bei den folgenden Darstellungen im Mittelpunkt.

3. Innovation als Informationsproblem – Kennen

Informationen dienen der Initiierung und Steuerung von Innovationsprozessen. Dies bedeutet zunächst, daß der Innovationsbedarf bzw. die Innovationsnotwendigkeit allen Beteiligten im Unternehmen bekannt sein muß. Dabei darf sich der Informationsaustausch nicht auf die im Innovationsprozeß unmittelbar betroffenen Abteilungen (wie z.B. die Forschungs- und Entwicklungsabteilungen und die Geschäftsleitung) beschränken. Vielmehr müssen alle Mitarbeiter für Innovationen sensibilisiert werden. Oftmals werden durch einfache Überlegungen richtungsweisende Neuerungen initiiert oder unterbleiben ganz einfach, weil die Mitarbeiter hierfür nicht sensibilisiert wurden und der Innovationsbedarf nicht bekannt ist oder Vorschläge in der Informationsflut untergehen.

Darüber hinaus fördert eine offene Informationspolitik die Identifikation der Mitarbeiter mit dem Unternehmen. Das Wissen um Probleme der Unternehmung weckt Anteilnahme. Anteilnahme führt wiederum zu Engagement.

Unter betriebswirtschaftlichen Gesichtspunkten kann jedoch nur dann von tragfähigen Innovationen gesprochen werden, wenn die Neuerungen den Unternehmenszielen ent-

---

7 Vgl. z.B. Heinen u.a. (1987).
8 Höhler (1989).

sprechen. So müssen sich z.B. Produktinnovationen an den Marktgegebenheiten orientieren; Innovationen im organisatorischen Bereich müssen langfristig zu einer Effizienzsteigerung im Unternehmen führen.

Informationsprozesse müssen folglich gesteuert werden. Dies setzt einerseits voraus, daß unternehmensexterne Daten wie z.B. Informationen über Änderungen des Nachfrageverhaltens, über den Wertewandel oder über die Konkurrenzsituation mit unternehmensinternen Daten wie z.B. Informationen über das personelle Innovationspotential und andere interne Ressourcenstärken (aber auch Ressourcenschwächen) koordiniert werden.[9] Da sich die Unternehmen in einem marktwirtschaftlichen System heute einem Käufermarkt gegenübersehen, ist eine marktseitige Steuerung und Informationspolitik unumgänglich.

Aber auch innerhalb der Unternehmung ist eine Koordination der relevanten Informationen in Form eines innovationsorientierten Informationsmanagements erforderlich. So muß z.B. der Informationsfluß zwischen den F&E-Abteilungen und dem betrieblichen Personalwesen funktionieren. Beispielsweise benötigt die Personalabteilung Informationen über Qualifikationsanforderungen im F&E-Bereich für die Personalbeschaffung und um Fördermaßnahmen planen und einleiten zu können. F&E-Abteilungen müssen sich mit dem Vertrieb hinsichtlich Fort- und Weiterentwicklungen abstimmen, usw.

Die Geschäftsleitung muß dafür Sorge tragen, daß Informationsflüsse nicht blockiert werden. Linienvorgesetzte sind häufig versucht, Entscheidungen, in denen es um innovations- und wachstumsträchtige Ventures und deren Organisation und Finanzierung geht, aufzuschieben oder ganz in ihren Schubladen verschwinden zu lassen, weil sie befürchten, daß durch Neuerungen bestehende Abläufe gestört oder ihre eigenen Stellungen im Unternehmen bedroht werden könnten.[10] Auch haben sie oft nicht die Zeit, um sich neuen Ideen mit dem notwendigen und zeitintensiven Einfühlungsvermögen zu widmen. Sie entwickeln sich zu informationsundurchlässigen Gatekeepern für Innovationsprozesse. Aus diesen Gründen ist es erforderlich, Innovationsprozesse soweit möglich von operativen Leistungserstellungsprozessen zu entlasten und gegebenenfalls völlig zu trennen. Dies ist beispielsweise möglich, indem man standardisierbare Leistungen möglichst von außen bezieht (Fremdbezug).[11] Ebenso sind z.B. Möglichkeiten des by-passing (Überspringen von Hierarchieebenen) zu nutzen, wodurch Informationsflüsse im Unternehmen beschleunigt und intermediäre Hierarchieebenen entlastet werden können.

Auch die Unternehmenskultur kann hierzu wertvolle Beiträge leisten. Eine innovationsfreundliche Unternehmenskultur sollte eine Informationskultur enthalten, die beispielhaft aus folgenden Elementen bestehen könnte:

---

9 Vgl. hierzu auch das Konzept des informatorischen Brückenschlags von Schneider in diesem Band, der sich an Picot (1986), S. 757 f. anlehnt.

10 Vgl. z.B. zu allgemeinen Innovationswiderständen in Unternehmen Schmeisser (1984); Staudt u. Schmeisser (1987).

11 Vgl. z.B. Schneider (1989); sowie Schneider und Zieringer in diesem Sammelband.

Gesprächsarenen: Organisatorische Verankerung von regelmäßigen formellen und Duldung und Förderung von informellen Gesprächsrunden; Initiierung von Innovationskonferenzen.

Tasktransparenz: Jeder kennt die Arbeit seiner Kollegen und Mitarbeiter; Horizontale und vertikale Transparenz, so daß z.B. Doppelarbeiten verhindert werden.

Kundennähe, extern: Intensive Kontakte der Führung zu den Kunden auf Absatzmärkten; Servicekontrollen durch die Führung.

Kundennähe, intern: Mitarbeiter werden als Kunden der Führung angesehen. Ständige Feedbacks auf alle Vorlagen von Mitarbeitern.

Informationssysteme: Einrichtung und ständige Pflege von Datenbanken; Institutionalisierung von Vorschlagssystemen und Sammlung, Dokumentation und Speicherung von Vorschlägen.

4. Innovation als Motivationsproblem – Wollen

Die Innovationsfähigkeit einer Organisation hängt entscheidend vom inneren Antrieb der handelnden Menschen ab. Zum einen ist es notwendig, daß die Innovationsorientierung von der Unternehmensführung wirklich intrinsisch gewollt und vorgelebt wird und fester Bestandteil der Unternehmensgrundsätze ist. Zum anderen müssen die Mitarbeiter den Willen haben, innovativ zu sein. Letzteres ist in erster Linie ein Führungs- und Motivationsproblem.

Trotz einer allgemein feststellbaren Hinwendung zu einem behavioristischen und sozialwissenschaftlichen Menschenbild in Unternehmen, werden auch heute noch vielfach Führungsverhalten und Anreizsysteme nach dem Vorbild eines mechanistischen Menschenbilds ausgerichtet. In einer solchen Konzeption bilden beispielsweise ausschließlich monetäre Anreize die Motivationskomponente im Unternehmen. Besonders angesichts des Innovationsproblems stellt sich für die Unternehmensführung aber die Frage: Welche Anreize sind darüber hinaus und besser geeignet, um Mitarbeiter für innovatives Verhalten zu motivieren?

Orientiert man sich an Maslow[12] und unterstellt, daß in der Bundesrepublik Deutschland grundlegende Existenzbedürfnisse als weitgehend befriedigt gelten, so muß sich das betriebliche Anreizsystem auch unter dem Wandel gesellschaftlicher Wertvorstellungen auf die Befriedigung höherer Bedürfnisse des Menschen konzentrieren. Anreize, die das Streben nach Wertschätzung und Selbstverwirklichung fördern, treten dann in den Vordergrund.

12 Vgl. Maslow (1943), (1954).

Auch von der Arbeitsstrukturierung in einem Unternehmen gehen motivierende und demotivierende Wirkungen für das Innovationsverhalten aus. Durch zunehmende Arbeitsteilung und die damit einhergehende Entfremdung von der Arbeit können Identifikationsprobleme und Sinnkrisen hervorgerufen werden. Durch Maßnahmen wie Jobrotation und Jobenrichment sowie Ganzheitlichkeit der Arbeitsabwicklung und Aufgabenintegration können diese Negativeffekte kompensiert werden.

Neben diesen allgemeinen Hinweisen hängt die Bedürfnisstruktur darüber hinaus besonders von der jeweiligen Rolle ab, die der einzelne Mitarbeiter im organisatorischen Innovationsprozeß spielt. Innerhalb des Innovationsprozesses lassen sich grundsätzlich drei Typen unterscheiden. Der innovative Kopf, der (Innovations-) Mentor und der (Innovations-) Manager.[13] Welche unterschiedlichen Komponenten müssen Anreizsysteme für die genannten Typen enthalten?

4.1 Anreizsysteme für kreative Köpfe

Kreative Köpfe sind sehr stark an ihrer Aufgabe bzw. am zu lösenden Problem interessiert. Sie sind die eigentliche Quelle neuer Ideen.

Sie zeichnen sich häufig durch Neugier, Risikobereitschaft, Hartnäckigkeit und Nonkonformität des Denkens aus. Gelegentlich können sie sehr störrisch und eigen sein; und gelegentlich hält man sie auch für ein wenig verrückt – vielleicht gerade deswegen, weil sie für ihre Umgebung zu viel erstmalige Information ("Erstmaligkeit"[14]) produzieren, die andere nicht absorbieren können oder aufgrund mangelnder kommunikativer Qualifikation des kreativen Kopfes Außenstehenden nicht adäquat vermittelt werden kann.[15]

Aus dieser Charakterisierung zeigen sich bereits erste Anhaltspunkte für mögliche Anreize: So ist der kreative Kopf in der Regel weniger an Karrieremöglichkeiten, sondern eher an Selbstverwirklichung, Wertschätzung und Anerkennung interssiert. Den Sinn seiner Arbeit sieht er besonders im zu lösenden Problem. Deshalb ist es wichtig, daß ihm Freiräume eingeräumt werden, die ihm ein autonomes Arbeiten ermöglichen. Weiterhin ist ein positives Umfeld und ein innovativ-unternehmerisches Klima, die ihn in seiner Arbeit stimulieren, von großer Bedeutung. Auch moderne und technologisch hochwertige F&E-Geräte bilden für ihn Anreize.

---

13 Zu einer solchen Klassifikation vgl. Riekhof (1987); zu anderen typischen personalen Gespannstrukturen im Innovationsprozeß vgl. z.B. Witte (1973), der zwischen Macht- und Fachpromotor unterscheidet; vgl. ferner Picot, Laub und Schneider (1989), S. 28–45 und Picot u. Schneider (1988), S. 106–108, die zwischen Informations-, Ressourcen- und Marktkoordinatoren unterscheiden.

14 Vgl. hierzu auch den evolutionsorientierten Beitrag von Schneider in diesem Sammelband.

15 Oftmals gelten kreative Köpfe und deren Ideen nur deshalb als verrückt (und werden wenig oder gar geringschätzig beachtet), weil sich die „Verrücktheit" nicht in verbalen Äußerungen kommunikativ bewältigen läßt. Berücksichtigt man ferner, daß kreative Köpfe ihr von anderen in der Organisation geistig (zunächst) nicht nachvollziehbares Handeln rechtfertigen müssen, kann mangelnde Kommunikationsfähigkeit und andauernder Rechtfertigungszwang demotivierend und frustrierend wirken.

Eine Unternehmenskultur zur Förderung von kreativen Köpfen sollte folgende Bestandteile enthalten:

Offenheit: Eigenständigkeit stärken statt bestrafen; Offenheit gegenüber neuen Ideen.

Toleranz: Tolerenz für Querdenker und gegenüber Verrücktheiten; konstruktiver Umgang mit Fehlern; Abschaffung andauernden Rechtfertigungszwangs.

Positives Umfeld: Arbeit in einer angenehmen, stimulierenden und innovativ-kreativen Umgebung.

Autonomie: Einrichten von Forschungsenklaven; Ganztägige Gleitzeit.

Anerkennung: Innovationen feiern; Ideen als geistiges Eigentum handeln.

Organisationsflexibilität: Flache Hierarchien einführen ("Tür zum Chef steht offen"); flexible und ergebnisorientierte Zielvereinbarungen, statt ständige Eingriffe in das innovative Handeln; Kompetenzüberschreitungen werden in Grenzen toleriert.

Erfolgsbeteiligung: Förderung der Identifikation durch Erfolgspartizipation.

4.2 Anreizsysteme für Mentoren

Häufig haben kreative Köpfe folglich das Problem, daß sie sich selbst und ihre Arbeit gegenüber der Geschäftsleitung schlecht oder garnicht „verkaufen" können. In ähnlicher Weise werden ihre Ideen auch oft schon im frühen Stadium blockiert oder abgebrochen, weil Hilfestellungen und Förderungsmaßnahmen für kreative Köpfe im Unternehmen fehlen. Gelegentlich gehen auch andere Organisationsmitglieder mit den Ideen kreativer Köpfe hausieren. Daher sollten in jeder Organisation speziell geschulte Mentoren (Innovationsförderer) vorhanden sein, die Ideen sammeln, bewerten, weiterleiten und damit die Ergebnisse kreativer Köpfe nach „außen und oben" bringen.

Mentoren haben auch die Aufgabe, die Verbindung zwischen den innovativen und operativen Unternehmensbereichen herzustellen und aufrechtzuerhalten. Sie sind Verbindungsglieder zwischen Innovationsangebot und -nachfrage im Unternehmen (sog. linking pins im Innovationsprozeß[16]). Im Gegensatz zu den kreativen Köpfen sind sie in den Führungsprozeß und die unternehmerischen Fragestellungen explizit eingebunden. Sie müssen einerseits ein ausgesprochenes Gespür für den Markt haben und andererseits sehr gute kommunikative, ja sogar verkäuferische Fähigkeiten besitzen, um die Ideen kreativer Köpfe gegenüber Linienvorgesetzten und Geschäftsleitung präsentieren und durchsetzen zu können. Durch schlechte Präsentation und mangelnde Überzeugungskraft können wertvolle Ideen ungenutzt bleiben.

---

16 Vgl. hierzu z.B. v. Benkenstein (1987); Schneider (1988), S. 207.

Anreizsysteme für Mentoren sollten sich stärker am wirtschaftlichen Erfolg orientieren. Mentoren sind interne Makler für innovative Ideen und sollten als Unternehmer im Unternehmen gesehen werden (Intrapreneur). Dementsprechend müssen die Anreize darauf abzielen, die Identifikation des Mentors mit dem Unternehmen zu fördern, damit im Interesse des Unternehmens gemakelt wird.

Auch eine ausgeprägte Unternehmenskultur kann die Identifikation mit dem Unternehmen stärken. Folgende Merkmale wirken besonders für Mentoren attraktiv:

Innovations-Erfolgsorientierte Anreize: Ausrichtung des Entlohnungssystems am Innovationserfolg (Höhe der Deckungsbeiträge innovativer Produkte; Anteil neuer Produkte am aktuellen Produktsortiment; Anzahl patentierter Ideen; Anzahl verkaufter Lizenzen usw.).

Beurteilungsheterogenität: Regelmäßige Beurteilungen und Mitarbeitergespräche; Beurteilung von seiten der kreativen Köpfe und der Geschäftsleitung, d.h. durch die Kunden des Mentors.

Führung durch Ziele: Zielvereinbarung und ständige Rückkopplung mit der Unternehmensleitung, aber auch mit den kreativen Köpfen.

Teamarbeit: Teilautonomie durch Gruppenarbeit sichern; Selbstorganisierte Prozesse zwischen Mentoren und innovativen Köpfen ermöglichen; teamorientierte Innovationszirkel in Analogie zu Qualitätszirkeln organisatorisch verankern.

Kundennähe: Ständiger Kontakt zwischen Mentoren und den Kunden auf der Absatzseite des Unternehmens; Kundenbeiräte initiieren; Einbindung der Kunden in Fort- und Weiterentwicklungsprozesse.

4.3 Anreizsysteme für Manager

Ein Management, das sich durch Innovationen dauerhaft Wettbewerbsvorteile sichern will, muß sich am langfristigen Unternehmenserfolg orientieren. Dies kann bedeuten, daß sich Unternehmen über mehrere Jahre hinweg mit geringeren Gewinnen begnügen müssen, da der Aufwand für innovative Investitionen erst nach mehreren Jahren Früchte trägt. Manager stehen jedoch häufig unter kurzristigem Erfolgszwang, der u.a. durch den Druck von Kapitaleignern hervorgerufen wird. Aber auch Karriereinteressen spielen hierbei eine Rolle: Wer kurzfristig Erfolge vorweisen kann, qualifiziert sich schon für den nächsten Posten.

Diese kurzfristige Sichtweise ist z.B. ein wesentlicher Grund dafür, warum in den USA viele Unternehmen technologisch ins Hintertreffen geraten sind. Eine an kurzfristigen Erfolgen orientierte hire- and fire-Mentalität, wie sie in den USA anzutreffen ist, begün-

17 Zur Bedeutung einer Abkehr vom kurzfristigen Denken zugunsten einer langfristigen Betrachtungsweise vgl. auch den Beitrag zur Ökologischen Umwelt von Beschorner in diesem Band.

stigt diese Entwicklung. Zudem werden insbesondere in den USA finanzielle Mittel häufig in (kurzfristig) renditeträchtigere Finanzanlagen gelenkt, anstatt sie für langfristige innovative Investitionen zu verwenden.[17]

Aus diesen kurzen Anmerkungen lassen sich bereits einige Aspekte für ein innovationsfreundliches Anreizsystem für Manager und eine Managementkultur ableiten:

Anstatt am kurzfristigen Erfolg sollte der Manager an konzeptionellen und strategischen Kriterien gemessen werden. Ein Incentive-System für Manager muß neben kurzfristigen Elementen (Jahresgewinn, Umsatzsteigerung gegenüber Vorjahr usw.) auch Langfristindikatoren enthalten (z.B. Struktur und Alter des Maschinenparks, Attraktivität der intern entwickelten Technologien, Qualität und Struktur des herangezogenen Humankapitals) – auch wenn die Operationalisierbarkeit von Langfristindikatoren erhebliche Probleme induziert.

5. Innovation als Qualifikationsproblem – Können

Das Qualifikationsniveau des Personals ist einer der wichtigsten Strategiefaktoren für die Steigerung der Innovationsfähigkeit eines Unternehmens.

Für das betriebliche Personalmanagement stellen sich vor diesem Hintergrund u.a. folgende Fragen:

- Welche personellen Anforderungen stellt die Förderung der Innovationsfähigkeit (Personalanforderungsanalyse)?
- Wie qualifiziert ist das vorhandene Personal und welche Potentiale sind noch ungenutzt (Personalpotentialanalyse)?
- Wie kann die (innovative) Qualifikation des Personalstammes verbesssert werden (Personalentwicklungsanalyse)?

5.1 Anforderungen an ein innovatives Personalpotential – Personalanforderungsanalyse

In einem innovationsorientierten Unternehmen unterscheidet sich das Anforderungsprofil der Mitarbeiter grundlegend von einem „operativen" und am standardisierten Tagesgeschäft orientierten Unternehmen. Betrachtet man den Innovationsprozeß in erster Linie als Informations- und Motivationsproblem, so gewinnen soziale Fähigkeiten wie Kommunikations- und Konfliktfähigkeit, Überzeugungskraft und Zukunftsoffenheit sowie Toleranz gegenüber Querdenkern an Bedeutung. Innovationsfähigkeit erfordert soziale Qualifikation.

Andererseits dürfen natürlich fachliche Qualifikationen nicht unterschätzt werden. Innovationen im technologischen Bereich sind nur mit Hilfe hochspezialisierter Fachkräfte möglich. Berücksichtigt man aber, daß Märkte und damit verbunden Produkt- und Kundenansprüche und -wünsche einem ständigen Wandel unterworfen sind, und sich somit auch die fachlichen Qualifikationsanforderungen ständig ändern, dann wird deutlich, daß Fähigkeiten wie Lernbereitschaft und geistige Flexibilität sowie Offenheit für neue Entwicklungen wichtiger sein können als langjährig erworbenes Fachwissen. Nicht nur die Entwicklungszeiten von neuen Produkten und die Produktlebenszyklen werden immer geringer, sondern auch die Lebenszyklen von Qualifikationen und Fachwissen werden immer kürzer. Ein ständiges und ein in kürzeren Abständen wiederholtes Up-Dating der Qualifikationen und Wissenspotentiale ist zwangsläufige Voraussetzung, um auch zukünftig am Markt bestehen zu können.[18]

Die genannten Anforderungen gelten besonders auch für Führungskräfte. Sie müssen darüber hinaus entsprechende Führungsfähigkeiten besitzen, die ebenfalls einem Wandel unterworfen sind. Im Innovationsprozeß ist es von Bedeutung, daß sich der Vorgesetzte nicht als allwissender Patriarch, sondern als flexibler Ideenpartner versteht, der delegieren und arbeitsteilig erarbeitete Ergebnisse zusammenführen kann.

Das Management eines Unternehmens muß außerdem ausgezeichnete strategische und konzeptionelle Fähigkeiten besitzen. Innovationschancen und -risiken müssen in einem frühen Stadium, in dem die Informationen oftmals noch nicht eindeutig identifizierbar sind und hohen Erstmaligkeitscharakter aufweisen (weak signals[19]), erkannt werden. Die Bedeutung von Instrumenten für die Bewertung von Innovationen wird hierdurch offensichtlich.[20]

5.2 Beurteilung des Qualifikationspotentials – Personalpotentialanalyse

Anhand der im vorigen Abschnitt nur angedeuteten Anforderungen könnte (theoretisch) die potentielle Innovationsfähigkeit des vorhandenen Personalstammes einer Unternehmung beurteilt werden. Dabei treten jedoch unterschiedliche praktische Probleme auf. Oft fehlt es Unternehmen an Informationen über die Qualifikation ihrer Mitarbeiter. Meist sind zwar die rein fachlichen Informationen über Berufs- und Studienabschlüsse in Form von Zeugnissen bekannt; jedoch fehlt es oft an Informationen über soziale, kreative und planerische Fähigkeiten. Dies liegt einerseits daran, daß häufig nicht bekannt ist, welche Schulungen und Förder- sowie Fort- und Weiterbildungsmaßnahmen der einzelne Mitar-

---

18 In Anlehnung an den Beitrag von Roth, in dem die Bedeutung eines „dynamischen Wissens" für die Erreichung ökologischer Ziele hervorgehoben wird, könnte man vor diesem Hintergrund die Notwendigkeit eines „dynamisierten Wissens-Up-Dating" konstituieren.

19 Vgl. Ansoff (1976).

20 Vgl. hierzu Laub in diesem Sammelband.

beiter (z.B. im Rahmen des letzten Arbeitsverhältnisses) absolviert hat (auch mangelnde Dokumentation im eigenen Unternehmen können Gründe dafür sein); andererseits fehlt Unternehmen oft die Transparenz, um die Qualität verschiedener Bildungseinrichtungen einschätzen zu können; und schließlich werden Kreativität, konzeptionelles Denken, Konflikthandhabung und soziale Qualifikation nicht explizit gelehrt bzw. sind nur über einen längeren Erziehungsprozeß hinweg erfahrbar. Häufig sind die vorhandenen Informationen auch veraltet.

Ein systematisches (EDV-gestütztes) Personalinformationssystem kann hier Abhilfe schaffen. Allerdings ist es generell schwierig, die genannten Qualifikationsanforderungen (man denke z.B. an Kommunikationsfähigkeit, Zukunftsoffenheit) eindeutig durch Indikatoren zu messen und in computerunterstützten Personalinformationssystemen abzubilden.[21]

Die genannten Schwierigkeiten dürfen jedoch keine Gründe dafür sein, auf eine Qualifikationsdiagnose völlig zu verzichten. Vielmehr sollte versucht werden, durch unterschiedliche Informationsmechanismen ein ganzheitliches Bild von der Qualifikationsstruktur im Unternehmen zu gewinnen. So könnten die vorhandenen Personalinformationen durch regelmäßige Beurteilungen und Mitarbeitergespräche ergänzt werden. Dies muß nicht nur über interne Stellen erfolgen. Auch externe Mitarbeitergespräche und Mitarbeiterbeurteilungen von externen (Personal-) Beratern sind hier denkbar. Der Vorteil ihres Einsatzes liegt z.B. darin, daß sie über ein sehr plurales Erfahrungspotential verfügen, wenn sie schon mehrere Unternehmen kennenlernen konnten. Oft äußern Mitarbeiter gegenüber Externen auch ehrlicher ihre Meinung. Externe Berater können auch weitgehend frei von Emotionen und Vorurteilen an Beurteilungen und Mitarbeitergespräche herangehen.

Schließlich ist auch an die Möglichkeit externer Personalpotentialanalysen zu denken. Externe schätzen u.U. das Innovationspotential aufgrund ihrer zahlreichen Vergleichsmöglichkeiten mit anderen Unternehmen möglicherweise ganz anders und vielleicht auch objektiver ein als dies durch die vorgefärbte Brille interner Stellen möglich ist.

Personalentwicklungsorientierte Assessmentcenter können dazu genutzt werden, um die Kommunikations- und Konfliktlösungsfähigkeit von Mitarbeitern im Vergleich zu Mitarbeitern anderer Unternehmen abzuschätzen.

Unter dem Aspekt der Innovationsanforderungen liegen weitere Möglichkeiten der Potentialanalyse in der internen Indikatorenbildung. Indikatoren für das innovative Qualifikationspotential können z.B. auf der Grundlage von Vorschlagsraten gebildet werden. Sie geben darüber Auskunft, wie häufig Mitarbeiter Verbesserungsvorschläge machen. Dabei können auch interne Vergleiche zwischen verschiedenen Abteilungen gemacht oder durch Zusammenschluß mehrerer Unternehmen sogar zwischenbetriebliche Vergleiche ermög-

---

21 Vgl. zum Aufbau und der Gesamtproblematik von Personalinformationssystemen z.B. Heinrich u. Pils (1977); Reber u.a. (1979); Breit u. Kellermann (1984), S. 277–376; Oechsler u. Schönfeld (1986).

22 Ergebnisse im Rahmen des Forschungsprojekt „PRIMUS“ ergeben darüber hinaus, daß eine enge Beziehung (positive Korrelation) zwischen Unternehmenskultur, Motivation der Mitarbeiter und Vorschlagsraten besteht. Vgl. hierzu Schneider, Huber und Müller (1990).

licht werden. Hieraus können sich wiederum Hinweise für die innovationsorientierte Führungs- und Motivationsmuster von Vorgesetzten ergeben.[22]

5.3 Förderung des Personalpotentials – Personalentwicklungsanalyse

Erst auf der Grundlage einer sorgsam vorbereiteten und eingehenden (internen oder externen) Anforderungs- und Potentialanalyse kann die Qualifikation von Mitarbeitern gezielt gefördert werden.

Für die Mitarbeiterförderung bieten sich zunächst interne und externe Seminare an. Bei der Seminarauswahl ist der individuelle Förderbedarf des jeweiligen Mitarbeiters einerseits und die Qualität der angebotenen Seminare andererseits zu beachten. Die getroffenen Fördermaßnahmen sollten ferner individuell geplant und dokumentiert werden.

Der Nutzen von Seminaren wird von Praktikern gelegentlich mit der Begründung angezweifelt, daß das Gelernte, sofern man es nicht direkt arbeitsplatzbezogen einsetzen könne, schnell wieder vergessen sei. Grundsätzlich kann der Nutzen von Seminaren naturgegeben nicht exakt gemessen werden. Jedoch darf man nicht übersehen, daß Schulungsmaßnahmen nicht nur der fachlichen Qualifizierung für einen speziellen Arbeitsplatz dienen; dies gilt besonders hinsichtlich des Innovationsphänomens, da Arbeitsplätze einem ständigen Wandel ausgesetzt sind. Zusätzlich bieten (externe) Seminare den Mitarbeitern Gelegenheiten, über den eigenen Tellerrand zu schauen und sich mit anderen Seminarteilnehmern auszutauschen; Seminare sind ein wichtiges Kommunikations- und Motivationselement. Vor allem ergeben sich daraus auch Möglichkeiten, neues Wissen (aus den Vorträgen oder den Gesprächen mit anderen Teilnehmern) für die eigene Unternehmung dienstbar zu machen.

Seminare können sich auch direkt auf die Vermittlung von Wissenspotentialen und Instrumenten konzentrieren, die unmittelbar im Innovationsprozeß eingesetzt werden können. Die Vermittlung von kommunikativer Qualifikation und von Präsentationsfähigkeiten (z.B. für Mentoren) und das Einüben sozialer Verhaltensweisen sind hier nur ein – wenn auch sehr wichtiger – Faktor. Ebenso ist das Erlernen von Kreativitätstechniken wie Brainstorming, Synektik, Umgang mit morphologischen Kasten usw. (z.B. für kreative Köpfe) zu nennen.[23] Auch ist an den Umgang mit neuen F&E-Technologien zu denken, z.B. CAE, CAS.

Stets muß aber darauf geachtet werden, daß diese Techniken nicht nur in Seminaren dargestellt und gelehrt werden, sondern auch selbst erarbeitet und erfahren sowie im Unternehmen eingeführt und genutzt werden können. Was nützt z.B. die schulische Vermittlung von theoretischen Kenntnissen über die Organisation von Qualitäts-, Innovations- und Ideenzirkeln[24], wenn sie im Unternehmen nicht praktisch angewandt werden (dürfen)?

---

23 Vgl. z.B. Schlicksupp (1981); Uebele (1988).
24 Vgl. hierzu z.B. Beriger (1989).

Kenntnisse über und die praktische Verwertung von innovationsfördernden Techniken können sogar als Anreiz- und Motivationsmechanismen interpretiert werden. Beispielsweise kann die Mitgliedschaft in neu eingeführten und organisatorisch verankerten Innovations- bzw. Ideenzirkeln motivationsfördernd wirken, wenn damit Statuszuwächse verbunden sind oder wenn es in der Unternehmung als „in" gilt, dort Mitglied zu sein. Was vormals möglicherweise als „subkultureller Zirkel oder Kreis der Verrückten" galt, wird durch organisatorische Institutionalisierung und Autorisierung durch die Geschäftsleitung zum anerkannten „kreativen Köpfe-Ausschuß", zu dem jeder gehören möchte. Gleiche Zusammenhänge gelten für die Verwendung von innovationsfördernden Kreativitätstechniken.

Die Personalförderung darf sich nicht nur auf Seminare und andere Schulungsmaßnahmen beschränken. Mitarbeiter werden auch durch ihre Umgebung, d.h. durch die Gestaltung ihres Arbeitsplatzes, geprägt. Auch hier stellt sich die Frage, ob das unmittelbare Arbeitsumfeld innovationsfördernd ist.

Aus den bisherigen Hinweisen lassen sich schließlich verschiedene Elemente für eine innovationsfördernde und personalentwicklungsfreundliche Unternehmenskultur ableiten. An dieser Stelle seien nur einige genannt:

Informatorische Offenheit: Öffnen der Unternehmensgrenzen für neue Ideen; dies bedeutet z.B. Besuch externer Veranstaltungen wie Seminare, Messen usw., d.h. *„aus dem Unternehmen hinausgehen"*; dies bedeutet aber auch Hereinholen neuer Informationen von außen, z.B. durch Hereinholen von externen Beratern, Hochschulinstituten, neuen Mitarbeitern usw, d.h. *„in das Unternehmen hineinlassen"*.

Institutionalisierung von Lernchancen: Eigeninitiative fördern und belohnen; Anbieten von Büchern und Fachzeitschriften; Freizeitseminare fördern; Ideen- und Innovationszirkel institutionalisieren; Verrücktheit kanalisieren und in das System holen und nutzen.

Vorhalten von Qualifikationsinformation: Sammmeln von Informationen über Mitarbeiter im eigenen und anderen Unternehmen und deren Qualifikation, über Bildungseinrichtungen und deren Qualität, über Berater und deren Qualität, usw.

6. Zusammenfassung

Die Innovationsfähigkeit von Unternehmen hängt sehr stark von personalwirtschaftlichen Voraussetzungen ab und steht in einer engen Beziehung zur Unternehmenskultur. Daher wurden besonders Aspekte für eine innovationsfreundliche Gestaltung von Anreizsystemen und Qualifikationsmechanismen für verschiedene Typen von Mitarbeitern im Innovationsprozeß aufgezeigt. Die Darstellung verschiedener personalwirtschaftlicher Analysefelder erbrachte Hinweise für die Steigerung der Innovationsfähigkeit des betrieblichen Humankapitals.

Im Wettbewerbsprozeß sind Unternehmen einem ständigen Wandel ausgesetzt. Um für seine Bewältigung im internen Bereich personalwirtschaftliche Stärkenpotentiale aufzubauen und zu erhalten, müssen auch Anreizsysteme und Qualifikationsanforderungen dieser Entwicklung angepaßt werden.

Grundsätzlich hat jede Unternehmung für sich zu entscheiden, ob und durch welche konkreten Maßnahmen ihr Innovationspotential gesteigert und gefördert werden soll. In diesem Sinne konnte hier nur ein idealisiertes Möglichkeitsspektrum aufgespannt werden. Ein unsystematisches Ausprobieren verschiedener Instrumente aus dem personalwirtschaftlichen Werkzeugkasten kann dabei ebenso kontraproduktiv wirken wie eine ungezügelte Innovationseuphorie.

Literatur

Ansoff, I.H. (1976): Managing Surprise and Discontinuity – Strategic Response to Weak Signals, in: Zeitschrift für betriebswirtschaftliche Forschung, S. 129 – 152.

Benkenstein v., M. (1987): Koordination von Forschung & Entwicklung und Marketing, in: Marketing, S. 123 – 132.

Beriger, P. (1989): Quality Circles, in: Die Unternehmung, S. 14 – 19.

Berthel, J. (1986): Aktives Personal-Management: Notwendiger Promotor für innovationsorientierte Unternehmungsführung, in: Die Betriebswirtschaft, S. 695 – 706.

Berthel, J. (1987): Verhindern Führungsdefizite Innovationen – Innovationsorientierung in der Unternehmungsführung, in: Zeitschrift für Organisation, S. 5 – 13.

Bihl, G. (1987): Unternehmen und Wertewandel: Wie lauten die Antworten für die Personalführung, in: Wertewandel als Herausforderung für die Unternehmenspolitik, Hrsg. v. L. v. Rosenstiel, H.E. Einsiedler, R.K. Streich, Stuttgart, S. 53 – 61.

Brauchitsch v., E. (1981): Bildung und Beschäftigung im Wandel, in: Zeitschrift für betriebswirtschaftliche Forschung, (Sonderheft), S. 29 – 39.

Breit, C.; Kellermann, H. (1984): Personalinformation als Voraussetzung zielorientierter Führung, in: Betriebswirtschaftliche Führungslehre, Hrsg. v. E. Heinen, 2., verbesserte und erweiterte Auflage, Wiesbaden, S. 277 – 376.

Dürr, H. (1989): Humankapital wichtiger als Finanzkapital, in: Sonderbeilage der Süddeutschen Zeitung – Der Weg nach oben, S. 3.

Heinen, E. (Hrsg.) (1987): Unternehmenskultur, München

Heinrich, L.J.; Pils, M. (1977): Personalinformationssysteme – Stand der Forschung und Anwendung, in: Die Betriebswirtschaft, S. 259 – 265.

Höhler, G. (1989): Plädoyer für eine visionäre Unternehmensstrategie, in: Handelsblattbeilage – Signatur der Zeit, S. 1.

Maslow, A.H. (1943): A Theory of Human Motivation, in: Psychological Review, S. 370 – 396.

Maslow, A.H. (1954): Motivation and Personality, New York usw.

Oechsler, W.A.; Schönfeld, T. (1986): Computergestützte Personalinformationssysteme, in: Die Betriebswirtschaft, S. 720 – 735.

Picot, A. (1986): Informationsmanagement und Unternehmensstrategie, in: 3. Europäischer Kongreß über Bürosysteme und Informationsmanagement, CW-CSE München, S. 757 – 796.

Picot, A.; Schneider, D. (1988): Unternehmerisches Innovationsverhalten, Verfügungsrechte und Transaktionskosten, in: Betriebswirtschaftslehre und Theorie der Verfügungsrechte, Hrsg. v. D. Budäus, E. Gerum u. G. Zimmermann, Wiesbaden, S. 91 – 118.

Picot, A.; Laub, U.; Schneider, D. (1989): Innovative Unternehmensgründungen – Eine ökonomisch-empirische Analyse, Berlin usw.

Reber, G. (Hrsg) (1979): Personalinformationssysteme, Stuttgart.

Riekhof, H.-C. (1986): Kreative Köpfe, Mentoren und Innovationsmanager – Rollen und Anreize im Innovationsprozeß, in: Harvard Manager, 2, S. 11 – 14.

Riekhof, H.-C. (1987): Strategien des Innovationsmanagements – Rollenverteilung und Motivationssysteme im Innovationsprozeß, in: Zeitschrift für Organisation, S. 14 – 19.

Schanz, G.(1985): Wertewandel als personalpolitisches und organisatorisches Problem, Teil 1: Wertwandel und Arbeitsorientierung, in: Wirtschaftswissenschaftliches Studium, S. 559 – 565.

Schlicksupp, H. (1981): Innovation, Kreativität & Ideenfindung, 2. Aufl., Würzburg

Schmeisser, W. (1984): Erfinder und Innovation – Widerstände im Inventionsprozeß, unter besonderer Berücksichtigung der Stellung und Bedeutung von Erfindern im Innovationsprozeß, Duisburg.

Schneider, D. (1987): Der kapazitätsorientierte Jahresarbeitszeitvertrag, München.

Schneider, D. (1988): Zur Entstehung innovativer Unternehmen – Eine ökonomisch-theoretische Perspektive, München.

Schneider, D. (1990): Einführung und Nutzen kapazitätsorientierter Jahresarbeitszeitverträge, in: Personal – Personalführung, Technik, Organisation, S. 13 – 18.

Schneider, D. (1989): Strategische Aspekte für das Controlling von Eigenfertigung und Fremdbezug (EuF), in: Controller Magazin, S. 153 – 155.

Schneider, D.; Huber, J.; Müller, J. (1990): Der Mittelstand entdeckt die Unternehmenskultur – Bericht aus dem Forschungsprojekt PRIMUS, unveröffentlichtes Manuskript, erscheint schrittweise in der Zeitschrift „Personal“.

Staudt, E.; Schmeisser, W. (1987): Innovation und Kreativität als Führungsaufgabe, in: Handwörterbuch der Führung, Hrsg. v. A. Kieser, G. Reber u. R. Wunderer, Stuttgart, Sp. 1138 – 1149.

Uebele, H. (1988): Kreativitätstechniken – Anwendungserfahrungen bei der Produktinnovation, in: Die Betriebswirtschaft, S. 777 – 785.

Wirth, H. (1969): Bildungsarbeit in Industrieunternehmen, München und Wien.

Witte, E. (1973): Organisation für Innovationsentscheidungen, Göttingen.

Karin Roth

Ökologische Innovation und Verantwortung: Perspektiven aus gewerkschaftlicher Sicht

1. Ökologische Verantwortung und Unternehmenskultur

2. Umweltverträglichkeit und Technikentwicklung

3. Innovation und Qualifikation

4. Transparenz und Mitbestimmung

Literatur

1. Ökologische Verantwortung und Unternehmenskultur

Seit die rebellierende Natur ihre Grenzen der Belastbarkeit zeigt, werden Unternehmen und deren Manager mit ökologischen Problemen des Industriesystems stärker konfrontiert, ja sogar attackiert. Gefragt wird nach der Rolle des einzelnen Managers oder der nach wie vor vereinzelten Managerin im Kontext mit ihren strategischen Unternehmensaufgaben und der wachsenden ökologischen Verantwortung. Die zahlreichen Publikationen für ein effektiveres Management vermitteln die passenden Ratschläge für ein neues Unternehmens-Outfit, bei dem selbstverständlich die Attribute „ökologisch" und „selbstbestimmt" nicht fehlen dürfen.

Selbst der Bundesverband der Deutschen Industrie ermahnt seine Mitglieder zur ökologischen Verantwortung und erhebt den Umweltschutz „als Teil der Unternehmenskultur" zur neuen Losung eines erfolgreichen Managements. Für Tyll Necker, Präsident des Bundesverbandes der Deutschen Industrie, ergibt sich die ökologische Verantwortung aus der Tatsache, „... daß viele Unternehmen zunächst einmal Emissionsquellen, darüber hinaus aber auch Quellen des Wissens, um technische, ökonomische und naturwissenschaftliche Zusammenhänge sind. Es ist daher auch Aufgabe der Unternehmen und damit des Unternehmers, dieses Wissen und Innovationspotential für den Schutz und die Zukunft der Umwelt einzusetzen".[1] Ein neues Zeitalter jenseits von kurzfristigen Gewinninteressen - so der spontane Eindruck - beginnt. Es werden Persönlichkeiten gesucht, die das gesellschaftliche und globale Gewissen in sich vereinigen und der Versuchung nach kurzfristigen Gewinninteressen erfolgreich widerstehen können. Dem gnadenlosen Geschäft steigender Wachstumsraten und neuer Absatzmärkte widmen sich demnach nur noch Dilettanten und Zukunftsignoranten, aber vor allem keine innovativen Unternehmer.

Die neue „Öko-Ethik", die einen anderen Typ „Management" und „Unternehmer" erfordert, wird dann auch nicht die Frage nach der Sinnhaftigkeit der Produkte ausklammern können, wenn dieser Anspruch nicht nur als Marketinghülse verkommen soll. Es sei denn, daß nach dem Jahrzehnt des ethischen und sozialen „Gesäusels"[2] wieder die alte Losung dominiert: „Geschäft ist Geschäft und ewig rollt das Kapital". Auch wenn man seitens der Gewerkschaften gegenüber der angekündigten neuen Unternehmensethik - aufgrund der bisher vorhandenen Erfahrungen - skeptisch sein muß, so wäre allerdings eine solche Trendwende für die sich abzeichnenden ökologischen Probleme verheerend. Trotz aller Widersprüche, die sich aus den partikularen Interessen und den konkurrierenden Unternehmenszielen ergeben, ist die Hereinnahme der „Ökologie" als einem neuen Primat der Unternehmenspolitik sinnvoll und notwendig.

---

1 Necker (1990), S. 9.
2 Vgl. Siemons (1990), S. 31.

Wer die Folgen seines Tuns für die Menschen und die Umwelt in die Unternehmensplanung nicht einbezieht, kann globale Risiken lokal verursachen und das Gesamte gefährden. Insofern geht es nicht um eine „neue“ Managementstrategie des Unternehmertums, die eine folgenlose „Öko-Ethik“ reproduziert, sondern vielmehr um neue Beziehungen in einem Unternehmen und zwischen den Unternehmen und der Gesellschaft, die den Individuen und Mitgliedern der Gesellschaft eine eigenverantwortliche Initiative abverlangt.

Eine Unternehmensstrategie, die sich der globalen Risiken bewußt ist, müßte den Versuch unternehmen, die Komplexität der Probleme zu bewältigen. Vordergründig sollte es nicht um die gesellschaftliche Akzeptanz der Risiken gehen. Vielmehr müßte ein Denken und Handeln gefördert werden, das einem System des „vernetzten Denkens“ annähernd gerecht wird.[3] Den meisten Menschen fällt diese Denkweise schwer. Sie denken entweder kurzfristig „konkret“ oder langfristig „allgemein“. Die Fähigkeit zum „dynamischen Wissen“ muß vor allen, vom Unternehmer, vom Management, den Beschäftigten und den gewerkschaftlichen Funktionären gleichermaßen gelernt werden.[4]

Für eine neue Unternehmenskultur bedeutet dies die Entwicklung einer ökologischen Kompetenz von vielen, die die Ganzheitlichkeit des wissenschaftlich-technischen und des ökonomischen Prozesses der Naturbearbeitung berücksichtigt.[5] Bestandteil einer solchen Vorgehensweise wäre die Analyse von Produktlinien, einschließlich des Stofflusses, der Anwendungsbereiche und Emissionen sowie die Berücksichtigung der vorhandenen Konsumstrukturen und deren Veränderbarkeit. Zu den Schlüsselfaktoren einer neuen strategischen Unternehmensplanung würde das systematische „Entzerren“ der Komplexität und das Zusammenführen der Teilbereiche ebenso gehören wie das Erreichen von Rückkopplungsprozessen (positive und negative) durch neue Formen der Kommunikation und der Arbeitsorganisation in einem Unternehmen.

Wenn sich die ökologische Verantwortung nicht nur auf das Management reduzieren soll – und dies wäre im Interesse der Sache unvernünftig –, dann gehören zukünftig Transparenz der Daten und umfassende Informationsrechte gegenüber den Beschäftigten zur selbstverständlichen Aufgabe des Unternehmens. Bisher sind die Unternehmen auf diesem Sektor besonders „zugeknöpft“. Viele betrachten Umweltdaten und -fakten immer noch als Geheimsache der Stabsabteilungen und verwehren den Betriebsräten den Einblick in Umweltbilanzen mit der Begründung, Umweltschutz sei nicht Aufgabe des Betriebsrates (Näheres dazu in Teil 4).

Die Zeichen der neuen „Öko-Zeit“ haben bereits viele Unternehmensberater erkannt. Sie qualifizieren das Management für ganzheitliche Systemansätze. „Eine Fluggesellschaft wie die Swiss-Air kann sich bei der Zukunftsplanung nicht mehr allein auf steigendes Bruttosozialprodukt, auf wachsendes Passagier- und Frachtaufkommen bei gegebener

3 Vgl. Vester (1980), S. 470.

4 Dynamisches Wissen setzt Lernfähigkeit, Fortbildung und Personalentwicklung voraus, vgl. hierzu auch den Beitrag von Huber und Schneider.

5 Vgl. hierzu auch den Beitrag von Beschorner; zur ganzheitlichen Orientierung des Unternehmertums auch den Beitrag von Schneider.

Flugzeugflotte verlassen", prognostiziert Gilbert J.B. Probst, Professor für Betriebswirtschaftslehre in Genf.[6] Neben der Liberalisierung des Flugverkehrs, den Airport-Problemen gehören auch Umweltfragen zur Zukunftsplanung, meint Probst. Damit greifen auch Unternehmensberater eine sich abzeichnende Trendwende der gesellschaftlichen Beurteilung von ökologischen Risiken und deren zukünftigen Entwicklung auf. Die „Wirtschaftlichkeit" als derzeitiges Ziel Nummer 1 bei den Unternehmenszielen wird in Zukunft von der ökologischen Verantwortung abgelöst. Ökologische Ziele rangieren vor den Zielen der Sozialverträglichkeit und insbesondere auf Kosten der Wirtschaftlichkeit.[7]

Die ökologische Umgestaltung der Wirtschaft durch konsequente Anwendung des Vorsorge- und Verursacherprinzips hat auch seitens der Gewerkschaften für eine zukünftige Unternehmensstrategie klare Priorität. Die Forderung nach einem umfassenden ökologischen Management auf der Ebene der Betriebe und des Unternehmens soll durch eine integrierte Politikstrategie ergänzt werden, die sektorale Bereiche der Wirtschaft und die Ebene der Gesellschaft sinnvoll und effizient miteinander verbindet.

Derzeit organisiert die IG Metall einen umfassenden Prozeß der ökologischen Qualifizierung von Beschäftigten und gewerkschaftlichen Funktionären, damit sie ihre Erfahrungen und Kompetenzen zur Verbesserung der Umweltqualität einbringen können. Durch den Aufbau von betrieblichen und gewerkschaftlichen Strukturen soll eine informative Kommunikation und eine effiziente Umsetzung der Vorschläge erreicht werden. Das Zusammenwirken der Beschäftigten in den unterschiedlichen Bereichen und deren Beteiligung bei der Lösung ökologischer Probleme und Zukunftsfragen könnte Teil einer neuen demokratischen Unternehmenskultur sein, die die ökologische Verantwortung nicht nur postuliert. Und: Nur eine Ethik, die man vorlebt, schafft Glaubwürdigkeit.

2. Umweltverträglichkeit und Technikentwicklung

Die Meinung, jeder technische Fortschritt sei mit einer Verbesserung der Lebensbedingungen für alle verbunden, wird immer seltener und fragwürdiger. Die Bedenken gegenüber technischen Lösungen nehmen bei der Bevölkerung erheblich zu. Viele befürchten neue, unvorhersehbare Risiken, die mit dem Einsatz neuer Techniken verbunden sind. Eine umfassende Prüfung der Umweltverträglichkeit von Produkten und Produktionsverfahren vor der Erzeugung bzw. Anwendung gehört daher zu den zentralen gewerkschaftlichen Anforderungen, die mit einer sozialen und umweltverträglichen Technikentwicklung verbunden sind.

Eine Ökologisierung der Technik im Sinne der Einpassung industrieller Fertigungsprozesse in die natürlichen Stoff- und Energiekreisläufe ist daher eine notwendige Voraus-

6 Vgl. Biallo (1990), S. 75.
7 Sbp-Forschungsgruppe (1989), S. 115.

setzung für die ökologische Umgestaltung des Produktionsprozesses. Dazu gehört die Entwicklung von übergreifenden Kriterien für die Technikentwicklung und die Technikfolgenabschätzung. Erste Arbeiten dazu wurden von der Enquete-Kommission „Einschätzung und Bewertung von Technikfolgen: Gestaltung von Rahmenbedingungen der technischen Entwicklung" im Jahr 1985 vorgelegt. Unter anderem schlägt die Kommission die Einrichtung einer Beratungsinstitution beim Parlament vor, um die Abgeordneten in ihrer Arbeit zu unterstützen: „Zur Unterstützung von Beratungen und Entscheidungen über technikbezogene Gestaltungsaufgaben wird eine Beratungskapazität für das Parlament in Form einer vom Deutschen Bundestag einzusetzenden Kommission zur Abschätzung und Bewertung von Technikfolgen in Verbindung mit einer ständigen wissenschaftlichen Einheit als Organisationseinheit des Deutschen Bundestages eingerichtet" (Bundestags-Drucksache 10/5844, S. 5).

Eine solche parlamentsinterne Kommission zur Technikfolgenabschätzung kann nicht ausreichen, um das öffentliche Informations- und Beratungsinteresse zu gewährleisten. Ein Gestaltungskonzept für technische Entwicklungen ohne ein gesellschaftliches Netz von Technikfolgenabschätzungs- und -bewertungszellen ist nicht denkbar und langfristig sinnvoll.

Die Einbeziehung möglichst vieler gesellschaftlicher Gruppen und Wissenschaftler und der politisch-parlamentarischen Institutionen in einen politischen Diskurs könnte Fehlentwicklungen frühzeitiger verhindern und neue, andere Technikschwerpunkte zur Folge haben. Technikentwicklung und -gestaltung sowie deren Anwendung im Betrieb sind eng miteinander verbundene - meist parallel verlaufende - Prozesse, auf die zur Vertretung der Interessen der abhängig Beschäftigten rechtzeitig Einfluß genommen werden muß. Es ist Ulrich Beck zuzustimmen, wenn er den Prozeß der Technikfolgenabschätzung als Erweiterung des Demokratie-Verständnisses begreift und zum Indikator für die „Zivilisierung" der Industriegesellschaft macht:

> „Die damit notwendig werdende Debatte über industriepolitische Gestaltungsalternativen der Zukunft im Zeitalter der Atomspaltung, Universalisierung chemischer Gifte, Mikroelektronik, Gentechnologie usw. wird immer noch durch die Konzentration auf die Folgen einzelner wechselnder Technologien vordergründig geführt. Es geht längst nicht mehr nur um Kernenergie usw., sondern um die Frage, wie ein Stück mehr gesellschaftliche Souveränität über die Gesellschaft, die aus der ökonomisch geleiteten Technikentwicklung entsteht, gewonnen werden kann. Es geht darum, wie Machtstrukturen und Entscheidungsregeln der technisch-ökonomischen Entwicklung, die ihre Konsensfähigkeit eingebüßt haben ... , umgestellt werden können."[8]

Bei der Abklärung der Kosten und des Nutzens von bestimmten Produkten und Produktionsverfahren müssen die gesellschaftlichen Anforderungen im Vordergrund der Bewer-

8 Beck (1987).

tung vor denen der jeweiligen Einzelinteressen (Betriebe, Branchen) stehen. Die gesellschaftlichen Anforderungen sind aufs engste mit den gesellschaftlichen Vorstellungen und Werten und den daraus resultierenden Lebensstilen verknüpft. Deshalb sind Umweltverträglichkeitsprüfungen auch gleichzeitig mit einer gesellschaftlichen Aufklärung über die multilateralen sowie zeitlichen und räumlichen Umweltauswirkungen zu verbinden.

Die Entwicklung von Umweltqualitätszielen und Kriterien zur Beurteilung der Technologien ist für eine umweltverträgliche Technikentwicklung dringend erforderlich. Ein solcher „Kriterien-Katalog“, der die Bereiche Sozialverträglichkeit, ökologische Verantwortbarkeit und Wirtschaftlichkeit verbindet, könnte sowohl im gesellschaftlichen Bereich (Technikfolgenabschätzung) als auch auf Unternehmensebene (Investitionsplanung) aufschlußreiche Grundlagen für die Bewertung der Entscheidungen liefern. Ziele einer umfassenden Umweltverträglichkeitsprüfung auf Unternehmensebene sollten sein :

- Umweltbelastungen und Ressourcenverbrauch vermeiden,
- Schäden verhindern,
- Grenzwerte relativieren bzw. unterschreiten und
- integrierte, umweltvorsorgende Techniklösungen bevorzugen.

Dies gilt nicht nur für neue technische Produktionsverfahren, sondern auch für die Produkte selbst.

Die grundsätzliche Schwierigkeit eines Kriterienkatalogs zur Bewertung von Vorhaben liegt in dem Widerspruch zwischen relativer Vollständigkeit und praktikabler Handhabung. Darüber hinaus erschwert die bereits erwähnte Komplexität des ökologischen und technischen Sachverhalts oft den Bewertungsvorgang, so daß letztlich wiederum nur wenige Experten/-innen die Bewertung der Umweltverträglichkeitsprüfung vornehmen können. Es besteht zu Recht die Gefahr, daß die notwendig anspruchsvollen Konzepte selbst nicht sozialverträglich sind. Andererseits beinhalten wenig detaillierte Kriterienkataloge das Risiko, durch pragmatische, einfache Lösungen, z.B. die Beachtung nur eines Kriteriums, zu falschen Wertungen zu kommen.[9]

Eine demokratisch und offen geführte Diskussion über eine umweltverträgliche Technikentwicklung bedarf einer Orientierung zur Erarbeitung der Kriterien, die für die Betroffenen zugänglich und verständlich sind. Einen ersten Ansatzpunkt liefert die „PLA - Allgemeine Produktlinienmatrix“, ohne jedoch die Wechselbeziehung zwischen den einzelnen Kriterien herzustellen.

Die Forschungsgruppe Sbp hat im Rahmen des Forschungsprojektes Sozial- und Naturverträglichkeit der Technikgestaltung den Versuch unternommen, die Kriterienkataloge so zu gestalten, daß mögliche Interdependenzen dargestellt werden können.

Diese Arbeit ist ein erster hilfreicher Versuch, Kriterien zu konkretisieren und handhabbar zu machen, ohne dabei den Anspruch nach Vollständigkeit zu erheben. Die Zusammen-

9 Sbp-Forschungsgruppe (1989), S. 107.

stellung der Kriterien kann für die einzelnen technischen Verfahren und Produkte nur Orientierung sein. Deshalb müssen die Gewerkschaften dafür Sorge tragen, daß ihre bisherigen Konzepte zur Technikgestaltung mit ökologischen Prämissen auf der Ebene des Unternehmens ebenso verbunden werden wie auf dem Gebiet der überbetrieblichen Forschungs- und Technologiepolitik.

Die Ökologisierung der Technik wird sehr von den Anforderungen der Anwender, der Benutzer und Verbraucher beeinflußt. Größere Sensibilität gegenüber der vorhandenen Technik und dem Einsatz neuer Produkte und Verfahren sowie die Vermittlung von Kriterien als Orientierung zur Bewertung von Technik könnte die Innovationfähigkeit der Unternehmen beschleunigen und stärken und die notwendige Investitionsbereitschaft forcieren. An dieser Stelle möchte ich vorsorglich darauf hinweisen, daß selbstverständlich darüber hinaus ordnungsrechtliche Vorgaben zur Risiko-Prophylaxe (Produkthaftung, Umwelthaftung) und neue ökonomische Steuerungsinstrumente (Abgaben oder Steuern) notwendig sind, um den Ressourcenverbrauch zu senken und integrierte Umwelttechnologien zu fördern.

Die Ausweitung eines gewerkschaftlichen Informationsnetzes über die Möglichkeiten des Einsatzes von umwelt- und gesundheitsverträglichen Verfahren und Stoffen dient dieser Sensibilisierung. Das Beratungsangebot der Technologieberatungsstellen der Gewerkschaften erstreckt sich zunehmend auf die ökologische Bewertung von Produktionsverfahren und Produkten.

Das Land Nordrhein-Westfalen finanziert gemeinsam mit der Hans-Böckler-Stiftung und der GEWOS-GmbH in Zusammenarbeit mit der IG Metall, Bezirksleitung Dortmund, eine Koordinations- und Koordinierungsstelle für die Metallindustrie (IKS) an der Ruhr. Diese Beratungsstelle für Betriebsräte dient dazu, unter Berücksichtigung der regionalen Strukturen und der vorhandenen Unternehmen, Einfluß auf eine umwelt- und gesundheitsverträgliche Produktinnovation zu bekommen. Auf Initiative von Betriebsräten aus der Metallindustrie wurde beispielsweise eine Studie über Prozeßlösungsvorschläge für die Maschinenbauindustrie in Nordrhein-Westfalen zur Verminderung der Umwelt- und Arbeitsbelastungen durch FCKW-haltige Lösemittel erstellt. Anhand dieser Studie sollen Innovationsprozesse im einzelnen Unternehmen ausgelöst und systematisch umgesetzt werden.[10]

Die konkrete Beratung der Betriebsräte bzw. der gewerkschaftlichen Projektgruppen in den Unternehmen besteht also nicht nur darin, kurzfristige Lösungskonzepte anzubieten. Vielmehr sollen die Konzepte dem ganzheitlich vernetzten Anspruch eines Öko-System-integrierten Konzepts gerecht werden. Dabei spielen ökologische Vorsorgeaspekte ebnso eine Rolle wie das Einleiten und Forcieren eines industriellen Strukturwandels, der sinnvolle und qualifizierte Arbeit in Zukunft sichert. Darüber hinaus spielt die Förderung der Kommunikation zwischen den Unternehmen, den Betriebsräten und der Wissenschaft eine wichtige strategische Rolle. Mit dieser integrierten Vorgehensweise wird auf gewerk-

10 IKS-Vorstudie (1990).

schaftlicher Ebene die gesellschaftliche Kooperation ein Stück „vorweggenommen“ werden, die im Interesse eines gesellschaftlichen institutionalisierten Technikdialogs von seiten der Regierungen dringend erforderlich wäre.

3. Innovation und Qualifikation

Der technologische Vorsprung einer Wirtschaft auf dem Umweltsektor läßt sich an dem Niveau der Umwelttechnik feststellen. Die Patentanmeldungen sind dafür ein wichtiger Indikator. Aus den USA und der Bundesrepublik wurden in den letzten Jahren sehr viel mehr umweltbezogene Erfindungen angemeldet als aus Frankreich, Großbritannien und Japan. „Allerdings zeigt sich im internationalen Vergleich des Forschungs- und Entwicklungsstandes, daß sich das hohe Niveau der deutschen Unternehmen hauptsächlich auf die Verbesserung bekannter Technologien und ihrer Anwendung auf Umweltprobleme bezieht, während ihr Forschungsstand bei völlig neuen Technologien eher hinter den amerikanischen und japanischen Konkurrenten zurückbleibt.“[11]

Bezogen auf die zukünftigen ökologischen Anforderungen der Produktions- und Konsumstruktur ist eine generelle Umsteuerung weg von der additiven Umwelttechnik hin zur integrierten, vorsorgenden Umwelttechnologie erforderlich. Ein solcher weitsichtiger und dynamischer Innovationsschub wird ohne die Verschärfung von ordnungsrechtlichen Vorgaben und der Entwicklung eines neuen „Natur-Nutzungs-Knappheits-Preises“ nicht erfolgen. In der Vergangenheit haben Auflagen und zeitliche Vorgaben den Prozeß der Weiterentwicklung des „Standes der Technik“ erheblich beschleunigt. Neben den staatlichen Rahmenbedingungen, die zur Einsparung von Rohstoffen und Energie verpflichten und ökologische Produktionskreisläufe finanziell unterstützen, kann durch Qualifizierung der Beschäftigten das Potential für Innovationen erheblich erweitert und verbessert werden. Wie überall geht es vermehrt nicht nur um einen Preiswettbewerb, sondern gleichzeitig um einen technologischen Vorsprung und um den qualitativen Wettbewerb von umwelt- und bedarfsgerechter Anpassung technischer Verfahren.

Bisher erfolgte die Nutzung des betrieblichen Innovationspotentials bei den Beschäftigten recht unsystematisch oder überhaupt nicht. Während die japanischen Unternehmen systematisch die Ideen der Beschäftigten nach dem Motto fördern „Keiner weiß allein so viel wie alle zusammen“, sind die deutschen Unternehmen eher zurückhaltend. So rangieren Japan und die USA bei den „Tüftlern im Betrieb“ weit vorn, was nicht auf eine höhere Ideenlosigkeit deutscher Arbeitnehmer hinweist (vgl. Abbildung 1). Die Beschäftigten werden weniger dazu motiviert und wenn, dann konzentrieren sich Verbesserungsvorschläge meist auf arbeitsorganisatorische Fragen.

Die IG Metall hat in ihrem Positionspapier zum betrieblichen Vorschlagswesen die Bedeutung der Motivation der Beschäftigten für den Umweltschutz hervorgehoben. Zukünftig sollen Vorschläge, die den Umweltschutz verbessern, als „prämierbare Ideen“

11 Schreyer-Sprenger (1988), S. 9.

Bestandteil der Betriebsvereinbarungen zum betrieblichen Vorschlagswesen sein bzw. dafür neu abgeschlossen werden. In dem Positionspapier heißt es dazu: „Das höhere Bewußtsein bei den Beschäftigten über die Gefahren der Umweltverschmutzung und die zunehmende Bereitschaft der Beschäftigten sind nicht nur im gesellschaftlichen, sondern auch im betrieblichen Bereich für den Schutz der Umwelt zu engagieren, eröffnet auch für den Bereich des betrieblichen Vorschlagswesens neue Innovationsprozesse, die sich positiv auf die Umwelt- und Energiebilanz der einzelnen Unternehmen auswirken werden.“[12]

Verbesserungsvorschläge:
Tüftler im Betrieb

Stand: 1988	D	USA	J
Erfaßte Firmen	173	280	653
Mitarbeiter	2.723.878	8.364.865	1.725.847
Eingereichte Verbesserungsvorschläge	402.904	1.010.889	52.994.804
Davon angenommen	164.265	293.289	43.720.713
Außgezahlte Prämien in DM	110.978.596	284.931.373	163.580.918

DM-Werte berechnet nach amtlichem Mittelkurs am Jahresende 1988.
Ursprungsdaten: Deutsches Institut für Betriebswirtschaft (DIB); Nationale Vereinigung für Vorschlagssysteme der USA (NASS). Vereinigung für das BVW in Japan.
Institut der deutschen Wirtschaft Köln

Quelle: Institut der deutschen Wirtschaft vom 19.4.1990

Abbildung 1: „Tüftler im Betrieb“

Parallel dazu sollen im Rahmen von betrieblichen Qualifizierungsprojekten die Beschäftigten über produktionsabhängige Umweltbelastungen informiert werden. Einen wichtigen strategischen Ansatzpunkt dafür sieht die IG Metall in den Ausbildungsordnungen, die eine Qualifizierung in Umweltfragen während der gesamten Erstausbildung vorsehen. Die IG Metall hat dazu die politische Initiative ergriffen und in allen Ausbildungsberufen der Metall- und Elektroindustrie den Ausbildungsinhalt „Umweltschutz und Energie“ während der gesamten Ausbildungszeit für alle Ausbildungsberufe durchgesetzt.[13]

Die fächerübergreifende Vermittlung von ökologischen Kenntnissen während der gesamten Ausbildungszeit und ihre projektbezogene Umsetzung bietet eine gute Möglichkeit, das Umweltbewußtsein bei jungen Menschen zu fördern und die Grundlagen für zukünftige ökologisch-technische Innovationen in allen Gebieten zu legen. Es versteht sich

12 IG-Metall-Positionspapier (1989), S. 3.
13 IG Metall (1990).

von selbst, daß die ökologische Qualifizierung sich nicht nur auf dem Gebiet der Erstausbildung beschränken darf. Die Weiterbildungsmaßnahmen der Unternehmen müssen auch dahingehend überprüft werden, inwieweit sie den ökologisch-technischen Anforderungen gerecht werden und ob nicht im Interesse einer interdisziplinären Kenntnisvermittlung die Aufnahme von ökologischen Inhalten sinnvoll wäre.

Das Ignorieren von Innovationspotentialen bei den Beschäftigten ist auch auf den Mangel von Durchlässigkeit bei den bestehenden Unternehmensstrukturen zurückzuführen. Motivation und Kreativität ist vor allem dann zu erreichen, wenn sich die Entscheidungskompetenzen der einzelnen erweitern und die Eigenverantwortung steigt. Bei alten hierarchischen Strukturen sind neue Produkte und Produktionsverfahren eher zufällig und auf Einzelfälle begrenzt. Eine offensive und interdisziplinäre Herangehensweise wird mittel- und langfristig mehr Erfolge zeigen. Die bisherigen Vorbehalte aus Unternehmersicht gegenüber einer solchen Vorgehensweise dürfte in der Ungewißheit dessen liegen, „was dann alles noch kommen kann".

Die Angst vor einem organisatorischen Chaos signalisiert eher die beim Management vorhandene Unfähigkeit, komplexe Problemsituationen zu dezentralisieren und gleichzeitig zu integrieren. Dies läßt auf einen Mangel an Qualifikation im Management selbst schließen. Die zunehmende Bedeutung dezentraler und autonomer Organisationseinheiten bedingt jedoch kommunikationsbewußte und integrierende Fähigkeiten der Beschäftigten und insbesondere des Managements. Deshalb wird das lebenslange Lernen, die Weiterbildung, aber auch die laufende Reflexion der Kenntnisse und Erfahrungen sowie der Verhaltensweisen zur notwendigen Innovationsstrategie eines modernen Unternehmens gehören.[14]

4. Transparenz und Mitbestimmung

Die veränderten Anforderungen innerhalb der Arbeitsstrukturen sind für die Teilnahme an innerbetrieblichen Beteiligungsprozessen gegenüber den bisher praktizierten Arbeitsformen günstiger. Der Wunsch nach Teilnahme an Projekten, die zur Verbesserung der Arbeits- und Lebensqualität beitragen, ist eng mit dem Prozeß der Dezentralisierung von Entscheidungen verbunden. Offenheit gegenüber den Beschäftigten und der Öffentlichkeit bilden jedoch die Voraussetzung dafür, daß sich die Beschäftigten auf Unternehmensebene kontinuierlich engagieren. Stillschweigen oder gar Bestreiten von Umweltbelastungen und Problemen seitens der Unternehmensleitung wirkt eher demotivierend und führt ohnehin in eine Sackgasse.

Strategisch klug dagegen ist die Entwicklung eines „Öko-Frühwarnsystems", das die Unternehmen in die Lage vesetzt, sowohl auf der Produkt- als auch auf der Produktionsebene

14 Vgl. in diesem Zusammenhang auch den Beitrag von Huber und Schneider.

Umweltrisiken zu erkennen. Dieses „Öko-Frühwarnsystem“ könnte aus den eizelnen umweltbezogenen Daten und Dokumentationen bestehen und diese als Bestandteil für ein umweltorientiertes Management nutzen.

Dafür müßte zunächst die Umweltberichterstattung auf neue Sektoren ausgeweitet werden und sich nicht wie bisher nur auf die Umweltberichterstattung der Betriebsbeauftragten für die einzelnen Umweltmedien beschränken. Neben der stofflichen Seite der Umweltbelastungen müßten die betriebswirtschaftlichen und volkswirtschaftlichen Kosten ebenfalls berücksichtigt werden. Deshalb sollte ein solches Informations- und Bewertungssystem folgende Teile umfassen:

- Umweltberichterstattungen der Betriebsbeauftragten für die einzelnen Umweltmedien (jährlicher Umweltbericht der Immissionsschutzbeauftragten, Abfallbeauftragten und Abwasserbeauftragten laut Gesetz).
- Einführung eines Umweltkatasters, das die Umweltdaten einschließlich der betrieblichen Umweltverträglichkeitsprüfungen dokumentiert.
- Erstellen von Umweltstoffbilanzen, die die Stoffkreisläufe der einzelnen Produkte analysieren und bewerten.
- Einführung einer Umweltrechnungslegung und eines Öko-Controllings, das die Maßnahmen für den Umweltschutz ausweist und unter Berücksichtigung vorsorgender Umweltstrategien das Verhältnis von kurzfristig wirkenden Maßnahmen und längerfristigen Kostenentwicklungen untersucht und bewertet.
- Erstellen einer Öko-Bilanz, die die betreibswirtschaftlichen Kosten und die volkswirtschaftlichen Belastungen ausweist.

Eine solche integrierte Umweltbilanzierung könnte eine gute Grundlage für das Herausarbeiten von neuen Schwerpunkten der Innovationspolitik eines Unternehmens bilden.

Wie sehr die Informationsrechte und Informationspflichten für die Beschäftigten trotz einer Vielzahl von Beteuerungen und der durchaus vorhandenen Praxis von aufgeschlossenen Unternehmen umstritten ist, ja sogar bekämpft wird, zeigt die neueste Auseinandersetzung über satzungsrechtlich festgelegte Informationsrechte für Betriebsräte in einer Kommune. Die Stadt Bielefeld hat in ihrer „Entwässerungs-Satzung“ die Information des Betriebsrates eines betroffenen Unternehmens über notwendige Maßnahmen des Umweltschutzes vorgesehen. Auf diese Weise erhielten die Betriebsräte der betroffenen Unternehmen Kenntnis von Umweltverschmutzungen, die ihnen bis dahin die Unternehmensleitungen verweigerten. Bereits im Vorfeld dieser Festlegung innerhalb der Satzung wandte sich der regionale Arbeitgeberverband gegen die Ausweitung der Informationsrechte für Betriebsräte. Danach wurde im Rahmen einer öffentlichen Kampagne massiver Druck gegen die Stadtverwaltung ausgeführt, mit dem Ziel, die Satzung wieder zu ändern. Ein Rechtsgutachten im Auftrag des regionalen Arbeitgeberverbandes (Arbeitgeberbund Ostwestfalen-Lippe) stellte sogar die Verfassungswidrigkeit folgender Regelung fest: „Die Abwasserbeseitigung ist Aufgabe der Stadt. Hierbei strebt die Stadt eine gute Zusammenarbeit mit Beteiligten und Betroffenen an. Dazu gehört auch im Rahmen der jeweils geltenden gesetzlichen Bestimmungen die Information des Betriebsrates der betroffenen Betriebe über wesentliche Maßnahmen, die zum Vollzug dieser Satzung notwendig sind“ (§ 1 Abs. 2 der Entwässerungs-Satzung der Stadt Bielefeld).[15] Trotz zahlreicher Proteste der Öffentlichkeit und der IG Metall gab die Stadt Bielefeld dem Druck des Arbeitgeberverbandes nach und änderte am 31. Mai 1990 ihre Entwässerungs-Satzung.

Dieses Beispiel dokumentiert, welche Konflikte mit einem rechtlich verankerten Informations- und Beteiligungsrecht verbunden sind. Keineswegs kann man in Zukunft von einer selbstverständlichen und umfassenden Transparenz der Umweltfakten durch die Unternehmensleitungen ausgehen. Bleibt es bei dem bisherigen rechtlichen Zugang zu Umweltinformationen, dann hat das vielbeschriebene Umweltmanagement nur einen symbolischen Wert. Im Interesse der Beschäftigten sind dahr verbindliche Bestimmungen zur Sicherung von Informations- und Beteiligungsrechten unumgänglich. Keineswegs sollte sich dies nur auf die Beschäftigten bzw. die Interessenvertreter beschränken, sondern auch die Öffentlichkeit miteinbeziehen. Dafür ist folgendes notwendig:

- Das Akteneinsichtsrecht für Betriebsräte und die Öffentlichkeit ist zu verbessern, und die Verbandsklage bei Umweltverträglichkeitsprüfungen ist einzuführen.
- Die Informations- und Mitbestimmungsrechte des Betriebsrates sind durch eine Novellierung des Betriebsverfassungsgesetzes sicherzustellen.
- Die Einrichtung eines paritätisch besetzten Umweltausschusses auf der Ebene des Betriebes und des Unternehmens sollte die Umweltpolitik eines Unternehmens diskutieren, bewerten und kontrollieren sowie Vorschläge zur Verbesserung einreichen.[16]

Neben der Verbesserung der Informations- und Beteiligungsrechte durch mehr Mitbestimmung der einzelnen und des Betriebsrates sind die Schutzinteressen der einzelnen Arbeitnehmer bei der Wahrnehmung von Initiativen, die Umweltfragen betreffen, zu berücksichtigen. Da der Umweltschutz kein konfliktfreier Bereich ist, wenn es sich um „angeordnete“ Umweltverstöße oder um gesundheits- und umweltschädliche Arbeitsplätze handelt, sind individualrechtlich die Kündigungsschutz-Vorschriften für die einzelnen Arbeitnehmer zu verbessern. Deshalb strebt die IG Metall einen verbesserten Kündigungsschutz für Arbeitnehmer/-innen im Umweltbereich an, um die Angst um den Arbeitsplatz beim Aufzeigen von Umweltbelastungen zu verringern. Eine solche Maßnahme trägt zur gewünschten Verbreiterung der Verantwortung und des damit verbundenen Umweltengagements bei.

Zukünftig werden Fragen der Mitbestimmung im Umweltschutz an Bedeutung gewinnen und über den unmittelbar betrieblichen Bereich hinausgehen. Die langfristigen Fragen einer ökologischen Unternehmensplanung gehören vor allem im Aufsichtsrat eines Unternehmens diskutiert. In einzelnen Fällen wird dies bereits heute praktiziert. Dies gilt vor allem dann, wenn ein Unternehmen in der Öffentlichkeit in Konflikte gerät oder wenn das Produkt eines Unternehmens aus ökologischen Gründen umstritten ist. Die Arbeitnehmervertreter im Aufsichtsrat können durch gezielte Initiativen das Problembewußtsein für ökologische Fragen fördern und dazu beitragen, daß das Unternehmen bei seinen Unter-

15 Papier (1988).
16 IG Metall (1988).

nehmenszielen auch die Ökologie mit aufnimmt. Bei der strategischen Unternehmensplanung und den daraus resultierenden Maßnahmen darf der Umweltschutz nicht fehlen und muß seitens der Arbeitnehmervertreter eingefordert werden. Dies gilt sowohl für Produkte als auch für Produktionsverfahren, wenn sie aus gewerkschaftlicher Sicht den ökologischen Erfordernissen angepaßt werden müssen (Produktmitbestimmung).

Die Vorstellung der IG Metall beispielsweise auf dem Sektor „Umwelt und Verkehr" (Automobilindustrie) richtet sich nicht nur zur Umsetzung an die Politiker, sondern gleichermaßen an die Automobilindustrie und an das Management einzelner Unternehmen. Die Aufgabe der Betriebsräte und der Arbeitnehmervertreter im Aufsichtsrat ist es, auf allen Ebenen die ökologische Umgestaltungspolitik im Unternehmensbereich und in der Gesellschaft zu beginnen.

Eine integrierte und vernetzte Vorgehensweise, die umweltpolitische Vorschläge für bestimmte Branchen entwickelt und für die betriebliche Ebene medienspezifische Arbeitsplatzanforderungen definiert bzw. den Einsatz von umweltverträglichen Techniken fordert, verwirklicht eine neue Qualität der Beteiligung und Mitbestimmung. In diesem Sinne ist mehr Demokratie zu wagen „kein utopischer Überhang" (Ernst Bloch), sondern eine demokratisch gestaltende Handlungsoption, die den ökologischen Umbau der Industriegesellschaft und eine dauerhafte Entwicklung ermöglicht. Wie sonst wäre eine Öko-Diktatur zu verhindern?

Literatur

Beck, U. (1987): Leben in der Risikogesellschaft, Vortrag beim RKW-Jahresforum, 19.4.1987, Frankfurt.

Biallo, H. (1990): Beitrag in der Wirtschaftswoche Nr. 22, S. 75.

IG Metall (1988): Positionspapier Umweltschutz im Betrieb, Frankfurt.

IG Metall (1989): Positionspapier Umweltschutz und betriebliches Vorschlagswesen, Frankfurt.

IG Metall (1990): Umweltschutz in der Berufsausbildung, Information für Ausbilder, Ausbildungsbeauftragte, Auszubildende, Betriebsräte und Jugendvertreter, Frankfurt.

IKS-Vorstudie (1990): Prozeß und Lösungsvorschläge für die Maschinenbauindustrie in NRW, Buchung.

Necker, T. (1990): Bundesverband der Deutschen Industrie, Dokumentation „Umweltorientierte Unternehmensführung", Köln.

Papier, H.-J. (1988): Rechtsgutachtliche Stellungnahme zu § 1, Abs. 2 Satz 3 der Satzung der Stadt Bielefeld über die Entwässerung der Grundstücke vom 27. Dezember 1988.

Sbp-Forschungsgruppe (1989): Schnittlinien und Widersprüche in den Konzepten und Diskussionen sozial- und naturverträglicher Technikgestaltung, Essen.

Schreyer-Sprenger (1988): Umwelttechnik, Marktchancen durch ökologischen Umbau unserer Industriegesellschaft, IFO-Sonderdruck 10, München.

Siemons, M. (1990): Beitrag in der Frankfurter allgemeinen Zeitung, 17.4.1990, S. 31.

Vester, F. (1980): Neuland des Denkens, Stuttgart.

Viertes Kapitel

Marketing

Robert Frowein

Innovation in der Konsumgüterindustrie: Durch Überzeugung Märkte schaffen

1. Einleitung

2. Wettbewerb in der Konsumgüterindustrie
   2.1. Determinanten eines „unattraktiven“ Marktes
      2.1.1 Allgemeine Beschreibung
      2.1.2 Wettbewerbsintensität nach Porter
      2.1.3 Lebenszyklus und Innovation
   2.2. Nutzenorientierte Wertschöpfung als Erfolgsfaktor
      2.2.1 Erfolgsfaktor Marketing
      2.2.2 Ein statisches Nutzenmodell zur Erklärung von Differenzierungspotentialen
      2.2.3 Nutzenorientierte Differenzierung und Wettbewerbsvorteile
      2.2.4 Ein dynamisches Markenmodell zur Erklärung von Innovationen

3. Innovation als Wettbewerbsstrategie
   3.1. Strategisches Innovationsmanagement
   3.2. Operatives Innovationsmanagement
      3.2.1 Organisation
      3.2.2 Prozeßsteuerung
   3.3. Innovationsmarketing

Literatur

1. Einleitung

Marktforschungsinstitute werden nicht müde, immer ausgeklügeltere Methoden der Konsumentenbefragung zu entwickeln; Psychologen und Soziologen analysieren Verbraucherverhalten bis in die Tiefen des Unterbewußtseins, große Konzerne beschäftigen Heerscharen hochqualifizierter Marketingprofis, Werbeagenturen überschlagen sich in kommunikativer Kreativität, Werbeetats für einzelne Produkte erreichen zweistellige Millionenbeträge - in der Einführungsphase wohlgemerkt. Und trotzdem: die Floprate bei neueingeführten Konsumgütern liegt nach wie vor in der Größenordnung von 40 %[1]. Das bedeutet: 40 % aller neu eingführten, sorgfältig konzipierten, ausgiebig getesteten und intensiv beworbenen Produkte werden nach kurzer Zeit wieder aus dem Markt genommen ohne die in sie gesetzten Erwartungen erfüllt zu haben.

Schlechte Zeiten also, so scheint es, für Innovationen in der Konsumgüterindustrie. Bei genauer Analyse der Marktmechanismen zeigt sich aber, daß genau das Gegenteil zutrifft: Innovationsfähigkeit führt auch und gerade in der Konsumgüterindustrie zu entscheidenden Wettbewerbsvorteilen, was in den letzten Jahren insbesondere von solchen Unternehmen bewiesen wurde, die durch ausgeprägtes Unternehmertum bestimmt waren. Beispiele sind „Swatch", „IKEA", „Benetton", „The Body Shop". Innovationsfähigkeit ist deswegen eine wesentliche Herausforderung an das Management aller Unternehmen und gleichzeitig die Chance für innovative Unternehmer. Ziel der nachfolgenden Ausführungen ist es,

- eben diese These zu belegen,
- eine wettbewerbsorientierte Sicht von Innovationsstrategien zu entwickeln
- sowie typische unternehmensinterne Hemmnisse und entsprechende praktische Lösungsansätze zu diskutieren.

Gegenstand der Betrachtung sind Herstellerunternehmen der Konsumgüterindustrie; nur zu Illustrationszwecken wird das Thema auf vorgelagerte (Zulieferer) oder nachgelagerte (Handel) Stufen ausgedehnt.

2. Wettbewerb in der Konsumgüterindustrie

2.1. Determinanten eines „unattraktiven" Marktes

Die Konsumgüterindustrie im allgemeinen fällt, bei Anwendung der gängigen Kriterien, in die Kategorie der unattraktiven Märkte. Einzelne Segmente im speziellen können dabei

1 Vgl. Kotler (1988), S. 407.

durchaus theoretisch attraktiv sein. Wichtig ist also die Analyse der attraktivitätsbestimmenden Faktoren und insbesondere die Abschätzung der Gewinnpotentiale, die sich in einer derart strukturierten Industrie für innovative Unternehmen ergeben. Im folgenden Abschnitt werden diese Fragen mit Hilfe zweier theoretischer Konzepte beleuchtet. Es sind das Portersche Modell zur Bestimmung der Wettbewerbsintensität sowie das Lebenszykluskonzept.[2]

2.1.1 Allgemeine Beschreibung

Unter dem Begriff Konsumgüterindustrie wird im folgenden die Gesamtheit der Produktion solcher Güter verstanden, die einer konsumptiven Verwendung durch Endverbraucher zugeführt werden. Darunter fallen insbesondere Nahrungs- und Genußmittel, Produkte des täglichen Bedarfs im non-food Bereich (Kosmetik, Wasch- und Reinigungsmittel), aber auch konsumfernere Produkte wie Textilien und Haushaltsgeräte.

Mit einem Anteil von rund 20 % am Nettoproduktionswert[3] der Bundesrepublik Deutschland gehört die Kunsumgüterindustrie zu den größten Branchen des produzierenden Gewerbes. Ähnliche Größenordnungen werden in allen anderen hochentwickelten Volkswirtschaften erreicht. Die Wachstumsraten bleiben allerdings in der Regel hinter den

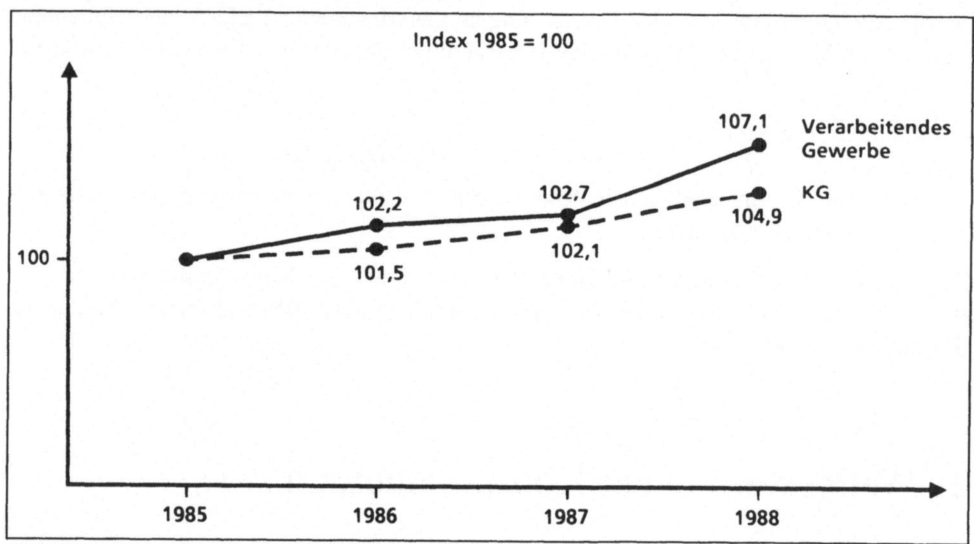

Quelle: Statistisches Jahrbuch 1989

Abbildung 1: Nettoproduktion

2 Vgl. Porter (1983), S. 26 ff.; Gerybadze (1982); Pfeiffer/Bischoff (1981), S. 133-165.

3 Vgl. Statistisches Jahrbuch (1989).

Wachstumsraten der Gesamtwirtschaft zurück (s. Abbildung 1). Wachstumsgeneratoren der Konsumgüterindustrie sind im wesentlichen das Bevölkerungswachstum, die Zunahme der verfügbaren Einkommen sowie die Entwicklung „neuer" Bedürfnisse, die als Residualgröße gemessen werden kann.

2.1.2 Wettbewerbsintensität nach Porter

Marktmacht der Abnehmer

Bei der Vermarktung ihrer Produkte sehen sich Konsumgüterhersteller in der Regel zwei Typen von Abnehmern gegenüber: dem Handel und dem Verbraucher. Auf beiden Stufen begegnet der Hersteller in aller Regel einem Käufermarkt, also einer Konstellation, in der der Abnehmer in der potentiell stärkeren Position ist. Besonders anschaulich wird diese Feststellung in der Konzentration des Lebensmitteleinzelhandels, wie sie in allen europäischen Ländern in den letzten Jahren zu beobachten war (s. Abbildung 2). Ein typischer Konsumgüterhersteller tätigt heute 80-90% seiner Umsätze mit fünf bis sechs Großkunden. Bei diesen Abhängigkeiten wäre der Verlust eines Kunden bereits schwer zu verkraften. Da der Handel sich in der Regel durch den Preis gegenüber seinen Wettbewerbern zu differenzieren sucht, wird der Hersteller oft genug gezwungen, deutliche Preiszugeständnisse zu machen (deren kurzfristige Obergrenze bekanntlich dem Deckungsbeitrag entspricht).

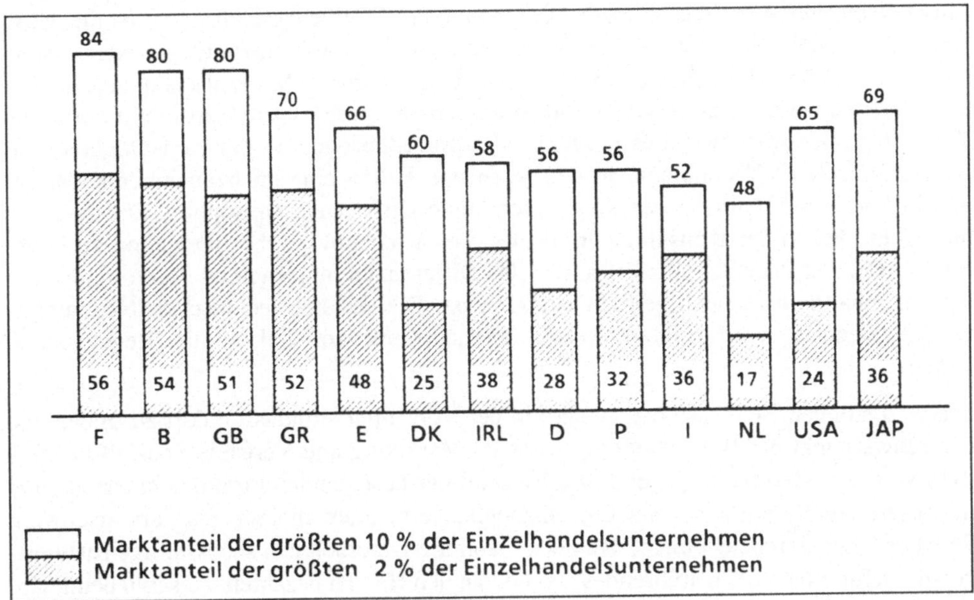

Quelle:Nielsen Marketing Forschung

Abbildung 2: Konzentration des europäischen Lebensmitteleinzelhandels

Auch gegenüber dem Endverbraucher befindet sich ein Anbieter häufig genug in einer Käufermarktsituation. Bei der Vielfalt und der Austauschbarkeit des gängigen Warenangebots gelingt es nur wenigen Unternehmen, eine echte, also vom Markt akzeptierte Alleinstellung zu schaffen.

Produkt-Substitution

Hintergrund der Käufermarktsituation in der Konsumgüterindustrie ist neben potentiellen Überkapazitäten vor allem die Austauschbarkeit der angebotenen Produkte. Der Handel kann ebenso wie der Verbraucher zwischen einer Vielzahl quasi-identischer Angebote wählen und somit den Anbieter zwingen, seine Preise anzupassen. Die Quasi-Identität der Produkte gilt dabei nicht nur innerhalb abgegrenzter Segmente. Vielmehr sind gänzlich unterschiedliche Produkte in der Lage, gleiche Bedürfnisse zu befriedigen. Der ehemalige Vor-standsvorsitzende der Porsche AG, Peter Schutz, sah beispielsweise die größte Konkurrenz für die Produkte seines Hauses in Anbietern von Luxusyachten und Ferienhäusern. In gleicher Weise ist der Anbieter von Schokoriegeln sicher schlecht beraten, seine Wettbewerber nur unter seinesgleichen zu suchen und andere Snacks wie Obst, Joghurt oder bestimmte Getränke außer acht zu lassen.

Eintrittsbarrieren

Ein weiterer wichtiger Faktor bei der Bewertung der Wettbewerbsintensität ist die Möglichkeit, für „fremde" Unternehmen in den betrachteten Markt einzudringen oder, anders ausgedrückt, die Möglichkeit für etablierte Unternehmen, Marktnischen gegen Eindringlinge zu verteidigen. In vielen Industrien besteht diese Eintrittsbarriere in Form von Technologie Know-how, sei es produkt- oder prozeßbezogen. In der Konsumgüterindustrie allerdings ist Technologie in den seltensten Fällen eine ernstzunehmende Markteintrittshürde und damit in der Regel auch keine Differenzierungsoption. Das bedeutet nun nicht, daß in der Konsumgüterindustrie keine technologische Innovation zu beobachten wäre. Es bedeutet allerdings, daß das Differenzierungspotential durch Innovation sowohl inhaltlich als auch zeitlich begrenzt ist. Die meisten technischen Neuerungen werden, wenn sie denn in ihrem Nutzen überhaupt relevant sind, in aller Regel schnell kopiert.

Die wesentlichen Eintrittsbarrieren sind in der Konsumgüterindustrie dort zu finden, wo der Schwerpunkt der Wertschöpfung liegt: im Marketing und Vertrieb. Speziell im Vertrieb wird der Marktzugang durch die Vielzahl der bestehenden Produkte einerseits und die begrenzten Regalflächen der Einzelhandelsunternehmen andererseits stark erschwert. So ist es heute durchaus üblich, daß auch etablierte Unternehmen sechsstellige Listungsgebühren für ein neu einzuführendes Produkt an den Handel bezahlen. Anschließend wird jedes Produkt in regelmäßigen Abständen auf seine weitere Daseinsberechtigung im Regal mit modernen Kostenrechnungsmethoden (Stichwort DPP = Direkte Produkt-Profitabilität) geprüft und gegebenenfalls auch wieder ausgelistet.

Marktmacht der Zulieferer

Die Marktstellung der Zulieferunternehmen ist in der Konsumgüterindustrie nicht in der Weise ausgeprägt, daß die Zulieferer bestimmte Strategien der Hersteller beeinflussen könnten. Selbstverständlich gibt es hier Ausnahmen. So waren beispielsweise alle Hersteller von phosphatfreien Waschmitteln gezwungen, den Rohstoff Zeolith (Phosphat-Ersatzstoff) von dem Patenthalter Henkel zu beziehen. Allgemein gilt aber, daß alle Vorprodukte, einschließlich der kreativen Leistungen (Werbung) problemlos am Markt erhältlich sind.

Interner Wettbewerb

Der interne Wettbewerb der Konsumgüterhersteller ist, angesichts der weitgehenden Marktsättigung, der Breite des Angebots sowie der weitgehend bekannten Technologien im wesentlichen ein Verdrängungswettbewerb. Zusätzliches Angebot schafft also in aller Regel keine zusätzliche Nachfrage, sondern substituiert bestehendes Angebot. Aus einer Studie der Nielsen Marketing Forschung geht hervor, daß die Grundlage erfolgreicher Verdrängung qualitative Differenzierung und Kostenvorteile des Angebots sind. Danach befragt, ‚wodurch Marken bestimmt sind, die Eindruck machen', nannten 53% der Befragten „Qualität" und 27% „Preis/Leistungsverhältnis"[4].

Unter Beibehaltung wettbewerbsfähiger Qualität versuchen deshalb viele Großunternehmen Kostenvorteile in Einkauf, Produktion, Marketing und Distribution zu erreichen. Mit zunehmender Internationalisierung der Märkte entstehen gewichtige Einsparungspotentiale vor allem durch Synergieeffekte und Skalenerträge in größeren Unternehmenseinheiten. Daß Größenvorteile insbesondere in der Konsumgüterindustrie erwartet werden, belegt die Statistik der Firmenübernahmen in Europa: die meisten Akquisitionen wurden 1989 in der Nahrungsmittelindustrie getätigt und zwar 101 Transaktionen mit einem Volumen von insgesamt 7 Milliarden Ecu[5].

---

4 Vgl. Brummer, (1989).

5 Vgl. „Frankfurter Allgemeine Zeitung", 5.2.1990.

2.1.3 Lebenszyklus und Innovation

Bestimmung der Lebenszyklusphase

Der Lebenszyklus einer Industrie wird üblicherweise unterteilt in Entstehung, Wachstum, Reife und Alter (s. Abbildung 3).

Kriterium	Lebenszyklusphase			
	Entwicklung	Wachstum	Reife	Alter
Wachstumsrate	unbestimmt	hoch	gering	Null
Marktpotential	unklar	klarer	überschaubar	bekannt
Sortiment	klein	rasche Erweiterung	langsame bzw. keine Erweiterung	Bereinigung
Anzahl der Wettbewerber	klein	erreicht den Höchstwert	Konsolidierung, Grenzanbieter scheiden aus	weitere Verringerung
Verteilung der Marktanteile	nicht abschätzbar	Konzentration	⟶	⟶
Stabilität der Marktanteile	gering	höher	hoch ⟶	⟶
Kundentreue	gering	höher	abnehmend	höher
Eintrittsmöglichkeit	gut (weil noch kein starker Wettbewerber vorhanden)	noch gut - vor allem bei hohem Wachstum	geringer	meist uninteressant
Rolle der Technologie	hoher Einfluß	hoher Einfluß	Schwerpunkt verschiebt sich vom Produkt zu den Herstellverfahren	Technologie ist bekannt, verbreitet und stagnierend

Abbildung 3: Lebenszyklusphasen einer Industrie

Mit stagnierenden Wachstumsraten, differenziertem Produktangebot, etablierten Wettbewerbern, relativ stabilen Marktanteilen und weitgehend bekannter Technologie befindet sich die Konsumgüterindustrie als Gesamtheit in der Reifephase ihres Lebenszyklus. Einzelne Segmente im speziellen können sich dabei wiederum in früheren Phasen oder auch im Alter befinden[6].

Die Position einer Industrie im Lebenszyklus erfordert von den beteiligten Unternehmen eine spezifische, auf die Lebenszyklusphase abgestimmte Strategie. Insbesondere in bezug auf Innovationen unterscheidet sich eine Strategie der Reifephase von einer Strategie in der Entstehungs- oder Wachstumsphase.

6 Vgl. Laub (1989), S. 62-70 und dort angegebene Literatur; Gerybadze (1982) sowie die Betrachtungsweise von Laub in seinem Beitrag zur Innovationsbewertung in diesem Band.

Innovation in der Reifephase

Innovationen in der Reifephase beziehen sich in aller Regel auf Marketinginnovationen, Neuerungen also, die die differenzierte Befriedigung differenzierter Bedürfnisse zum Ziel haben. Damit unterscheidet sich die Reifephase von früheren Lebenszyklusphasen, in denen Innovationen vor allem produktbezogen (Entstehungsphase) oder prozeßbezogen (Wachstumsphase) sind. Produktinnovationen haben die elementare Befriedigung bisher nicht befriedigter Bedürfnisse, Prozeßinnovationen die effizientere Befriedigung wenig differenzierter Bedürfnisse zum Ziel.

Marketinginnovationen mit dem Ziel, differenzierte Bedürfnisse differenziert zu befriedigen, sind heute das am meisten umkämpfte Schlachtfeld in der Konsumgüterindustrie. Beispiele für Differenzierungsstrategien sind die Betonung von Serviceleistungen, die Ausdehnung der Variantenvielfalt oder verstärkte Investitionen in Produkt- und Markenimage.

2.2 Nutzenorientierte Wertschöpfung als Erfolgsfaktor

Nutzenorientierte Wertschöpfung bedeutet, Kundenbedürfnisse mit den Mitteln zu befriedigen, die den größten Nutzen für den Kunden generieren. Im Falle der Konsumgüterindustrie ist diese Hebelwirkung vor allem durch marktnahe Funktionen (Marketing und Vertrieb) gewährleistet. Deshalb gilt es, ein marketingorientiertes Nutzenkonzept zu entwickeln, das die Mechanismen einer entsprechenden Wettbewerbs- und Innovationsstrategie transparent macht.

2.2.1 Erfolgsfaktor Marketing

Die Bedeutung des Erfolgsfaktors Marketing in der Konsumgüterindustrie wird deutlich anhand einer Analyse der Wertschöpfungsstruktur und im Vergleich mit anderen Industrien. Ein typischer Konsumgüterhersteller verwendet heute rund 30 % seiner gesamten Kosten für marktnahe Funktionen (Marketing und Vertrieb), aber nur rund 10 % für Forschung und Entwicklung. Daraus läßt sich ersehen, daß Konsumgüterhersteller Wachstumsimpulse aus eben diesen marktnahen Funktionen und weniger aus technologieorientierter Wertschöpfung erwarten. Dementsprechend muß eine Wettbewerbsstrategie in der Konsumgüterindustrie insbesondere auf das Management marktnaher Funktionen abzielen.

2.2.2 Ein statisches Nutzenmodell zur Erklärung von Differenzierungspotentialen

Eine Vielzahl von Beispielen aus der Konsumgüterindustrie belegt, daß das meßbare Preis/Leistungsverhältnis keine hinreichende Erklärungsrelevanz für den Erfolg oder

Mißerfolg eines Produkts besitzt. Oft genug erreichen Produkte wie „Persil“ Marktführerschaft, obwohl sie deutlich teurer sind als in der Leistung vergleichbare Konkurrenzprodukte. Zur Erklärung dieser Phänomene ist es hilfreich, ein Nutzenkonzept zu betrachten, das auf der sogenannten Maslowschen Bedürfnispyramide[7] basiert. Nach Maslow beinhalten menschliche Bedürfnisse immer eine rationale und eine emotionale Komponente. Dementsprechend befriedigt ein Produkt, das von einem Käufer erworben wird, immer eine Vielzahl von Bedürfnissen, die sich wie folgt klassifizieren lassen:

- Der *Basisnutzen* ist die meßbare Erfüllung grundlegender Anforderungen an das Produkt, ohne die das Produkt seine ursprüngliche Bestimmung verliert. Im Falle des erwähnten Produkts „Persil“ besteht der Basisnutzen in der Lösung von Schmutzpartikeln aus verunreinigter Wäsche. Der Basisnutzen ist, weil er meßbar ist, ein rationaler Nutzen.
- Der *Zusatznutzen* ist die meßbare Erfüllung zusätzlicher Anforderungen an das Produkt. Einen derartigen Zusatznutzen bietet Persil durch die phosphatfreie und damit umweltfreundliche Formulierung oder das Versprechen besonderer Wäscheschonung. Der Zusatznutzen ist ebenfalls objektiv meßbar und damit ein rationaler Nutzen.
- Der *sensuelle Nutzen* ist teilweise meßbar, teilweise subjektiv empfunden durch die Sinnesorgane. „Persil“ kann sensuellen Nutzen beispielsweise dadurch vermitteln, daß das gewaschene Wäschestück besonders hautfreundlich ist, ein Versprechen, das durch einen geeigneten pH-Wert nachprüfbar wird.
- Der soziale Nutzen meint die Werte, die das soziale Umfeld des Käufers mit einem Produkt und damit dem Käufer assoziiert.
  „Persil“ ist ein bekanntes, bewährtes Produkt, dem unter anderem der Begriff „wertvoll“ zugeordnet wird. Eine Hausfrau, die dieses Produkt verwendet, signalisiert ihrer Familie und ihren Freunden, daß ihr die Sauberkeit der Familie bestimmte Mehrausgaben wert ist. Eine Verwenderin des „Aldi“- Waschmittels „Tandil“ mag einem anderen sozialen Umfeld ausgeprägte Vernunft signalisieren. Sozialer Nutzen ist nicht objektiv am Produkt meßbar und wird deshalb emotionaler Nutzen genannt.
- Der *Ego-Nutzen* befriedigt das von Maslow erkannte Bedürfnis nach Selbstverwirklichung. Komponenten dieses Nutzens sind ganz individuell empfundene Werte wie Vertrauen, Sympathie, Schönheit, Faszination. Auch in einem Waschmittel wie „Persil“ sind Ego-Nutzen stark ausgeprägt. Umfragen haben ergeben, daß „Persil“ wie keine andere Marke Vertrauen und Sicherheit vermittelt, ein Wert, der durch die lange Tradition des Produkts genährt wird. Ego-Nutzen ist ebenso wie der soziale Nutzen emotional.

Jedes Produkt, jede Dienstleistung hat ein eigenes Profil hinsichtlich der beschriebenen Nutzenkategorien. Dieses Profil ist ein sehr aussagekräftiges Erklärungs- und Gestaltungsmodell für die Positionierung einer Marke (siehe Abbildung 4).

---

7 Vgl. Maslow (1943).

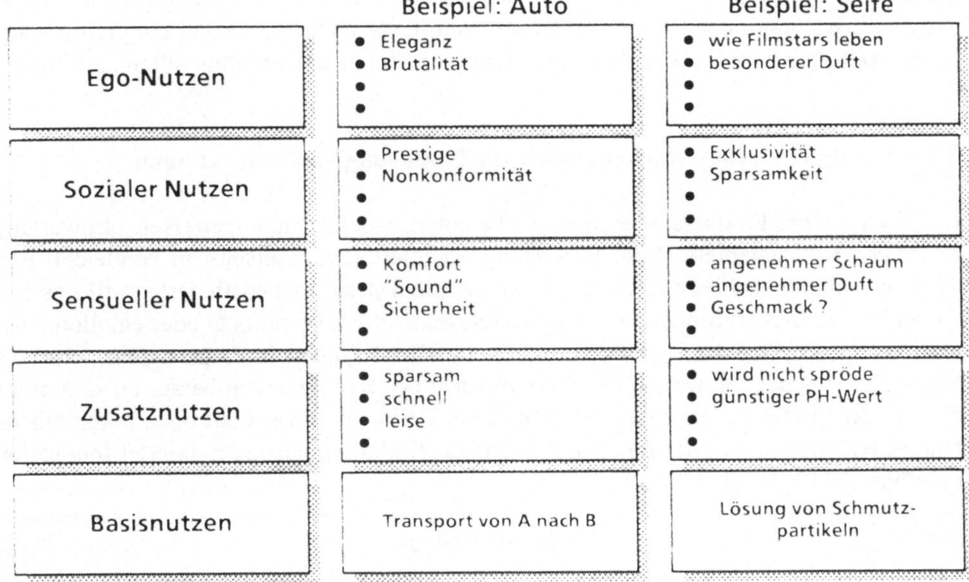

Abbildung 4: Nutzenleiter und Positionierung

2.2.3 Nutzenorientierte Differenzierung und Wettbewerbsvorteile

Nach der Klassifizierung möglicher Verbrauchernutzen in rationale und emotionale Kategorien bedarf es in einem weiteren Schritt der Bewertung der jeweiligen Kategorien unter markenstrategischen Gesichtspunkten. Es ist unmittelbar einsichtig und auch durch Marktforschung belegt[8], daß Marken mit ausgeprägt emotionalen Nutzenkomponenten die Markentreue gewonnener Verbraucher deutlich erhöht: bei vergleichbarem Angebot wird offensichtlich dem Produkt der Vorzug gegeben, das Sympathie, Vertrauen, Prestige oder ähnliches mehr vermittelt. Gleichzeitig erzielen Marken mit hohem emotionalen Nutzenanteil höhere Preise.

Beispiele für hohe Markentreue bei Premiumpreisen lassen sich in allen Produktkategorien für Marken mit hohem emotionalen Nutzenanteil finden, und zwar unabhängig von der Wertigkeit des Produktes. So ist es Henkel mit der Marke Persil ebenso wie Daimler-Benz mit der Marke Mercedes gelungen, das beschriebene Prinzip umzusetzen.

Hohe Markentreue in Verbindung mit Premiumpreisen ist Ausdruck eines Wettbewerbsvorteils, der durch die Betonung emotionaler Nutzenkomponenten möglich wird. Wichtiger noch als dieser Aspekt ist allerdings die Frage der Imitierbarkeit eines erworbenen

8 Vgl. Brummer, (1989).

Wettbewerbsvorteils. Objektive, also meßbare Produktvorteile sind in der Regel leicht zu kopieren und schaffen deshalb nur für eine begrenzte Zeit einen Vorsprung gegenüber dem Wettbewerb. Emotionale Nutzen hingegen bedürfen in aller Regel einer langfristig angelegten, konsequenten Markenpflege. Sie sind deshalb nur in Ausnahmefällen imitierbar.

2.2.4 Ein dynamisches Markenmodell zur Erklärung von Innovationen

Der Nutzen eines Produkts oder einer Marke unterliegt einer ständigen (Neu-) Bewertung durch den Konsumenten. Diese Bewertung orientiert sich einerseits an vergleichbarem Angebot anderer Anbieter und andererseits an dem persönlichen Bedarfsprofil des Bewertenden. In diesem Sinne wird eine Nutzen-Innovation, ob rational oder emotional begründet, immer dann die Position eines bestehenden Angebots in Frage stellen, wenn die Nutzenstruktur der Innovation den Bedürfnissen des Konsumenten besser entspricht als die Nutzenstruktur des Bestehenden. Mit dieser Feststellung wird das oben beschriebene Nutzenmodell dynamisiert und in ein Modell zur Erklärung nutzenorientierter Innovation überführt (siehe Abbildung 5).

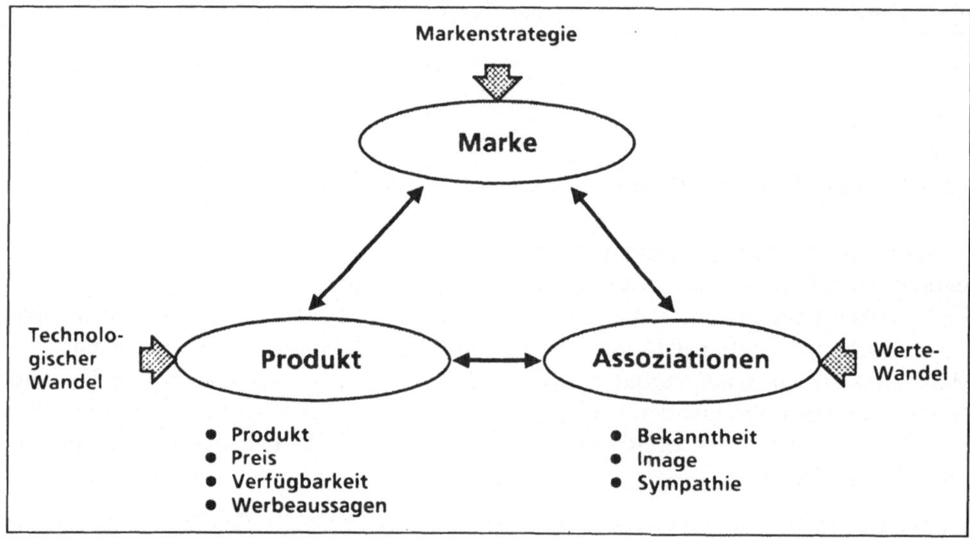

Abbildung 5: Dynamisches Markenmodell

Ausgangspunkt der Überlegungen ist wiederum die Feststellung, daß Marken und die dahinter stehenden Produkte sich auszeichnen durch:

- *physische Eigenschaften* wie technische Leistungsfähigkeit und Qualität, aber auch durch Preis, durch Verfügbarkeit in unterschiedlichen Distributionskanälen sowie durch die dazugehörige Positionierung in den Werbeaussagen.

- *Assoziationen,* die Verbraucher mit der Marke verbinden. Diese Assoziationen beziehen sich sowohl auf den rationalen Nutzen als auch auf den emotionalen Nutzen der Marke, können sich aber von den tatsächlichen physischen Eigenschaften durchaus unterscheiden.

Die Gestalt einer Marke entsteht in der Interaktion der beiden Komponenten. Bei besonders erfolgreichen Marken entspricht das Profil der assoziierten Eigenschaften dem Bedürfnisprofil der Zielgruppe. Anstöße für Innovationen entstehen deshalb an jedem der beiden Pole durch:

- *technologische Innovationen* in den physischen Eigenschaften, durch die neue, leistungsfähigere Produkte den Bestand weniger leistungsfähiger Produkte in Frage stellen.

und/oder durch:

- *Wandel der Werte und Bedürfnisse,* der den Nutzen assoziierter Eigenschaften relativiert und überkommene Nutzenstrukturen gegebenenfalls in Frage stellt.

Echte Innovationen, Neuerungen also, die vom Markt positiv bewertet werden, zeichnen sich dadurch aus, daß sie

- bestehende Bedürfnisse besser als bestehende Angebote befriedigen

und/oder

- neue Bedürfnisse aufdecken, die mit bestehenden Angeboten nicht befriedigt werden.

Dementsprechend berücksichtigt eine nutzenorientierte Innovationsstrategie sowohl die Evolution[9] des technisch Machbaren als auch die Einflüsse eines eventuellen Wertewandels auf die Bedürfnisstruktur der Zielgruppe.

3. Innovation als Wettbewerbsstrategie

Angesichts des allgegenwärtigen Wandels gesellschaftlicher Wertvorstellungen tendieren Unternehmen der Konsumgüterindustrie heute vermehrt dazu, Innovationsfähigkeit als zentrales Thema ihrer Unternehmensstrategie zu verfolgen. Damit reagieren diese Unternehmen auf eine veränderte Marktdynamik der 80er und 90er Jahre .

In den 50er und frühen 60er Jahren hieß das zentrale Thema „Warenversorgung“, also die Bereitstellung eines grundlegenden Güterangebots zur Deckung eines allgegenwärtigen Nachfrageüberhangs. Dementsprechend konzentrierten sich die Unternehmen auf die

9 Zu dem Zusammenhang zwischen Evolution und Erstmaligkeit mit innovativem unternehmerischem Verhalten vgl. auch den Beitrag von Schneider in diesem Band.

Schaffung adäquater Produktkonzepte sowie den Aufbau hinreichender Produktions- und Distributionskapazitäten.

In den späten 60er und 70er Jahren hieß das zentrale Thema „Kostenwettbewerb durch Größenvorteile" in zunehmend saturierten Märkten. Dementsprechend zielte die gängige Unternehmensstrategie auf die Gewinnung von Marktanteilen.

In den 90er Jahren gilt es in verstärktem Maße, differenzierte Verbraucherbedürfnisse aufzuspüren und durch ein differenziertes Produktangebot zu befriedigen. Im Gegensatz zu der Forderung nach Reduzierung von Komplexität steht heute die Forderung nach Beherrschung gewollter Komplexität. Dementsprechend gewinnt Innovationsfähigkeit als zentrales Element der Unternehmensstrategie stark an Bedeutung.

3.1. Strategisches Innovationsmanagement

Strategisches Management zielt auf den Aufbau und den Erhalt relevanter Wettbewerbsvorteile. Strategisches Innovationsmanagement beinhaltet den Aufbau und den Erhalt relevanter Wettbewerbsvorteile durch gezielten Einsatz von Innovationen. Dazu bedarf es vor allem dreier wesentlicher unternehmerischer Fähigkeiten:

- frühzeitiges Erkennen relevanter Optionen
- marktorientierte Bewertung identifizierter Optionen
- systematische Markteintrittsplanung

Zur frühzeitigen Identifizierung relevanter strategischer Optionen stehen eine Reihe von Techniken zur Verfügung, die an dieser Stelle jedoch nicht näher diskutiert werden sollen. Neben dem Identifizieren der Optionen ist deren Bewertung im Hinblick auf zukünftige Marktchancen eine wesentliche Herausforderung. Grundsätzlich gilt es hierzu, potentiellen (Zusatz-)Nutzen abzuwägen gegen die (Zusatz-) Kosten, die einem Verbraucher beim Wechsel von bestehenden Angeboten auf das neue Angebot entstehen.

Beispiel Compact-Disk: zwar bietet dieses System dem Nutzer den Vorteil erheblich verbesserter Klangqualität im Vergleich zu analogen Abspielgeräten. Allerdings ist der gewillte Verbraucher genötigt, seine bestehende Tonträgersammlung gegen entsprechende Compact Disks auszutauschen, wenn er die Vorteile der neuen Technologie nutzen will. Ein Anbieter analoger Tonträgersysteme mußte vor der Verbreitung entsprechender Abspielgeräte also seine strategischen Optionen im Hinblick auf die Abhängigkeit eben dieses Aspektes bewerten.

Nicht in jedem Fall kommt es also darauf an, eine Option als Erster zu besetzen. Neben den beschriebenen Kosten, die die Nutzung einer Innovation für den Verbraucher bedeuten können, gilt es zu beachten, daß das Risiko für den Firstcomer in der Regel höher ist als für den Follower (siehe Abbildung 6). Erstens ist die wahre Bedürfnisstruktur der Verbraucher gegenüber einer Neuerung für einen Firstcomer nicht in allen Facetten erkennbar. Damit läuft er Gefahr, mit seinem Angebot nicht genau die Bedürfnisse zu treffen, die das eigentliche Marktpotential ausmachen würden. Zweitens ist der Handlungsspielraum für eventuell notwendige Korrekturen in der Angebotsstruktur des Firstcomers relativ begrenzt, sei es weil er sich mit seinem ersten Versuch in den Assoziationen des Verbrauchers fest positioniert hat, sei es weil er einen großen Teil seiner Ressourcen auf den ersten Versuch konzentriert und damit für eine Differenzierung des Angebots nicht mehr zur Verfügung hat.

Indikatoren	Einführungsphase	Wachstumsphase
Wachstumsrate	• Schwache Wachstumsrate	• Schnell steigendes Wachstum
Marktpotential	• Noch nicht erkennbar	• Unsicherheit in der Bestimmung • Vermehrtes Ausschöpfen potentieller Nachfrage
Risiko	• Sehr hoch	• Hoch
Konsumenten	• Innovatoren (oft mit hohem Einkommen) • Überzeugung zu Produkttests erforderlich	• Wachsende Erfahrung • Trend zum Massenmarkt
Absatzmärkte	• Globaler Einstieg	• Ausbau der attraktivsten Märkte
Wettbewerb (Barrieren)	• Zunehmende Zahl an Markteintritten • Markteintrittsbarrieren • Keine Spielregeln	• Markteintritte • Hohe Markteintrittsbarrieren • Steigende Konkurrenzintensität • Zahlreiche Fusionen
Technologie	• Technologische Innovationen • Dominanz von Schrittmacher-technologien	• Produkt- und Verfahrensinnovationen • Schlüsseltechnologien
Marktanteile	• Entwicklung nicht abschätzbar • Stark schwankend / sehr instabil	• Ansätze zur Konzentration • Instabil

Indikatoren	Einführungsphase	Wachstumsphase
Schlüsselfaktoren	• Zeit • Technologie / Marketing	• Produktion / Marketing • Zeit
Hauptprobleme	• Markteintritt / Markteintrittsbarrieren • Marktpenetration • Technologieentwicklung • Kundenbedürfnisse • Management des "Take off" • Substitutionstechnologien und -produkte • Flexibilität	• Dynamik der Marktanteilsver-schiebungen • Konkurrenz • Flexibilität
Strategieschwer-punkt	• Technologie	• Konsument / Konkurrenz
Ausrichtung der Strategie	• Markteintritt (Timing, Schnelligkeit) • Marktschaffung / Marktaufbau / Markterschließung • Aufbau / Überwindung von Markteintrittsbarrieren	• Markteintritt (Timing, Schnelligkeit) • Aufbau von Wettbewerbsvorteilen • Marktanteilsdehnung • Marktdurchdringung • Standardisierung
Marketing-Investitionen	• Sehr hoch	• Hoch, aber fallend

Quelle: Remmerbach, K.U., „Vorsicht beim Einstieg in fremde Märkte“, Harvard Manager, Heft 4/1988

Abbildung 6: Indikatoren für Markteintrittsplanung

Je nach strategischer Ausrichtung des Unternehmens kann es deshalb sinnvoll sein, die Marktakzeptanz einer Neuerung zunächst zu beobachten, um dann zum gegebenen Zeitpunkt mit einem differenzierten Angebot und hohen Marketingbudgets ein größeres Marktpotential auszuschöpfen. Die grundsätzliche Entscheidung für eine Firstcomer- oder

Follower-Strategie muß im Einklang mit den verfügbaren Ressourcen des Unternehmens stehen. Kleine, flexible Unternehmen tendieren häufiger dazu, Neuerungen als Firstcomer zu vermarkten. Große Unternehmen mit entsprechenden Marketingetats, vielfach geringerer Flexibilität, höherem Sicherheitsbewußtsein und längeren Entscheidungswegen neigen hingegen eher dazu, Innovationspotentiale als Follower auszuschöpfen.

In jedem Fall gilt es deshalb, die Erschließung strategischer Optionen durch eine systematische Markteintrittsplanung zu unterstützen. Die wesentlichen Parameter einer derartigen Planung sind in Abbildung 7 zusammengefaßt und dargestellt.

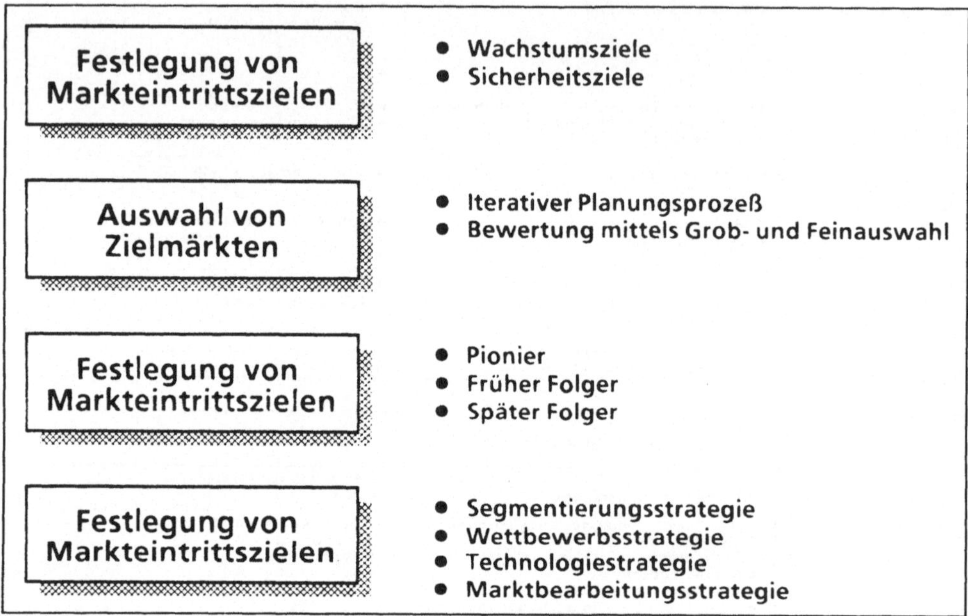

Quelle: Remmerbach, K.U., „Vorsicht beim Einstieg in fremde Märkte", Harvard Manager, Heft 4/1988

Abbildung 7: Bestandteile der Markteintrittsplanung

3.2. Operatives Innovationsmanagement

3.2.1 Organisation

Spektakuläre Beispiele bahnbrechender Innovationen[10] haben in ihrem Ursprung meist eine Gemeinsamkeit: die Entwicklung der Idee wurde von einer Einzelperson oder einem kleinen Team, dem Champion, vorangetrieben, häufig genug abseits und ohne Unterstüt-

10 Vgl. Ketteringham/Nayak, „Senkrechtstarter", Econ Verlag, Düsseldorf, Wien, New York, 1987.

zung der „offiziellen" Organisation. Ein Champion ist nicht planbar, nicht strukturierbar. Er ist in jeder Organisation ein Glücksfall, der häufig genug trotz und nicht wegen der Organisation entsteht.

Dennoch gibt es organisatorische Rahmenbedingungen, die die Kreativität Einzelner und damit die Innovationskraft des Unternehmens fördern. Diese Rahmenbedingungen bestehen aus vier Elementen:

- *Champion oder Fachpromotor,* der Ideen und Konzepte aufgreift und verfolgt. Seine Aufgabe ist es zu beweisen, daß auch unkonventionelle Ansätze Chancen bergen. Entscheidend für den Erfolg des Champion ist deshalb der Freiheitsgrad, mit dem er unkonventionelle Ansätze innerhalb der Organisation aufgreifen und verfolgen darf.
- *Sponsor oder Machtpromotor,* der die Arbeit des Champions innerhalb der Organisation, insbesondere vor der Geschäftsleitung, verantwortet.
- *Team,* das zu gegebenem Zeitpunkt mit der Weiterentwicklung innovativer Konzepte betraut wird.
- *Budget,* das dem Champion und gegebenenfalls dem Team die Arbeit an dem jeweiligen Projekt ermöglicht. Wichtiger als die Höhe des Budgets ist allerdings dessen offizielle Verfügbarkeit, die die Verpflichtung des Managements gegenüber dem kreativen Prozeß signalisiert.

3.2.2 Prozeßsteuerung

Neben der Gestaltung der formalen Rahmenbedingungen (und der Förderung eines innovationsfreundlichen Klimas) in der Organisation gilt es, den Prozeß der Realisierung einer Innovation zu gestalten und zu managen. Unternehmen, die eine aktive Innovationsstrategie auf der Basis systematisch erarbeiteter Produktvorsprünge verfolgen wollen, müssen in der Lage sein, ihren zeitlichen Vorsprung auch bei der Umsetzung zu halten. Es hat sich als zielführend erwiesen, anstelle einer Kette von Spezialisten ein produktbezogenes Team mit der Realisierung von Produktvorhaben im Rahmen eines eindeutig definierten Projekts zu betrauen. Damit wird auch die Grundlage für ein unternehmerisch orientiertes Innovationsmanagement geschaffen, das sich nicht mehr an Abteilungsgrenzen und Abteilungsegoismen stößt. Zu einem effektiven und effizienten Projektmanagement gehören eine Reihe von Rahmenbedingungen:

- ein zeitlich definierter Beginn und ein Ende,
- ein Projektteam, ausgestattet mit einem Budget,
- eine klare Zielsetzung,
- eine detaillierte Projektplanung, die Einzelschritte, Abläufe, logische Abhängigkeiten und Ecktermine beinhaltet (Netzplantechnik),
- ein Projektcontrolling, das regelmäßig die Erfüllung von Zwischenschritten, Termintreue und Budgeteinhaltung überwacht,
- ein Anreizsystem, das die Mitarbeit im Team und den Erfolg des Projekts belohnt.

3.3. Innovationsmarketing

Eine Neuerung, vom Unternehmen sorgfältig konzipiert und für den Markteintritt vorbereitet, wird erst dann zu einer echten Innovation, wenn der Markt den Nutzen des Angebots erkennt und mit entsprechenden Kaufakten belohnt. Deshalb ist nicht allein die nutzenorientierte Konzeption entscheidend, sondern auch die Beherrschung eines Instrumentariums zur Vermarktung der Neuerung. Dieses Innovationsmarketing-Instrumentarium folgt einem Schema, das aus Erfahrungen mit einer Vielzahl von Innovationsvorhaben abgeleitet wurde[11]: das Unternehmen entwickelt ein nutzenorientiertes Leistungsangebot, während in einem zeitlich abgestimmten Prozeß die Transaktionspartner (Mitarbeiter, Handel, Konsumenten) ihre Bedürfnisse, Anforderungen und Probleme formulieren. Die Unsicherheit und Fehleranfälligkeit wird damit durch ein abgestimmtes Vorgehen im Sinne von „trial and error" aller Beteiligten verringert. Die Umsetzung des Innovationsmarketing-Konzepts besteht aus drei Phasen:

- *Vorfeld-Marketing.* Es muß vor der eigentlichen Markteinführung des innovativen Angebots stattfinden. Es geht darum, in der intensiven Auseinandersetzung mit innovationswilligen Kunden die Bedingungen zu erkennen, unter denen die Neuerung eine optimale Marktakzeptanz erreicht. Vorrangiges Ziel ist es, die Nutzeninnovation beim Kunden verstehen zu lernen.
- *Pilot-Marketing.* Es zielt darauf ab, in der Zusammenarbeit mit innovationswilligen Referenzkunden praktische Anwendungserfahrung zu sammeln und in die endgültige Gestaltung des Leistungs- und Serviceangebots einzubringen.
- *Breitenmarketing.* Es nutzt die Erkenntnisse und Erfahrungen der vorangegangenen Stufen zur systematischen Bearbeitung aller relevanten Zielgruppen mit dem geeigneten Marketing-Mix. Die klassische Marktbearbeitung findet also erst dann statt, wenn zuverlässige Anwendungserfahrungen vorliegen.

Die konsequente Orientierung an den Marktbedürfnissen und Nutzenerwartungen potentieller Zielkunden steht also im Mittelpunkt des Innovationsmarketings. Es ist zugleich ein intensiver Kommunikations- und Lernprozeß aller Beteiligten.

---

11 Vgl. Mollenhauer/Remmerbach (1988), S. 123 – 137 in: Arthur D. Little (Hrsg.) „Management des geordneten Wandels", Gabler, Wiesbaden, 1988.

Literatur

Arthur D. Little International: „Innovation als Führungsaufgabe", Manager Magazin, 1988.

Brummer, B.: „Wie reagieren Handel und Verbraucher?"; in: „Absatzwirtschaft" Sondernummer Oktober 1989, Seite 8ff.

Gerybadze, A.: „Innovation, Wettbewerb und Evolution", Tübingen 1982.

Gerybadze, A.: „Organizational Life Ciycle of New Technology based firms", Cambridge 9/10.4.1985, Paper presented to the British-German-Symposium, Cambridge 1985.

Kotler: „Marketing Management", Englewood Cliffs 1988.

Laub, U.D. (1989): „Zur Bewertung innovativer Unternehmensgründungen im institutionellen Zusammenhang", München 1989.

Magyar, K.: „Marketing-Pioniere und Pionier-Management", Landsberg/Lech 1988.

Meffert, H.; Remmerbach, K.-U.: „Marketingstrategien in jungen Märkten – Wettbewerbsorientiertes High-Tech-Marketing"; in: Die Betriebswirtschaft, 2/1988, S. 331 – 346.

Mollenhauer, M.; Remmerbach, K.-U.: „Management des geordneten Wandels", Hrsg.: Arthur D. Little Intern., Wiesbaden 1988, S. 123 – 137.

Peters, T.J.; Waterman R.H.jr.: „In Search of Excellence", New York 1982.

Pfeiffer, W.; Bischof, P.: „Produktlebenszyklen - Instrument jeder strategischen Produktplanung" in: Steinmann, H. (Hrsg.), Planung und Kontrolle - Probleme der strategischen Unternehmensführung, München 1981, S. 133 – 165.

Porter, M.: „Wettbewerbsstrategie", Frankfurt am Main 1983.

Robinson, W.T.; Fornell, C.: „Market Pioneering and Sustainable Market Share Advantages", The PIMSLETTER on Business Strategy, No. 39, Strategic Planning Institute, Cambridge, Mass. 1986.

Simon, H.: „Die Zeit als strategischer Erfolgsfaktor", in: Zeitschrift für Betriebswirtschaft, 1/1989, S. 70 – 93.

Sommerlatte, T.: „Management der Geschäfte von Morgen", Hrsg.: Arthur D. Little Intern., Wiesbaden 1986, S. 35 – 75.

O. Verf.: „Rekordwert bei Unternehmensübernahmen"; in: „Frankfurter Allgemeine Zeitung", 5.2.1990.

Statistisches Jahrbuch der Bundesrepublik Deutschland, Wiesbaden 1989.

Ingo Böckenholt

Moderne Instrumente zur Bewertung der Marktchancen innovativer Produkte

1. Einführung

2. Neuprodukte im Spannungsfeld von Innovation und Imitation

3. Allgemeines Phasenmodell der Neuprodukteinführung

4. Zum Einsatz von PTM- und TM-Modellen

5. Schlußbemerkungen

Literatur

1. Einführung

Die schnelle Entwicklung des technischen Fortschritts und der beschleunigte Wandel von Konsumentenbedürfnissen hat zu einer teilweise erheblichen Verkürzung der Produkt-Lebenszyklen geführt. Daneben ist auf vielen Märkten eine verstärkte Marktsättigung und ein wachsender Verdrängungswettbewerb zu beobachten[1]. Vor dem Hintergrund dieser Rahmenbedingungen und einer Umwelt, die durch zunehmende Komplexität und Dynamik gekennzeichnet ist, kommt der Fähigkeit eines Unternehmens, eine erfolgreiche marktorientierte Innovationspolitik zu betreiben, besondere Bedeutung zu.

Marktorientierte Innovationspolitik bedeutet in diesem Zusammenhang, ständig neue Produkte oder Dienstleistungen erfolgreich am Markt einzuführen bzw. etablierte Produkte oder Dienstleistungen den Erfordernissen des Marktes anzupassen[2]. Sie ist damit zu einem der wichtigsten Instrumente der Umsatz- und Ertragssicherung eines Unternehmens geworden. So waren z.B. 40% der Produkte, die die Firma Siemens 1976 anbot, jünger als 5 Jahre[3].

Der Bedeutung von Innovationen für den Unternehmenserfolg steht jedoch die Erkenntnis gegenüber, daß die Einführung neuer bzw. die Veränderung bestehender Produkte nicht ohne Risiko ist. So berichten beispielsweise Booz/Allen/Hamilton[4] für den US-amerikanischen Markt, daß 35% aller Neuprodukteinführungen zwischen 1976 und 1981 nicht die Erwartungen der Unternehmen erfüllen konnten. In einer anderen empirischen Untersuchung kam Schelker[5] zu dem Ergebnis, daß von 100 Produktideen nur 3,7% zu Markterfolgen wurden. Diese „Flop“-Quoten sind für die Unternehmen nicht zuletzt deshalb schmerzlich, weil die Forschungs- und Entwicklungsausgaben für Neuprodukte in den letzten Jahren stark gestiegen sind; in den USA beispielsweise beliefen sie sich 1979 auf ca. 15 Milliarden Dollar[6]. Die Zahlen unterstreichen die Bedeutung leistungsfähiger Testinstrumente, um die Marktchancen eines Neuprodukts vor seiner eigentlichen Markteinführung beurteilen zu können und damit das wirtschaftliche Risiko für das Unternehmen zu verringern.

Im Rahmen dieses Beitrags soll ein Überblick über Verfahren und Modelle gegeben werden, die praktische Entscheidungshilfen zur Erkennung von Marktchancen und Risiken innovativer Produkte bereitstellen. Neben der Prognose von Absatzchancen eines Neuprodukts – z.B. in Form von wert- oder mengenmäßigen Marktanteilen – ist die Erklärung der Wirkung von Produkteigenschaftsausprägungen auf die Änderung der Marktanteile des Neuprodukts von besonderem Interesse.

---

1 Vgl. Simon, H. (1988), S. 462-464.

2 Vgl. dazu auch die Ausführungen von Frowein zur Innovationstätigkeit in der Konsumgüterindustrie in diesem Band.

3 Weitere Branchenbeispiele für verkürzte Produktlebenszyklen findet man bei Pernicky (1987).

4 Vgl. Booz/Allen/Hamilton (1982).

5 Vgl. Schelker (1978), S. 57. Ähnliche Zahlen findet man z.B. bei Albers, Kemnitz, Kurz (1985) und Haller (1980) für den deutschen Markt.

6 Vgl. Assmus (1984). Einen detaillierten Überblick bzgl. Forschungs- und Entwicklungsaktivitäten in der BRD gibt Brockhoff (1988) S. 39-55.

2. Neuprodukte im Spannungsfeld von Innovation und Imitation

Generell werden heute weder in der wissenschaftlichen Theorie noch in der Unternehmenspraxis die Begriffe Neuproduktentwicklung und Produktinnovation[7] eindeutig voneinander abgegrenzt. Der Begriff Produktinnovation bezeichnet nicht nur die Entwicklung originärer Produkte, sondern darunter werden auch Produktverbesserungen oder Imitationsprodukte subsummiert[8]. Im folgenden werden drei Arten von Neuprodukten unterschieden, die sich durch das Kriterium „Neuigkeitsgrad gegenüber dem Markt" voneinander abgrenzen. Die sogenannte „echte Innovation" entspricht dabei der eigentlichen Produktinnovation:

Echte Innovationen (Produktinnovationen)

Dies sind Produkte, die es in dieser Form bislang noch nicht gab und die neue Problemlösungen darstellen. Dabei lassen sich zwei Arten von Innovationen unterscheiden:

- funktional neue Produkte: sie befriedigen Bedürfnisse, wie sie bisher auch von anderen Produkten erfüllt wurden, auf eine völlig neue Weise (z.B. Taschenrechner vs. Rechenschieber; Elektrorasierer vs. Naßrasierer; digitale Quarzuhr vs. mechanisch angetriebene Analoguhr)
- bedürfnisneue Produkte: sie decken Anforderungen ab, für die es bislang noch keine Problemlösung gab (z.B. Videorecorder; Walk-Man; Sofortbildkamera). Diese Art von Produkten ist noch ausgeprägter innovativ, aber auch dementsprechend seltener anzutreffen.

Quasi-neue Produkte

Dabei handelt es sich um neuartige Produkte, die an bekannte Vorläufer anknüpfen und bzgl. bestimmter Eigenschaften weiterentwickelt wurden (z.B. Klappfahrrad; Filzschreiber; Ölschaumbäder; Diät-Margarine). Unter diese Kategorie fällt auch das Aufdecken neuer Verwendungszwecke für bestehende Produkte durch bestimmte Funktionserweiterungen. Ein Beispiel zeigt das Papiertaschentuch, das in differenzierten Verpackungen und Aufmachungen für den Kosmetik, Allzweck- oder Babybereich erschlossen wurde.

---

7 Auf die Abgrenzung von Produkt-, Verfahrens- (Prozeß-) und Sozialinnovation wird im Rahmen dieser Ausführungen nicht näher eingegangen; vgl. dazu z.B. Michel (1987), S. 8.

8 Vgl. dazu auch das bei Laub und Schneider zugrundegelegte Innovationsverständnis in diesem Band.

Me-too-Produkte

Sie bezeichnen nachempfundene Produkte, die sich vom originären Produkt weniger in der Substanz als vielmehr im Produktäußeren und einer anderen Ausgestaltung der Marketingvariablen, wie dem Preis, unterscheiden (z.B. der x-te Schokoladenriegel oder das x-te Spülmittel).

Echte Produktinnovationen haben gegenüber Mee-too-Produkten deutlich höhere Umsatz- und Gewinnchancen[9]. Dem steht jedoch ein größeres Mißerfolgsrisiko gegenüber, das sich zum einen in dem wesenlich komplexeren Produktentwicklungsprozeß begründet, der dem jeweiligen Unternehmen auch ein höheres Investitionsvolumen abverlangt. Der zweite Risikofaktor liegt darin, daß mit der Einführung von echten Produktinnovationen generell Neuland bei der Markteinführung betreten wird[10]. Direkt vergleichbare, am Markt bereits eingeführte Produkte sind per Definition noch nicht vorhanden. Damit ist nicht nur die allgemeine Akzeptanz einer Produktinnovation am Markt mit einer großen Unsicherheit versehen, sondern auch der Bereich der Ausgestaltung des Marketing-Mix-Instrumentariums. Da Referenzprodukte fehlen, ist z.B. zunächst nicht bekannt, in welchem Preisintervall die Produktinnovation am Markt idealerweise angeboten werden soll. Damit wird deutlich, daß gerade für innovative Produkte eine sorgfältige Analyse und Bewertung der Marktchancen von elementarer Wichtigkeit sind.

3. Phasenmodell der Neuprodukteinführung

Abbildung 1 beschreibt die Struktur der aufeinanderfolgenden Stufen des Prozesses einer Neuprodukteinführung[11].

Ausgangspunkt sollte zunächst die Festlegung geeigneter Produkt-/Marktsegmente sein, in denen die Unternehmung zukünftig tätig sein will. Verfahren zur Identifikation geeigneter Produkt-/Marktsegmente beschreiben Bauer (1989), Böckenholt (1989) oder Urban/ Johnson/Hauser (1984). Aufbauend auf den Erkenntnissen über eine Produkt-/Marktstruktur müssen für jedes einzelne Produkt-/Marktsegment Kennzahlen wie Marktvolu-

9 Vgl. Buzzell, Gale (1987), S. 153-164. Der frühe Markteintritt mit einer Produktinnovation bietet günstige Voraussetzungen zur Schaffung von Wettbewerbsvorteilen, stellt jedoch auf keinen Fall eine Erfolgsgarantie dar. Gründe, die zu einem Verlust dieser potentiellen Vorteile eines frühen Markteintritts führen, reichen von fehlenden finanziellen oder technischen Ressourcen zum Ausbau der Marktposition bis zu verfehlten Technologie- oder Marketingentscheidungen.

10 Zu empirischen Ergebnissen bei der Einführung neuer, bislang unbekannter Problemlösungen sowie bei Weiterentwicklungen bereits bekannter Problemlösungen durch innovative Unternehmensgründer und deren Erfolgsentwicklung vgl. Picot, Laub, Schneider (1989).

11 Ergänzend hierzu vgl. auch das integrierte Innovations-Prozeß-Phasenmodell von Laub in diesem Band sowie die Ausführungen bei Laub (1989), S. 61-73.

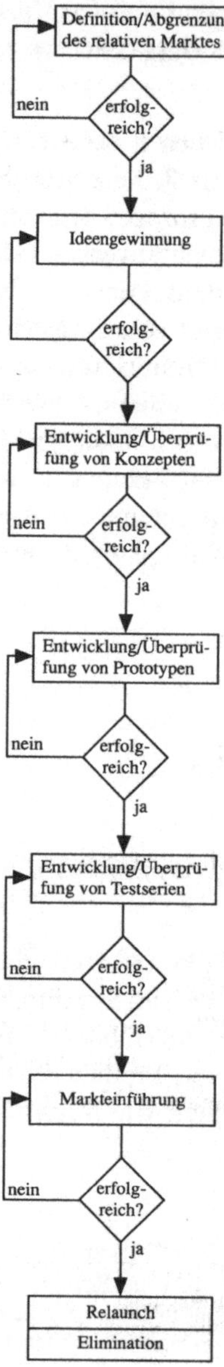

Phasen der Produktentwicklung	Untersuchungs-gegenstand	Datengrundlage/ Konsumenten-reaktion	Analyse-instrument	Ausgewählte Literatur
Definition/Abgrenzung des relativen Marktes → erfolgreich? (nein / ja)	Produkt-/Markt-kombinationen	Marktvolumen Marktwachstum Wettbewerbsdruck Eintrittsbarrieren kaufentscheidende Faktoren	Methoden der Marktstrukturierung/ segmentierung	Bauer (1989) Böckenholt (1989) Urban/Johnson/ Hauser (1984)
Ideengewinnung → erfolgreich?	Produktideen	Informationsaufnahme Wahrnehmung und Beurteilung wirtschaftliche Erfolgs-chancen	Kreativitätstechniken	Kramer (1987, S. 283–320) Wind (1982, S. 246–275)
Entwicklung/Überprüfung von Konzepten → erfolgreich? (nein / ja)	Produktkonzepte	Informationsaufnahme Wahrnehmung und Beurteilung wirtschaftliche Erfolgs-chancen	Multivariate Verfahren der Identifikation u. Repräsentation Wirtschaftlichkeits-analysen (Kosten., Renditerechnung)	Kramer (1987, S. 283–320) Wind (1982, S. 246–275)
Entwicklung/Überprüfung von Prototypen → erfolgreich? (nein / ja)	Prototypen	Informationsaufnahme Wahrnehmung und Beurteilung Präferenz Kaufabsicht wirtschaftliche Erfolgs-chancen	Multivariate Verfahren der Identifikation u. Repräsentation Wirtschaftlichkeits-analysen (Kosten., Renditerechnung)	siehe Produktkonzepte und zusätzlich Wind (1982, S. 304–336)
Entwicklung/Überprüfung von Testserien → erfolgreich? (nein / ja)	Verkaufsfähige Produkte	siehe Prototyp und zusätzlich simulierte Kaufentscheidungen	Pre-Testmark-Instrumente	Robinson (1981) Shocker/Hall (1986)
		siehe Prototyp und zusätzlich reale Kaufentscheidungen im Testmarkt	Pre-Testmark-Instrumente	Assmus (1984) Naraimhan/Sen (1983)
Markteinführung → erfolgreich? (nein / ja)	Marktreife Produkte Markteinführungs-strategie	Erstkäuferrate (Innovatoren) Wiederkaufrate Marktanteilsentwicklung	Diffusionsmodell wie Bass-Modell u. entsprech. Erweiterungen	Bass (1969) Parfitt/Collins (1968) Mahajan/Wind (1986)
Relaunch / Elimination	Marketingstrategie Reaktionen d. Wettbewerber Reaktionen d. Konsumenten	Marktanteilsentwicklung Marketingpolitische Maßnahmen der Konkurrenz	BRANDAID → DEFENDER → Produkt-Portfolio-Modelle →	Little (1975) Hauser/Shugan (1983) Kramer (1987, S. 77–156)

Abbildung 1: Phasenmodell der Produktentwicklung

men, Wachstumsraten, kaufentscheidende Faktoren, Distributionsstrukturen, Konkurrenzdaten usw. ermittelt werden. Mit Hilfe dieser Daten erhält das jeweilige Unternehmen Beurteilungskriterien dafür, welche Produkt-/Marktsegmente – z.B. aufgrund hoher Wachstumsraten und/oder eines niedrigen Konkurrenzdruckes – besonders attraktiv sind, um für diese Segmente gezielt Überlegungen zur Generierung neuer Produktideen zu starten.

Die nächste Stufe setzt sich mit der Generierung neuer Produktideen auseinander. Auf die bekannten Kreativitätstechniken wie Synektiks, Brainstorming, Ideendelphi oder systematische Ideensuchverfahren, z.B. der Morphologische Kasten oder das Relevanzbaumverfahren, soll an dieser Stelle nicht näher eingegangen werden[12].

An die Ideengenerierung und -überprüfung schließt sich die Phase der Konzeption und Überprüfung geeigneter Produktkonzepte an. Bei der Überprüfung der Produktkonzepte ist zwischen Wirtschaftlichkeitsanalysen[13] und Konsumentenbeurteilungen der Produktkonzepte zu unterscheiden. Gemessene Konsumentenreaktionen umfassen dabei die Informationsaufnahme, die Wahrnehmung und Beurteilung ausgewählter Eigenschaften der Produktkonzepte sowie die Präferenz für oder gegen bestimmte Produktkonzepte. Bei den Prototypen läßt sich zusätzlich – da hier das Produkt für die Testperson auch plastisch präsentiert werden kann – eine Kaufabsicht abfragen. Einen Überblick über geeignete Datentypen, die in diesem Zusammenhang erhoben werden können, gibt Böckenholt[14]. Zentrale Fragen, denen im Rahmen einer Überprüfung der Produktkonzepte bzw. Prototypen nachgegangen wird, lauten:

- Welche wesentlichen Informationen werden bei der Betrachtung des Produktkonzepts bzw. der Prototypen aufgenommen?
- Wie werden bestimmte Eigenschaften des Produktkonzepts/Prototyps (im Vergleich zu Konkurrenzprodukten) beurteilt und bewertet (positiv/negativ)?
- Welche Produktkonzepte/Prototypen werden besonders präferiert bzw. abgelehnt?

Unter Verwendung von multivariaten Verfahren zur Identifikation – z.B. Regressionsanalyse, Logitanalyse – kann der Frage nachgegangen werden, welche Produkteigenschaften einen positiven bzw. negativen Beitrag zur Präferenz eines einzelnen bestimmten Produktkonzepts bzw. zur Kaufabsicht einzelner Prototypen beitragen.

Ein wesentliches Ziel der bisher skizzierten Phasenabfolge von der Marktabgrenzung bis zur Ideengenerierung liegt darin, das Risiko von Fehlentscheidungen in den folgenden Phasen zu reduzieren.

Im nächsten Schritt ist das verkaufsfähige Produkt in einem Pre-Testmarkt (PTM) bzw. Testmarkt (TM) zu erproben. Beim PTM handelt es sich um ein relativ junges, aber zunehmend genutztes Testinstrument, das eine Synthese aus dem reinen Labortest[15] und dem

12 Vgl. die Literaturangaben in Abbildung 1.
13 Vgl. dazu z.B. Wind (1982), S.302-336.
14 Vgl. Böckenholt (1989), S. 29 f.
15 Vgl. dazu z.B. Bauer (1981)

klassischen Testmarktansatz darstellt. Das gemeinsame Ziel einer PTM- und TM-Modellierung liegt in der Prognose von Absatzchancen (z.B. wert- und mengenmäßige Marktanteile, Umsatz, ROI usw.) und der Identifikation von Schwachstellen eines Neuprodukts. Die potentiellen Schwachstellenbereiche erstrecken sich von der Funktionalität und praktischen Handhabung bis hin zur Ausgestaltung des marketingpolitischen Instrumentariums (z.B. unvorteilhafte Verpackung, zu hoher Preis, Fehler in der Kommunikationspolitik usw.)[16].

Der wesentliche Unterschied zwischen PTM- und TM-Ansätzen liegt darin, daß PTM-Modelle auf simulierte Kaufhäufigkeiten und Präferenzdaten als Datenbasis zurückgreifen, während TM-Modelle reale Kaufentscheidungen benötigen, die entweder im Rahmen einer regional begrenzten Neuprodukteinführung oder in ausgewählten Testmärkten erhoben werden.

Für denjenigen, der zwischen einem PTM- und einem TM-Ansatz auszuwählen hat, ergibt sich dabei ein grundsätzliches Dilemma: Auf der einen Seite besitzen die realen Kaufdaten im TM-Ansatz i.d.R. eine höhere Prognosevalidität; sie tragen zudem weiteren Einflußfaktoren wie der Akzeptanz durch den Handel oder Reaktionen des Wettbewerbs durchaus Rechnung. Auf der anderen Seite besitzen die PTM-Ansätze eine Vielzahl von Vorteilen. So entstehen gegenüber dem regionalen TM nur Kosten in Höhe von 80000–150000 DM anstelle der üblichen mehrere Millionen DM. Die Ergebnisse sind in wesentlich kürzerer Zeit verfügbar; je nach Umfang der Untersuchung in 2–3 Monaten gegenüber mindestens einem halben Jahr beim TM. Schließlich gewährleistet der PTM-Ansatz eine bessere Geheimhaltung des Neuprodukts. Zusätzlich bieten die Präferenzdaten detailliertere Analysemöglichkeiten, um in Abhängigkeit von den Produkteigenschaftsausprägungen Kaufhäufigkeiten oder Präferenzdaten zu erklären. Präferenzdaten erfassen nicht nur Kauf bzw. Nichtkauf eines Produkts, sondern liefern auch eine Beurteilung der nicht gekauften Produkte und erlauben damit eine Schätzung individueller Präferenzfunktionen.

Tabelle 1 zeigt ein einfaches Beispiel dafür, welche absatzpolitischen Entscheidungen in Abhängigkeit von den Ausprägungen von Erstkauf- und Wiederkaufraten eines Neuproduktes vom Management getroffen werden können[17].

Diese Erst- und Wiederkaufentscheidungen können sowohl auf simulierten Kaufentscheidungen (vgl. PTM-Ansätze) als auch auf realen Kaufentscheidungen (vgl. TM-Ansätze) basieren. Dabei bleibt jedoch generell offen, wann eine Rate als hoch bzw. niedrig einzustufen ist. Hohe Erstkauf- und Wiederkaufraten begünstigen im allgemeinen eine Einführungsentscheidung. Bei einer hohen Erstkaufrate, aber niedrigen Wiederkaufrate ist zu vermuten, daß das Produkt die Kunden nicht zufriedenstellt und daher entweder modifiziert oder aufgegeben werden sollte. Im umgekehrten Fall – niedrige Erstkaufrate, hohe Wiederkaufrate – scheint das Produkt gut beim Konsumenten anzukommen. Für den

---

16 Vgl. hierzu ergänzend die Ausführungen bei Frowein in diesem Band.
17 Vgl. Kotler (1982), S. 351.

endgültigen Markterfolg muß jedoch mit intensivierter Werbung und Verkaufsförderung versucht werden, mehr Konsumenten zu einem Erstkauf des Produkts zu bewegen. Sind beide Kaufraten niedrig, so ist das Produkt als „Flop" einzustufen.

Tabelle 1: Alternative Maßnahmen in Abhängigkeit von Testmarktergebnissen

		Wiederverkaufsrate am Testmarkt	
		hoch	niedrig
Einkaufsrate am Testmarkt	hoch	Produkt am Gesamtmarkt einführen	Produktvariation oder Aufgabe des Produkts
	niedrig	Neukonzeption/Intensivierung der Kommunikations- und Distributionspolitik	Produkt aufgeben

Die oben erwähnten Nachteile von TM-Ansätzen gelten in noch stärkerem Ausmaß für Diffusionsmodelle. Sie können als TM-Instrument wie auch (wie in Abbildung 1 angegeben) zu Beginn einer Markteinführungsphase eingesetzt werden, um die künftigen Marktchancen eines Neuprodukts zu extrapolieren. Ein bekanntes Diffusionsmodell ist z.B. das von Bass, dem Mahajan/Wind einen umfassenden Literaturüberblick mit zahlreichen Erweiterungen widmen[18].

Diffusionsmodelle benötigen i.d.R. einen weitaus größeren Datenerhebungszeitraum als die meisten TM-Modelle, damit ausreichend viele Daten für eine Extrapolation zur Verfügung stehen. Insbesondere die Bestimmung von Grenzwerten kann aufgrund eingeschränkter Zeitreihenbeobachtungen zu stark fehlerhaften Resultaten führen. Da zumeist auch keine Einflußgrößen des Kaufverhaltens berücksichtigt werden, können die Prognosen keine Gültigkeit behalten, wenn wesentliche Änderungen eintreten, z.B. bei der Werbung des Anbieters, den Preisen der Händler oder den Maßnahmen der Konkurrenz. Eine Ausnahme bildet z.B. der Ansatz von Böcker/Gierl[19], die in eine Reihe von Diffusions-

18 Vgl. Bass (1969) und Mahajan, Wind (1986). Eine verhaltenswissenschaftliche Motivation von Diffusionsmodellen findet man z.B. bei Bierfelder (1987).

19 Vgl. Böcker, Gierl (1987), S. 695.

modellen erklärende Variable integriert haben, wie die Anzahl der Kontakte des Außendienstes mit Kaufkandidaten, die Marktpräsenz von Konkurrenten, den Preis usw.

Übersichtsarbeiten zur Strukturierung und Klassifikation bisheriger Ansätze zur PTM- und TM-Modellierung findet man bei Assmus, Böckenholt/Gaul, Narasimhan/Sen, Wind/Mahajan/Cardozo und Wind[20].

Um der Vollständigkeit willen seien noch einige Instrumente angeführt, die dem Management Entscheidungsunterstützung nach einer Neuprodukteinführung bereitstellen. Mit dem BRANDAID-Modell lassen sich z.B. die Auswirkungen unterschiedlicher Marketing-Mix-Strategien auf die Marktanteile der eigenen Marken analysieren. Der DEFENDER-Ansatz[21] ermöglicht es, Verteidigungsstrategien bzgl. angreifender Wettbewerber zu optimieren. Und natürlich sind in diesem Zusammenhang auch die Produkt-Portfolio-Techniken nicht zu vergessen, die dem Management Unterstützung bieten, das Produktprogramm der Unternehmung auf Ausgewogenheit im Kosten-, Umsatz- und Ergebnisverhalten zu beurteilen.

4. Zum Einsatz von PTM- und TM-Modellen

Wichtige PTM-Ansätze sind z.B. Assessor, COMP, LTM, NEWS/PIANNER und PERCEPTOR[22]; im TM-Bereich LITMUS, NEWS/MARKET, TRACKER und SPRINTER[23]. Strukturiert man den Bereich der Neuprodukte nach den Kriterien „Echte Innovationen" versus „Me-too-Produkte" und Konsumgüter versus Investitionsgüter (vgl. Tabelle 2), so ergibt sich die folgende Zuordnung von PTM- und TM-Modellen zur Analyse und Bewertung der Marktchancen von Neuprodukten. Der Einsatzbereich der PTM-Ansätze liegt im Feld der Quasi-neuen und Me-too-Konsumgüter. Diese Zuordnung resultiert im wesentlichen aus den Datenanforderungen für die Modelle. Zum einen ist man an relativ vielen Beobachtungszeitpunkten interessiert, zu denen eine Kaufentscheidung vom Konsumenten getroffen wird; dieses Kriterium wird durch Konsumgüter eher erfüllt als durch Investitionsgüter, da sie im allgemeinen eine höhere Kauffrequenz aufweisen. Zum anderen verlangen die Testanordnungen aus dem PTM-Bereich vergleichbare Referenzprodukte, die bereits am Markt eingeführt sind, um entsprechende Substitutionseffekte quantitativ bewerten zu können[24]. Eine sorgfältige Definition von Produktgruppen, denen eine Verdrängung bzw. Substitution durch eine Produktinnovation droht, eröffnet den Einsatz von PTM-Modellen auch für Innovationen im Konsumgüterbereich.

20 Vgl. Assmus (1981, 1984); Böckenholt, Gaul (1987); Narasimhan, Sen (1983); Wind, Mahajan, Cardozo (1981) und Wind (1982).

21 Vgl. Hauser, Shugan (1983); Hauser, Gaskin (1984).

22 Vgl. Silk, Urban (1978); Burger, Gundee, Lavidge (1981); Yankelovich, Shelly and White (1981); Pringle, Wilson, Brady (1982); Urban (1975).

23 Vgl. Blackburn, Clancy (1982); Pringle, Wilson, Brady (1982), Blattberg, Golanty (1978); Urban (1969).

24 Geeignete Referenzprodukte lassen sich bei Quasi-neuen- bzw. Me-too-Produkten leichter definieren.

Tabelle 2: Zum Einsatz von TM- und PTM-Modulen

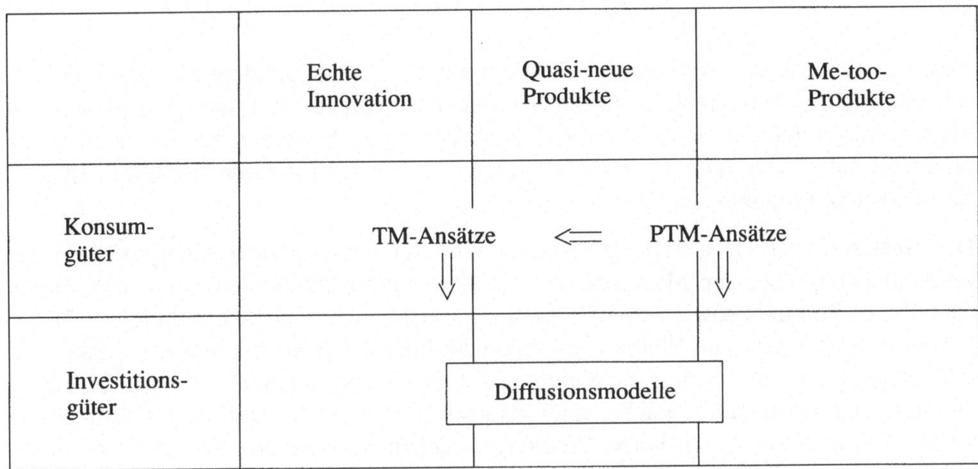

	Echte Innovation	Quasi-neue Produkte	Me-too-Produkte
Konsumgüter	TM-Ansätze ⇓	⇐	PTM-Ansätze ⇓
Investitionsgüter		Diffusionsmodelle	

TM-Ansätze sind naturgemäß eher für Innovationen im Konsumgüterbereich geeignet, da sie auf reale Kaufentscheidungen im Testmarkt zurückgreifen. Die realen Kaufentscheidungen – gemessen in Form von Erst- und Wiederkaufraten der Produktinnovation – sowie die Absatzzahlen der Produkte, denen eine Substitution durch Produktinnovation droht, bilden einen zentralen Teil der Datengrundlage zur Bewertung der Marktchancen einer Innovation. Ein bereits erwähnter Vorteil der PTM-Modelle liegt in der Gewinnung detaillierter diagnostischer Informationen über die Stärken und Schwächen eines Neuprodukts. Möglichkeiten zur Integration solcher Eigenschaften in TM-Ansätze werden bei Böckenholt[25] behandelt.

Die meisten der heute bekannten TM- und PTM-Modelle benötigen zur Parameterschätzung mindestens zwei aufeinanderfolgende Kaufentscheidungen pro Konsument[26]. Ist diese Datenanforderung in einem vertretbaren Zeitraum (z.B. ein Jahr) auch bei einem Investitionsgut erfüllt, so lassen sich diese – eher dem Konsumgüterbereich zuzuordnenden Modelle – auch bei einem Investitionsgut einsetzen. Damit bieten sie eine sinnvolle Ergänzung bzw. Alternative zu den klassischen Diffusionsmodellen an.

25 Vgl. Böckenholt (1989), S. 192 ff.

26 TM-Ansätze wie LITMUS, NEWS/MARKET oder TRACKER verlangen sogar drei oder mehr subjektspezifische Kaufentscheidungen.

5. Schlußbemerkungen

Ausgangspunkt dieses Beitrags sind Verfahren und Modelle, die dem Management Entscheidungshilfen bereitstellen, um die Marktchancen und Risiken von Quasi-neuen und Me-too-Konsumgütern bei der Neuprodukteinführung zu bewerten. Neben einem Überblick über diese Techniken wurden Überlegungen vorgestellt, wie sich die Verfahren auch für innovative Produkte einsetzen lassen[27].

Das Spektrum der Entscheidungshilfen umfaßt Stärken-/Schwächenanalysen von der Produktleistung über den Markennamen bis hin zu Produktäußerlichkeiten (z.B. Farbe, Geruch des Produkts sowie seine Verpackung), ermöglicht eine Beurteilung des Differenzierungspotentials zum Wettbewerb sowie der Preisakzeptanz des neuen Produkts und schließt auch eine Bewertung des Kommunikationskonzeptes ein. Ein Vorteil des PTM-Ansatzes liegt darin, daß er solche Analysen gezielt unterstützt. Ergeben diese Einzeltests keine Hinweise auf signifikante Produktschwächen und liegen die prognostizierten Marktanteile, Marken-Bekanntheiten, Marktdurchdringungsraten (gemessen an Erst- und Wiederkaufraten) im Rahmen der Erwartungen, so steht einer Produkteinführung nichts mehr im Wege. Um sich stärker abzusichern, könnte das Management mit dem neuen Produkt noch in den TM gehen (vgl. auch Abbildung 1). Dies würde jedoch neben zusätzlichen Kosten auch einen weiteren Zeitverlust bedeuten. Daher wird der TM als Ergänzung zum PTM-Ansatz häufig nur dann eingesetzt, wenn die Ergebnisse des PTM keine eindeutigen Schlußfolgerungen ermöglichen. Liegen die prognostizierten Marktanteile, Markt-Bekanntheiten usw. des PTM-Ansatzes weit unter den Erwartungen des Managements (vgl. auch Tabelle 1 und die entsprechenden Interpretationen), so erübrigt sich der Einsatz eines TM. Das Neuprodukt ist an die vorangehenden Test- und Entwicklungsphase zurückzuverweisen, um die identifizierten Schwachstellen zu verbessern.

Literatur

Albers, S., Kemnitz, K., Kurz, S. (1985): Testmarktsimulator als Instrument des Produkttests für kleine und mittlere Unternehmen, Zeitschrift für Betriebswirtschaft, 55. Jg., S. 236 – 261.

Assmus, B. (1981): New Product Models, in: Schultz, R. and Zoltners, A. (eds.), Marketing Decisions Models, Amsterdam, S. 125 – 146.

Assmus, B. (1984): New Product Forecasting, Journal of Forecasting, 3, S. 121 – 138.

27 In Anlehnung an eine entsprechende Vorgehensweise im PTM-Bereich sollte sich ein Schwerpunkt zukünftiger Forschungsbemühungen mit der Integration erklärender Variablen – die z.B. Produktpreis, Produkteigenschaften oder Rahmenbedingungen des Marktes beschreiben – in TM- bzw. Diffusionsmodelle beschäftigen.

Bass, F. M. (1969): A New Product Growth Model for Consumer Durables, Management Science, 15, S. 215 – 227.

Bauer, E. (1981): Produkttests in der Marketingforschung, Göttingen, 1981.

Bauer, H. (1989): Marktabgrenzung, Berlin, 1989.

Bierfelder; W. H. (1987): Innovationsmanagement, München, 1987.

Blackburn, J. D., Clancy, K. J. (1982): LITMUS: A New Product Planning Model, in: Zoltners, A. (ed.), Marketing Planning Models, TIMS/Studies in the Marketing Sciences, 18, Amsterdam, S. 43 – 61.

Blattberg, R., Golanty, J. (1978): TRACKER: An Early Test Market Forecasting and Diagnostic Model for New Product Planning, Journal of Marketing Research, 15, S. 192 – 202.

Böckenholt, I. (1989): Mehrdimensionale Skalierung qualitativer Daten: Ein Instrument zur Unterstützung von Marketingentscheidungen, Frankfurt a.M, 1989.

Böckenholt, I., Gaul, W. (1987): New-Product Introduction Based on Pre-Test Market Data, EMAC/ESOMAR Symposium on Micro and Macro Modelling: Research on Prices, Consumer Behavior and Forecasting, Tutzing/Munich, S. 77 – 96.

Böcker, F., Gierl, H. (1987): Determinanten der Diffusion neuer industrieller Produkte, Zeitschrift für Betriebswirtschaft, 57. Jg., H. 7, S. 684 – 698.

Booz, Allen and Hamilton (1982): New Products Management for the 1980s, Booz, Allen and Hamilton, Inc., New York, 1982.

Brockhoff, K. (1988): Forschung und Entwicklung, München, 1988.

Burger, P. C., Gundee, H., Lavidge, R. (1981): COMP: A Comprehensive System for the Evaluation of New Products, in: Wind, Y., Mahajan, V., Cardozo, R. N. (eds.), New-Product Forecasting – Models and Applications, Toronto, S. 269 – 283.

Buzzell, R. D., Gale, B.T. (1987): Das PIMS-Programm, Wien, 1987.

Erichson, B. (1979/1980): Prognose für neue Produkte, Teil 1: Marketing ZFP, 1, 1979, S. 255 – 266, Teil 2: Marketing ZFP, 2, 1980, S. 49 – 52.

Factor, S., Sampson, P. (1983): Making Decisions about Launching New Products, Journal of the Market Research Society, 25, S. 185 – 201.

Haller, P. (1980): Spielregeln für erfolgreiche Produkte, Wiesbaden, 1980.

Hauser, J. R., Gaskin, S. (1984): Application of the „Defender“ Consumer Model, Marketing Science, 3, S. 327 – 351.

Hauser, J. R., Shugan, S. M. (1983): Defensive Marketing Strategies, Marketing Science, 2, S. 319 – 360.

Kotler, P. (1982): Marketing-Management, Stuttgart, 1982.

Kramer, F. (1987): Innovative Produktpolitik, New York, 1987.

Laub, U. D. (1989): Zur Bewertung innovativer Unternehmensgründungen im institutionellen Zusammenhang – Eine empirisch gestützte Analyse, München, 1989.

Lilien, G. L., Kotler, Ph. (1983): Marketing Decision Making: A Model-Building Approach, New York, 1983.

Little, J. B. C. (1975): BRANDAID: A Marketing-Mix-Model, Operations Research, 23, 4, S. 628 – 673.

Mahajan, V., Wind, Y. (1986): Innovation Diffusion Models of New Product Acceptance, Cambridge, Mass, 1986.

Michel, K. (1987): Technologie im strategischen Management – Ein Portfolio-Ansatz zur integrierten Technologie- und Marktplanung, Berlin, 1987.

Narasimhan, C., Sen, S. K. (1983): New Product Models for Test Market Data, Journal of Marketing, 47, S. 11 – 24.

Parfitt, J. H., Collins, B. J. K. (1968): Use of Consumer Panel for Brand Share Prediction, Journal of Marketing Research, 5, S. 131 – 146.

Pernicky, R. (1987): Rendite für Angreifer, Wirtschaftswoche 39, S. 95 – 97.

Picot, A.; Laub, U. D.; Schneider, D. (1989): Innovative Unternehmensgründungen – Eine ökonomisch-empirische Analyse, Heidelberg, New York, Tokyo, 1989.

Pringle, L. G., Wilson, R. D., Brady, E. I. (1982): NEWS: A Decision – Oriented Model for New Product Analysis and Forecasting, Marketing Science, 1, S. 1 – 29.

Robinson, P. J. (1981): Comparison of Pre-Test-Market New-Product Forecasting Models, in: Wind, Y., Mahajan, V., Cardozo, R. N. (eds.): New-Product Forecasting - Models and Applications, Toronto, S. 181 – 204.

Schelker, T. (1978): Methodik der Produkt-Innovation, Bern, 1978.

Shocker, A. D., Hall, W. B. (1986): Pretest Market Models: A Critical Evaluation, J. Prod. Innov. Manag., 3, S. 86 – 107.

Shocker, A. D., Srinivasan, V. (1979): Multiattribute Approaches for Product Concept Evaluation and Generation: A Critical Review, Journal of Marketing Research, 16, S. 159 – 180.

Silk, A. J., Urban, G. L. (1978): Pre-Test-Market Evaluation of New Product Goods: A Model and Measurement Methodology, Journal of Marketing Research, 15, S. 171 – 191.

Simon, H. (1988): Management strategischer Wettbewerbsvorteile, Zeitschrift für Betriebswirtschaft, 58. Jg., H. 4, S. 461 – 480.

Urban, G. L. (1969): SPRINTER MOD III: A Model for the Analysis of New Frequently Purchased Consumer Products, Operations Research, 17, S. 805 – 854.

Urban, G. L. (1975): PERCEPTOR: A Model for Product Positioning, Management Science, 21, S. 858 – 871.

Urban, G. L., Hauser, J. R. (1980): Design and Marketing of New Products, Englewood Cliffs, New Jersey, 1980.

Urban, G. L., Johnson, P. L., Hauser, J. R. (1984): Testing Competitive Market Structures, Marketing Science, 3, S. 83 – 112.

Wind, Y. (1982): Product Policy: Concepts, Methods, and Strategy, Reading, Mass.

Wind, Y., Mahajan, V., Cardozo, R. N. (eds.) (1981): New-Products Forecasting – Models and Applications, Toronto, 1981.

Yankelovich, Shelly and White, Inc. (1981): LTM Estimating Procedures, in: Wind, Y., Mahajan, V., Cardozo, R. N. (eds.): New-Product Forecasting – Models and Applications, Toronto, S. 249 – 267.

Fünftes Kapitel

Finanzierung

Ulf D. Laub

Innovationsfinanzierung: Erfahrungen von Venture-Capital-Gesellschaften, Banken und Beratungen

1. Einführung

2. Institutioneller Hintergrund
   2.1 Venture-Capital-Gesellschaften
   2.2 Kreditinstitute
   2.3 Öffentliche Förderinstitutionen
   2.4 Bewertungsinstitutionen

3. Empirische Fragestellungen

4. Empirisches Vorgehen
   4.1 Feldzugang und Stichprobe
   4.2 Erhebungs- und Auswertungsverfahren

5. Empirische Ergebnisse
   5.1 Innovationsverständnis
   5.2 Formen innovativer Gründungen in der Bundserepublik Deutschland
   5.3 Institutionenspezifische Einflußfaktoren der Innovationsbewertung und -finanzierung
      5.3.1 Aufgabenschwerpunkte
      5.3.2 Bewertungserfahrungen
      5.3.3 Finanzierungsvolumen
      5.3.4 Mitarbeiter
   5.4. Risikopolitik und Auswahlverhalten
      5.4.1 Bewertungsnachfrage
      5.4.2 Risikopolitik
      5.4.3 Potentielles Auswahlverhalten
      5.4.4 Tatsächliches Auswahlverhalten
   5.5 Erfolgsentwicklung

6. Fazit

7. Empfehlungen

Literatur

1. Einführung

Ziel dieses Beitrages ist es vor allem, die empirischen Erfahrungen derjenigen Institutionen zu erfassen, deren Geschäftstätigkeit mit der Auswahl, Bewertung und Finanzierung innovativer Unternehmensgründungen verknüpft ist.[1] Konzentriert man sich dabei auf die Unterstützung von innovativen Neugründungen (start-ups), von innovativen Ausgründungen (spin-offs) sowie im weiteren Sinne von management-buy-outs, dann wird diese einerseits von Venture-Capital-Gesellschaften, Banken und öffentlichen Förderinstitutionen vorgenommen, andererseits aber auch von Beratungsgesellschaften.

Obwohl viel anlagebereites Kapital bei Versicherungen, Banken oder Industrieunternehmen ebenso wie bei Investmentfonds und Beteiligungsgesellschaften zur Verfügung steht, konzentrieren sich deren Aktivitäten zunehmend auf die Beteiligung an Wachstumsunternehmen oder - im Zuge der M&A Welle - auf die Bewertung, Auswahl und Finanzierung von Unternehmenszusammenschlüssen.[2] Dabei ist zu bedenken, daß weniger die Bildung großer Konglomerate durch Firmenzusammenschlüsse und -konzentrationen in bestimmten Branchen wie beispielsweise dem Food-, dem Banken- und Versicherungs- oder dem Chemiebereich sondern vielmehr das findige innovative unternehmerische Element einzelner Unternehmensgründer einen wichtigen Beitrag zur Erhaltung der wirtschaftlichen Erneuerungskraft leistet.[3]

Es stellt sich die Frage, weshalb gerade die Finanzierung und Unterstützung innovativer Gründungsaktivitäten vielfach kritisch betrachtet und häufig sogar abgelehnt wird. Verschiedene Gründe können hier eine Rolle spielen, wie beispielsweise:

- zu hohe Bewertungsrisiken
- unzureichende Bewertungserfahrungen
- gesetzliche Restriktionen oder aber
- Unstimmigkeiten in der gesamten Gründungskonzeption.[4]

Eine Analyse der Eindrücke und Erfahrungen verschiedenster Bewertungsinstitutionen soll daher Aufschluß geben, über:

- Innovationsaktivitäten in der Bundesrepublik Deutschland
- Innovationsverständnis der Institutionen

---

1 Zu umfassenden empirischen Ergebnissen, die sich auch mit Problemen der Bewertung innovativer Gründungen sowie dem Bewertungsvorgehen befassen, vgl. Laub (1989). S. 132 - 235.

2 Einen groben Überblick über die größten internationalen m&a Transaktionen gibt - neben Einzelbeiträgen in Spezialzeitschriften wie M&A Europe - z.B. Grenfell; vgl. Grenfell (1988); zur Gesamtthematik der Unternehmenszusammenschlüsse vgl. auch den Beitrag von Laub zur M & A Problematik in diesem Band.

3 Zu einer ausführlichen Analyse der Bedeutung des findigen Unternehmertums für die Entstehung innovativer Unternehmen, vgl. Schneider, Dietram (1988), S. 74 - 109.

4 Letztlich handelt es sich zumeist um Probleme, die auf die Ungewißheit der Bestimmung künftiger Handlungsweisen und Ereignisse zurückzuführen sind; zu einer umfassenden Analyse der empirischen Problemsituation bei der Bewertung innovativer Gründungsvorhaben vgl. Laub (1989), S. 166 - 174.

- Risiko- , Bewertungs- und Auswahlverhalten
- verschiedene Portfolio- und Erfolgsstrukturen.

2. Institutioneller Hintergrund

Die verschiedenen unternehmenspolitischen Zielsetzungen der am Bewertungsprozeß beteiligten Institutionen, führen zu unterschiedlichen Verhaltensweisen bei der Innovationsfinanzierung. Daher ist es im Vorfeld der Präsentation empirischer Ergebnisse zum Auswahlverhalten sinnvoll, eine kurze Differenzierung der beteiligten Unternehmensgruppen vorzunehmen[5].

2.1 Venture-Capital-Gesellschaften

Venture-Capital-Gesellschaften wurden aus der Not der Stunde geboren. Mitte der 80iger Jahre sollten, dem amerikanischen Beispiel folgend, auch in der Bundesrepublik Deutschland innovative Unternehmensgründungen mit neuen Produkten und hohen Erfolgsaussichten finanziert und gefördert werden.[6] Die positiven Erfahrungen in den USA mit risikobehafteten Beteiligungen in frühen Phasen der Unternehmensentwicklung, veranlaßten auch in der Bundesrepublik Deutschland institutionelle und private Anleger zur Gründung von Venture-Capital-Fonds. Die Manager dieser Fonds übernehmen dabei zumeist koordinierende, auswählende und betreuende Aufgaben (vgl. Abbildung 1).

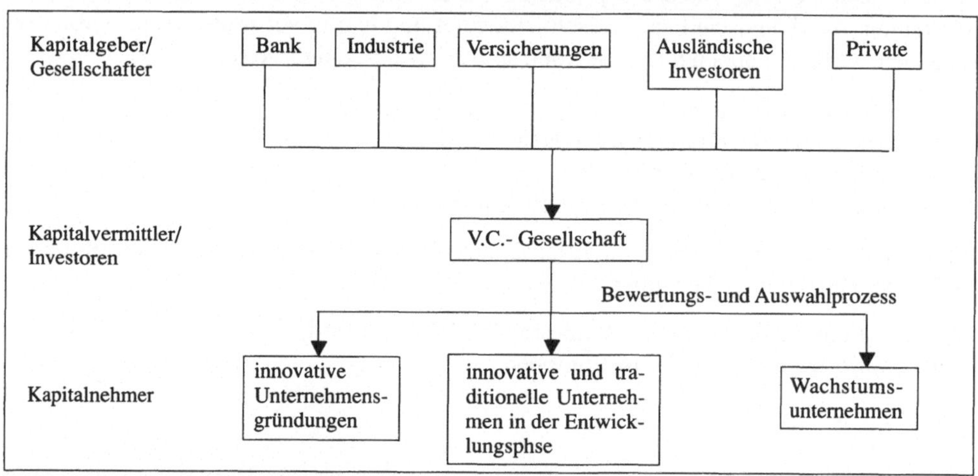

Abbildung 1: Grundzüge der Funktionsweise von Venture-Capital-Gesellschaften

5 Zu einer ausführlichen Analyse der am Finanzierungsprozeß beteiligten Institutionen und Gesellschaften vgl. Laub (1989), S. 26 - 46 und S. 124 - 130.

6 Zu verschiedenen Darstellungsformen von Begriff und Funktion der Venture-Capital-Finanzierung, vgl. Albach (1983), S. 70; Nathusius (1979), S. 195f.; Laub (1985), S. 8 - 10; Schmidtke (1985); Albach/ Hunsdiek/Kokalj (1986), S. 166 - 179; Räbel (1986), S. 20 - 34; Wrede (1987), S. 21 - 34; Stedler (1987), S. 97 - 102.

Eine der wesentlichen Aufgaben der Venture-Capital-Gesellschaften ist die Auswahl und Bewertung innovativer Gründungen sowie die Gewährung begleitender Managementunterstützung in wesentlichen Phasen der Unternehmensentwicklung. Ziel dieser Aktivitäten ist es, den erwirtschafteten Wertzuwachs nach 5 bis 7 Jahren durch eine Anteilsveräußerung über den Kapitalmarkt zu realisieren.

Dabei wird das Auswahl- und Bewertungsverhalten im wesentlichen beeinflußt durch:

- Interessen der Gesellschafter
- Höhe der zur Verfügung stehenden Mittel
- Portfoliostruktur und -politik
- Qualifikation der Mitarbeiter.

Die Gesellschafter der Venture-Capital-Gesellschaften - seien es Banken, Versicherungen oder Industrieunternehmen - können dabei unternehmens- und branchenspezifische Interessen wie die Erschließung neuer Technologiefelder, die Erwirtschaftung von Synergien oder einen gezielten Know-How-Transfer in den Auswahlprozeß miteinfließen lassen. Die Höhe der Mittel sowie die Portfoliostruktur begrenzen den Beteiligungsspielraum. Die fachliche Qualifikation der Mitarbeiter sowie diei vorhandenen Bewertungserfahrungen beeinflußen den Erfolg der Auswahlentscheidung sowie die Qualitität der Managementberatung.

Als führend auf dem deutschen Venture-Capital-Markt können die nachfolgenden Venture-Capital-Gesellschaften betrachtet werden[7] (vgl. Abbildung 2).

2.2 Kreditinstitute

Bedingt durch das ständige Bemühen um die Gewinnung innovativer Finanzdienstleistungen im Bankenmarkt wurde der Innovationskredit als neue Bankdienstleistung vereinzelt auch für innovative Gründer zur Gewinnung neuer Firmenkunden angeboten.[8]

Vor allem führende Institute wie beispielsweise die Deutsche Bank streben gerade hinsichtlich der innovativen Unternehmengründungen sinnvolle Möglichkeiten der Kooperation an. Zapp, Vorstandsmitglied der Deutschen Bank, schlug in diesem Zusammenhang folgende Maßnahmen im Bankensektor vor[9]:

- anstelle der Überprüfung von Sicherheiten Durchführung einer Plausibilitätsprüfung des Unternehmenskonzeptes;
- Entwicklung beratungsprojektspezifischer Finanzierungskonzepte einschließlich der Vermittlung öffentlicher Fördermittel;
- Zusammenarbeit zwischen Wagnisfinanzierungsgesellschaften und Kreditinstituten;

---

7 Eine ausführliche und vollständige Namensnennung findet sich in der Stichprobenbeschreibung, vgl. 4.1. dieses Beitrages.

8 Zur Rolle der Banken als Innovationsfinanzierer vgl. Büschgen (1985), S. 284 - 292; Peat Marwick u.a. (1985), S. 12.

9 zitiert nach Oepke/Hauk (1986).

	Kreditinstitute	Großunterneh-- men (Industrie)	Versicherungen	Ausländ. Investoren	Private
TVM	+	+	-	+	-
WFG (neu)	+	-	-	-	-
Citycorp	+	+	+	+	-
Neu Europa	+	-	-	-	-
IDP	-	+	-	-	-
IVCP Genes)	-	+	-	+	+
GFI	-	+	-	-	-
TIG	+	+	-	-	-
DVC	+	-	-	-	-
V.C.- Gesellschaft für Innovation	+	-	-	-	-
KBG	+	-	-	-	-
WBB	+	+	+	-	-
BWB	+	-	+	-	-
Innovatrives Düs-seldorf	+	-	-	-	-
Techno West	+	-	-	-	-
NIB	+	-	+	-	-
BBHQ	+	+	+	+	-

Abbildung 2: Gesellschafterstruktur führender Venture-Capital-Gesellschaften in der Bundesrepublik Deutschland

- Übernahme von Synergieeffekten aus den Erfahrungen der Beteiligten an Venture-Capital-Gesellschaften;
- Ausbildung von Spezialisten;
- Bewertung der Umsetzungsfähigkeit technischer Problemlösungen in wirtschaftliche Produkte;
- Bewertung der Marktpotentiale;
- Entwicklung spezieller Beratungsdienstleistungen zur kaufmännischen Unterstützung der innovativen Unternehmensgründung.

Dieser Maßnahmenkatalog kann bislang nur als Denkanstoß gewertet werden, da die Entscheidungsträger der Kreditabteilungen zumeist den begrenzten Möglichkeiten der standardisierten Bewertung sowie der sicherheitsorientierten Entscheidungsfindung verhaftet sind. Das Erfordernis der Abkehr vom traditionellen Sicherheitsdenken sowie das Verlassen gewohnter Pfade bei der Bewertung und Analyse von Unternehmensdaten führt bei den verschiedenen Institutionen zu hohen Unsicherheiten und den damit verbundenen Entscheidungsbarrieren. Ebenso erweisen sich die häufig unzureichende Besicherung und das relativ hohe Ausfallrisiko für die Gewährleistung der KWG-Bestimmungen (§ 18, Einlegerschutz) als problematisch.

Daher bedarf es zur Erschließung des Marktsegmentes innovativer Gründungen einer gezielten und umfassenden Ausbildung von Spezialisten, um ein neues und situationsadäquates Bewertungsverständnis zu schaffen. Bislang stehen jedoch zumeist die Ausbildungsaufwendungen nicht in Relation zu den Erträgen aus den innovativen Gründungsprojekten.[10] Hinzu kommt, daß es sich bei einem derartigen Innovationskrediten, die mit erhöhten Aufwendungen und höheren Ausfallrisiken verbunden sind, um ein im Vergleich zu traditionellen Krediten teureres Bankprodukt handelt, dessen Konkurrenz- und Wettbewerbsfähigkeit von dem erfolgreichen Verkauf dieses Produktes abhängt.

2.3 Öffentliche Förderinstitutionen

Mit diesem nicht einheitlich festgelegten Begriff sind privatwirtschaftlich oder öffentlich-rechtlich organisierte Institutionen gemeint, die sich mit der Vergabe öffentlicher Fördermittel befassen. Dies können zum einen die Wirtschaftsministerien der Länder, die spezielle Förderprogramme zur Ideen-, Gründungs- und Technologiefinanzierung aufgelegt haben oder aber Industrie- und Handelskammern bzw. öffentlich-rechtliche Kapitalbeteiligungsgesellschaften und Banken sein, die mit der Auswahl und Bewertung innvativer Unternehmengründungen im Rahmen des TOU-Modellversuchs[11] des Bundesministeriums für Forschung und Technologie[12] (BMFT) betraut sind.

10 Vgl. auch Laub (1989), S. 37 - 40.

11 TOU = Technologieorientierte Unternehmensgründungen

12 Zu Ausführungen über technologieorientierte Unternehmensgründungen, vgl. BMFT (1985).

Während das BMFT auf Grundlage der Vorabentscheidung der mit der Auswahl und Bewertung innovativer Unternehmensgründungen beauftragten Instititionen die letzte Entscheidungsgewalt im TOU-Modellversuch hat, wird der gesamte Auswahl- und Bewertungsprozeß im Falle der bundeslandspezifischen Förderprogramme von den jeweiligen Ministerien selbst durchgeführt.[13] Dabei unterscheidet sich das Bewertungsvorgehen nach der Art und der Zielgruppe der einzelnen Förderprogramme. Entsprechend den beispielsweise in Bayern angebotenen Innovationsförderprogrammen, die insbesondere die Finanzierung der Ideenumsetzung und die Vorbereitung der Markteinführung innnovativer Gründungsprojekte mit Darlehen und eigenkapitalähnlichen Zuschüssen vorsehen, ist die Bewertung der innovativen Gründungsprojekte gemäß den vergleichsweise hohen Bewertungsrisiken mit einer entsprechenden Sorgfalt durchzuführen. Ziel der Förderung ist die Steigerung der Innovations- und Wettbewerbsfähigkeit der Wirtschaft sowie die Entwicklung und Umsetzung neuer Technologien in marktlich tragfähige Produkte oder Verfahren.

2.4 Beratungsinstitutionen

Den Beratungsinstitutionen kommt eine Ergänzungsfunktion zu, da sie zum einen durch die Bereitstellung von Know-how und Erfahrung und zum anderen durch die Vermittlung von Kooperationspartnern und Kapitalgebern für den innovativen Gründer eine wichtige Rolle spielen können.

Das Entscheidungs- und Bewertungsverhalten der Beratungsinstitutionen wird dabei weniger von einer gewinnorientierten Bewertungsentscheidung geleitet, als vielmehr von dem Ziel, dem zu beratenden Unternehmen eine ökonomisch erfolgreiche Umsetzung des innovativen Gründungsvorhabens zu ermöglichen.

Obgleich sie ein anderes Bewertungsverhalten bei der Beurteilung innovativer Gründungsvorhaben aufweisen als kapitalgebende Gesellschaften wie Banken oder Venture-Capital-Gesellschaften, können sie sowohl für den innovativen Unternehmensgründer als auch für die Finanzierungsinstitutionen eine wertvolle Ergänzungsfunktion wahrnehmen.

Dabei werden die Beratungsaufgaben zum einem von privatwirtschaftlich organisierten Gesellschaften wie der GENES Gründungsberatungs GmbH in Köln oder der ExperTeam Gründungsberatungsgesellschaft in Dortmund durchgeführt, zum anderen aber auch von Einrichtungen wie dem VDI Technologiezentrum in Berlin oder dem Ostbayerischen Technologie Transfer Institut in Regensburg, die als gemeinnützige Vereine fungieren und dadurch einen gewissen Neutralitätsstatus gewinnen. Dies gilt auch für die Innovationsberatungsstellen der Industrie- und Handelskammern.[14]

---

13 Vgl. hierzu auch Laub (1989), S.40 - 42.

14 Zu einem Überblick über die regional und bundesweit tätigen Institutionen in diesem Bereich vgl. BMFT (1987).

Zusammenfassend lassen sich die verschiedenen am Finanzierungs- und Beratungsprozeß innovativer Unternehmensgründungen beteiligten Institutionen wie folgt abgrenzen (vgl. Abbildung 3):

Merkmale / Institutionen	Aufgabe	Kapitalquellen	Zielgruppe	Risikoverhalten	Nutzenerwartungen
V.C.-Gesellschaften	Beteiligungsfinanzierung und Managementunterstützung	Banken Versicherungen Industrie Private	Innovative Unternehmensgründungen und Wachstumsfinanzierung	risikofreudig unter Chancen-Risiken-Aspekten	maximal mögliche Ertragssteigerung bei Anteilsveräußerungen
Kreditinstitute	Kreditfinanzierung und Beratung	Private Industrie	innovative Unternehmensgründungen im Rahmen des Firmenkundenkreditgeschäftes	risikoavers	Anschlußfinanzierungsmöglichkeiten, Erweiterung des Kundenstammes
Öffentliche Förderinstitutionen	Finanzierung über Zuschüsse und Darlehen	Bund und Länder	überwiegend innovative Unternehmensgründungen	risikofreudig	Wettbewerbssteigerung, Technologiefortschritt, Förderung innovativer unternehmerischer Aktivitäten
Beratungsgesellschaften	Beratung	Auftraggeber	innovative Unternehmensgründungen	–	erfolgreiche Unternehmensentwicklung

Abbildung 3: Unterscheidungsmerkmale der verschiedenen Finanzierungs- und Beratungsgesellschaften

3. Empirische Fragestellungen

Die unzureichende Kenntnis über das innovative Gründungsgeschehen und die unzureichende Transparenz der Erfahrungen einzelner Bewertungsinstitutionen mit der Analyse innovativen Gründungsunternehmertums gab Anlaß zu den folgenden Fragestellungen für die empirische Untersuchung:

(1) Welchem Innovationsverständnis folgen die verschiedenen Bewertungsinstitutionen?

(2) Welche unterschiedlichen Ausprägungsformen innovativer Unternehmensgründungen existieren in der Bundesrepublik Deutschland?

(3) Welche internen Rahmendaten bestimmen das Finanzierungs- und Auswahlverhalten der Bewertungsinstitutionen gegenüber innovativen Gründungsunternehmern?

(4) Inwieweit unterscheidet sich das institutionenspezifische Auswahlverhalten von dem tatsächlichen Verhalten gegenüber innovativen Gründungsunternehmern?
(5) Welche Schlüsse zur Erfolgsentwicklung innovativer Unternehmensgründungen lassen die Ergebnisse der Portfoliostrukturen zu?

4. Empirisches Vorgehen

4.1 Feldzugang und Stichprobe

Die Ermittlung einer vollständigen Grundgesamtheit derjenigen Institutionen in der Bundesrepublik Deutschland, die mit der Finanzierung und Beratung innovativer Unternehmensgründungen befaßt sind, ist aufgrund unzureichender empirischer Erhebungen und der sich ständig ändernden Anzahl der Bewertungsinstitutionen in diesem Marktsegment problematisch. Dennoch war es durch die Einbindung fragmentarischer Einzelerhebungen, die durch telefonische Interviews und verschiedene Geschäftsplananalysen ergänzt wurden, möglich, im Schneeballsystem das weite Feld potentieller Bewertungsinstitutionen auf 50 aktive Marktteilnehmer einzugrenzen.[15]

Entscheidendes Auswahlkriterium war die tatsächliche, geschäftsbedingte und unternehmenszielkongruente Beschätigung mit der Auswahl, Finanzierung und Beratung innovativer Unternehmensgründungen. Als innovativ wurden dabei alle Unternehmensgründungen betrachtet, die mit einer neuen Problemlösung aufwarten konnten. Dabei konnte das zugrundeliegende Problem durchaus bereits bekannt oder in anderer jedoch weniger nutzenstiftender Weise für den Anwender gelöst worden sein.

Schließlich konnten in die Stichprobe von n = 30 sowohl Venture-Capital-Gesellschaften, Banken und Kapitalbeteiligungsgesellschaften als auch Beratungen und öffentliche Förderinstitutionen miteinbezogen werden (vgl. Abbildung 4):

Von den 30 bis 40 aktiven Venture-Capital-Gesellschaften in der Bundesrepublik Deutschland, konnten 14 der führenden Gesellschaften mit dem größten Erfahrungspotential eingebunden werden. Dazu gehörten:

- Bayerische Wagnisbeteiligungsgesellschaft mbH (BWB)/München
- Deutsche Beteiligungsgesellschaft (ehem. WFG)/Geschäftsstelle München
- TVM Techno Venture Management GmbH/München
- Genes Venture Services/Geschäftsstelle München
- KBG Kapitalbeteiligungsgesellschaft mbH/Berlin
- TIG Technologie Investitionsgesellschaft mbH/Berlin
- VC Gesellschaft für Innovation mbH/Berlin

15 Zu einzelnen lückenhaften Versuchen, den aktuellen Entwicklungsstand in diesem Marktsegment zu erfassen, vgl. Schmidtke (1985), S. 105 u. S.128 - 157; Peat Marwick u.a. (1985), S. 12; WestKB Kapitalbeteiligungsgesellschaft (1987), S. 2 - 5; Wrede (1987), S. 92 - 97.

Stichprobenstruktur der Bewertungsinstitutionen		
	abs	rel %
Kreditinstitute	5	16,7
Venture-Capital-Gesellschaften	14	46,7
Kapitalbeteiligungsgesellschaften i.w.S.	2	6,7
Beratungsgesellschaften/-institutionen i.w.S.	7	23,3
Öffentliche Institutionen (WiMi/BMFT)	1	3,3
sonstige	1	3,3
gesamt	30	100
$n_{ges.}$ = 30; Häufigkeitsverteilung		

Abbildung 4: Stichprobenstruktur der befragten Finanzierungs- und Beratungsgesellschaften

- Neu-Europa High & Biotec GmbH/Berlin
- WBB Wirtschaftspartner Beteiligungsgesellschaft mbH/Berlin
- Citicorp Venture Capital Beratungsgesellschaft mbH/Frankfurt
- BBHQ Baring Brothers Hambrecht & Quist GmbH/Frankfurt
- „innovatives Düsseldorf" Beteiligungsgesellschaft für Innovationsförderung mbH/Düsseldorf und
- NIB Norddeutsche Innovationsbeteiligungsgesellschaft mbH.

Im Bankenbereich konnten Vertreter fünf führender Kreditinstitute als kompetente Gesprächspartner gewonnen werden. Dazu gehörten,

- Deutsche Bank/Filiale München
- Bayerische Vereinsbank/München
- Reuschel Bank/München
- Deutsche Bank/Berlin West
- BIB Berliner Industriebank.

Unter dem Sammelbegriff „Beratungsgesellschaften" wurden diejenigen Institutionen zusammengefaßt, die im Rahmen ihrer Beratungstätigkeit auch Erfahrungen bei der Bewertung innovativer Unternehmensgründungen sammeln konnten:

- Gründungsberatungsgesellschaft ExperTeam/Niederlassung München
- Wirtschaftsprüfungs- und Steuerkanzlei Dr. Haarmann u. Partner/München
- MTZ Münchner Technologiezentrum/München
- Innovationsberatungsabteilung der IHK München
- Oberbayerische Technologie Transfer Institut (OTTI)/Regensburg
- VDI Technologiezentrum/Berlin
- Unternehmensberatungsgesellschaft Arthur D. Little/Wiesbaden.

Im Bereich der Kapitalbeteiligungsgesellschaften konnten unter dem Aspekt der Beteiligung an innovativen Unternehmensgründungen nur die Kapitalbeteiligungsgesellschaft der mittelständischen Wirtschaft Bayerns mbH und im weiteren Sinne die Beteiligungsaktivitäten der BMW AG in München miteinbezogen werden. Im Bereich der öffentlichen Institutionen waren die umfangreichen Erfahrungen - insbesondere in frühen Phasen der reinen Ideenfinanzierung – des Bayerischen Wirtschaftsministeriums besonders wertvoll.

4.2 Erhebungs- und Auswertungsverfahren

Zur Erfassung der notwendigen Daten wurde im Rahmen einer Felduntersuchung eine Querschnittsanalyse durchgeführt. Die zweistündigen, persönlichen Interviews wurden vor Ort mit standardisierten Fragebogen geführt, die offene und geschlossene Fragen beinhalteten. Die geschlossenen Fragen waren entweder durch Ja/Nein Antworten oder durch Rating-Skalen von 1–7 standardisiert.

Die Auswertung wurde zum Teil manuell und zum Teil mit Hilfe von SPSS durchgeführt. Methodisch wurde überwiegend von der deskriptiven Statistik Gebrauch gemacht. Signifikanztests wurden dann angewandt, wenn Mittelwertvergleiche vorzunehmen waren.

5. Empirische Ergebnisse[16]

5.1 Innovationsverständnis

Zumeist werden mit dem Begriff der Innovation im Gründungszusammenhang technische Neuerungen verbunden. Vielfach kann es sich aber auch um organisatorische Neuerungen, um neue Marketingstrategien oder jegliche Art neuer Problemlösungen mit einem möglichst hohen Zusatznutzen für den Anwender handeln.[17] Dabei ist, unabhängig von definitorischen Fragen, für eine erfolgversprechende innovative Problemlösung die Senkung der Kosten oder die Nutzensteigerung für den Anwender von entscheidender Bedeutung für den marktlichen Erfolg. Kosteneinsparungen und/oder Nutzensteigerungen können

16 Insgesamt handelt es sich hier um die Bearbeitung und Vertiefung einiger ausgewählter Teilergebnisse; zur Vertiefung und Ergänzung vgl. Laub (1989), S. 124 - 165.

17 Zu verschiedenen Darstellungen des Innovationsverständnisses in den vergangenen Jahren, vgl. Barnett (1953), S. 7; Knight (1967), S. 478; Witte (1973), S. 3; Hinterhuber (1975), S. 26; Mensch (1975), S. 54 - 58; Rupp (1976), S. 13f.; Thom (1980), S. 39 - 44; Bierfelder (1981), S. 35 - 82; Brose (1982), S. 9 - 30; Gerybadze (1982), S. 22; Rogers (1983), S. 10 - 16; Sommerlatte (1986), S. 20; A.D.L. (1988), S. 15; Picot/Laub/Schneider (1989), S. 46 - 50.

zum einen direkt meßbar, zum anderen aber auch in der Einsparung von Koordinations-, Such- und Durchführungsaufwendungen (z.B. Faktor: Zeit) zum Ausdruck kommen.[18]

In jedem Fall muß es sich nicht ausschließlich um high-tech Gründungen handeln, wie die Gründung der Ökobank in Frankfurt 1988 gezeigt hat. Obgleich es sich grundsätzlich um ein Kreditinstitut handelt, können die Art der Gründungsfinanzierung in Kombination mit der Unternehmenskultur und den Unternehmenszielen, die letztlich zur Erschließung neuer Marktsegmente beitragen, als innovativ betrachtet werden.[19]

Da sich häufig ein Widerspruch zwischen einem rein theoretisch problemlösungsorientierten Innovationsanspruch einerseits und einem pragmatisch anwenderorientierten Innovationserfolg andererseits ergibt, wurde die tatsächliche Einstellung der Bewertungsinstitutionen zu diesem Thema untersucht.

Dabei macht das Antwortverhalten[20] der Befragten deutlich, daß 83,3% (25) grundsätzlich von einem weiten Innovationsverständnis ausgehen. Dadurch wird alleine vom akquisitionsstrategischen Standpunkt das Blickfeld für möglichst unterschiedliche Innovationsprojekte offengehalten und somit das Potential für erfolgversprechende Finanzierungs- und Beratungsobjekte erhöht. Eine besonders stark ausgeprägte Technikorientierung konnte mit 56,7% (17) der Nennungen nicht festgestellt werden.

Vom regionalen Standpunkt aus betrachtet erwarten 50% (15) ein zumindest in der Bundesrepublik Deutschland unbekanntes Produkt, während 53% (17) ein weltweit unbekanntes Produkt bevorzugen würden. Hierbei können jedoch bei weltweitem Neuheitsgrad den höheren Marktpotentialen entsprechend hohe Markterschließungskosten gegenüberstehen.

Vergleicht man die einzelnen Institutionengruppen, weisen die Banken - anders als man vermuten würde - ein besonders weitgefaßtes Innovationsverständnis auf. Dies resultiert jedoch daraus, daß gerade Kreditinstitute durch ihr Filialsystem ein regional weitverzweigtes Netz von Kontaktadressen aufzuweise haben, das hinsichtlich der Innovationskredite als breitgefächerter Vorfilter fungieren kann. Ausgestattet mit hinreichend viel Personal, können hier zunächst sämtliche Kreditanträge im Rahmen des täglichen Akquisitionsgeschäftes bearbeitet werden, um dann solche, die einer speziellen Kreditprüfung bedürfen, direkt an ein Team von Innovationsspezialisten, wie dies beispielsweise bei der Deutschen Bank der Fall ist, weiterzuleiten.

---

18 Zu den verschiedenen Einsparungsmöglichkeiten bzw. den unterschiedlichen Formen der Nutzensteigerung für den Anwender und deren Interpretationsmöglichkeiten aus transaktionskostentheoretischer Sicht, vgl. Picot/Laub/Schneider (1989), S. 45 - 54 und S. 144 - 161 sowie Schneider Dietram (1988), S. 106 - 111.

19 Auch empirische Untersuchungsergebnisse haben gezeigt, das erfolgreiches Innovieren nicht revolutionärer Neuerungen bedarf, sondern vielmehr möglichst sinnvoller und nachvollziehbarer, anwenderorientierter Neuerungen, die zu einer Nutzensteigerung beitragen (der Weiterentwicklungsgedanke dominiert in aller Regel den absoluten Neuheitsgedanken); zu empirischen Ergebnissen vgl. Picot/Laub/Schneider (1989), S. 140 - 144.

20 Hier waren Mehrfachnennungen möglich.

Bei den Venture-Capital-Gesellschaften stehen hingegen technische und regionale Auswahlkriterien zunächst im Hintergrund. Entscheidend ist der Neuheitsgrad einer Problemlösung und die damit verbundenen Marktpotentiale. Venture-Capital-Gesellschaften weisen eher personelle Engpässe als Überkapazitäten auf, die verknüpft mit einer wesentlich niedrigeren regionalen Präsenz und einem zumeist geringeren Bekanntheitsgrad zu einem eher restriktiven Auswahlverhalten führen. Erschwerend kommt hinzu, daß die Vergabe von Beteiligungskapital einen aufwendigeren Bewertungsprozeß erfordert, als eine Kreditvergabe.

Öffentliche Förderinstitutionen sind dagegen in ihrem Innovationsverständnis eindeutig an die Inhalte der jeweiligen Förderprogramme gebunden. So werden im Rahmen des bundesweit angebotenen Förderprogrammes technologieorientierter Unternehmensgründungen (TOU) des Bundesministeriums für Forschung und Technologie (BMFT) überwiegend technologische Neuerungen finanziell unterstützt, während beispielsweise in Bayern (bundeslandspezifische Förderung) Innovationsförderprogramme existieren, bei denen weniger der Technologieaspekt als vielmehr die Ideenfinanzierung allgemein im Vordergrund steht (seed-financing).

5.2 Formen innovativer Gründungen in der Bundesrepublik Deutschland

Der Anlaß zur Gründungsentscheidung ergibt sich neben anderen Motiven (Entscheidungsfreiheit, Gestaltungsfreiheit, Einkommenssteigerung ...) zumeist aus dem Bedürfnis eine selbstentwickelte innovative Idee auch selbst umsetzen und realisieren zu wollen.

Die dazu notwendige Koordination von Ressourcen kann vor einem unterschiedlichen organisatorischen Hintergrund vorgenommen werden. Die bekannteste Gründungsform bilden die *„start-ups"*, Neugründungen auf der grünen Wiese. Der innovative Unternehmensgründer beginnt die Umsetzung seiner Gründungsidee mit dem völligen Neuanfang. Erfahrungswerte, Kennzahlen und Marktwerte sind nur spärlich vorhanden. Der Neuheitsgrad der Gründungsidee beeinflußt erheblich die Problematik der Informationsbeschaffung. Kontakte zur Beschaffungsmarkt- und zur Vertriebsseite müssen neu erschlossen und organisiert werden.[21] Die Finanzierungs- und Beratungsentscheidungen der Bewertungsinstitutionen sind an ein Maximum von schwer oder gar nicht bestimmbaren Variablen geknüpft.

Anders verhält es sich bei *spin-off* Gründungen.[22] Hier wurde die Gründungsidee bereits im Rahmen einer größeren organisatorischen Einheit – der Muttergesellschaft – entwickelt

21 Vgl. hierzu auch den Beitrag von Schneider in diesem Band.

22 Zur Analyse von spin-offs und buy-outs sowie Hinweisen auf weiterführende Literatur vgl. Laub (1989), S. 14 - 19.

und dann in eigener Regie als selbständiger Unternehmer umgesetzt. Der innovative Unternehmer verfügt in weit höherem Maße über branchenspezifische Erfahrungen, fachliches Know-how und spezifische Marktkenntnisse und -kontakte, als dies beim start-up Gründer der Fall ist. Insbesondere bei einem friendly spin-off können bestehende Vertriebs- und Kommunikationskanäle sowie andere Synergiepotentiale der ehemaligen Muttergesellschaft in die Gründungsstrategie eingebunden werden, wodurch Zeit gespart und präventiv hohe Eintrittsbarrieren überwunden werden können. Hinsichtlich des Bewertungsprozesses können, im Falle der spin-off Gründungen, die verfügbaren Zusatzinformationen die Entscheidungsfindung erheblich vereinfachen.

Am deutlichsten wird dies bei den *management-buy-outs*. Sie stellen zwar per se weniger innovative Neugründungen im organisatorischen Sinne, sonder vielmehr im rechtlichen Sinne dar; dennoch treten entscheidende Änderungen ein, da ehemalige Manager zu Eigentümern und Unternehmern werden. Innovativ können sie dann genannt werden, wenn sie sich auch um die Einführung und Umsetzung neuer Problemlösungen bemühen. Diese Art der Unternehmensgründung oder -übernahme ist unter Finanzierungsgesichtspunkten die „sicherste" Alternative, da bereits umfangreiche Erfahrungs- und Vergangenheitswerte vorliegen.

Im Gegensatz zu den USA mit 304 MBOs im Jahre 1988 und einem geschätzten Finanzierungsvolumen von 98,2 Mrd. US$[23], spielen diese Sonderformen innovativer Gründungen in der Bundesrepublik Deutschland nur eine untergeordnete Rolle (vgl. Abbildung 5).

Ausprägung verschiedener Gründungsformen	
	Mittelwert
Traditionelle Existensgründung mit innovativen Produkter (start-ups)	5,16
Existenzgründungen durch die Ausgliederung aus einem bestehenden Unternehmen im Sinne einer Spin-off-Gründung	2,60
Existenzgründung durch die Ausgliederung sus einem bestehenden Unternehmen im Sinne einer buy-out-Gründung	2,03
$n_{ges.}$ = 30; Mittelwertbildung aufgrund von Rating-skalen von 1 = nicht vorhanden bis 7 = zahlreich vorhanden	

Abbildung 5: Ausprägungsformen innovativer Unternehmensgründungen in der Bundesrepublik Deutschland

23 Vgl. Fanselow (1989), S. 19.

Die befragten Institutionen konnten nur über 18 spin-off Fälle und 8 management-buy-outs berichten.[24] Insgesamt konnten in der Bundesrepublik Deutschland in den vergangenen zwei Jahren 35–40 MBOs mit einem Finanzierungsvolumen von 2 Mrd. DM durchgeführt werden.[25]

5.3 Institutionenspezifische Einflußfaktoren der Innovationsbewertung und -finanzierung

Zur Erfassung und Beurteilung der Gesamtsituation der Innovationsfinanzierung ist vor allem eine Analyse der internen finanzierungsspezifischen Schwerpunkte sowie der Ressourcenausstattung von Bedeutung. Im einzelnen wurden untersucht:

- Aufgabenschwerpunkte
- Bewertungserfahrungen
- Finanzierungsvolumina
- Mitarbeiterzahlen.

5.3.1 Aufgabenschwerpunkte

Gerade in Zusammenhang mit der Finanzierung innovativer Unternehmensgründungen sind nicht nur rein finanztechnische Abläufe von Bedeutung, sondern zunehmend auch die Wahrnehmung von Beratungsleistungen im Sinne einer Innovations- und Managementberatung oder die Vermittlung zusätzlicher Informationen und Kooperationspartner (vgl. Abbildung 6).

Während in Zusammenhang mit der Finanzierung innovativer Gründungen die Projektauswahl und die damit verbundenen Aufgaben der Bewertung (MW = 5,53) eindeutig am höchsten eingestuft werden, wird im Hinblick auf eine erfolgreiche Durchführung des Gesamtprojektes vor allem auch der Managementberatung (MW = 5,20) und der Informationsvermittlung (MW = 5,00) hohe Bedeutung beigemessen. Die Innovationsberatung (MW = 3,56) wird dagegen eher als unwichtig betrachtet, da damit Fragestellungen assoziiert werden, die in den Bereich der Ideenfindung bzw. der Technologieberatung fallen und von den Bewertungsinstitutionen bislang nur sehr begrenzt wahrgenommen werden.

Wie sich die Wahrnehmung einzelner Aufgaben zwischen den Institutionengruppen verteilt, verdeutlicht Abbildung 7 (S. 254).

24 Vgl. Laub (1989), S. 146.
25 Vgl. Fanselow (1989), S. 19.

Aufgabenschwerpunkte (Gesamt)	
	Mittelwert
– in der Informationsvermittlung	5,00
– in der Informationsberatung	3,56
– in der Managementberatung	5,20
– in der Projektauswahl	5,53
– in der Beteiligungsvermittlung	3,46
– in der Beteiligungsfinanzierung (EK)	4,93
– in der Fremdkapitalvermittlung	3,63
– in der Fremdkapitalfinanzierung	2,43
– in der Vermittlung von Kooperationspartnern	4,70
– sonstige	1,26
$n_{ges.} = 30$; Mittelwerte aufgrund von Ratingskalen von 1 = trifft überhaupt nicht zu bis 7 = trifft voll zu	

Abbildung 6: Gesamtbetrachtung der unterschiedlichen Einstufung verschiedener Finanzierungs- und Unterstützungsaufgaben

Aufgabenschwerpunkte (Getrennt)						
	Mittelwert			Signifikanz		
	Ba	V.C.	V.C.	Ba	Ba	Ba
	x_1	x_2	x_3	x_1/x_2	x_1/x_3	x_2/x_3
– Informationsvermittlung	6,40	3,92	6,28	0,003	0,882	0,002
– Informationsberatung	3,60	2,78	5,00	0,502	0,299	0,010
– Managementberatung	3,80	5,21	5,00	0,122	0,375	0,460
– Projektauswahl	4,00	6,35	4,42	0,154	0,799	0,083
– Beteiligungsvermittlung	5,40	2,57	3,57	0,063	0,216	0,264
– Beteiligungsfinanzierung (EK)	3,00	7,00	1,57	–	0,334	–
– Fremdkapitalvermittlung7)	2,20	3,85	4,57	0,260	0,152	0,516
– Fremdkapitalfinanzierung	6,80	1,28	1,57	0,000	0,000	0,654
– Vermittlung von Kooperationspartnern	3,80	4,78	4,85	0,337	0,368	0,931

$n_{Ba} = 5$ $n_{V.C.} = 14$ $n_{Ber} = 17$	x_1 = Mittelwert Banken x_2 = Mittelwert Venture-Capital Gesellschaften x_3 = Mittelwert Beratungen

Abbildung 7: Einzelbetrachtung der unterschiedlichen Einstufung verschiedener Finanzierungs- und Unterstützungsaufgaben

Kennzeichnend für die Banken ist die hohe Einstufung der Informationsvermittlungsaufgabe. Ein breitangelegtes Filial-, Datensammlungs- und Kommunikationsnetz führt zu Informationsbündeln, die dem Kunden eine wertvolle Hilfe sein können. Inwieweit allerdings diese Informationsbasis als ernsthafte Hilfestellung für den innovativen Gründer von Bedeutung sein kann, muß zunächst offen bleiben.

Venture-Capital-Gesellschaften fungieren hingegen, alleine aufgrund der wesentlich geringeren Personalkapazitäten, weniger als Informationsvermittler sondern, sofern es zu einem Beteiligungsverhältnis kommt, vielmehr als Managementberater. Demgegenüber sind Beratungsgesellschaften reine Informationsvermittler und nehmen diese Aufgabe auch entsprechend wahr. Stellt man dieser Selbsteinschätzung der Bewertungsinstitutionen ein empirisches Untersuchungsergebnis der Inanspruchnahme externer Institutionen durch innovative Gründer gegenüber, wird die geringe Nachfrage nach Innovationsberatern mit 19,2% gegenüber der hohen Inanspruchnahme von öffentlichen Stellen mit 78,7% und Banken mit 76,8% deutlich (vgl. Abbildung 8).[26]

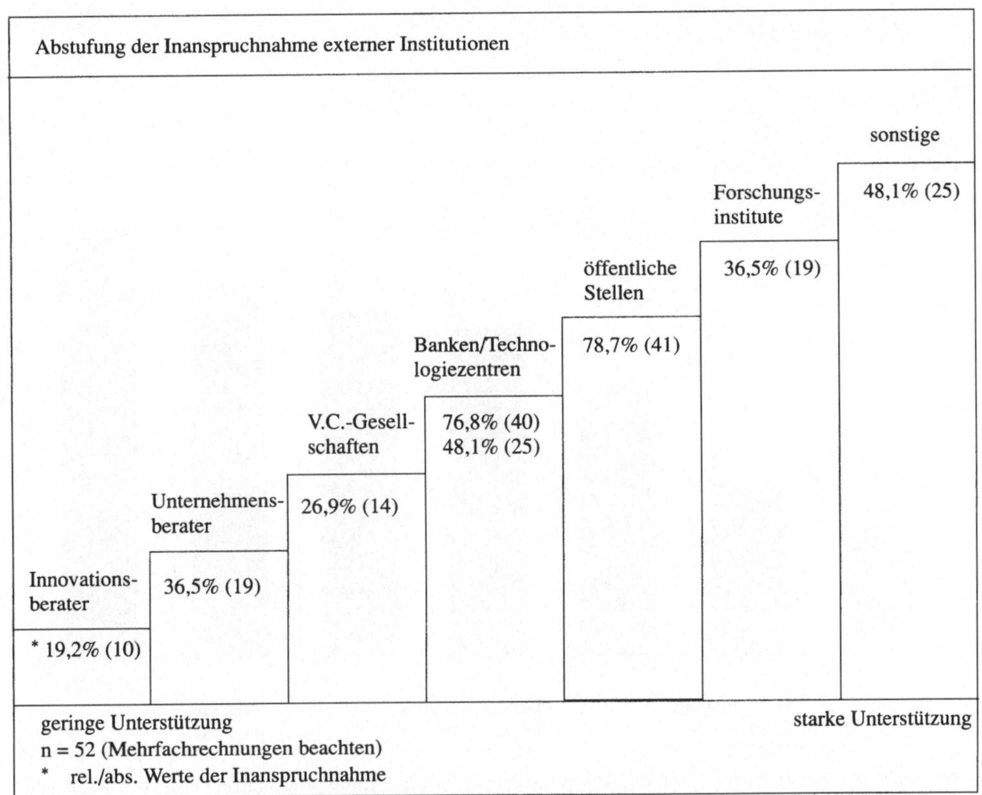

Abbildung 8: Inanspruchnahme externer Institutionen durch innovative Unternehmensgründer[27]

Die starke Inanspruchnahme von Banken und öffentlichen Stellen ist wiederum auf die starke regionale Präsenz zurückzuführen. Venture-Capital-Gesellschaften sind demgegenüber eher mit dem Image exklusiver Kapitalgeber bei hohen Zutrittsbarrieren zu verbinden, während namenhafte Innovationsberater für innovative Unternehmensgründer ohnehin kaum existieren.

---

26 Vgl. zu diesen Ergebnissen Picot/Laub/Schneider (1989), S. 182f.

27 Insgesamt wurden 52 innovative Unternehmensgründungen befragt, wobei Mehrfachnennungen möglich waren.

Betrachtet man den tatsächlichen Grad der Unterstützung, die innovativen Gründern bei der Inanspruchnahme gewährt wurde, waren diese von den Ergebnissen sogenannter „Innovationsberater" besonders enttäuscht[28] (vgl. Abbildung 9).

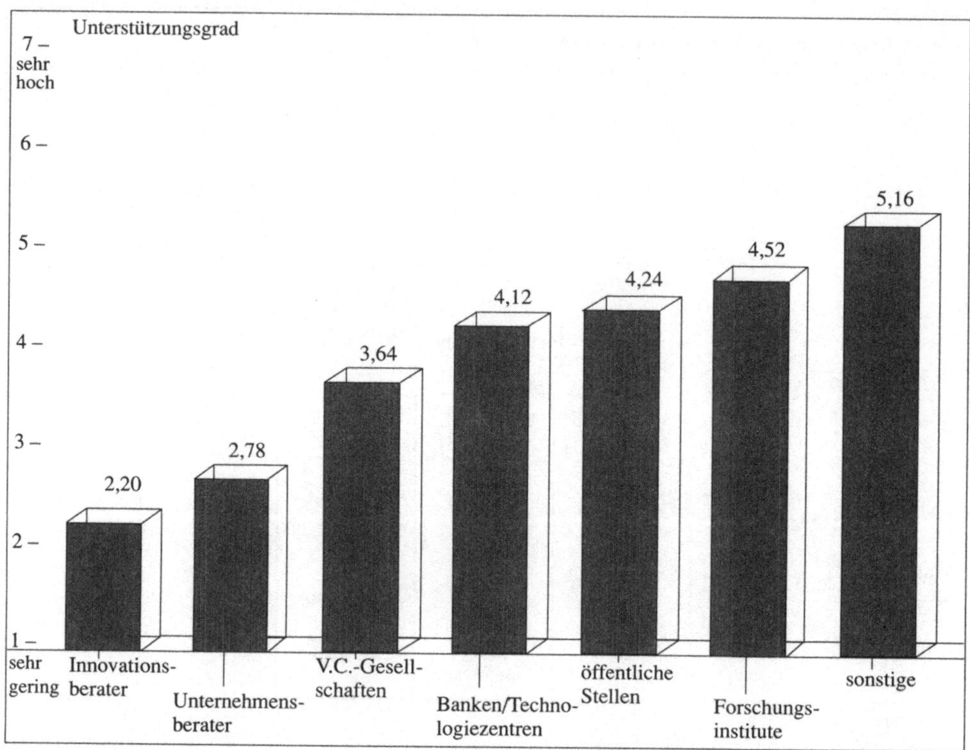

Abbildung 9: Beurteilung des Unterstützungsgrades bei der Inanspruchnahme externer Institutionen durch innovative Unternehmensgründer[29]

Die Honorare waren zumeist zu hoch und die Beratungsgespräche, Marktanalysen oder sonstigen Planungsunterlagen ohne erkennbaren wirtschaftlichen Nutzen.

5.3.2 Bewertungserfahrungen

Da die Problematik der Bewertung und Finanzierung innovativer Gründungsvorhaben erst in den vergangenen Jahren relevant wurde, ist der Erfahrungshorizont sehr begrenzt.

28 Hier wurde der Unterstützungsgrad durch die Inanspruchnahme externer Institutionen von innovativen Unternehmensgründern auf einer Ratingskala von 1 = sehr gering bis 7 = sehr hoch eingestuft, vgl. Picot/Laub/Schneider (1989), S. 185.

29 Insgesamt wurden 52 innovative Unternehmensgründungen befragt, wobei Mehrfachnennungen möglich waren.

Wesentlich zur Förderung der Entscheidungsfreudigkeit ist dabei die Ausbildung oder Einbindung von Experten, die gerade wegen der zahlreichen qualitativen Bewertungskriterien über Erfahrungswerte verfügen, die die Risiken einer Fehleinschätzung des Zukunftserfolges begrenzen.

Wie die Untersuchungsergebnisse zeigen, verfügen über 70 % der befragten Institutionen nur über drei bis fünf Jahre innovationsspezifische Bewertungserfahrung. Dieser Zeitraum ist dann zu kurz, wenn man davon ausgeht, daß bei innovativen Unternehmensgründungen aussagekräftige Erfolgsnachweise erst nach fünf bis sieben Jahren zu erwarten sind.

Eine Analsyse der einzelnen Institutionengruppen macht deutlich, daß Banken, die bei Innovationskrediten vielfach als sehr zurückhaltend eingestuft werden, sich schon seit 1981 mit der Innovationsproblematik befassen, während tatsächliche Akquisitionsbemühungen von Venture-Capital-Gesellschaften in der Bundesrepublik Deutschland größtenteils (85,8 %/12) erst seit 1984 stattfanden. Bereits seit 1987 ist hier jedoch kein neuer Zuwachs zu verzeichnen.[30]

Durch die Förderaktivitäten des Bundes im Rahmen des TOU-Modellversuches seit 1983 und den Anstoß der Venture-Capital-Welle wurde durch den zunehmenden Beratungsbedarf bei innovativen Gründungen auch das Interesse kleinerer Beratungsgesellschaften geweckt.

Im Vergleich zu den USA, die sich seit vielen Jahren - besonders durch die Einrichtung des OTC-Marktes - mit der Finanzierung innovativer Gründungen befassen, ist der Erfahrungshorizont in der Bundesrepublik Deutschland verhältnismäßig gering. Dieses Defizit wird durch einen unzureichenden Erfahrungsaustausch zwischen den einzelnen Institutionen eher verstärkt als verringert und kann als ein Grund für das weiterhin zurückhaltenden Finanzierungsverhalten in diesem Marktsegment betrachtet werden.

5.3.3 Finanzierungsvolumen

Während der Bedarf an Startkapital für traditionelle Existenzgründungen zwischen 30.000 bis 500.000 DM liegt,[31] erfordert die Finanzierung innovativer Gründungsvorhaben wesentlich höhere Beträge.

Beteiligungsvolumina bewegen sich zwischen 250.000 DM und 5 Mio DM. Beteiligungsschwerpunkte liegen zwischen 500.000 DM und 2 Mio DM. Kredite bewegen sich selbst in frühen Phasen der Unternehmensentwicklung zwischen 100.000 DM und 4 Mio DM[32]. Dabei bilden 4 Mio DM Kredite eher die Ausnahme, während der Schwerpunkt der Kreditvergabeentscheidungen zwischen 100.000 DM und 1.000.000 DM liegt.

---

30 Vgl. Laub (1989), S. 133f.

31 Hierzu wurden verschiedentlich empirische Untersuchungen angestellt; vgl. z.B. May (1981); Berndts/ Harmsen (1985); Knigge/ Petschow (1986); Trommsdorff (1986); Albach/Hunsdiek/Kokalj (1986); Hunsdiek (1987);

32 Vgl. Laub (1989), S. 240f.

In jedem Fall handelt es sich bei der Finanzierung innovativer Unternehmensgründungen um Kapitalvolumina, deren Vergabeentscheidung mit erheblichen Unsicherheitsfaktoren behaftet ist. Eine verantwortungsvolle Entscheidungsfindung und eine der Risikosituation entsprechende Informationsbeschaffung lassen sich häufig nich koordinieren. Zeitlicher Entscheidungsdruck und Datenbeschaffungsschwierigkeiten können hier zu Fehlentscheidungen führen.

5.3.4 Mitarbeiter

Anders als bei den standardisierten Analysen einer Bonitätsbeurteilung ist gerade bei der Bewertung, Auswahl und Finanzierung von innovativen Unternehmensgründungen ein umfassendes, unkonventionelles und von Erfahrungen geprägtes Bewertungsvorgehen notwendig.

Die Qualität der Mitarbeiter bestimmt maßgeblich den Erfolg einer Bewertungsentscheidung. Entsprechend der jeweiligen Aufgabenstellung und Unternehmenspolitik sind jedoch die personellen Ressourcen häufig sehr unterschiedlich verteilt. So wurde bei Banken vereinzelt der Versuch unternommen, Innovationsspezialisten auszubilden, die sich - wie im Falle der Deutschen Bank - überwiegend mit dem Segment innovativer Gründer befassen. Diese Mitarbeiter stammen jedoch zumeist aus dem traditionellen Bank- und Kreditgeschäft und können sich daher nur schwer den neuen Bewertungserfordernissen anpassen. Daß die traditionelle Ausbildung im Widerspruch zu den innovationsspezifischen Bewertungsanforderungen steht, ist offensichtlich.

Einen weiteren Engpaß bildet die Anzahl der Mitarbeiter, die deutlich zu gering ist. Von 1981 bis 1984 befaßten sich durchschnittlich 1 - 2 Mitarbeiter je Institution mit der Vergabe von Innovationskrediten für Gründer. 1985 stieg dies Zahl auf 2 - 4 Mitarbeiter je Institution. Eine Ausnahme bildet die Berliner Industriebank, die sich bereits seit 1982 mit 30 Mitarbeitern der Verwaltung des Berliner Innovationsfonds annimmt.

Ebenso wie die Deutsche Bank, die einerseits versucht Innovationsspezialisten auszubilden und andererseits durch Innovations-Foren und Vorträge zu einer positiven Vermarktung des Gründungsinnovations-Kredites beiträgt.

Im Gegensatz zu den Kreditinstituten sind Venture-Capital-Gesellschaften wesentlich kleinere organisatorische Einheiten mit spezialisierten Fachkräften. Die Mitarbeiterzahl betrug 1984 im Durchschnitt zwei und 1987 durchschnittlich sieben. Auch hier sind jedoch zum einen die Deutsche Wagnisfinanzierungsgesellschaft bzw. die Deutsche Beteiligungsgesellschaft und die Matuschka-Gruppe besonders hervorzuheben. Die Deutsche Beteiligungsgesellschaft agiert bereits seit 1975 auf dem Risikokapitalmarkt und wendet sich nicht nur der Finanzierung innovativer Gründungs- und Wachstumsunternehmen, sondern zunehmend auch der Beteiligung an management-buy-outs zu. Entsprechend der Marktführerschaft und der Vielzahl zu bewertender Projekte waren hier schon 1980 20 Mitarbeiter tätig und bis 1985 30 Spezialisten im Management- und Bewertungsbereich. Die Matuschka-Gruppe - als größte Vermögensverwaltungsgesellschaft in Deutschland -

verfügt mit über 100 Mitarbeitern im Vermögensverwaltungs- und Corporate Finance Bereich über personelle Ressourcen, die weit über dem Branchendurchschnitt liegen.

Dennoch stellt sich grundsätzlich das Problem, daß die wenigen Institutionen, die mit der Vergabe von Beteiligungskapital für innovative Unternehmengründungen befaßt sind, zu häufig gezwungen sind, unter hohem Zeitdruck aus einer Vielzahl sogenannter Innovationsprojekte die tatsächlich erfolgversprechenden auszuwählen. Äußere Rahmendaten wie die individuelle Risikopolitik und die Portfolio-Struktur können dabei die Bewertungsentscheidung beeinflussen.

Das Dilemma aus hohem Zeitdruck einerseits und einer zuverlässigen und aussagekräftigen Projektbewertung andererseits ist dann nicht zu überwinden, wenn es nicht möglich wird, die kontinuierliche Entwicklung standardisierbarer Bewertungsansätze voranzutreiben.

5.4 Risikopolitik und Auswahlverhalten

Risikopolitik und Auswahlverhalten werden sowohl von gesetzlichen Regelungen, der Unternehmenspolitik und der Portfolio-Struktur der Bewertungsinstitutionen als auch der Angebots- und Nachfragesituation bezüglich alternativer Finanzierungsmöglichkeiten bestimmt.

5.4.1 Bewertungsnachfrage

Die Nachfrage innovativer Unternehmensgründer nach Finanzierungsmöglichkeiten hat in den vergangen Jahren von 200 Projekten p.a. 1980 bis zu 2042 p.a. 1987 überproportional stark zugenommen (vgl. Abbildung 10).

Die Entwicklung der Anzahl zu bewertender Projekte bis 1987 zeigt, daß mit insgesamt 5736 Bewertungsprojekten Venture-Capital-Gesellschaften eindeutig zu den erfahrensten Bewertungsspezialisten zählen. Dabei entfallen durchschnittlich 100 Bewertungsobjekte auf eine Gesellschaft pro Jahr.

Die Banken hingegen weisen mit insgesamt 601 bewerteten Projekten bei einem durchschnittlichen Bewertungsaufkommen von etwa 30 innovativen Gründungsprojekten p.a. die vergleichsweise geringste Bewertungserfahrung in diesem spezifischen Marktsegment auf.

Erstaunlich ist schließlich die hohe Bewertungs- und Beratungsnachfrage der 2052 innovativen Unternehmensgründer bei der geringen Anzahl innovationsorientierter Beratungen.

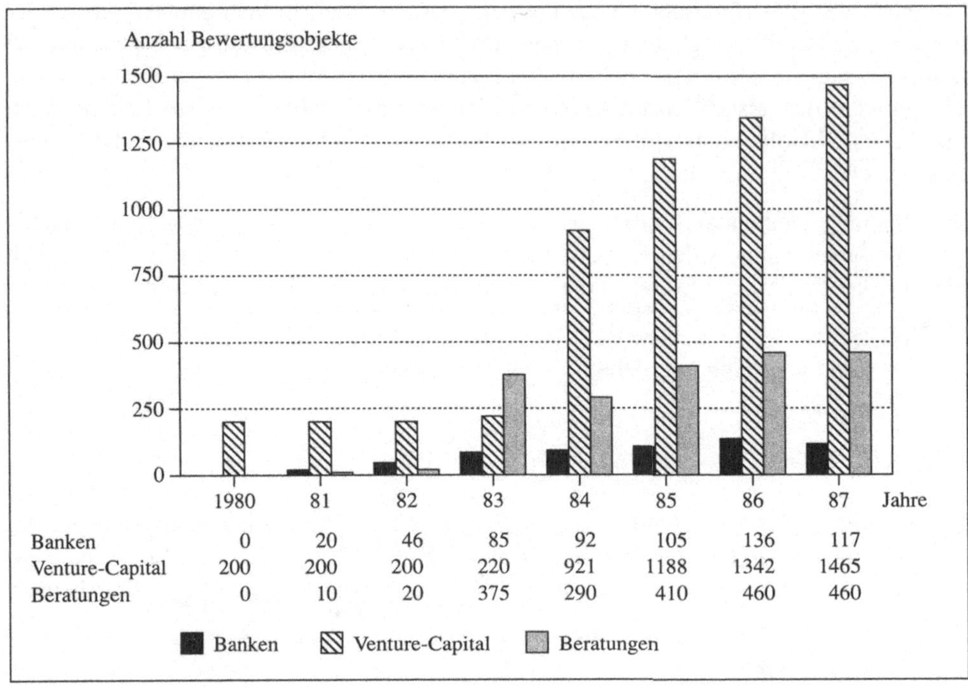

	1980	81	82	83	84	85	86	87
Banken	0	20	46	85	92	105	136	117
Venture-Capital	200	200	200	220	921	1188	1342	1465
Beratungen	0	10	20	375	290	410	460	460

Abbildung 10: Gesamtzahl kapitalsuchender innovativer Unternehmensgründungen

5.4.2 Risikopolitik

Da die Risikopolitik einzelner Institutionen das Finanzierungs- und Entscheidungsverhalten steuert, sollten die Befragten zunächst ihre Risikopolitik umschreiben, bevor eine Einstufung der eigenen Politik auf einer Skala von 1 = sehr geringe Risikofreudigekeit bis 7 = sehr hohe Risikofreudigkeit vorzunehmen war.

Bei den Banken wurde hier eine Umorientierung deutlich. Unter dem hohen Wettbewerbsdruck und der ständigen Suche nach neuen Finanzprodukten ist der Innovationskredit selbst ein innovatives, risikobehaftetes Finanzierungsinstrument, das zur Erschließung neuer Marktpotentiale beitragen soll. Da Kreditinstitute über hinreichende Liquidität verfügen und weniger risikobehaftete Kredite innerhalb eines Gesamtportfolios zum Risikoausgleich beitragen können, erscheint dieser Versuch sinnvoll. Begrenzt werden diese neuartigen Aktivitäten sowohl durch die Bestimmungen des KWG zum Einlegerschutz als auch durch das unzureichende Erfahrungspotential der Bewerter, da diese im Zweifelsfall aus Vorsichtsgründen eher dazu tendieren, ein Projekt abzulehnen, als Unwägbarkeiten in Kauf zu nehmen.

Bei den Venture-Capital-Gesellschaften hingegen war eine Umorientierung im umgekehrten Sinne zu erkennen, da sie sich entgegen ihrer ursprünglichen Geschäftspolitik verstärkt innovativen Wachstumsunternehmen zuwenden und sich aus Risikogesichtspunkten von der Finanzierung innovativer Unternehmensgründungen distanzieren. Dies ist unter anderem deshalb der Fall, weil die Erfahrungen auf dem deutschen Markt gezeigt haben, daß trotz aller Bemühungen eine direkte Übernahme des amerikanischen Venture-Capital-Modells nicht funktioniert. Unzureichende steuerliche Anreize, fehlende Kapitalmarkt-Aktivitäten und risikoaverses Verhalten der Anleger bilden hier die wesentlichen Eintrittsbarrieren.[33] Dadurch versiegt für innovative Unternehmensgründer zunehmend eine der wenigen potentiellen Kapitalquellen zur Innovationsfinanzierung in der Bundesrepublik Deutschland.

5.4.3 Potentielles Auswahlverhalten

Dieser Trend zu einem bevorzugt sicherheitsorientierten Auswahl- und Finanzierungsverhalten wird gleichfalls durch die Analyse des potentiellen Auswahlverhaltens der Bewertungsinstitutionen deutlich (vgl. Abbildung 11).

Unternehmen mit fünf oder mehr Jahren Erfahrung werden alleine aufgrund der vorhandenen Erfolgsnachweise auch in Zukunft eindeutig bevorzugt finanziert. Ebenso nimmt die Bereitschaft zur Finanzierung innovativer Unternehmensgründungen mit nachweislichen Markterfahrungen zu. Ein höherer Einstiegspreis wird dabei als Entgeld für ein geringeres Risiko und unter bewußtem Verzicht auf eine potentiell größere Gewinnspanne in Kauf genommen.

Die hohe Einstufung der Finanzierungsbereitschaft von management-buy-outs und spin-offs entspricht dem angedeuteten Trend und verdeutlicht das Bedürfnis der Innovationsfinanzierer nach einem breiteren Beteiligungsangebot zum Risikoausgleich bestehender Portfoliostrukturen.

5.4.4 Tatsächliches Auswahlverhalten

Da nur ein geringer Anteil von buy-outs und spin-offs die Nachfrage bestimmt, verbleiben im Segment der innovativen Unternehmensgründungen überwiegend die innovativen start-ups.

Ablehnungsverhalten

Die Ergebnisse der Gesamtbetrachtung führen zu Ablehnungsquoten, die größer als 80 % sind. Diese hohen Ablehnungsquoten sind zumeist auf die enormen Schwierigkeiten einer

33 Vgl. hierzu auch die Ausführungen bei Laub (1985), S. 76 - 93 und bei Fischer (1988), S. 9f. und S. 17 - 28.

aussagekräftigen Erfolgsbestimmung zurückzuführen, die zumeist bedingt sind durch die Schwierigkeiten der Ideenbewertung (Produktkomplexität), der Beurteilung der Gründerperson und der antizipativen Marktpotentialbestimmung. Diese können dann zusätzlich gesteigert werden, wenn den innovativen Unternehmensgründern kein Konzepttranfer, z.B. aufgrund mangelnder Kommunikationsfähigkeit, gelingt. Ebenso wie eine für Dritte zu umfassende Produktion von Erstmaligkeit (hoher Neuheitsgrad),[34] zu erheblichen Verständnis- und Bewertungsschwierigkeiten führen kann.

Potentielles Auswahlverhalten der Institutionen (Gesamt)	
	Mittelwert
start-ups:	
– in der Gründungsphase	4,14
– in der Einführungsphase	4,85
– in der Wachsrumsphase	5,74
spinn-offs:	
– in der Gründungsphase	5,22
– in der Einführungsphase	5,07
– in der Wachsrumsphase	5,74
buy-outs:	
– in der Gründungsphase	4,63
– in der Einführungsphase	4,85
– in der Wachsrumsphase	5,29
Unternehmen mit Markterfahrung und Vergangenheitsdaten bis zu 5 Jahren	5,77
Unternehmen mit Markterfahrung und Vergangenheitsdaten über 5 Jahre	5,66
$n_{ges.} = 27$; 3 misssing cases	Rating-Skalen von 1= völlig uninteressant bis 7 = sehr interessant

Abbildung 11: Bevorzugte Phasen der Unterstützung innovativer Unternehmensgründungen

34 Vgl. hierzu auch die Ausführungen von Schneider zur Produktion von Erstmaligkeit in diesem Band.

Insgesamt stellen die Ergebnisse in hohem Maße die ökonomische Tragfähigkeit sogenannter „innovativer Gründungsvorhaben" in Frage.[35] Sie können aber auch als Indikator für das nach wie vor stark ausgeprägte Sicherheitsdenken in der Bundesrepublik Deutschland herangezogen werden.

Erhebliche Unterschiede beim tatsächlichen Auswahlverhalten werden deutlich, wenn man die einzelnen Institutionengruppen vergleicht (Abbildung 12).

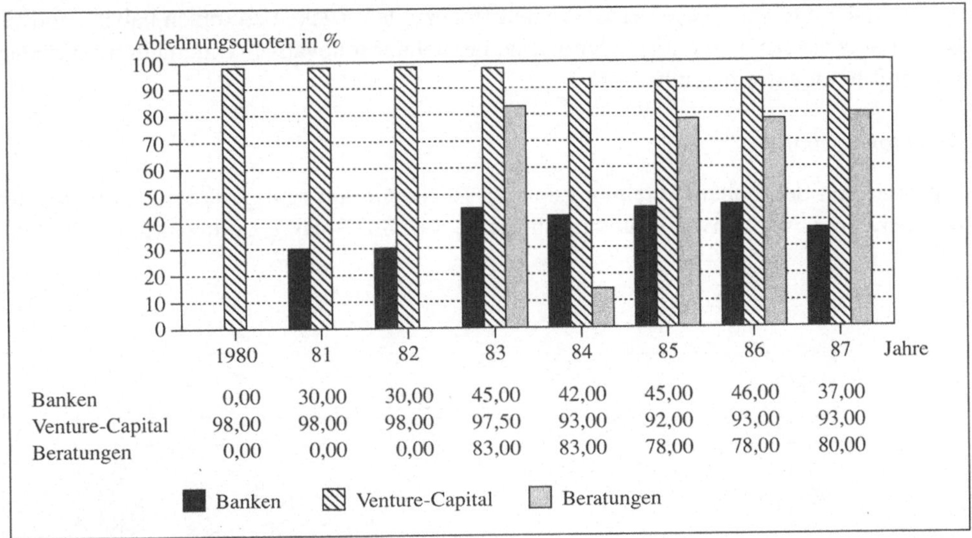

	1980	81	82	83	84	85	86	87
Banken	0,00	30,00	30,00	45,00	42,00	45,00	46,00	37,00
Venture-Capital	98,00	98,00	98,00	97,50	93,00	92,00	93,00	93,00
Beratungen	0,00	0,00	0,00	83,00	83,00	78,00	78,00	80,00

Abbildung 12: Entwicklung der Ablehnungsquoten von Banken, Venture-Capital-Gesellschaften und Beratungen

Während Venture-Capital-Gesellschaften mit durchschnittlich 95 % die höchsten Ablehnungsquoten aufweisen, sind die durchschnittlichen Ablehnungsquoten der Banken mit 39 % verhältnismäßig niedrig. Dies ist auf die unterschiedlichen Finanzierungsinteressen und Finanzierungsrisiken zurückzuführen. Venture-Capital-Gesellschaften verknüpfen mit einer positiven Bewertungsentscheidung überproportional hohe Gewinnerwartungen, während Kreditinstitute neben der pünktichen Zins- und Tilgungszahlung überwiegend an der Erschließung neuer Kunden interessiert sind. Desweiteren übernimmt der Venture-Capitalist mit seiner Bewertungsentscheidung gleichfalls unternehmerische und gestalterische Verantwortung für die künftige Entwicklung des Beteiligungsunternehmens, während es sich beim Banker letztlich „nur" um eine Kreditvergabeentscheidung handelt.

35 Vgl. hierzu auch die Ergebnisse der Erfolgstrennung zwischen sehr erfolgreichen und weniger erfolgreichen innovativen Unternehmensgründungen bei Picot u.a., Picot/Laub/Schneider (1989), S. 96 - 107.

Schließlich ist bei Kreditinstituten davon auszugehen, daß der Vorselektionsprozeß durch die einzelnen Filialen bereits eine so hohe Filterwirkung hat, daß die tatsächlich von Innovationsexperten zu prüfenden Projekte bereits einem hohen Bankenstandard gerecht werden. Venture-Capital-Gesellschaften hingegen müssen Vor- und Hauptselektion selbst durchführen.

Erstaunlich hoch ist die durchschnittliche Ablehnungsquote von 80 % bei den Beratungsinstitutionen. Obwohl diese keine direkten finanziellen Risiken zu tragen haben, sind sie bei der Auswahl zu unterstützender und zu beratender innovativer Unternehmensgründer sehr auf ihr eigenes Image bedacht.

Akzeptanzverhalten

Entsprechend den hohen Ablehnungsquoten ist die Gesamtzahl geförderter, finanzierter und beratener innovativer Gründungsprojekte verhältnismäßig gering (vgl. Abbildung 13).

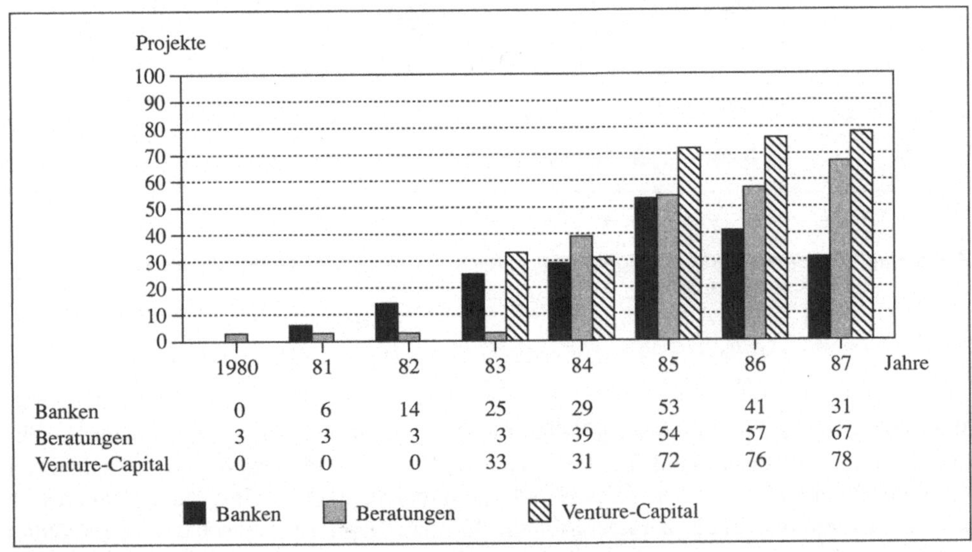

	1980	81	82	83	84	85	86	87
Banken	0	6	14	25	29	53	41	31
Beratungen	3	3	3	3	39	54	57	67
Venture-Capital	0	0	0	33	31	72	76	78

Abbildung 13: Entwicklung der Anzahl unterstützter und geförderter innovativer Gründungen

Innerhalb des Bankensektors wurden jährlichen zwischen 6 und 12 innovative Gründungsvorhaben finanziert, während bei Venture-Capital-Gesellschaften die Anzahl zwischen 3 und 7 Innovationsprojekten lag. Dabei ist zu beachten, daß große Banken wie die Berliner Industriebank mit einem öffentlichen Finanzierungsauftrag mehr Projekte akquirieren und auch finanzieren konnten als jüngere Innovationsteams konkurrierender Geschäftsbanken ohne öffentlichen Förderauftrag. Ebenso ist das Akquisitionspotential von Venture-Capital-Gesellschaften mit namhaften Gesellschaftern wesentlich größer, als das kleinerer Gruppierungen.

Der Anteil unterstützter innovativer Gründer durch Beratungen liegt dagegen, hauptsächlich wegen des fehlenden direkten finanziellen Ausfallrisikos, entsprechend höher.

5.5 Erfolgsentwicklung

Eine Analyse der Erfolgsentwicklung innovativer Unternehmensgründungen ist alleine deshalb problematisch, weil der kurze Zeitraum der Unternehmensentwicklung vielfach noch keine eindeutigen Aussagen zuläßt. Dennoch konnten 18 der insgesamt 30 Institutionen Aussagen zur Erfolgsentwicklung ihrer Portfolios treffen.

Als Entscheidungskriterien wurden die Schnelligkeit des Unternehmenswachstums sowie die Entwicklung der Marktanteile, des Umsatzes und der Gewinne herangezogen.

Sehr erfolgreiche innovative Unternehmensgründungen warer demnach solche mit überdurchschnittlichem Unternehmenswachstum im Branchenvergleich sowie einem deutlich über dem Marktzins liegenden Return on Investment (ROI). Erfolgreiche innovative Gründungen waren solche Unternehmen, die sich ohne besondere Umsatz- oder Wachstumseinbrüche entwickelten, im Branchenvergleich jedoch keine überdurchschnittlichen Ergebnisse erzielten.

Nicht erfolgreiche (Flops) waren solche innovativen Gründungen, die als solche zwar noch existieren, deren „Überlebensdauer“ jedoch absehbar befristet ist.

Getrennt nach Institutionengruppen betrachtet, ergeben sich die folgenden Erfahrungswerte (vgl. Abbildung 14).

Die Stars unter den unterstützten Unternehmen bilden eher die Ausnahme. Sie sollten Anlaß zur erfolgreichen Entwicklung einer neuen Branche werden. Das Ergebnis der Portfoliostrukturen zeigt jedoch deutlich die Grenzen in der Bundesrepublik Deutschland auf. Gerade hinsichtlich der überdurchschnittlich erfolgreichen Gründungen kann in der Bundesrepublik Deutschland noch nicht von einem eigenständigen Marktsegment gesprochen werden. Ob sich der hohe Bewertungsaufwand und das eingegangene Risko für die Venture-Capital-Gesellschaften auch tatsächlich wirtschaftlich lohnen wird, muß sich erst noch zeigen.

Erfolgreich und dem Marktdurchschnitt entsprechend, entwickelte sich der größte Teil der Innovations-Portfolios. Hier liegt wohl einer der Gründe, weshalb gerade die Entwicklung eines Venture-Capital-Marktes eher zum Stillstand gekommen ist, da die erwarteten überdurchschnittlichen Veräusserungsgewinne doch nur in Einzelfällen realisiert werden konnten.

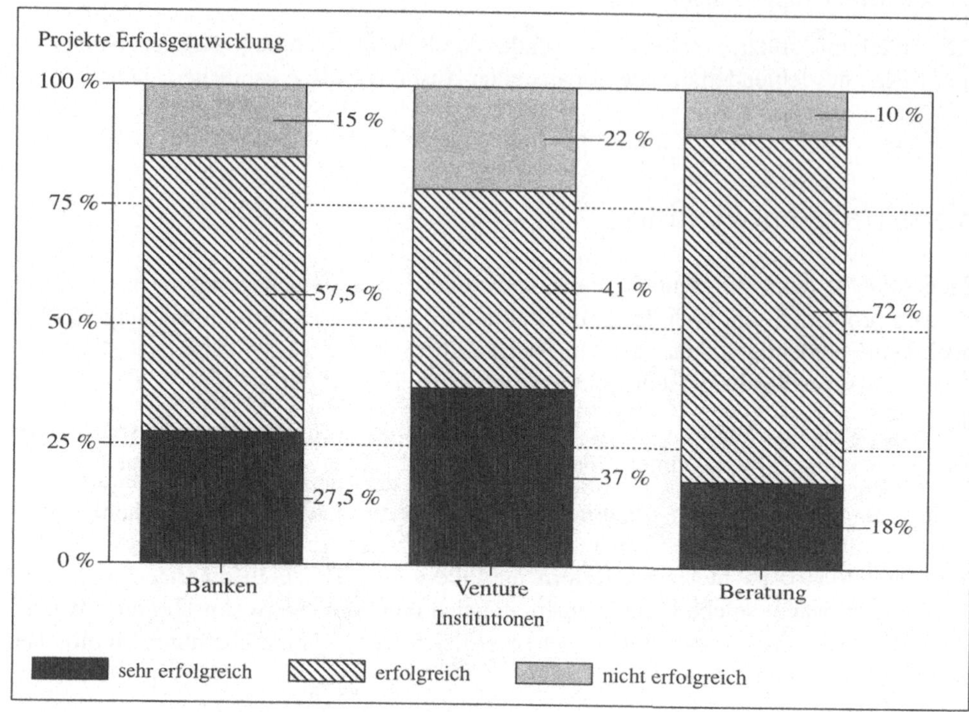

Abbildung 14: Erfolgsentwicklung der innovationsorientierten Portfoliostrukturen von Banken, Venture-Capital-Gesellschaften und Beratungen

Die Flops bewegen sich zwischen 10 und 20 % des Gesamtportfolios innovativer Gründungen. Fehlprognosen sind insbesondere dann, wenn man sich mit innovativen Produkten und Märkten befaßt, unumgänglich. Dies wird gerade bei den Venture-Capital-Gesellschaften mit Ablehnungsquoten von über 95% deutlich, deren Flop-Anteil dennoch 22 % beträgt. Insgesamt ist es trotz unzureichender Bewertungserfahrungen, fehlender standardisierter Konzepte und zumeist hohem Bewertungszeitdruck möglich eine Risikobegrenzung auch in frühen Unternehmensentwicklungsstadien vorzunehmen.

6. Fazit

Innovative Unternehmensgründer befinden sich alleine aufgrund ihrer begrenzten finanziellen, materiellen und personellen Ressourcenausstattung sowohl gegenüber den Bewertungsinstitutionen als auch gegenüber großen etablierten Unternehmen in einer schwachen Verhandlungsposition. Finanzielle, personelle und informatorische Engpässe können den gesamten Unternehmensentstehungsprozeß beeinträchtigen und dadurch den Unternehmenserfolg gefährden. Engpaßsituationen und Erfahrungsdefizite machen daher die Unterstützung innovativer Gründer durch Banken, Venture-Capital-Gesellschaften, öffentliche Förderinstitutionen und Beratungen dringend erforderlich.

Diese Institutionen fokussieren jedoch ihre Unterstützungsmaßnahmen - trotz einem weit gefaßten Innovationsverständnis - tendenziell eher auf rein technische Neuerungen oder aber auf traditionelle Gründungs- und Wachstumsunternehmen. Dadurch sollen vor allem die Bewertungsprobleme und die damit verknüpften Bewertungsrisiken bei der Beurteilung der Fähigkeiten der Gründerperson/teams und der tatsäc hlichen Marktpotentiale vermieden werden. Insbesondere in den frühen Phasen der Ideen- und Unternehmensentwicklung werden wegen der Unvorhersehbarkeit künftiger Markterfolge, finanzielle Hilfen gescheut.

Damit werden von institutioneller Seite der Entwicklung und Förderung eines findigen und offenen innovativen Unternehmertums insbesondere durch finanzielle Barrieren enge Grenzen gesetzt. Diese Situation wird sich jedoch nicht ändern, sofern die hohen Risiken nicht durch ein entsprechendes Risikoentgeld kompensiert werden können. Entsprechend dieser Situation findet ein zunehmender Rückzug der Banken und Venture-Capital-Gesellschaften aus dem spezifischen Segment der innovativen Gründungen statt, wodurch automatisch die Möglichkeit der Inanspruchnahme externer Unterstützung für innovative Unternehmensgründer - besonders finanzieller Art - zunehmend erschwert wird.

Den einzigen Ausgleich bieten öffentliche Förderprogramme, die trotz der anfänglich zeitaufwendigen, administrativen Hemmnisse, eine der wenigen Alternativen der Kapitalbeschaffung für innovative Gründer darstellen. Diese staatlichen Aktivitäten werden durch ein breites Netz von 42 Technologiezentren gestützt.

Insgesamt ist die Gründungssituation in der Bundesrepublik Deutschland überwiegend durch start-ups gekennzeichnet, während Sonderformen innovativer Gründungen, trotz organisatorischer, branchen- und kontaktspezifischer Vorteile vollkommen unterrepräsentiert sind. Dabei bedürfen gerade innovative start-ups neben der finanziellen Unterstützung auch der Managementberatung und der Vermittlung von Kooperationspartnern; Aufgaben, deren Bedeutung zwar erkannt wird, deren Wahrnehmung jedoch nur sehr begrenzt erfolgt.

Die Komplexität der Bewertungsproblematik und die unzureichende Projektbetreuung spiegeln sich letztlich in der unbefriedigenden Erfolgsentwicklung der Portfoliostrukturen wider; trotz durchschnittlicher Ablehnungsquoten der Venture-Capital-Gesellschaften von 95%, sind in den Portfolios nur 20% Stars zu finden. Dies macht deutlich, daß mit der Finanzierung innovativer Unternehmensgründungen zwar Geld verdient werden kann, der Return on Investment jedoch nur in einem bescheidenen Verhältnis zu den erhöhten Risiken und dem zusätzlichen Bewertungaufwand steht.

7. Empfehlungen

Das ungleichgewichtige Verhältnis des Risikos der Kapitalgeber und dem Return on Investment kann zum entscheidenden Engpaßfaktor für die Finanzierungsbereitschaft der Bewertungsinstitutionen werden. Daher ist die allgemeine Akzeptanz, Unterstützung und Weiterentwicklung innovativen Unternehmertums nur dann erfolgreich möglich, wenn zunächst durch die entsprechende Gestaltung externer Rahmenfaktoren ein innovations- und unternehmerfreundliches Klima geschaffen wird, das zumindest auf seiten der innovativen Unternehmensgründer und Gründerteams zu einer stabileren Ausgangslage beiträgt. Zu diesem Zweck wären folgende Maßnahmen denkbar:

- Die aktive Förderung einer vollständigen, gesellschaftlichen Akzeptanz innovativen Unternehmertums, vor allem im Falle eines Mißerfolges.
- Die Schaffung von Anreizen sowie die öffentliche Imageförderung zur Aktivierung innovativen Unternehmertums.
- Die stärkere Einbindung innovations- und gründungsorientierter Themen in die Lehrpläne der Universitäten.
- Die Ausweitung öffentlicher, regionaler Förderprogramme zur phasenorientierten Innovations- und Gründungsfinanzierung.
- Die zusätzliche Bereitstellung gemeinsam nutzbarer Gewerbeflächen nach dem Konzept der Technologiezentren.
- Die zukunftorientierte Weiterentwicklung eines funktions- und aufnahmefähigen Kapitalmarktes.
- Die Einrichtung einer zentralen Datenbank für innovative Unternehmensgründer, zur statistischen Gesamterfassung deren Aktivitäten, aber auch zum Erfahrungsaustausch bei Bewertungsproblemen mit der Möglichkeit zur Entwicklung eines standardisierbaren Bewertungsinstrumentariums.
- Die Schaffung steuerlicher Anreize für die finanzielle Unterstützung innovativer Unternehmensgründer.
- Die Konzeption und Durchsetzung steuerlicher Anreize zur Förderung von spin-off und buy-out Aktivitäten in der Bundesrepublik Deutschland.
- Die Entwicklung gemeinsamer Möglichkeiten der Kapitalvergabe zwischen öffentlich-rechtlich und privatwirtschaftlich organisierten Kapitalgebern, mit dem Effekt der Risikoteilung.
- Die Entwicklung von Kooperationsmöglichkeiten zwischen erfahrenen Managern im „Ruhestand“ und innovativen Unternehmengründern nach dem bewährten Mentorensystem.
- Die Errichtung zentraler Informationsorgane (IHKs, Zeitschriften, Innovationsbörsen) für innovative Gründer zur Informationskoordination.
- Die Institutionalisierung innovationsorientierter Unternehmertreffen (BJU, ...) beispielsweise durch die zentrale und regelmäßige Koordination aller Aktiven in Technologiezentren und Gewerbehöfen zum Erfahrungsaustausch.

Literatur

Arthur D. Little International (1988): Innovation als Führungsaufgabe, Frankfurt, New York 1988.

Albach, H. (1983): Zur Versorgung der deutschen Wirtschaft mit Risikokapital, ifm - Materialien, Nr. 9, Bonn 1983.

Albach, H.; Hundsdiek, D.; Kokalj, L. (1986): Finanzierung mit Risikokapital, ifm, Schriften zur Mittelstandsforschung, NF Nr. 15, Stuttgart 1986.

Barnett, H.G. (1953): Innovation. The Basis of Cultural Change, New York – Toronto - London 1953.

Berndts, P.; Harmsen, D.H. (1985): Technologieorientierte Unternehmensgründungen in Zusammenarbeit mit staatlichen Forschungseinrichtungen, Bd. 8, Köln 1985.

Bierfelder, W. (1981): Entstehung und Ausbreitung von technischen Neuerungen, in: Hofmeister, E.; Ulbricht, M. (Hrsg.), Von der Bereitschaft zum technischen Wandel, Berlin – München 1981, S. 35 – 82.

Brose, P. (1982): Planung, Bewertung und Kontrolle technologischer Innovationen, Berlin 1982.

Büschgen, H. (1985): Banken und Venture Capital Finanzierung, in: Die Bank 6, 1985, S. 284 – 292.

Fanselow, K.-H. (1989): Management-Buy-Outs, Entwicklungstendenzen am deutschen Markt, in: Kreditpraxis, 5/89, S. 19 – 22.

Fischer, L. (1987): Problemfelder und Perspektiven der Finanzierung durch Venture Capital in der Bundesrepublik Deutschland, Die Betriebswirtschaft (DBW), 47/1987, S. 8 – 32.

Gerybadze, A. (1982): Innovation, Wettbewerb und Evolution, Tübingen 1982.

Grenfell, M. (1989): Global Mergers and Acquisitions Handbook, Hamburg 1989.

Hunsdiek, D. (1987): Unternehmensgründung als Folgeinnovation – Struktur, Hemmnisse und Erfolgsbedingungen der Gründung industrieller innovativer Unternehmen - in: ifm Schriften zur Mittelstandsforschung, Nr. 16 NF, Stuttgart 1987.

Hinterhuber, H.H. (1975): Innovationsdynamik und Unternehmensführung, Wien – New York 1975.

Knigge, R.; Petschow, U. (1986): Technologieorientierte Unternehmensgründungen in Berlin, in: fhw report 1, Berlin 1986.

Knight, K.E. (1967): A descriptive Model of the Intra-Firm Innovation Process, in: Journal of Business 40, 1967, S. 478 – 496.

Laub, U.D. (1985): Venture-Capital-Markt, München 1985.

Laub, U.D. (1989): Zur Bewertung innovativer Unternehmensgründungen im institutionellen Zusammenhang – Eine empirisch gestützte Analyse, München 1989.

May, E. (1981): Erfolgreiche Existenzgründungen und öffentliche Förderung – Eine vergleichende empirische Analyse geförderter und nicht geförderter Unternehmen, Beiträge zur Mittelstandsforschung Nr. 81, Göttingen 1981.

Mensch, G. (1975): Das technologische Patt, Innovationen überwinden die Depression, Frankfurt a. M. 1975.

Nathusius, K. (1979): Venture Management, Berlin 1979.
Oepke, K.H.; Hauck, H. (1986): Innovationen und die Deutsche Bank, Interview mit Dr. Herbert Zapp, in: Innovation 3, 1986, Sonderdruck S. 1 – 4.
Peat Marwick Mitchell & Co (1985): Venture Capital in Europe 1985, Survey on Venture Capital in the European Community, undertaken for the European Venture Capital Association, Brüssel 1985.
Picot, A.; Laub, U.D.; Schneider, D. (1989): Innovative Unternehmensgründungen – Eine ökomisch-empirische Analyse, Heidelberg – New York – Tokio 1989.
Räbel, D. (1986): Venture Capital als Instrument der Innovationsfinanzierung, Eine kritische Analyse unter besonderer Berücksichtigung des Projektbewertungsproblems, Köln 1986.
Rogers, E.M. (1983): Diffusion of Innovations, 3. Auflage, New York 1983.
Rupp, E. (1976): Technologietransfer als Instrument staatlicher Innovationsförderung, Göttingen 1976.
Schmidtke, A. (1985): Praxis des Venture Capital Geschäfts, Landsberg/Lech 1985.
Sommerlatte, T. (1986): Die Veränderungsdynamik, die uns umgibt. Ist das Unternehmen ausreichend darauf eingestellt? in: Arthur D. Little International (Hrsg.), Management der Geschäfte von Morgen, Wiesbaden 1986, S. 1 – 16.
Stedler, H. (1987): Venture Capital und geregelter Freiverkehr – Eine empirische Studie, Frankfurt 1987.
Szyperski, N.; Roth, P. (1990): Entrepreneurship - Innovative Unternehmensgründung als Aufgabe, Stuttgart 1990.
Thom, N. (1980): Grundlagen des betrieblichen Innovationsmanagements, 2. Aufl., Königstein/Ts. 1980.
Trommsdorff, V. (1986): Insolvenzgründe junger technologieorientierter Unternehmen, Eine Untersuchung der Forschungsstelle für den Handel Berlin e.V. und des Marketinglehrstuhls der TU Berlin, Berlin 1986.
WestKB Kapitalbeteiligungsgesellschaft mbH (1987): Kapitalbeteiligungen in der Bundesrepublik Deutschland, Teilnehmer an der von der WestKB durchgeführten Umfrage per 31.12.1986, unveröffentlichtes Befragungsergebnis, Düsseldorf 1987.
Witte, E. (1973): Organisation für Innovationsentscheidungen, Göttingen 1973.
Wrede, Th. (1987): Venture-Capital, Das US-amerikanische Modell und seine Umsetzung in der Bundesrepublik Deutschland, Köln 1987.

Sechstes Kapitel

Unternehmenskultur

Hartmut Bretz

Zur Kultivierung des Unternehmerischen im Unternehmen

Von den historischen Wurzeln zur unternehmerischen Avantgarde im Management

1. Einführung:
   Wider die bürokratische Verkrustung im Großunternehmen

2. Das „typisch Unternehmerische“ oder:
   Was man aus der Geschichte des Unternehmerbegriffs lernen kann
   2.1 Zur Vorgeschichte des Unternehmers
   2.2 Übersicht über historische Unternehmerbegriffe
   2.3 Das „typisch Unternehmerische“

3. Die unternehmerische Avantgarde im Management oder:
   Wege zur Kultivierung eines unternehmerischen Selbstverständnisses
   3.1 „Verklärungen“ im Unternehmerbegriff
   3.2 Paradoxe Persönlichkeiten
   3.3 Die Kultivierung der Intuition
   3.4 Die Gestaltung der Unternehmenskultur
   3.5 Transforming Leadership

4. Ausblick:
   Zur Revitalisierung einer unternehmerisch verarmten Betriebswirtschaftslehre

Literatur

1. Einführung: Wider die bürokratische Verkrustung im Großunternehmen

Seit Jahrzehnten beschäftigen sich Fachleute in Wissenschaft und Unternehmenspraxis damit, das Thema Führung auf eine rationale Grundlage zu stellen - sei es nun Führung allgemein im gesellschaftlich-politischen Bereich, sei es Führung im besonderen im betriebswirtschaftlich organisierten Unternehmen. Kategorien wie „Disziplin", „Kontrolle", „Sachlichkeit" und „Effizienz", die Orientierung an versachlichten Zielen und abstrakten Gewinnprognosen sind die Errungenschaften „wissenschaftlicher" Betriebsführung seit Frederick Taylor, Henry Fayol oder Max Weber.

Eines wurde dabei wohl übersehen. Der Mensch wurde an den Rand des Wirtschaftssystems gedrängt: „Der Mensch ist Mittel. Punkt."[1] Die Betroffenen müssen sich vor Übergriffen des Systems schützen; Gefühle werden am Werkstor abgegeben, um nicht etwa unreflektiert in der organisatorischen Mausefalle zermalmt zu werden. Oft wird vergessen, daß auch Max Weber, der Altmeister unserer modernen Organisations- und Bürokratietheorie, dieser Entwicklung schon vor mehr als einem halben Jahrhundert sehr kritisch gegenüberstand:

> „Niemand weiß noch, ... ob am Ende dieser ungeheuren Entwicklung ganz neue Propheten oder eine mächtige Wiedergeburt alter Gedanken und Ideale stehen werden, oder aber - wenn keins von beiden - mechanisierte Versteinerung, mit einer Art von krampfhaftem Sichwichtignehmen verbrämt. Dann allerdings könnte für die 'letzten Menschen' dieser Kulturentwicklung das Wort zur Wahrheit werden: 'Fachmenschen ohne Geist, Genußmenschen ohne Herz: dies Nichts bildet sich ein, eine nie vorher erreichte Stufe des Menschentums erstiegen zu haben.'"[2]

Zynische Aussprüche wie „Der Mensch steht im Mittelpunkt - und damit allem im Wege" sind Belege dafür, daß der Mensch die ihm zuerkannte Rolle als versachlichter Produktionsfaktor nicht unbedingt optimal ausfüllt. Der Mensch im Unternehmen reagiert auf die steigende Bürokratisierung im Management mit Entzug. Die Orientierung von Führungskräften verschiebt sich von der Arbeit in die Freizeit[3]; die Berufung verkommt zum „Job". Die Identifikation mit der Aufgabe geht gegen Null.

Das Thema Revitalisierung steht auf der Agenda moderner Unternehmen ganz obenan, und dies nicht nur in schnell wachsenden Wirtschaftszweigen wie denen der High-Tech-Industrie oder des Dienstleistungs- bzw. des Informationsgewerbes. Auch die Geschäfte der Low Tech-Industrien sind heute nur noch dann überlebensfähig, wenn es gelingt, in

1 Neuberger (1990)
2 Weber (1947), S. 203 ff.
3 Vgl. für viele Rosenstiel/Stengel (1987)

innovativer Weise Wettbewerbsvorteile am Markt zu realisieren - sei es im Kernbereich des Produktes selbst, sei es in der Vielschichtigkeit des umgebenden Leistungskranzes.

Innovationsfähigkeit und Unternehmensgröße scheinen jedoch nicht unbedingt in einem produktiven Zusammenhang zu stehen. Die typisch bürokratische Atmosphäre im Großunternehmen wirkt sich negativ auf die Kreativität der Erfinder oder hier besser: der „F&E-Referenten“ aus. Die Zahl der Patente in der deutschen Großindustrie läßt im Vergleich zum Mittelstand und zum internationalen, insbesondere japanischen Wettbewerb stark zu wünschen übrig. Gerade in den Kern- und Schrittmachertechnologien, also in den Technologien, die den internationalen Wettbewerb in Zukunft entscheidend prägen werden, sind deutsche Unternehmen weitgehend nicht an forderster Front zu finden.

Noch verhängnisvoller jedoch wirken sich Bürokratie und Verkrustung auf den Faktor Zeit aus. Kürzer werdende Innovationszyklen erfordern rapide schrumpfende Entwicklungs-, Vermarktungs- und Lieferzeiten in der Automobil-, der Pharma-, in der Chemie- und in der Elektronikbranche im weitesten Sinne. Der „Imitationsschutz“ auf errungene Wettbewerbsvorteile verkürzt sich. Nicht mehr die Suche nach dauerhaften, verteidigungsfähigen Wettbewerbsvorteilen steht im Mittelpunkt, sondern das schnellere Aufbauen von „Vorteilsschichten“ im Vergleich zum Wettbewerber.[4] Diejenigen Unternehmen werden sich in Zukunft an die Spitze des Wettbewerbs setzen, die durch flexible Strukturen und einen neu entfachten Unternehmergeist Vorteile im Management of Speed erlangen.

Derzeit gibt es wohl kaum ein Großunternehmen, das sich dieser Problematik nicht bewußt ist und sich nicht mit den Bürokratisierungs- und Verkrustungserscheinungen in den eigenen Reihen auseinandersetzt. Die Folge sind häufig tiefgreifende Reorganisationsprozesse. „Kleine Einheiten“ und „umfassende Verantwortungsbereiche“ sollen die unternehmerische Initiative im Führungsprozeß wieder wecken.

Allein die Veränderung von sichtbaren Oberflächenstrukturen greift jedoch zu kurz, soll in einem bürokratisch verkrusteten (Groß-)Unternehmen Unternehmertum und Innovationsbereitschaft geweckt werden. Entscheidend ist die motivationale Verankerung eines unternehmerischen Selbstverständnisses in den Tiefenstrukturen der Organisation: in der Lebenswelt der betroffenen Menschen.

Wie kann man diesen Prozeß der Kultivierung des Unternehmerischen im Unternehmen fördern? Diese Frage steht im Mittelpunkt meiner Ausführungen. Zur Grundlegung möchte ich zurückrufen, daß die historische Diskussion des Unternehmertums eine lange - von deutschsprachigen Autoren maßgeblich geprägte - Tradition hat (2.). Aktueller Tummelplatz für das „typisch Unternehmerische“ ist die jedoch die unternehmerische Avantgarde im Management, die insbesondere im angelsächsischen Sprachraum Managementtheorie, -beratung und -praxis revolutioniert. Sie gibt theoretische und praktische Hinweise für die Kultivierung eines unternehmerischen Selbstverständnisses im Unter-

4 Vgl. etwa Hamel/Prahalad (1989)

nehmen (3.). Konsequenterweise muß Kulturveränderung aber bei der Ausbildung unseres Unternehmernachwuchses anfangen: gesucht sind Möglichkeiten zur Revitalisierung einer unternehmerisch verarmten Betriebswirtschaftslehre (4).

2. Das „typisch Unternehmerische" oder: Was man aus der Geschichte des Unternehmerbegriffs lernen kann

2.1 Zur Vorgeschichte des Unternehmers

Dem in Harvard ansässigen „Research Center in Entrepreneurial History" und seinen Veröffentlichungen unter dem Titel „Explorations in Entrepreneurial History" ist es zu verdanken, daß die lange Geschichte des Unternehmerbegriffs aufgearbeitet wurde und bis in die heutige Zeit verfügbar ist. Arthur H. Cole, langjähriger Leiter des Centers, faßt den Stellenwert der Unternehmerforschung für die Wirtschaftswissenschaften wie folgt zusammen:

> „To study the ‚entrepreneur' is to study the central figure in economic history, and, to my way of thinking, the central factor in economics." (Cole 1967, S. 37)

Seit dem Mittelalter befassen sich Wissenschaftler und Geschichtsschreiber im französischen, englischen und deutschen Sprachraum mit unterschiedlichen Facetten derjenigen Persönlichkeiten, die „etwas unternehmen", also für Entwicklungen verantwortlich zeichnen, denen etwas „Besonderes" anhaftet.

Der Französische „Entrepreneur" hat seine Wurzeln im mittelalterlichen Baumeister von Festungen, Kirchen und Kathedralen, später von Häfen, Palästen, Straßen und Brücken. Er war dem Auftraggeber als Kontrahent für einen festen Preis und einen bestimmten Fertigstellungstermin verantwortlich.

In England entwickeln sich parallel die Begriffe „Undertaker", „Projector" und „Adventurer". Letzterer bezieht sich auf die heute legendären Handelsleute, die oft auf wahrhaft abenteuerliche Weise ihr Leben riskierten, um etwa neue Handelsrouten zum Orient zu etablieren.

2.2 Übersicht über historische Unternehmerbegriffe

Die erste konzeptionelle Veröffentlichung zum Thema wird Richard Cantillon im Jahre 1755 zugeschrieben. Er eröffnet eine lebhafte Diskussion, die ich in den folgenden Kurzzusammenfassungen umreißen möchte. Bestandteile sind die Namen der Autoren, ihre Lebensdaten und/oder das Datum der ersten Hauptveröffentlichung zum Thema, der in der Originalsprache verwandte Unternehmerbegriff sowie die von mir identifizierten und meist verdeutschten Hauptthesen, soweit sie die Diskussion um den Unternehmer neu befruchten.[5] Ordnungskriterium ist das Datum der ersten Auflage der Hauptveröffentlichung zum Thema.

Richard Cantillon (ca. 1680–1734; 1755): Entrepreneur als Risikoträger; Pächter als Prototyp: feste Abgaben an den Grundeigentümer, aber unsicherer Lohn; Unternehmer ihrer eigenen Arbeit: auf eigene Gefahr und Rechnung; auch Bettler und Räuber sind Unternehmer.[6]

Francois Quesnay (1694–1774; 1758): Entrepreneur als reicher und intelligenter Betreiber einer Großfarm; Statik: gegebener Output, gegebene Preise und Produktionsfaktoren.[7]

Anne-Robert Jacques Turgot (1727–1781; 1766): Entrepreneur Manufacturier als industrieller Kapitalanwender und Arbeitgeber; „laissez faire laissez aller".[8]

Adam Smith (1723–1790; 1776): Undertaker als Kapitalist und Kapitalanwender; laissez faire: freie Verwirklichung von Eigeninteresse als Bedingung für allgemeinen Wohlstand; unsichtbare Hand des Marktes als natürliche Ordnung.[9]

Jeremy Bentham (1748–1832; 1793): Projector als Ausfüller neuer, innovativer Kanäle; verbreitet den „Geist des Neuen" in der Volkswirtschaft; typisch: „Government Contractor".[10]

Jean-Baptiste Say (1767–1832; 1815): Entrepreneur als Nachfrager/Vereiniger von Produktivdiensten und Anwender/Produzent für den Markt; „gutes Urteil" als Hauptqualität: Mittler für die Erfüllung von Bedürfnissen.[11]

Johann Heinrich v. Thünen (1783–1850; 1826): Unternehmer als Träger von Risiko und innovativer Genialität; Probleme und „schlaflose Nächte" als Förderer unternehmerischen Talents.[12]

Hans K.E. v. Mangoldt (1824–1868; 1855): Unternehmer als Träger nicht versicherbaren Risikos und spekulativer Produzent für den Markt; „Rentabilität" als Vergütung für besondere Fähigkeiten und Übernahme von Verantwortung.[13]

---

5 Übersichten zur Ideengeschichte des Unternehmers mit umfassenden Literaturverzeichnissen finden sich u.a. in Hébert/Link (1982), Turin (1947) und Hofmann (1968).
6 Vgl. Cantillon (1931), S. 32 ff.
7 Vgl. Quesnay (1888), S. 218 f.
8 Vgl. Turgot (1924).
9 Vgl. Smith (1937).
10 Vgl. Bentham (1952).
11 Vgl. Say (1869).
12 Vgl. Thünen (1960), S. 246 ff.
13 Vgl. Mangoldt (1855).

John Stewart Mill (1806–1873; 1859): Entrepreneur als Kapitalist, Risikoträger und Oberaufseher; Bezieher von Kapitalzins, Risikoprämie und Unternehmerlohn.[14]

Léon Walras (1834–1910; 1860): „Entrepreneur“ als Kombinator der produktiven Dienste: steter Wiederhersteller des Gleichgewichts im statischen System: „faisant ni bénéfice ni perte“.[15]

Karl Marx (1818–1883; 1867): Unternehmer als despotischer Nutznießer des „Mehrwertes“ (= ausbeuterischer Profit aus unbezahlter Mehrarbeit).[16]

Carl Menger (1840–1921; 1871): Unternehmer als Dirigent im Hintergrund; zeitliche Koordination der Produktionsfaktoren.[17]

Francis A. Walker (1840–1897; 1876): Entrepreneur als „Captain of Industry“/ Arbeitgeber; wird durch seine Funktion zum Kapitalisten; Führer des gesellschaftlichen Fortschritts: Organisator und Energetisierer.[18]

Frederik B. Hawley (1843–1929; 1882): Enterpriser als Träger von produktivem Risiko (Spekulant: unproduktives Risiko); ökonomisch unentbehrlicher Kombinator der Produktionsfaktoren.[19]

Victor Mataja (1884): Unternehmer als Bezieher von Unternehmergewinn neben Einkommen aus Naturgaben, Arbeitsprodukten oder Kapitalertrag.[20]

Karl Rodbertus (1805–1875; 1884): Unternehmer als Träger einer staatswirtschaftlichen Funktion; vierte Klasse, die die anderen „auskauft“ und deren Produktivdienste kombiniert.[21]

Alfred Marshall (1842–1924; 1891): Undertaker als „Multifaceted Capitalist“; Versorger der Bedürfnisse anderer; geborener Menschenführer, Arbeitgeber, Manager, Kombinator usw.[22]

John Bates Clark (1847–1938; 1899): Entrepreneur macht Arbeit und Kapital erst produktiv; „mit leeren Händen“: trägt kein Risiko; Verwirklichung von Ideen: Sozialisierungstendenz von Unternehmertum.[23]

Gustav v. Schmoller (1838–1917; 1900): Unternehmer als zentraler Faktor jeglichen ökonomischen Handelns; kreativ-innovativer Organisator.[24]

14 Vgl. Mill (1960).
15 Vgl. Walras (1938), S. 169 sowie S. 184 ff.
16 Vgl. Marx (1961).
17 Vgl. Menger (1923), S. 153 f.
18 Vgl. Walker (1888), S. 74 ff. sowie S. 232 ff.
19 Vgl. Hawley (1927), S. 410 ff.
20 Vgl. Mataja (1884), S. 127 ff.
21 Vgl. Rodbertus (1884), S. 53 ff. sowie S. 81 ff.
22 Vgl. Marshall (1961), S. 297 ff.
23 Vgl. Clark (1907), S. 82 ff.
24 Vgl. Schmoller (1890) und (1923).

Werner Sombart (1863–1941; 1903): Unternehmer als treibende Kraft des Kapitalismus; schöpferische Tat des Einzelnen; Erwerbsidee: Objektivierung der kapitalistischen Motivation.[25]

Josef Schumpeter (1883–1950; 1911): Unternehmer als aktiver, innovativer Durchsetzer neuer Kombinationen; strebt wirtschaftliche Führerschaft an; dynamischer Zerstörer des Marktgleichgewichts.[26]

Max Weber (1864–1920; 1920): Unternehmer als Rationalisierer/ Überwinder des Traditionalismus (Bürokratieansatz) und protestantischer Asket: Disziplin, Selbstkontrolle.[27]

Kurt Wiedenfeld (1920): Unternehmer als Gestalter des Risikos: Risiko entsteht erst durch die unternehmerische Entscheidung.[28]

Frank H. Knight (1885–1972; 1921): Entrepreneur als Produkt wahrer, nicht meßbarer Ungewißheit; Träger letzter Verantwortung; Broker neuer Technologien; Menschenkenner.[29]

Charles A. Tuttle (1927): Entrepreneur als Geschäftseigentümer: Abgrenzung von Kapital- und Grundeigentum sowie Arbeit.[30]

Alfred Amonn (1883–1962; 1928): Unternehmer als Verkehrssubjekt mit Verfügungsmacht über Kapital; statischer (potentieller) vs. dynamischer (aktueller, eigentlicher) Unternehmer.[31]

Johannes Gerhardt (1930): Unternehmer als einzige gegen die bureaukratische Wissensherrschaft immune Instanz; eigentliches Risiko: Verlust der Unternehmerstellung.[32]

Erich Häussermann (1932): Unternehmer als disponierender, „wirtschaftlich schöpferischer“ Arbeitgeber; volkswirtschaftliches Ausgleichs- und Regulierungsorgan „wider Willen“.[33]

John M. Keynes (1883–1946; 1936): Entrepreneur als Eigentümer und Entscheidungsträger; unsichere Erwartungen: gemischtes Spiel aus Können und Zufall („Animal Spirits“).[34]

---

25 Vgl. Sombart (1927).
26 Vgl. Schumpeter (1952), S. 100 ff.
27 Vgl. Weber (1947) und (1972), S. 157 ff.
28 Vgl. Wiedenfeld (1920).
29 Vgl. Knight (1933), S. 268 ff.
30 Vgl. Tuttle (1927), S. 501 ff.
31 Vgl. Amonn (1928), S. 260 ff.
32 Vgl. Gerhardt (1930), S. 5 ff.
33 Vgl. Häussermann (1932), S. 5 ff.
34 Vgl. Keynes (1964), S. 25 ff. sowie S. 150 ff.

Ludwig v. Mises (1881-1972; 1940): Jeder handelnde Mensch ist Entrepreneur (dynamische Wirtschaft): Demokratisierung des Konzeptes; „Promoter“ als besonders findiger Entrepreneur.[35]

Arthur H. Cole (1889-1974, 1949): Entrepreneur als Gründer, Erhalter oder Ausbauer eines gewinnorientierten Geschäftes; Innovation, Management und Anpassung an äußere Umstände.[36]

Leland H. Jenks (1949): Entrepreneur als Role Taker; Geschäftseinheit als System von unternehmerischen und nicht unternehmerischen, umfelddominierten Rollen.[37]

Fritz Redlich (1949): Unternehmer als dämonische Figur: schöpferisch-zerstörerische Interpretation des persönlichen Elements im Wirtschaftsleben.[38]

G.L.S. Shackle (1955): Enterpriser als Unsicherheitsträger und Entscheider: Improvisator, Erfinder; „Bounded Uncertainty“ als Quelle von Kreativität.[39]

Harvey Leibenstein (1968): Entrepreneur als Ausnutzer von Unzulänglichkeiten: „X-Inefficiency“, „Slack“, „Fuzzy Areas“; Input-Completer.[40]

Israel M. Kirzner (1973): Entrepreneur als findiger Arbitrageur: Ausnutzer von Preisunterschieden bei unvollkommener Information; Wiederhersteller des Marktgleichgewichts.[41]

Was ist nun aber das „eigentlich“ Unternehmerische angesichts dieser Fülle von Unternehmerbildern im Laufe der Geschichte? Wodurch zeichne(te)n sich die Unternehmer dieser Welt aus?

2.3 Das „typisch Unternehmerische“

Im großen und ganzen gruppieren sich die historischen Unternehmerbeschreibungen um drei Hauptfunktionen: Unternehmer werden als Risikoträger, als Kombinator von Produktionsfaktoren und/oder als Innovatoren beschrieben.[42] Abb. 1 verweist auf weitere Unterscheidungen, die gleichsam quer zur Hauptdifferenzierung liegen, nämlich etwa Fragen bezüglich:

- der Trennung von Kapitalist und Unternehmer,
- der Legitimation und Zusammensetzung des Unternehmergewinns,

35 Vgl. Mises (1949), S. 253 ff.
36 Vgl. Cole (1967), S. 33 ff.
37 Vgl. Jenks (1949), S. 151.
38 Vgl. Redlich (1964), S. 74 ff. und S. 171 ff.
39 Vgl. Shackle (1955), S. 82 ff.
40 Vgl. Leibenstein (1979), S. 134 ff.
41 Vgl. Kirzner (1978), S. 29 ff.
42 Zur ausführlichen Diskussion dieser Differenzierungen vgl. Bretz 1988, S. 36 ff.

- einer klassenmäßigen („unternehmerischer Held") oder funktionsmäßigen („unternehmerisches Element") Bestimmung von Unternehmertum,
- der Dynamik von Unternehmertum und den Auswirkungen auf das wirtschaftliche Gleichgewicht sowie
- der außerwirtschaftlichen, „jenseitigen" Triebfedern des Unternehmers.

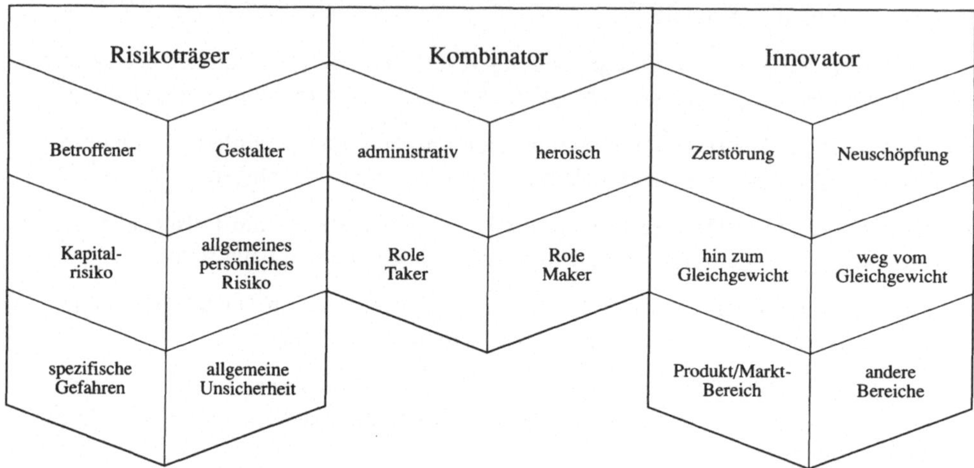

Abbildung 1: Hauptfunktionen des Unternehmers

Die Definitionen des Unternehmers als Träger des Kapitalrisikos oder als Kombinator von Produktionsfaktoren finden sich jeweils auf eigenartige Weise verkürzt und vom Alltagsverständnis entfremdet. Einmal kann man den Unternehmer nicht vom „bloßen Kapitalisten" unterscheiden, ein anderes Mal fehlt dem „bloßen Manager" das „eigentlich Unternehmerische"; das „etwas mehr", das „besondere" in der unternehmerischen Persönlichkeit bleibt im Dunkeln. In beiden Fällen unternimmt die Begriffsgeschichte den Versuch, diese Problematik durch eine Variation der ursprünglichen Definition zu handhaben: Aus dem vom Risiko Betroffenen wird der Gestalter des Risikos (Redlich), aus dem Kombinator von Produktionsfaktoren wird der visionäre „Captain of Industry" (Walker).

Es liegt nicht fern, im unternehmerischen Innovator das eigentlich Unternehmerische zu identifizieren. Der Unternehmer ist - Schumpeter folgend - der „Durchsetzer neuer Kombinationen". „Celui qui entreprend un ouvrage ..."[43] fühlt sich in unvollkommenen Märkten, angesichts turbulenter Umwelten und einer offenen Zukunft wohl. Er zerstört verkrustete, gewohnte Strukturen. Er schafft und nutzt kreatives Chaos[44]. Er geht neue, außergewöhnliche Wege. Und: er reißt andere auf diesem Weg mit.

Hier sind wir aber schon bei unserem nächsten Punkt angelangt: der unternehmerischen Avantgarde in Managementtheorie und -praxis.

---

43 Originaldefinition in Savary's (1723) Dictionnaire Universel de Commerce

44 Vgl. Peters (1987)

3. Die unternehmerische Avantgarde im Management oder: Wege zur Kultivierung eines unternehmerischen Selbstverständnisses

3.1 „Verklärungen“ im Unternehmerbegriff

Man mag wie Schneider in diesem Band unser an Schumpeter angelehntes Bild des typisch Unternehmerischen als „‚nostalgische Verklärung‘ der Problemstellung“ abtun. Man mag von „Ermüdungseffekten“ für die theoretische Diskussion sprechen. Schaut man jedoch über den Tellerrand der klassischen Betriebswirtschaftslehre hinaus und bezieht man die in der (nicht mehr nur angelsächsischen) Managementtheorie und -praxis geführte Diskussion mit ein, so muß man feststellen:

Unternehmertum lebt von seiner „irrationalen Wurzel“[45]. Es speist sich aus dem inneren Antrieb von Individuen. Informationsökonomie und Transaktionstheorie mögen als theoretische Teilperspektiven interessieren. In unser Verständnis vom „Unternehmerischen“ fließen sicherlich Anregungen aus der Österreichischen Schule[46] - des „Austrianismus“ in der Wortwahl von Schneider - ein. Im Grunde aber lenken diese Perspektiven vom Unternehmer selbst ab - sie objektivieren künstlich und „verklären“ damit den Blick auf das Individuum, das den unternehmerischen Prozeß vorantreibt und gestaltet.

Eben diesen Blick eröffnet eine Theorietradition, die in wenigen Jahren die Bestsellerränge in den Veröffentlichungen zum Thema Management ebenso wie die Beratungspraxis im Bereich „kulturelle Transformation“ erobert hat. Sie hat das Potential, den Menschen im Unternehmen neue Perspektiven für ihr Handeln zu geben. Die unternehmerische Avantgarde im Management sucht nach den typischen Eigenschaften bahnbrechender Unternehmer und nach den Besonderheiten vitaler Unternehmenskulturen. Prominente Quellen für die Unternehmerische Avantgarde sind neuere Ansätzen zum Entrepreneurship (etwa: Intrapreneurship[47]; Metapreneurship[48], New Venture Management[49]) und die wiederbelebte Charismadiskussion (etwa: Charismatic Leadership[50]; Transforming Leadership[51]). Unternehmerische Avantgarde siedelt sich um die folgenden Thesen herum an:

(1) Unternehmerische Typen sind durch ein heroisches Persönlichkeitsprofil gekennzeichnet, das geradezu paradoxe Züge aufweist.

---

45 Vgl. Gutenberg (1979), S. 6
46 Vgl. etwa die vorstehenden Kurzzusammenfassungen zu Menger, Mises, Leibenstein, Shackle und Kirzner
47 Vgl. etwa Pinchot (1985)
48 Vgl. etwa Lessem (1986)
49 Vgl. zusammenfassend Müller-Stewens/Bretz (1990), Schmid (1986) sowie Servatius (1988)
50 Vgl. etwa Bass (1986)
51 Vgl. etwa McGregor Burns (1978)

(2) Um die Paradoxien einer komplexen Welt innovativ im täglichen Handeln nutzen zu können, kultivieren Unternehmer ihre intuitiven Potentiale.
(3) Unternehmer nutzen die symbolische Kraft von Visionen, Mythen und Ritualen zur Gestaltung der Unternehmenskultur.
(4) Unternehmer sind besessen von der Liebe zu den Menschen: Transformierende Führung lebt vom „Empowerment" kreativer Akteure und damit vom persönlichen Wachstum bei Führern und Geführten.

3.2 Paradoxe Persönlichkeiten

(1) Mit seiner Präsidentschaftskampagne läutete Ronald Reagan 1980 für die USA ein Zeitalter ein, das - bei aller Kritik am Konservatismus der „Reaganomics" - das Land aus einer tiefen politischen Vertrauenskrise holte. Für den Einzelnen entstand ein neues, persönlichkeitsorientiertes Leitbild: Unternehmertum.

> „Dieses Wort leitet sich aus der Wurzel 'unternehmen' ab. Etwas zu unternehmen impliziert, innovativ zu sein, feinfühlig auf Bedürfnisse und Gelegenheiten zu reagieren sowie mit Ausdauer und Durchhaltevermögen gesegnet zu sein. Unternehmer sind die Risikotäger, die Innovatoren, die Computer-Pioniere, die Erfinder all dieser besseren ‚Mausefallen'."[52]

Und sein Redenschreiber George Gilder sorgt für die ideologische Überhöhung dieses Konzepts:

> „Die Unternehmer kennen die Regeln der Welt und die Gesetze Gottes. So halten sie die Welt in Gang. In ihren Karrieren findet sich wenig von optimierender Berechnung, nichts vom feinen Ausbalancieren der Märkte. Sie werfen vielmehr Etabliertes über den Haufen, als daß sie Gleichgewichte etablieren. Sie sind die Helden des wirtschaftlichen Lebens."[53]

Die Innovatoren, die Zerstörer und Erneuerer bürokratischer Strukturen: die „Champions" - oder treffender: die „Skunks" - unserer Tage, müssen eine gehörige Portion Eigen-, wenn nicht gar Starrsinn verkörpern: die wahren Unternehmer schwimmen wie besessen gegen den Strom und setzen ihre Ideen gegen alle Widerstände durch.

Unternehmer sind jedoch hart und weich in einem: Einerseits verkörpern sie „strategische Besessenheit" ("Strategic Intent")[54], andererseits können sie intuitiv Situationen erfassen und feinfühlig auf Emotionen und Energien im Unternehmen reagieren. Als komplexer Mensch prägt der Unternehmer paradoxe Persönlichkeitsmerkmale aus und praktiziert verschiedene Modi des Realitätszugangs ... je breiter das Spektrum der verwirklichten Begabungen, desto „vollständiger" die Person. So stellt etwa Gerd Gerken fest,

---

52 Reagan (1985), S.3; Übersetzung durch HB. Vgl. auch den von Drucker (1985, S.9) geprägten Begriff der „Unternehmergesellschaft"
53 Gilder (1984), S. 19; Übersetzung durch HB.
54 Hamel/Prahald (1989)

> „... daß sich erfolgreiche Manager informationell wie ... Adler verhalten können ..., sie sehen die Wirtschaft, die Gesellschaft und auch die internationale Szene global und damit auch mehr im Sinne einer Makro-Landschaft. Und sie sind gleichzeitig in der Lage, differenzierter zu sehen, d.h. sie können sich wie ein Adler herunterfallen lassen auf kleinste Details und zeigen dort extrem hohe intuitive und kombinatorische Fähigkeiten. Trotzdem verlieren sie sich nicht in den Niederungen der Details. Im Gegenteil: Es kann sogar gesagt werden, daß sie die Glorifizierung der ansonsten hochgelobten Praxis geradezu meiden, obwohl sie auch dort kompetent sind. Sie sind gut in der Praxis, aber sie handeln in der ‚Praxis über der Praxis'."[55]

Der neue Unternehmer fühlt sich offensichtlich in undurchsichtigen Situationen wohl:

> „Effiziente Manager scheinen in Ambiguität zu schwelgen; in komplexen, mysteriösen Systemen mit relativ wenig Ordnung."[56]

Solche Manager suchen das Paradox, die Zwiespältigkeit, den Weg zum Neuen und erhöhen „künstlich" die Problemkomplexität; sie stecken das ganze Unternehmen an und werden zu Katalysatoren für seine kreative Weiterentwicklung.

3.3 Die Kultivierung der Intuition

Wie können dermaßen komplexe Persönlichkeiten bei aller vordergründigen Gespaltenheit zu kreativen Entscheidungen kommen und in Kommunikation und Handlung Standpunkte vertreten und durchsetzen? Woher nehmen sie die innere Gelassenheit: die Selbstsicherheit, die Welt zu verändern? Immer mehr Monographien und Sammelbände zum Thema Führung rekurrieren diesbezüglich auf das Phänomen der Intuition.[57] Die Intuition - so die These - ist das einheitsstiftende Element in aller Verschiedenheit und verwirrender Komplexität: gleich einem Schnürsenkel hält sie auseinanderklaffende Welten zusammen.

Die eminente Bedeutung eines beherzten intuitiven Sprungs über die Abgründe sich widersprechender Fakten stellt Chrysler-Sanierer Lee Iacocca in seiner Autobiographie heraus:

> „Sicherlich mußt du so viele relevante Fakten und Prognosen sammeln wie es nur irgendwie geht. An einem bestimmten Punkt aber wirst du diesen beherzten Sprung wagen müssen. Zum einen, weil selbst die beste Entscheidung falsch ist, wenn sie zu spät kommt. Zum zweiten, weil es in den meisten Fällen so etwas wie Sicherheit gar nicht gibt."[58]

---

55 Gerken (1986), S. 225 f.
56 Sprüngli (1981), S. 288
57 Vgl. den Überblick in Bretz (1988), S. 275 ff. sowie Bretz (1988a)
58 Iacocca/Novak (1984), S. 54; Übersetzung durch H. B.

Rar, aber aufschlußreich sind empirische Untersuchungen, die auf den Nachweis besonderer intuitiver Fähigkeiten bei Managern abzielen. Weston Agor kommt in Feldstudien mit über 2000 Managern jeglicher Couleur zu folgenden Ergebnissen:[59]

- Auf normativer Ebene weist er nach, daß in typischen Top-Management-Situationen intuitives Handeln bei Managern notwendig ist (hohe Unsicherheit; neuartige Situationen; „Fakten" sind mehrdeutig; mehrere Alternativen sind gut begründet; Zeitdruck).
- Auf deskriptiver Ebene berichtet er, daß sich hochinnovative Manager zu ihren intuitiven Fähigkeiten bekennen: „Diese Führungskräfte beschrieben im allgemeinen ihre Gefühle während der Entscheidung wie folgt: ‚Eine Art von Besessenheit - fast euphorisch'; ‚wachsende Begeisterung in der Wölbung meines Magens'; ... ‚ein Gefühl totaler Harmonie' und ‚ein Blitz oder eine plötzliche Eingebung, daß dies die Lösung ist'."[60]
- Schließlich gibt er auf technologisch-praktischer Ebene Hinweise für die Entwicklung intuitiver Fähigkeiten.

Im Grunde verweist die Kultivierung von intuitiven Fähigkeiten auf die Einstellung und die Befähigung eines „virtuosen Kontextpartisanen" (vgl. Abbildung 2)[61]. Jeder Mensch ist Kontextpartisan und muß es im Grunde bleiben. Letztlich braucht er eine „innere Heimat", eine Wurzel, aus der heraus er die Welt (er-)lebt. Freilich muß er diesen Kontext nicht als den einzig richtigen ansehen. Im Sinne einer „pragmatischen Philosophie"[62] bemüht er sich aktiv, die Sichtweisen anderer kennenzulernen. Wie ein Reisender betrachtet er Länder, in denen er vorübergehend weilt. Als wahrer Virtuose bewegt er sich so sicher zwischen den Kontexten, daß er auch Übersetzungen zwischen ihnen herstellen kann: der Unternehmer kann etwa ökonomische Problemstellungen authentisch im ökologischen Kontext artikulieren und umgekehrt. Er lebt seine privaten Überzeugungen als Führungspersönlichkeit aus und schämt sich auch zu Hause - etwa im Gespräch mit den Kindern - nicht seiner Handlungen im Unternehmen.

Pragmatische Einstellung	Einstellung zur Übersetzung	
	schwach	stark
schwach	Strikter Kontextpartisan	
stark		Virtuoser Kontextpartisan

Abbildung 2: Virtuoses Kontextpartisanentum

59 Vgl. Agor (1984)
60 Agor (1984), S. 8 ff.; Übersetzung durch HB.
61 Vgl Bretz (1988), S. 235 ff. sowie Kirsch (1990), S. 124 ff.
62 Feyerabend (1981), S. 30

So gesehen erweist sich das Phänomen der Intuition als konsequente Weiterentwicklung eines verengten Rationalitätsverständnisses: es verknüpft unterschiedliche, im jeweils eigenen Selbstverständnis „rationale", aber untereinander „inkommensurable"[63] Problemsichten. Ähnliche Plädoyers finden sich in neueren Rationalitätskonzeptionen wie Spinners „Doppelvernunft"[64], Kirschs „Evolutionärer Rationalität"[65] oder Welschs „Transversaler Vernunft"[66].

3.4 Die Gestaltung der Unternehmenskultur

Wie können unternehmerische Akteure Realitäten im Unternehmen verändern? Sind die „hinter" dem vordergründig beobachtbaren Verhalten liegenden Tiefenstrukturen eines Unternehmens überhaupt wirkungsvoll „von oben" zu beeinflussen? Letztlich geht es um die Möglichkeiten einer Transformation der Unternehmenskultur: um eine Veränderung der im allgemeinen nicht hinterfragten Selbstverständlichkeiten des Unternehmens. Dieses Verständnis von Unternehmenskultur geht auf den soziologischen Lebensweltbegriff zurück:

> „(1) Erstes Kennzeichen ist die naive Vertrautheit der Lebenswelt, welche nicht als ganzes problematisiert werden kann, sondern aus der nur bestimmte, thematisch ausgegrenzte Relevanzbereiche problematisiert und kommuniziert werden können; allenfalls kann sie als Ganzes zusammenbrechen.
>
> (2) Diese geteilte Lebenswelt gilt intersubjektiv in der Weise, als sich die Angehörigen ihr in der ersten Person Plural zurechnen. ...
>
> (3) Schließlich wird die Unmöglichkeit herausgestellt, die Grenzen der Lebenswelt zu transzendieren. Für die Aktoren bildet die Lebenswelt einen nicht hinterfragbaren, prinzipiell unerschöpflichen Kontext."[67]

Meist wird die Beziehung zwischen organisatorischer Lebenswelt und individuellem Handeln nur einseitig deterministisch gesehen: die organisatorische Lebenswelt begrenzt, ja sie ermöglicht erst Handlungen, die von allen Beteiligten (dieser Lebenswelt) verstanden werden. Vergessen wird: jede von den Beteiligten wahrgenommene individuelle Handlung reproduziert, d.h. sie bestätigt oder verändert ihrerseits Teilbereiche des gemeinsamen Hintergrundwissens (vgl. Abbildung 3).

---

63 Zum Begriff vgl. Kirsch (1990), S. 121

64 Vgl. Spinner (1985)

65 Vgl. Kirsch (1990), S. 470; vgl. auch Knyphausen (1988), S. 150 ff. sowie Bretz (1988), S. 288 ff.

66 Vgl. Welsch (1988), S. 295 ff.

67 Kirsch (1990, S. 23. f.) rezipiert hier den Lebensweltbegriff von Schütz/Luckmann (1979); vgl. auch Habermas (1981).

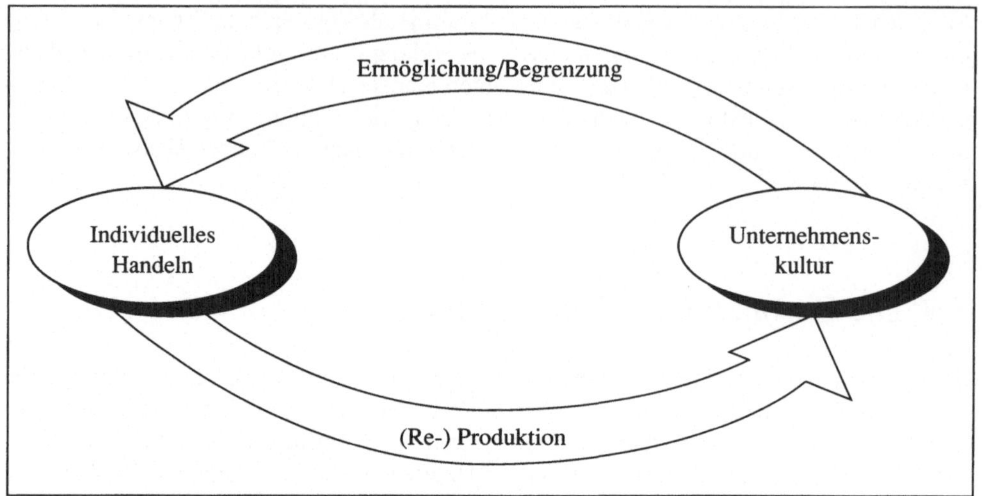

Abbildung 3: Unternehmenskultur als organisatorische Lebenswelt

Die Revitalisierung der Unternehmenskultur ist allenfalls auf indirektem Wege „steuerbar" - im Grunde geht es um das Paradox einer „Organisation der Selbstorganisation"[68] der Unternehmenskultur. Zwei Möglichkeiten bieten sich an:

(1) Die Änderung von Areanregelungen. Leitbilder und Grundordnungen eines Unternehmens, aber auch Gehalts- und Beförderungsvorschriften können innovatives Handeln im Unternehmen fördern, aber auch verhindern.

(2) Die Handlungen prominenter Akteure haben selbst symbolischen (Anschluß-)Wert für alle Teilnehmer der organisatorischen Lebenswelt. Entscheidend ist es, solche symbolischen Handlungen an den Tag zu legen, die einerseits für die Mitarbeiter besonders „gute Anschlußmöglichkeiten" bieten, andererseits die gewohnten „Bindungen" herausfordern. Geschichten, die eine gesunde Mischung aus „Bestätigung" und „Erstmaligkeit"[69] verwirklichen, haben das Potential, Geschichte zu machen.

Im Informationszeitalter ist die unternehmerisch agierende Führungspersönlichkeit dramatisch inszenierender Regisseur und sybolischer Aktor zugleich im „Cinéma Vérité" ihrer Praxis. Ihre Handlungen, ihr „Vorleben" können den Reproduktionsprozeß des organisatorischen Symbol- und Wertevorrats indirekt kanalisieren.

Welches sind die typischen Geschichten, die man sich in der Organisation erzählt? Man stelle sich etwa die Stories vor, die über hohe Hierarchen kursieren: haben sie sich „brav hochgedient" oder haben sie als „Champions" bzw. „Skunks" den „ganzen Laden über den Haufen geworfen" und damit neue Perspektiven für das Unternehmen eröffnet? Wie er-

68 Zum Begriff der Selbstorganisation vgl. zusammenfassend Bretz (1988), S. 240 ff.

69 Vgl. Weizsäcker (1974) sowie Schneider in diesem Band.

ging es den Querdenkern aus den eigenen Reihen? Wer sind die Helden im Unternehmen?

„Wer wann und wofür befördert wird, ist der beste und einzig eindeutige Indikator für Prioritäten, die man setzt, und für Wertmaßstäbe, die man anlegt.“[70]

Kursieren die „falschen“ Geschichten im Unternehmen, so gilt es, neue Geschichten zu erzählen oder durch unternehmerisches Verhalten zu stimulieren und zu bestätigen:

„Jede Minute beinhaltet eine symbolische Gelegenheit, die Sie entweder bewußt oder - was wahrscheinlicher ist - unbewußt ergreifen oder aber verstreichen lassen können. Worauf will der alte Knabe (oder der Boss) eigentlich hinaus? Warum redet er darüber mit Dick und nicht mit Jim? ... Noch einmal: der Manager selbst kann eigentlich nichts von Wert und Bestand bewirken. Er kann nur durch sein Verhalten nahelegen (symbolisieren), was er für wichtig hält.“[71]

Einen besonderen Stellenwert in der unternehmerischen Mythologie nehmen Visionen ein, die für die Beteiligten erstrebenswerte Zukünfte eröffnen und zu erstaunlichen Leistungen führen können. Die Kunst des Visionären besteht darin, inspirierende Weite (kreative Komponente) und kanalisierende Kraft (Handlungskomponente) zu vereinen, wie dies Abbildung 4 illustriert.

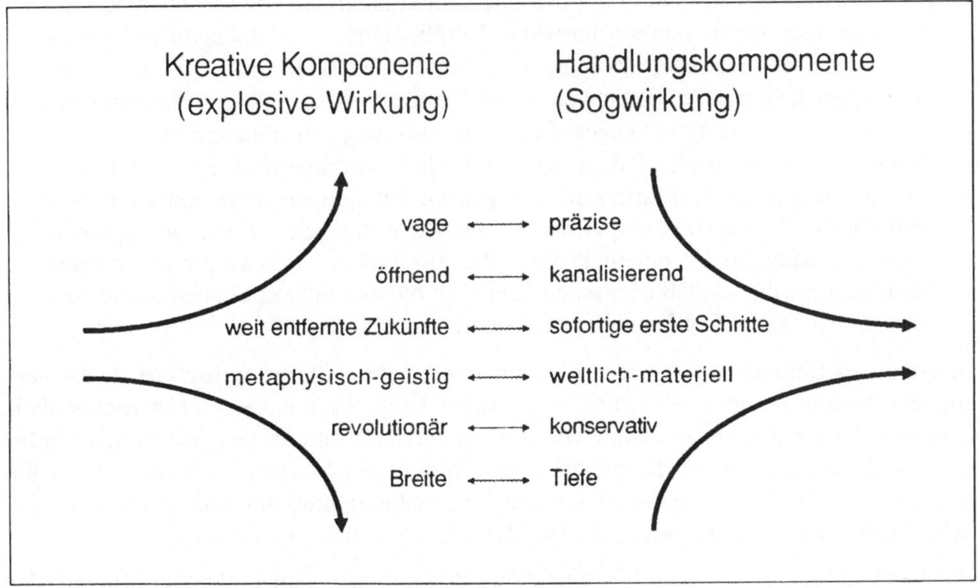

Abbildung 4: Visionen zwischen Kreativität und Handlung

70 Peters/Austin (1986), S. 319
71 Peters/Austin (1986), S. 323f.

3.5 Transforming Leadership

Hier sind wir an einem kritischen Punkt der Diskussion angelangt. Was passiert, wenn sogenannte charismatische Akteure ihre symbolischen Machtbasen ohne Berücksichtigung der Bedürfnisse von Betroffenen ausnutzen und die Unternehmenskultur auf rein egoistisch motivierte Weise manipulieren?

Das spezifisch deutsche Hitler-Syndrom hält die Erinnerung wach. Zumindest mittelfristig - und hier sind sich die meist selbst in der Führungs- bzw. Beratungspraxis tätigen Autoren einig - führt rein egozentrisch motiviertes, manipulierendes Verhalten zu einem Vertrauensentzug seitens der Betroffenen. Phänomene wie „innere Kündigung" und „bürokratische Verkrustung" sind die unweigerliche Folge. Verteidigung tritt dann an die Stelle von Engagement und Kreativität.

In der Charismadiskussion ist der notwendige Switch in der inneren Einstellung der Führenden mit den paulinischen Prinzipien „Demut", „Dienst" und „Liebe" belegt[72]: nicht die „Ausnutzung", sondern das „Empowerment"[73] kreativer Akteure ist das Herz transformierender Führung. Treibende Kraft dieser Transformation ist für den Politikwissenschaftler James McGregor Burns das innere Wachstum der beteiligten Individuen:

> „Die transformierende Führungspersönlichkeit erkennt und nutzt existierende Bedürfnisse oder Ängste seiner Mitarbeiter. Darüber hinaus jedoch begibt sie sich auf die Suche nach möglichen Motiven, versucht, höhere Bedürfnisse zu befriedigen und fordert die ganze Persönlichkeit des Geführten. Das Resultat transformierender Führung ist eine Beziehung gegenseitiger Stimulierung und Höherentwicklung, die Geführte zu Führern und Führer zu moralischen Vorbildern erhebt. ... Im Kern fordert Führung die Geführten in ihrer ganzen Persönlichkeit, sie aktiviert nicht bloß. Sie führt Bedürfnisse, Sehnsüchte und Ziele in einem gemeinsamen Unternehmen zusammen: in einem Prozeß, der aus Führern und Geführten bessere Menschen macht. ... Daß Menschen über sich hinauswachsen können in ein besseres Selbst, ist das Geheimnis transformierender Führung."[74]

Genau dieses Einbinden der ganzen Persönlichkeit in den Führungsprozeß ist es, das verkrustete Organisationen wieder mit Leben erfüllen kann. Sachlichkeit und Menschlichkeit müssen sich hierbei nicht ausschließen. Es kann durchaus rational sein, nach eingehender Analyse der Hard Facts auf die weiche innere Stimme der Intuition zu hören. Die Mobilisierung bzw. Begeisterung der Massen im Unternehmen muß mit einer mindestens genauso breiten Kultivierung des gesunden Menschenverstands einhergehen.

Ohne eine „Metanoia" - einen fundamentalen Bewußtseinswandel aller Betroffenen - ist dieser Prozeß nicht möglich. Zu tief sind die Gräben, die sich zwischen Führer und Geführte in unseren Organisationen geschoben haben. Das politische Gerangel um die jeweils eigene Karriere hat Vertrauensbasen weitgehend ausgeschöpft, ja zerstört. Die

72 Zur Charismadiskussion vgl. ausführlich Bretz (1988), S. 56 ff. sowie Bretz (1990)

73 Vgl. Kanter (1983)

74 McGregor Burns (1978), S. 4 sowie S. 461; Übersetzung durch HB.

„Ent-Täuschung" von Mitarbeitern aller Hierarchiestufen spiegelt sich wider in faktischen und psychischen Schutzwällen, die Initiative und Engagement ersticken.

Zu einfach wäre es aber, angesichts einer schier ausweglosen Lage zu kapitulieren: Auf die Vision und ihre Verwirklichung kommt es an! Dieser Entwurf einer erstrebenswerten, lebendigen Führungswirklichkeit fußt auf der inspirierenden Weite persönlichen Wachstums und schöpft aus der Tiefe eines schier unendlichen Ideenreservoirs. Und er schafft einen Sog, der jeden einzelnen, insbesondere aber die Führungspersönlichkeiten unserer Organisationen erfassen kann.

Das neue Paradigma der Unternehmensführung mißt sich nicht mehr in erster Linie an abstrakten organisatorischen Gleichgewichten; vielmehr rückt der Fortschritt in der Befriedigung und der Weiterentwicklung der Bedürfnisse der Betroffenen in den Mittelpunkt. „Gewinnerzielung" und „langfristiges Überleben" mögen im Normalfall Voraussetzung für jenen Fortschritt sein. Sie sind jedoch nicht mehr seine „treibende Kraft". Innerer Motor der Evolution einer „Fortschrittsfähigen Organisation"[75] ist das kreativ-chaotische, das innere Wachstum seiner Persönlichkeiten.

Soweit unser Streifzug durch die unternehmerische Avantgarde im Management. Konsequenterweise kann er nicht vor einer Kritik am Mainstream der deutschsprachigen Betriebswirtschaftslehre haltmachen, gilt sie doch als Hauptausbildungsgang für zukünftige Führungspersönlichkeiten.

4. Ausblick: Zur Revitalisierung einer unternehmerisch verarmten Betriebswirtschaftslehre

Der Mainstream der deutschsprachigen Betriebswirtschaftslehre verschließt sich seit Erich Gutenberg vehement vor dem persönlichen Element der Führung. Die denkwürdige Kapitulation des Altvaters der bis heute mikroökonomisch geprägten Tradition ist das Ergebnis folgender Argumentationskette:[76]

- Der dispositive Faktor ist das beherrschende Element im Unternehmen. Alle anderen Faktoren sind im Grunde unselbständig, da von ersterem abgeleitet.
- Wie weit auch Rationalisierung und Planung im Unternehmen vorangetrieben werden: letztendlich bleibt die Wurzel und damit das Wesen des dispositiven Faktors einer irrationalen Schicht vorbehalten.
- Diese irrationale Schicht - wie faszinierend sie für den Forscher auch sein mag - bleibt aufgrund ihrer Natur jeder betriebswirtschaftlichen Analyse verschlossen.

75 Zum Begriff der „Fortschrittsfähigen Organisation" vgl. Kirsch 1990, S. 471 ff., Knyphausen 1988, sowie Bretz 1988

76 Vgl. Gutenberg (1979), S. 6 ff. sowie S. 131 ff.

Die lange, unternehmerisch geprägte Tradition eines Josef Schumpeter oder eines Werner Sombart scheint vergessen. An dem Punkt, wo Betriebswirtschaftslehre wahrhaft interessant wird und sich Führung von Routine und Regelbefolgung löst, müssen Forschung und Lehre kapitulieren. Der Siegeszug der Wissenschaft entpuppt sich als „Kapitulation vor der Komplexität der Wirklichkeit“[77]. Die einschlägigen Lehrbücher der Betriebswirtschaftslehre beschränken sich denn auch in ihrem Vorgehen auf den „rationaler“[78] Analyse zugänglichen Bereich.

Aus diesem Blickwinkel heraus erscheint der altbekannte Vorwurf unternehmerischer Praxis in einem neuen Licht: die Betriebswirtschaftslehre forscht und lehrt am eigentlich entscheidenden Aspekt im Unternehmen: dem - zumindest a priori arationalen - unternehmerischen Element vorbei. Im folgenden möchte ich Thesen für eine Öffnung der Betriebswirtschaftslehre formulieren, die meines Erachtens für eine persönlichkeitsorientierte Ausbildung zukünftiger Führungskräfte entscheidend sind[79]:

- Die Betriebswirtschaftslehre versteht sich als eine an den Problemen der unternehmerischen Praxis orientierte und auf die „Verbesserung“ dieser Praxis ausgerichtete Führungs- oder Managementlehre.
- Die Betriebswirtschaftslehre transzendiert ihre verengte Rationalitätskonzeption und kapituliert nicht vor vermeintlich irrationalen oder arationalen Aspekten der Praxis; das eingeschränkte Methodenarsenal ist so zu erweitern, daß es einer komplexen Praxis gerecht werden kann.
- Hiermit einher geht das Forschen in und mit, jedoch nicht unter der Aufsicht der Praxis. Wissenschaftler müssen wieder kompetente Teilnehmer der sie konstituierenden Praxis werden, um wirklich zu einer Neuorientierung dieser Praxis beitragen zu können.
- Gleichzeitig jedoch muß sich Wissenschaft von den eingefahrenen Standards ihrer Praxis lösen, um die Grundlagen dieser Praxis zu hinterfragen und neu formulieren zu können. Wissenschaft muß wieder zum kritischen Stachel: zur Avantgarde der Praxis werden.
- In einem solchen Spannungsfeld zwischen Praxisverständnis und Praxisveränderung können Betriebswirtschaftler nur dann bestehen, wenn sie die Grundlagen der eigenen wissenschaftlichen Tradition konsequent hinterfragen und weiterentwickeln. Sie müssen sich selbst an umfassenderen Fragen der Metatheorie: am Sinn des eigenen Tuns relativieren.

Ein solches Wissenschaftsverständnis könnte den Weg bahnen für die Revitalisierung einer momentan „unternehmerisch verarmten“ Betriebswirtschaftslehre - und damit für eine persönlichkeitsorientierte Ausbildung der Führungskräfte von morgen. Diese aber ist ein entscheidender Baustein auf dem Wege zur Kultivierung des Unternehmerischen in unseren Unternehmen.

---

77 Guggenberger 1988, S. 14

78 Zu einem erweiterten Rationalitätsverständnis vgl. Bretz (1988), S. 275 ff. sowie Bretz (1988a)

79 Vgl. auch Kirsch (1990), S. 1 ff.

Literatur

Adams, J.D. (Hrsg., 1986), Transforming Leadership. From Visions to Results, Alexandria 1986.

Agor, W.H. (1984), Intuitive Management: Integrating Left and Right Brain Managment Skills, Englewood Cliffs 1984.

Aitken, H.G.J. (Hrsg., 1967), Explorations in Enterprise. 2. Aufl., Cambridge/Mass. 1967.

Amonn, A. (1928), Der Unternehmergewinn, in: Die Wirtschaftstheorie der Gegenwart, Bd. 3, Wien 1928.

Bass, B.M. (1986), Charisma entwickeln und zielführend einsetzen, Landsberg/ Lech 1986.

Bentham, J. (1952), Jeremy Bentham's Economic Writings. Herausgegeben von W. Stark, London 1952.

Bretz, H. (1988), Unternehmertum und Fortschrittsfähige Organisation. Wege zu einer Betriebswirtschaftlichen Avantgarde, München 1988.

Bretz, H. (1988a), Evolutionäres Rationalitätsverständnis: Die Kultivierung der Intuition, in: Gabler's Magazin, Nr. 11/1988, S. 44 – 47.

Bretz, H. (1990), Warum Unternehmen charismatische Manager brauchen, in: Harvard Manager I/1990, S. 110 – 119.

Cantillon, R. (1931), Die Natur des Handels im Allgemeinen. Sammlung sozialwissenschaftlicher Meister. Herausgegeben von H. Waentig, Bd. XXV, Jena 1931.

Clark, J.B. (1907), Essentials of Economic Theory, New York 1907.

Cole, A.H. (1967), An Approach to the Study of Entrepreneurship. A Tribute to Edwin F. Gay, in: Aitken (Hrsg., 1967), S. 30 – 44.

Dempsey, B.W. (Hrsg., 1960), The Frontier Wage, Chicago 1960.

Drucker, P.F. (1985), Innovationsmanagement für Wirtschaft und Politik, Düsseldorf und Wien 1985.

Feyerabend, P.K. (1981), Erkenntnis für freie Menschen, Frankfurt 1981.

Gerhardt, J. (1930), Unternehmertum und Wirtschaftsführung, Tübingen 1930.

Gerken, G. (1986), Der neue Manager, Freiburg i.Br. 1986.

Gilder, G. (1984), The Spirit of Enterprise, New York 1984.

Guggenberger, B.(1988), Sein oder Design. Zur Dialektik der Abklärung, 3. Auflage, Berlin 1988.

Gutenberg, E. (1979), Grundlagen der BWL. Bd. I: Die Produktion. 23. Aufl., Berlin et al. 1979.

Habermas, J. (1981), Die Theorie des kommunikativen Handelns. 2 Bände, Frankfurt 1981.

Hamel, G., Prahalad, C.K. (1989), „Strategic Intent", in: Harvard Business Review, May/ June 1989, S. 63 – 76.

Häussermann, E. (1932), Der Unternehmer, seine Funktion, seine Zielsetzung, sein Gewinn, Stuttgart 1932.

Hawley, F.B. (1927), The Orientation of Economics on Enterprise, in: AER, Vol. XVII, 1927.

Hébert, R.F., Link, A.N., (1982), The Entrepreneur. Mainstream Views and Radical Critiques, New York 1982.

Hofmann, M. (1968), Unternehmerforschung – Programm für einen vernachlässigten Wissenszweig, in: Wirtschaftspolitische Blätter, Heft 1/2, Wien 1968.

Iacocca, L., Novak, W. (1984), Iacocca. An Autobiography, New York 1984.

Jenks, L.H. (1949), Change and the Entrepreneur, Cambridge 1949.

Kanter, R.M. (1983), The Change Masters. Innovations for Productivity in the American Corporation, New York 1983.

Keynes, J.M. (1964), The General Theory of Employment, Interest and Money, New York 1964.

Kirsch, W. (1990), Unternehmenspolitik und strategische Unternehmensführung, München 1990.

Kirzner, I.M. (1978), Wettbewerb und Unternehmertum, Tübingen 1978.

Knight, F.H. (1933), Risk, Uncertaincy and Profit, in: Series of Reprints of Scarce Tracts in Economic and Political Science, No. 16, London 1933.

Knyphausen, D.z. (1988), Unternehmungen als evolutionsfähige Systeme. Überlegungen zu einem evolutionären Konzept für die Organisationstheorie, München 1988.

Leibenstein, H. (1979), The General X – Efficiency Paradigm and the Role of the Entrepreneur, in: Rizzo (Hrsg.,1979).

Lessem, R. (1986), Becoming a Metapreneur, in: Adams (Hrsg., 1986), S. 81 – 94.

Mangoldt, H. (1855), Die Lehre vom Unternehmergewinn, Leipzig 1855.

Marshall, A. (1961), Principles of Economics 9. Aufl., London 1961.

Marx, K. (1961), Das Kapital. 3 Bände, 8. Aufl., Berlin 1961.

Mataja, V. (1884), Der Unternehmergewinn, Wien 1884.

Mc Gregor Burns, J.(1978), Leadership, New York 1978.

Menger, C. (1923), Grundsätze der Volkswirtschaftslehre, Leipzig 1923.

Mill, J.S. (1960), On Liberty, London/Oxford 1960.

Mises,L. (1949), Human Action: A Treatise on Economics, New Haven 1949.

Müller-Stewens, G., Bretz, H. (1990), Stimulierung unternehmerischer Tugenden durch New Venture Management, erscheint in: Schanz, G., Handbuch Anreizsysteme, Stuttgart 1991.

Neuberger, O. (1990), Der Mensch ist Mittelpunkt. Der Mensch ist Mittel. Punkt. Acht Thesen zum Personalwesen, in: Personalführung 1/90, S. 3 – 10.

Peters, T.J. (1987), Thriving on Chaos. Handbook of a Management Revolution, New York et al. 1987.

Peters, T.J., Austin, N. (1986), Leistung aus Leidenschaft. Über Management und Führung, Hamburg 1986.

Pinchot, C. (1985), Intrapreneuring, New York 1985.

Quesnay, F. (1888), Oeuvres économique et philosophique. Herausgegeben von A. Oncken, Paris und Frankfurt 1888.

Reagan, R. (1985), Why This is an Entrepreneurial Age, in: Journal of Business Venturing, Vol. 1, Winter 1985.

Redlich, F. (1964), Der Unternehmer, Göttingen 1964.

Rizzo, M. (Hrsg., 1979), Time, Uncertainty and Disequilibrium, Lexington 1979.

Rodbertus, K. (1884), Das Kapital, Berlin 1884.
Rosenstiel, L.v., Stengel, M. (1987), Identifikationskrise? Zum Engagement in betrieblichen Führungspositionen, Bern et al. 1987.
Savary, J.d.B. (1723), Dictionnaire Universel de Commerce, Paris 1723.
Say, J.-B. (1869), Traité d'Economie Poltique. 7. Aufl., Paris 1869; Deutsch: Ausführliches Lehrbuch der praktischen politischen Ökonomie, in: Die Nationalökonomie der Franzosen und Engländer. Herausgegeben von Max Stirner, Bd. I-IV, Leipzig 1945/46.
Schmid, M. (1986), Revitalisierung bürokratischer Unternehmen. Möglichkeiten und Grenzen eines New Venture Managements, München 1986.
Schmoller, G. (1890), Die geschichtliche Entwicklung der Unternehmung, in: Jahrbücher für Gesetzgebung und Verwaltung, 1890 – 1893.
Schumpeter, J.A. (1952), Theorie der wirtschaftlichen Entwicklung. Eine Untersuchung über Unternehmergewinn, Kapital, Kredit, Zins und den Konjunkturzyklus. 5. Aufl., Berlin 1952.
Schütz, A., Luckmann, Th. (1979), Strukturen der Lebenswelt, Frankfurt 1979.
Servatius, H.-G. (1988), New Venture Management. Erfolgreiche Lösung von Innovationsproblemen für Technologieunternehmen, Wiebaden 1988.
Shackle, G.L.S. (1955), Uncertainty and Economics, Cambridge 1955.
Smith, A. (1937), The Wealth of Nations, New York 1937.
Sombart, W. (1927), Das Wirtschaftsleben im Zeitalter des Hochkapitalismus, München 1927.
Spinner, H.F. (1985), Die Doppelvernunft, Frankfurt 1985.
Sprüngli, R.K. (1981), Evolution und Management. Ansätze zu einer evolutionistischen Betrachtung sozialer Systeme, Bern/Stuttgart 1981.
Thünen, J.H. (1960), The Isolated State in Relation to Agriculture and Political Economy, in: Dempsey, B.W. (Hrsg., 1960), S. 187 – 368.
Turgot, A.R.J. (1924), Betrachtungen über die Bildung und Verteilung des Reichtums, Sammlung Soz. Wiss. Meister, Jena 1924.
Turin, G. (1947), Der Begriff des Unternehmers, Zürich 1947.
Tuttle, C.A. (1927), The Entrepreneur Function in Economic Literature, in: JPE, Vol. 35, 1927, S. 501 – 521.
Walker, F. (1888), Political Economy. 8. Aufl., New York 1888.
Walras, L. (1938), Abrégé des éléments d'économie politique pure, Paris/Lausanne 1938
Weber, M. (1947), Gesammelte Aufsätze zur Religionssoziologie, Tübingen 1947.
Weber, M. (1972), Wirtschaft und Gesellschaft. Grundriss der verstehenden Soziologie. Herausgegeben von J. Winckelmann, 5. Aufl., Tübingen 1972.
Weizsäcker, E.v. (1974), Erstmaligkeit und Bestätigung als Komponenten der pragmatischen Information, in: Weizsäcker, E.v.(Hrsg.), Offene Systeme I. Beiträge zur Zeitstruktur von Information, Entropie und Evolution, Stuttgart 1974, S. 82 – 113.
Welsch, W. (1988), Unsere postmoderne Moderne, 2. Aufl., Weinheim 1988.
Wiedenfeld, K. (1920), Das Persönliche im modernen Unternehmertum, München/Leipzig 1920.

Siebtes Kapitel

Umwelt und Ökologie

Dieter Beschorner

Ökologische Umwelt: Herausforderung für innovatives Unternehmertum

1. Einführung

2. Begriff und Verständnis von Innovation, Unternehmertum und Umwelt

3. Ganzheitliche Orientierungen – Konflikt oder Konsens?

4. Dominanz von Ökologie oder Ökonomie

5. Umweltberater – ein innovativer Unternehmer?

6. Zusammenfassung und Ausblick

Literatur

1. Einführung

„Die relativ höchste Forschungs- und Entwicklungaktivität zeigen deutsche Unternehmen auf solchen Technologiefeldern, die auf ökologische Ziele gerichtet sind, z.B. bei neuen Katalysator-Trägerkörpern, Verfahren zur Reinigung von Abwasser oder in der Abfalltechnologie. 43% aller für mehr als ein Land angemeldeten Patente auf diesem Sektor haben ihren Ursprung in der Bundesrepublik. Was Mittel zur Bekämpfung chemischer Schadstoffe betrifft, liegen die Deutschen sogar weltweit an der Spitze.“[1]

Zeigen diese Daten das innovative unternehmerische Potential, welches auf dem ökologischen Umweltsektor durch das deutsche Unternehmertum erbracht wird? Oder zeigt sich hier nur die innovative Spitze eines technischen Umweltschutzes, der im Rahmen der bestehenden Gesellschaftsordnung die schlimmsten Umweltschäden durch Reparaturstrategien mildern will? Ich meine, die Problematik ist umfassender und gründet tiefer als sie in derartigen Erfolgsmeldungen als scheinbar gelöst dargestellt wird. Vor allem unter dem sich ständig verschärfenden Tempo der alltäglichen Umweltkatastrophen und dem zunehmenden Druck, der einerseits durch die bevorstehende Schaffung des EG-Binnenmarktes hervorgerufen wird sowie durch die überraschende Öffnung der sich im Osten der Bundesrepublik ergebenden Potentiale andererseits, muß diese Fragestellung, die hier aufgeworfen wurde, umfassender analysiert werden.[2]

Die anstehenden Probleme wirklich lösen zu wollen, heißt, statt Notreparaturen Sanierung in des Wortes eigentlicher und umfassender Bedeutung anzustreben. Verschiedene Autoren sehen hier Ansatzpunkte, mit radikalen systemüberwindenden Reformen den Menschen vom naheliegenden kurzfristig erreichbaren Vorteilsdenken zur Vorstellungskraft zu bringen, sich Katastrophen, die erst morgen eintreten, heute schon vorzustellen. Das heißt also, langfristig globale Veränderungen der Lebensgewohnheiten und Werthaltungen heute schon zu antizipieren.[3] Die noch allgemein vorherrschende Kurzsichtigkeit scheint dagegen Ausdruck jener tiefwurzelnden Orientierungslosigkeit zu sein, die empirische Sozialforscher immer häufiger und immer eindeutiger ausmachen, eine Orientierungslosigkeit, unter der die Gesellschaft anfängt zu leiden.[4]

Spannen wir den gedanklichen Bogen noch etwas weiter, was für die Einführung durchaus legitim sein mag, dann wird sicher auch den eher pessimistischen Ausführungen von Mumford in unseren Betrachtungen einige Aufmerksamkeit zu widmen sein.[5] Bei ihm wird die Gefahr der Vernichtung der Funktionen, schöpferischen Tätigkeiten und Begabungen des Menschen durch die sogenannte autarke Megamaschine skizziert, womit alle

1 Fuchs (1990), S. 45.
2 Vgl. von Weizsäcker (1989), S. 91-98.
3 Vgl. dazu Flechtheim (1987), S. 143f.
4 In diesem Sinne äußert sich Miegel (1989), S. 9.
5 Vgl. Mumford (1980).

weiteren Entwicklungsmöglichkeiten eliminiert würden. „So würde diese ungeheuer dynamische Welt trotz aller Energie und Leistung in einem völlig statischen Zustand enden, im unablässigen Austausch sinnloser Botschaften, deren Verworrenheit jede wirkliche Entwicklung verunmöglichen würde. Nichts ist so vorhersehbar, ja, so stabil wie das Chaos, denn Neuheit und Kreativität sind unerkennbar, wenn sie sich nicht aus einer Ordnung herausheben.“[6]

Bringt hier nun durch die innovative Erkenntnis für seine Verantwortung für die Zukunft der die „ökologische Umwelt“ berücksichtigende innovative Unternehmer einen Ausweg? Dieser Problematik soll im folgenden etwas näher nachgegangen werden. Der zusammengesetzte Terminus „ökologische Umwelt“ weist darauf hin, daß die Begriffe „Ökologie“ und „Umwelt“ (entsprechend der auch innerhalb der angloamerikanischen Literatur anzutreffenden Unterscheidung zwischen „ecology“ und „environmental science“) inhaltlich nicht identisch sind. Die „ökologische Umwelt“ soll als Untermenge der gesamten das Unternehmen umfassenden Umwelt gesehen werden, wobei sie gleichzeitig in Wechselwirkung mit den verschiedenen sonstigen Elementen des externen Umsystems des Unternehmens vernetzt ist.[7]

Zu untersuchen sein wird auch als eine bedeutsame Ursache im ökonomisch-ökologischen Konfliktfeld die hohe strukturelle und funktionelle Verflechtung des Staates mit seinem sozio-ökonomischen Substrat - mit dem wachstumsorientierten Industriesystem also.[8]

Beim Stichwort Innovation darf der Name Schumpeter nicht vergessen werden:“Er wies vor über einem Menschenalter daraufhin, daß der Kapitalismus Methoden hervorbringt, die zu seiner Verdrängung durch eine Art unpersönlichen Kollektivismus führen werden, in dem es keinen Raum gibt für Privateigentum, private Werturteile, private Verträge und schließlich sogar für private Gewinne und Vergütungen außer in den alten Formen von Status und Vorrecht.“[9]

So zeigt sich in dieser Spannweite von Aussagen das Dilemma unseres ökonomischen Systems und seiner ökologischen Auswirkungen, in dem seine Vorzüge zu Übeln werden und seine Gewinne zu Verlusten. Eine innovative unternehmerische Tätigkeit kann also unter kritisch ökologischen Aspekten nur dort gesehen werden, wo die Belange der Ökologie und der Umwelt im innovativen Prozeß Berücksichtigung, wenn nicht gar Priorität erlangen.

Sehr prägnant ist die mitzubehandelnde Frage bei Hampicke ausgedrückt: „Kann eine Gesellschaft, die ökonomisch nach den ‚Spielregeln‘ der neoklassischen Wirtschaftstheorie verfährt, die Natur erhalten?“[10]

6 Vgl. Mumford (1980), S. 701.

7 Vgl. dazu die begriffsunterscheidenden Ausführungen z.B. bei Senn (1986) S. 49-56 und Anderson (1987).

8 Vgl. dazu Mayer-Tasch (1980), S. 12.

9 Zitiert nach Mumford (1980) S. 731.

10 Hampicke (1987), S. 78.

Um auf das von Bierfelder in seinem Beitrag vorgestellte Bild vom ökonomischen Salon sowie vom Raum mit den 16 Türen zurückzukommen, behaupte ich, daß erst das Öffnen der Decke dieses Raumes, bzw. des Daches dieses betriebswirtschaftlichen Gebäudes, den Blick freimacht für die übergeordneten ökologischen Belange. Es gibt also nicht noch den 17. Raum als Öko-Raum, sondern das gesamte Gebäude ist in seine ökologische Umwelt eingebunden zu sehen.

2. Begriff und Verständnis von Innovation, Unternehmertum und Umwelt

Zur Charakterisierung der Bezeichnung Innovation sind in diesem Sammelband bereits Ausführungen im Zusammenhang mit Innovationsbewertung und Innovationsfinanzierung (vgl. die beiden Beiträge von Laub) sowie im Rahmen des Personalmanagements und der Unternehmenskultur im Beitrag von Huber und Schneider gemacht worden. Auch auf den evolutionären Beitrag von Schneider in diesem Sammelband sei hier verwiesen.

Die betriebswirtschaftiche Begriffsinterpretation befaßt sich mit Leitvorstellungen bzw. Denkhaltungen von Unternehmern und Managern. Innovatives Unternehmertum findet seinen Niederschlag in Form von Neuerungen, z.B. in der Unternehmens- und Produktpolitik.

Weitere Begriffsinterpretationen sind die sozialtechnologische, die Programme oder Ansätze zur Beschreibung, Erklärung und Beeinflussung des organisatorischen Wandels macht sowie das strategische Konzept, nach dem Innovationen als „strategische Waffe" im (globalen, technologischen) Wettbewerb dem Unternehmer helfen, seine Position zu sichern oder auszuweiten. Ergänzend kann Innovation als analytische Variable einer gesamtwirtschaftlichen Betrachtungsweise gesehen werden, die das erklärende Moment ist, warum eine Produktionsfunktion eine nächsthöhere Stufe der wirtschaftlichen Entwicklung oder des Wachstums erreicht.

Der hier angesprochene Themenkomplex im Bereich Innovation, Unternehmertum und Umwelt wird in der deutschsprachigen betriebswirtschaftlichen Literatur seit den 70er Jahren mit zunehmender Tendenz bearbeitet.[11] Auch eine Fragebogenerhebung zu betriebswirtschaftlich-ökologischen Projekten im deutschsprachigen Raum zeigt die breite Beschäftigung mit diesem Themenkomplex.[12]

Das Verhältnis von Innovationen und Regulation sowie Wirkungszusammenhänge im technisch-ökonomischen Wandel sind Forschungsprojekte, um unterschiedliche Regelun-

---

11 Vgl. dazu exemplarisch: Beschorner (1985), S. 98-108; sowie Siebert (1973) und Strebel (1980).

12 Seidel (1990), S. 2-7.

gen und Regelungsformen bezüglich ihrer Wirkung auf die Innovationsfähigkeit und das Innovationsverhalten von Unternehmen zu untersuchen.[13] Die Fragen, die hier zu beantworten sind, sollen mögliche Kausalzusammenhänge zwischen Regulierungen und dem Innovationsprozeß herstellen sowie den Regulierungsprozeß selbst miteinbeziehen. Dem Unternehmer ermöglichen derartige Untersuchungen Hilfen bei der Entscheidungsfindung und Problemlösung, wie innovatorische Prozesse und sich ergebende Innovationshemmnisse untersucht und behandelt werden können sowie wie Vorschriften, Gesetze, Verordnungen und Normen seinen innovativen Drang beeinflussen.

Am Beispiel von drei Strategiefeldern zeigt Steger Innovationen zur Verbindung von Ökonomie und Ökologie auf; anhand von exemplarischen Fällen wird dort dargestellt, wie durch die Einbeziehung des Umweltschutzes eine ökonomoische Betrachtung zu erweitern ist.[14] Die dort gewählten Strategiefelder sind

- die Anwendung der Mikroelektronik für den Umweltschutz (eine Übersicht geben dazu die Tabellen 1 und 2 (Steger 1988, S. 110f.)
- das Beispiel des Automobils auf dem Weg von der Produkt- zur Systembetrachtung und
- die Minderung von Entropie beim Management der Entsorgung von Kuppelprodukten.

Auf die Incentives für eine ökologische Unternehmenspolitik in systemtheoretischer Sicht weist auch Freimann hin; anhand von exemplarischen Fällen wird dort dargestellt, wie durch die Einbeziehung des Umweltschutzes eine ökonomische Betrachtung zu erweitern ist.[15] Die heute evident zu Tage getretene ökologische Herausforderung an die Unternehmer richtet sich direkt persönlich an diejenigen, die die hauptsächliche Verantwortung für die Unternehmenspolitik tragen und die strategischen Entscheidungen treffen. Für den innovativen Unternehmer bedeutet dies, ökologisch sensibilisiert zu sein und diese Sensibilisierung seinem Management zur Umsetzung in die alltägliche Organisationskultur und Unternehmenspraxis weitergeben zu können. Umweltverträgliches Wirtschaften erfordert Information, innovatives Unternehmertum erfordert neben Information auch die Beachtung der ökologischen Folgen des unternehmerischen Handelns (vgl. dazu auch die Ausführungen von Huber und Schneider sowie von Schneider in vorliegendem Sammelband), d.h., daß auch die „ökologischen Informationen" in den innovativen Informationsgewinnungs- und Verarbeitungsprozeß Eingang finden müssen. Analog zum im Beitrag von Schneider gezeigten Brückenschlag (vgl. dort die Abb. 1) zwischen Informationssphären läßt sich dieses Bild auch durch die Erweiterung durch den Umweltaspekt für unsere Betrachtungen heranziehen. So kann z.B. die Person des Umweltberaters (Näheres dazu unter Punkt 5) durch das in- und outputseitige Einbeziehen ökologischer Umweltaspekte das innovative Moment dieser Brücke erhöhen. Dazu benötigt er hohe Kommunikationsfähigkeit in zwei Richtungen:

---

13 Vgl. z.B. Staudt (1989).
14 Vgl. Steger (1988), S. 107-127.
15 Freimann (1990), S. 15-17.

Tabelle 1: Anwendungsfelder der Mikroelektronik in umweltrelevanten Gebieten (I)

Mikroelektronik Anwendung / Umweltrelevantes Gebiet	Meßtechnik (Sensorik, Meßwertverarbeitung)	Prozeßtechnik (Prozeßplanung, -führung, -automatisierung)	Produkteigenschaften (Energie- und Ressourcenersparnis, Emmissionsminderung)
Verkehrssysteme und Transportmittel	+++ Einhaltung komplexer Grenzwerte	++ Notwendige Genauigkeit nur mit automatischen Systemen	++ Schadstoff- und Verbrauchsreduzierung
Industrieanlagen	+++ Umweltüberwachung (insbes. diffuser Emmissionsquellen)	++ Optimierung nur bei autom. Steuerung	0
Feuerungsanlagen	+++ Meß- und Regelungstechnik zur Optimierung a. Verbrennungsvorgänge Brennstoff- und Schadstoffanalytik	+ z. B. Sauerstoffregelung für Brennstoff-Verbundluftsteuerung, Kohleumwandlungsverfahren	++ Verfahrensoptimierung bei Hausbrand Klimamanagement
Reinigungsprozesse (Industrie und Haushalte)	+++ Überwachung CKW	+ Prozeßsteuerung Reinigung	++ Automatisierung von Haushaltsgeräten zur Reduzierung von Strom- und Wasserverbrauch sowie von Waschmitteln
Landwirtschaft	++ Meß- und Regelungstechnik für Dozierung	+	0
Ausbildung	0	0	0

Quelle: Steger (1988), S. 110

Tabelle 2: Anwendungsfelder der Mikroelektronik in umweltrelevanten Gebieten (II)

Sicherheitstechnik (Unfallverhütung, Schutzeinrichtung, Schadensminderung)	Systemtechnik Modelle, Expertensysteme, Simulation	Probleme
+ Verkehrsleitsysteme, passive und aktive Sicherheit	+ Konstruktion neuer Motorkonzepte	allgemeines Defizit: Sensoren; Chaos bei Grenzwerten und Testverfahren erschwert Marktentwicklung, hohe Anforderung an Zuverlässigkeit, auch unter extremen Bedingungen
++ Früherkennung von kritischen Systemzuständen	+ Prozeßplanung für integrierten Umweltschutz	zu hohe Ausfallrate und Fehleranfälligkeit, höhere Kosten, Softwareprobleme
0	+ Simulationstechnik für Prozeß-Leitparameter	hohe Kosten und Einzelanfertigung und fehlende Wartungsinfrastruktur verhindern breite Markteinführung bei Hausbrandanlagen
+ Einhaltung der MAK-Werte	0	bei Haushaltsgeräten: Kundenakzeptanz, Preis-Leistungsverhältnis
0	+ Berechnung von optimaler Dünge- und Pflanzenschutzauftragung in komplexen Ökosystemen und deren Auswirkungen	
0	++ Training von Bedienungsmannschaften, insbesondere Verhalten bei Störfällen	Software
+++ Fortentwicklung ohne ME nicht denkbar, ++ Fortentwicklung ME von strategischer Bedeutung, + Fortentwicklung ME hat positiven Einfluß, 0 kein Zusammenhang		

Quelle: Steger (1988), S. 110

(a) intern, um den (innovativen) Unternehmer zum ökologisch-innovativen Unternehmer zu formen, und
(b) extern, um die ökologische Botschaft auch auf dem Markt überzeugend zu etablieren.

Die Forderung an den neuen Unternehmer, also an den innovativ und ökologisch an der Front voranschreitenden Unternehmer, heißt, eine möglichst umfassende Kenntnis aller umweltschädigenden Größen, Verfahren, Produktionen etc. sowie deren einzel- und gesamtwirtschaftlichen Kosten zu haben. Dies ist ein hoher Anspruch, der momentan nicht immer zu verwirklichen sein wird, jedoch sind Anstrengungen in eine Richtung höherer Zielerreichung bezüglich dieses gesetzten Anspruches durchaus möglich und realisierbar.[16] Das Merkmal einer strategisch-ökologisch orientierten Unternehmensführung muß der Übergang von einem periodischen zu einem kontinuierlichen Planungssystem unter Beachtung aller relevanten Daten – und seien sie momentan noch so schwach – sein.

Aus betriebswirtschaftlicher Sicht wird ein Aspekt dieser Betrachtungsweise des sogenannten „Environmental Scanning" im Rahmen des Management strategisch-wichtiger Sachverhalte und der strategischen Marktforschung erfaßt und berücksichtigt. Hier sollte der ökologisch innovative Unternehmer seine Ansätze gründen.

Nach diesen Ausführungen wird auch deutlich, daß der innovative Unternehmer manche Handlung im Hinblick auf deren ökologische Konsequenz besser nicht unternehmen sollte, d.h. der Unternehmer wird zum Unterlasser. In diesem Zusammenhang interessant ist ein Pilotprojekt der IG Metall mit einer Innovationsberatungsstelle, die gemäß einem Kriterienkatalog Anregungen für die Herstellung und Durchsetzung neuer Produkte und Produktionsverfahren mit erkennbaren Nutzen für Arbeitnehmer entwickeln und als Kooperationsangebot in die Betriebe zurücktragen soll. Diese „arbeitsorientierte Innovationspolitik" war das Ergebnis der Entschließung Nr. 7 auf dem 13. Ordentlichen Gewerkschaftstag der IG Metall 1980. Ziel der Innovationspolitik aus gewerkschaftlicher Sicht muß es sein, Beschäftigung, Einkommen und Qualifikation der betroffenen Arbeitnehmer bei technologischen Neuerungen zu sichern sowie arbeitsplatzschaffende bzw. rohstoff- und energiesparende Technologien zu fördern.[17]

Unter dem Dach des integrierten Umweltschutzes lassen sich die Chancen der Ökologisierung von Unternehmungen in Abhängigkeit vom Typ und der Phase der Innovation darstellen. Eine Übersicht dazu findet sich in den Tabellen 3 und 4.[18] Dabei zeigt sich, daß die Möglichkeiten umweltverbessernder Aktivitäten vor allem in den frühen Phasen der Forschung und Entwicklung liegen. Das heißt, daß ökologische Erfordernisse im Rahmen des integrierten Umweltschutzes bereits in der Planungsphase sowie in den ersten prinzipiellen Lösungsansätzen berücksichtigt werden müssen. So wird in der Literatur mit zunehmender Häufigkeit eine ökologiebezogene Produktinnovation gefordert.[19]

---

16 Vgl. z.B. Winter (1987). Diese Forderung setzt natürlich einen vergleichsweise längeren Planungshorizont des Unternehmens voraus. Vgl. hierzu auch Huber und Schneider in diesem Sammelband.
17 Sinngemäß zitiert nach Müller-Witt, S. 289.
18 Vgl. dazu Katzer (1989), S. 146 und 147.
19 Vgl. dazu Schmid (1989), S. 128-134, insbesondere S. 133.

Tabelle 3: Möglichkeiten der Ökologisierung in Abhängigkeit von der Form der Innovation

Charakteristik der Phase		Charakteristik der Ökologisierung		
bezüglich Anlage	bezüglich Verfahren	Umfang	Weg	Wesen
neue Anlage	neues Wirkprinzip	sehr groß	qualitativ	integriert
	Neuentwicklung/ bekannte Wirkprinzipien	groß	qualitativ, quantitativ	integriert
rekonstruierte Anlage mit Aus- und Einbauten	Optimierung der bestehenden Prozesse mit zusätzlichen Prozessen	groß – mittel	teilweise qualitativ, quantitativ	teilweise integriert, additiv
modernisierte bestehende Anlage	Modifikation bestehender Prozesse	mittel – klein	selten qualitativ, quantitativ	teilweise additiv
bestehende Anlage ohne Veränderung	Optimierung der Reaktionsparameter (neue Katalysatoren)	verschieden	nur quantitativ	ohne Veränderung

Quelle: Katzer (1989), S. 146

Unter dem Aspekt beschleunigter Innovationszyklen, die sich in immer kürzeren Fertigungs- und Produktlebenszeiten manifestieren, muß unter ökologischen Gesichtspunkten der materielle Transfer zwischen den Ländern abnehmen. Der Austausch von Know-How, Patenten sowie kulturell und ökologisch angepaßten Direktinvestitionen in Länder mit hohem Marktpotential dagegen wird zunehmen müssen.[20]

20 Sinngemäß zitiert nach Stahlmann (1988), S. 18f.

Tabelle 4: Möglichkeiten der Ökologisierung in Abhängigkeit von der Phase der Innovation

Charakteristik der Innovation		Charakteristik der Ökologisierung		
Bezeichnung	Aktivitäten	Umfang	Weg	Wesen
Chemische Forschung und Entwicklung	Erarbeitung des Reaktionsablaufes, erste Festlegung der Parameter	sehr groß	qualitativ	integriert
Technologische Forschung und Entwicklung	Optimierung der Reaktion und des Energieflusses, Auswahl und Auslegung der Apparate incl. Vor- und Nachbehandlung	groß	qualitativ und quantitativ	Entscheidung: additiv oder integriert
Projektierung	Optimierung in Abhängigkeit der Standortbedingungen, Werkstoffauswahl	klein	nur graduell	ohne Einfluß
Anlagenbau	Bau und Montage	sehr klein	nur graduell	ohne Einfluß
Inbetriebnahme, Dauerbetrieb	Optimierung unter tatsächlichen Bedingungen mit verschiedenen Zielen – höchste Produktion/ Qualität – niedrigster Verbrauch	klein	nur graduell	ohne Einfluß

Quelle: Katzer (1989), S. 147

3. Ganzheitliche Orientierungen – Konflikt oder Konsens?

Die umweltschädigende Wirkung einer stetig expandierenden technisch-industriellen Zivilisation ist eine alles Leben und damit im Endeffekt das menschliche Leben beeinträchtigende Entwicklung. In ihrer Gesamtheit laufen alle Schädigungen unterschiedlich in Intensität und Stringenz auf den Akkumulationspunkt, d.h. die irreversible Zerstörung der natürlichen Umwelt hinaus.

Die bisherige Betrachtung und Behandlung des national wie international aktuellen Umweltproblems ist gekennzeichnet durch eine Vielzahl von Studien, Deskriptionen, Zukunftsszenarien und dergleichen zur ökologischen Situation und Entwicklung. Die aufgrund des Systemzusammenhanges nötige ganzheitliche Sicht stellt sich aber nur sehr langsam im Rahmen von Tagungen und Veröffentlichungen ein und findet auf unternehmerischer Ebene noch keinen Niederschlag. Die heutige Situation ist gekennzeichnet durch isolierte Aktionen in den einzelnen Unternehmen; darüber kann auch nicht der häufig gebrauchte Terminus des „integrierten Umweltschutzes" hinwegtäuschen.[21] Es gilt, nicht nur mit Einzelmaßnahmen an einzelnen Umweltproblempunkten anzusetzen, sondern umfassend und kontinuierlich in allen Bereichen des Unternehmens die negativen Auswirkungen auf die natürliche Mitwelt zu erkennen und abzubauen. Erste übergreifende Ansätze dazu finden sich unter den Stichworten Unternehmensethik und ökologische Ethik wirtschaftlichen Handelns.

Eine historische Betrachtung der Entwicklung von ökologischer Ethik und wirtschaftlichem Handeln stellt sich grob wie folgt dar:

Als ersten können wir den anthropozentrischen Ansatz fixieren; die Betrachtung hier beschränkt sich auf den Nutzen für den Menschen. Der darauf aufbauende pathozentrische Ansatz berücksichtigt darüberhinaus die Interessen der Lebewesen, d.h. neben dem Nutzen für den Menschen wird die Wahrung der Interessen der Tiere miteinbezogen. Im folgenden biozentrischen Ansatz werden darüberhinaus die Interessen der Pflanzen integriert, d.h. nun ist jedes Lebewesen erfaßt. Erst der sich darauf aufbauende holistische Ansatz zeigt die ganzheitliche Sicht in ihrer vollen Breite durch Integration der Landschaft und deren Bedeutung und Schutzwürdigkeit zu den schon im biozentrischen Ansatz berücksichtigten Lebewesen. Für das wirtschaftliche Handeln bedeutet die Richtung vom anthropozentrischen hin zum holistischen Ansatz eine Abnahme der wirtschaftlichen Freiräume bezüglich der unternehmerischen Handlungsalternativen. Diese ökologische Ethik stellt für den Menschen im allgemeinen und speziell für den Unternehmer tendenziell eine Überforderung dar, weil:

21 Vgl. dazu beispielsweise die Beiträge in Held (1986). Eine Reihe von Fallbeispielen von Ansätzen ökologischer Gesamtkonzeption im Unternehmen findet sich bei Steger (1988), S. 261-323.

- der Mensch im allgemeinen durch Unfähigkeit zum Verzicht charakterisierbar ist,
- die menschliche Zeitwahrnehmung und Zeitpräferenz nicht in naturgemäßen Bahnen verläuft (z.B. Zinsdenken analog Kapitalwertmethode) und
- die Komplexität des ökologischen Entscheidungsfeldes nicht erkannt wird bzw. nicht erfaßbar ist.

Diese nicht theoriefundierten eher kasuistischen Begründungen sind durchaus als Anreiz für den innovativen Unternehmer mit ökologischem Blick zu verstehen, diese Überforderungen zu erkennen, zu akzeptieren oder zu überwinden.[22]

Der umfassende Anspruch des holistischen Denkmodells beinhaltet für den innovativen ökologischen Unternehmer die strategische Problematik, sämtliche Konsequenzen seines Tuns oder Unterlassens vollständig antizipativ erfassen und lösen zu können. Dies führt zur Dominanz der strategischen Planung gegenüber anderen Perspektiven der strategischen Unternehmensführung und läßt sich am Modell der erweiterten Managementpyramide folgendermaßen darstellen:[23] Abbildung 1 zeigt einerseits Reichweite und Risikoverhalten von Entscheidungen der jeweiligen Führungsebene und andererseits Anforderungen bezüglich des Umweltwissens und des Vorgehens übersichtsweise auf.

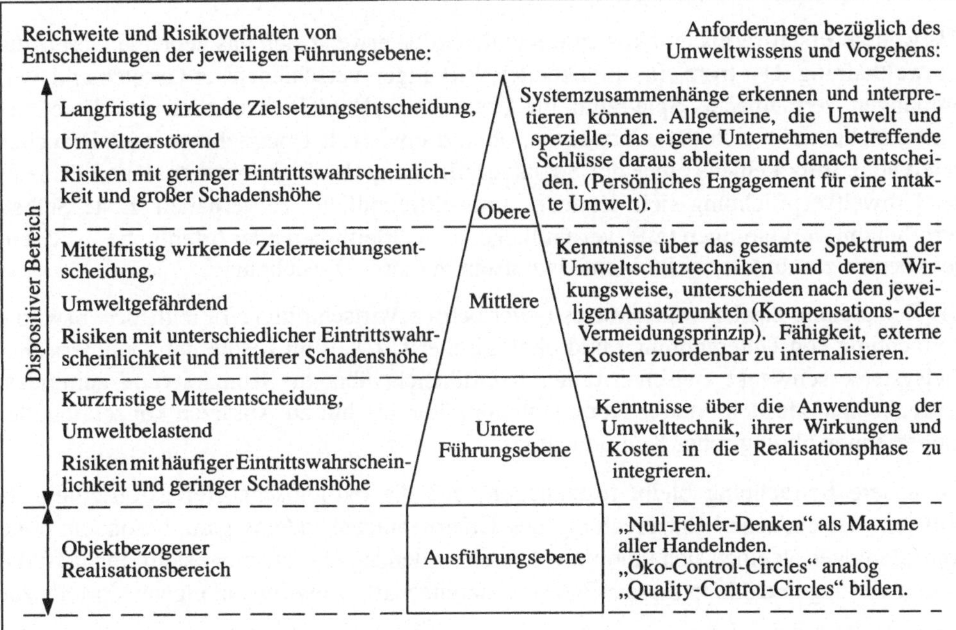

Abbildung 1: Erweiterte Managementpyramide

22 In diesem Sinn äußerte sich Stitzel (1989).
23 Vgl. dazu Beschorner (1989), S. 28.

Der Unternehmer benötigt also Information als Orientierungshilfe zur Komplexitätsreduktion, Thematisierung und Akzentuierung seines ökologisch-innovativen Handelns. Dazu benötigt er einerseits Wissen über Gegebenheiten (Daten und Fakten, Meinungen und Standpunkte, gegenwärtiges Geschehen) sowie andererseits Wissen über Hintergründe und Zusammenhänge (Ursachen, Folgen, Bezüge, Handlungsalternativen, Planung und Entwicklungsmöglichkeiten). In der Folge erwirbt der Unternehmer kommunikative Kompetenz als Fähigkeit zur Meinungs- und Urteilsbildung, Sinnfindung, Verhaltensmodifikation und damit schlußendlich zu ökologisch-innovativem Agieren.[24]

Das Verhältnis zwischen Unternehmung und Umwelt wird bestimmt durch die im Faktorkombinationsprozeß auftretende Benutzung der Umwelt. Zum einen treten Nutzungs-, Entnahme- und Verbrauchsansprüche als Input-Elemente der Faktorkombination auf und zum anderen dient die Umwelt als Aufnahmemedium für Abfälle im weitesten Sinn (also auch Abluft, Abwasser, Strahlung, Lärm). Zwangsläufig kollidieren hier ökologische Ziele oder Umweltschutzziele, um den gebräuchlicheren Begriff zu verwenden, unmittelbar mit der betriebswirtschaftlichen Zielsetzung des Unternehmers. Dieser Konflikt wird immer dann eskalieren, wenn die Einhaltung umweltpolitischer Zielgrößen mit Kostensteigerungen verbunden ist; dabei reicht die Spanne von kostensteigernder Faktorsubstitution bis hin zur möglichen Einstellung bestimmter Produktionen.

Als weitere Erschwernis und kostentreibende Größe erweist sich das geplante Gesetz zur Umwelthaftung. Der trotz einschränkender Wirkungen verschiedenster Gesetze und Verordnungen verbleibende Spielraum im Unternehmerhandeln bezüglich des Bereiches Umweltschutz läßt sich daran ermessen, ob und inwieweit Unternehmen oder Branchen bereit sind, trotz Fehlens eines der Sozialverpflichtung des Eigentums analogen Prinzips der Umweltverpflichtung sich dennoch „umweltfreundlich" zu verhalten. Erste Selbstverpflichtungserklärungen (z.B. verbindliche Umweltleitlinien oder öffentliche Erklärungen) deuten zumindest ein Problembewußtsein in dieser Hinsicht an.[25]

Die Behandlung des Umweltschutzes in der betriebswirtschaftlichen Zieltheorie bzw. die Betrachtung von Unternehmung und ökologischer Umwelt im Lichte unternehmerischer Zielsysteme schwankt zwischen reiner Konfliktsicht über die Konzidierung zumindest partieller und/oder temporärer Komplementaritäten bis hin zu Ansätzen konzeptioneller Einbeziehung ökologischer Komponenten.[26]

Für unsere Betrachtung bleibt festzuhalten, daß die ökologische Herausforderung als Prüfstein der ethischen Entsprechung des Unternehmenshandelns ganz besonders hohe Anforderungen an einen sich innovativ nennen wollenden Unternehmer stellt. Ihn trifft die Verantwortung und d.h. in diesem Falle die Bereitschaft, freiwillig auf eigene Vorteile zur

---

24 zum strategischen Effekt vgl. z.B. Brenken (1988); zum kommunikationstheoretischen Aspekt der Umweltproblematik vgl. z.B.: Krämer (1986).

25 Beispiele für antizipativen Umweltschutz durch umwelttechnische Innovationen finden sich neben anderen Stellen bei Wicke (1989), S. 473-475 und Steger (1988), S. 259-323.

26 Vgl. dazu die Ausführungen bei Freimann, J. (1990) S. 17-20 und Wagner (1989), S. 58f.

Wahrung bestimmter Rechte anderer, zB. der natürlichen Umwelt, zu verzichten. Andererfalls trägt eine innovative ökologische Unternehmenspolitik nur Züge von Versprechungen und Illusion.[27]

4. Dominanz von Ökologie oder Ökonomie?

Im historischen Kontext betrachtet bestand mindestens 12.000 Jahre lang eine enge symbiotische Partnerschaft zwischen Mensch und Pflanze oder im weitesten Sinne zwischen Mensch und Umwelt. „Alle höheren Errungenschaften der Zivilisation gründen auf diese Partnerschaft, die der konstruktiven Verbesserung des Lebensraums und der liebenden und wissenden Pflanzenzucht gewidmet war: der Auswahl, Pflege und Veredelung von Pflanzen in einem Lebenslauf, der die Freuden der menschlichen Sexualität unterstrich und steigerte."[28] „In unserer von Maschinen beherrschten Welt gibt es viele Menschen, die in ökologischen wissenschaftlichen Laboratorien arbeiten und dennoch, obwohl sie sich immer noch Biologen nennen können, keine enge Beziehung zu jener organischen Kultur und keinerlei Achtung vor deren Errungenschaften haben. Sie haben bereits begonnen, den schöpferischen Prozeß im Einklang mit den Markterfordernissen des Machtkomplexes zu regulieren."[29]

Die Geschichte der Ökonomie läßt sich sehr weit zurückverfolgen (vgl. frühe Funde von rechnungstechnischen Aufzeichnungen im Zweistromland etwa 300 Jahre v. Chr. und als ein markantes Datum das Erscheinen des ersten Werkes, aus welchem sich unsere heutige doppelte Buchführung entwickelte, Luca Pacioli 1494), während der Terminus „Ökologie und ökologische Wissenschaft" an Veröffentlichungen von Haeckel im Jahre 1866 festgemacht wird.[30]

Geistesgeschichtlich betrachtet waren die Wegbereiter für eine systematische und wissenschaftlich fundierte Auseinandersetzung mit Umweltfragen der Rationalismus und die Romantik. Von bahnbrechender Bedeutung für die Entwicklung ökologischer Fragestellungen wirkten die Abstammungslehre von Lamarck (1744–1829) und die Evolutionstheorie Darwins (1809-1889); die Herauslösung aus dem mechanischen Weltbild Newtons förderte die Erkenntnis der verwickelten ökologischen Muster nachhaltig.[31]

---

27 Aus gewerkschaftlicher Sicht greift die ökologische Anforderung nach neuem Denken und dialektischer Ganzheitlichkeit im Handeln den alten gewerkschaftlichen Anspruch, nicht nur über das „Wie", sondern auch über das „Was" der Produktion mitzubestimmen (Produktmitbestimmung), im Zusammenhang mit einer sozial-ökologischen Fortschrittsdebatte neu auf und könnte zu einer Renaissance der Mitbestimmung führen. Die hier wesentlichen Kategorien sind Verantwortung und Solidarität für eine kompetente Strategie der integrierten und präventiven Umweltpolitik. Vgl. dazu Roth (1989), S. 720-729.

28 Mumford (1980) S. 771.

29 Ebd. S. 771.

30 Zur Geschichte der Ökologie vgl. Trepl (1987).

31 Vgl. dazu Krämer, A. (1986) S. 65-67 und Mumford (1980) S. 767-784.

Allein aus der Betrachtung der Länge der Beschäftigung mit diesen beiden Themen zeigt sich ein Übergewicht zugunsten der Ökonomie. Die heute als negative externe Effekte unserer hochtechnisierten Ökonomie auftretenden Erscheinungen basieren im wesentlichen auf der Entwicklung unserer Zivilisation in den letzten 200 Jahren.

Aus ganzheitlicher und langfristiger Perspektive ist die einzig richtige Sicht der Dinge die, daß die Ökonomie als ein Teil der übergeordneten Ökologie sich dieser anzupassen und unterzuordnen hat. Überspitzt könnte man sagen, die Natur braucht den Menschen nicht, wohl aber der Mensch die Natur, um sein Leben und Überleben zu sichern. Sieht also der Unternehmer den Umweltschutz nicht als lästige Größe, sondern als Chance, so wirkt das ökologische Ziel als Anreiz bei der Produkt- und Verfahrensgestaltung. Die so erreichbaren Kosten- und Ertragsvorteile (Umweltschutzinnovationen!) führen auch zu ökologischen Verbesserungen. Zusätzlich kann der Umweltschutz in die Öffentlichkeitsarbeit des Unternehmens integriert werden. Auch können freiwillige Umweltschutzmaßnahmen heute betriebswirtschaftlich gesehen durchaus rational sein, wenn sie aufgrund erkennbarer Entwicklungen des Umweltrechtes oder des gesellschaftlichen Umweltverhaltens später ohnehin durchgeführt werden müssen; diese spätere Durchführung ist in der Regel mit höheren Kosten verbunden und ist demnach zu vermeiden, was wiederum auf den Informationsaspekt und den Innovationsaspekt hinweist. Beispiele für dieses Denken in weiten Kreisen der Industrie, von Wirtschaftsverbänden und -kammern sowie von Wissenschaftlern und Umweltverbänden zeigt die Reaktion auf die „Tutzinger Erklärung zur umweltorientierten Unternehmenspolitik“ aus dem Jahr 1988.[32]

Die Inkonsequenz und Inkonsistenz heutiger Umweltschutzpolitik haben aus der Sicht von Wirtschaftswissenschaft und Verbänden daher eher politische Ursachen denn fehlende wissenschaftliche Vorarbeit und Richtungsweisung. Die Mehrzahl der Konsumenten und Produzenten wird sich nur dann umweltschonend verhalten, wenn klare - und vielleicht durch die Merkmale der Einsichtigkeit und Nachvollziehbarkeit gekennzeichnete - Vorgaben (Gesetze, Verordnungen etc.) den Handlungsraum abstecken. Voraussetzung für Erfolge ist allerdings, daß der durch die Politiker zu schaffende Handlungsraum, der eine marktwirtschaftlich orientierte Umweltpolitik (ökologisch-soziale Marktwirtschaft) ermöglichen soll, auch von allen Beteiligten ausgenützt und mittels geeigneter Kontrollmaßnahmen überwacht wird.[33]

An dieser Stelle sei nochmals auf die Komponente „Zeit“ im Spannungsfeld zwischen Ökologie und Ökonomie hingewiesen, tritt durch sie doch der Kern des ökonomisch-ökologischen Konfliktes deutlich zu Tage. Die vorherrschende Kurzfristigkeit wirtschaftlichen Denkens und die häufig zum bloßen Aktionismus abgesunkenen unternehmerischen Veranstaltungen negieren jede ökologische Orientierung; hierbei steht, überspitzt formuliert, die Produktion von Verpackung statt von Inhalten im Mittelpunkt.[34] Eine auf längere

---

32 Held (1989). Eine Bestätigung der ökonomischen Vorteile der Umrüstung auf umweltfreundliche Techniken offenbart auch eine Studie von Jänike ("FU-Info“ 2/1990).

33 Beschorner (1984), S. 108.

34 Eine pointierte Kritik an derartigen Denkstrukturen und Wirtschaftsweisen findet sich u. a. bei Dahl (1989) und Pestalozzi (1985) in allgemein verständlicher Darbietung.

Produktionsumwege - oder eventuellen Verzicht auf bestimmte Produktionen und Produkte - statt auf kurzfristiges Finanzdenken ausgerichtete Wirtschaftsweise ist von Haus aus ökologisch sinnvoller angelegt (vgl. hier Huber und Schneider in diesem Sammelband).

Generell bestätigt sich die Tendenz, daß langfristige Ansätze eher einen Gleichlauf von Ökonomie, Innovation und Ökologie unterstützen als kurzfristige Ansätze, die i.d.R. zu einem Auseinanderklaffen dieser drei untersuchten Bereiche führen. Wir können hier mit hoher Wahrscheinlichkeit mutmaßen, daß die eigene (kurze) menschliche Lebensdauer mit ein wesentlicher Grund für das Vorherrschen der kurzfristigen Denkweise ist. Besonders in stark individualistisch orientierten Gesellschaften wie den westlichen kapitalistischen Systemen kann diese Beobachtung gemacht werden; eine mehr langfristige Art des Denkens und ökonomischen Handelns findet sich (noch?) in Asien. Besonders evident und erfolgreich zeigt sich hier das japanische Beispiel.[35] Ein Weiterspinnen dieses Gedankens führt zu der bekannten (aber nicht immer befolgten) Einsicht, daß langfristige, dem Allgemeinwohl dienende Maßnahmen den kurzfristigen, die allein den individuellen Wirtschaftssubjekten Vorteile bringen, allemal vorzuziehen sind. Nur eine Langzeit-Ökonomie wirkt ökologisch komplementär. Der Zeithorizont des ökologisch-innovativen Unternehmers erstreckt sich also über die eigene Lebenszeit hinaus und kennzeichnet ihn als denkenden Teil seiner Mitwelt im Gegensatz zu den „Beherrschern" und „Bezwingern" ihrer Umwelt.

5. Umweltberater – ein innovativer Unternehmer?

Als Belastungen unserer Umwelt durch die Individuen als solche und durch die Unternehmungen als organisierte Gruppen von Individuen, lassen sich vier Grundtypen von Umweltbelastungen bilden, die letztendlich immer zu körperlichen und/oder psychischen Schäden, also zur menschlichen Selbstschädigung führen:

- Landverschmutzung
- Wasserverschmutzung
- Luftverschmutzung
- Lärmbelastung

Daneben kann Umweltbelastung als ein qualitatives und ein quantitatives Phänomen betrachtet werden: es ist nämlich nach der Art der Stoffe und der Energien zu fragen, die bei Entnahme aus der Umwelt oder bei Abgabe an die Umwelt zu Schäden führen können; zugleich aber interessieren die Mengen dieser verbrauchten oder emittierten Stoffe und Energien, bei denen von Umweltbelastung gesprochen werden muß. Damit eröffnet sich

35 Vgl. dazu bspw. Kumar und Beschorner (1988) sowie Weidner (1988).

ein weites Feld. Um hier qualifiziert, im Sinne der Reduktion oder gar Vermeidung (Vorsorgeprinzip) von Umweltbelastungen, zu agieren, schlage ich als Ergänzung zum bereits etablierten betrieblichen Umweltschutzbeauftragten die Einführung des Berufes eines Umweltberaters vor. Dieser kann, wie in der Unternehmensberatung üblich, als externer Fachmann in bestimmten Fällen in das Unternehmen geholt werden, oder langfristig das Unternehmen im Umweltbereich beraten und damit quasi in der Funktion eines internen Umweltberaters gesehen werden.[36]

Der Umweltberater kann zum einen Verursacher von Umweltschäden beraten oder aber auch tätig werden als Berater für Betroffene, die unter Umweltbelastungen zu leiden haben. Sein Einsatzgebiet reicht dabei von Einzelpersonen, Personengruppen, Verbänden, Betrieben, Unternehmen, Gemeinden und Ländern bis hin zum Bund. Um hier als Unternehmer in der Funktion des Umweltberaters innovativ tätig zu sein, sind einerseits alle umweltrelevanten Bereiche, nämlich

- Wahl des Standorts
- Beschaffungsmarkt und Beschaffungsfunktion
- Faktorkombinationsprozeß
- Absatzfunktion und Absatzmarkt

unter Einschluß des Umweltschutzgedankens und seiner gesetzlichen Ausprägungen sowie einer daraus resultierenden moralischen Verpflichtung zu untersuchen und andererseits das Instrumentarium des Umweltschutzes zu beherrschen.

Um unsere Umwelt/Mitwelt zu schützen, müssen wir bereits genau genug wissen, was die Umwelt/Mitwelt ist, wie sie zu erhalten ist und wovor sie zu schützen ist; dazu gehören Kenntnisse über die Entstehung und Wirkung der einzelnen Toxen und Noxen als Einzelwirkstoffe und auch in Zusammensetzung. Dies kann nicht allein Aufgabe des einzelnen Umweltberaters sein, denn dazu bedarf es vielfältigen Spezialistentums, jedoch sollte sich der innovative Umweltberater über die groben Zusammenhänge im klaren sein. Das heißt also, daß er in der Lage sein muß, ein Umweltmodell aufzubauen, in dem die relevanten Elemente in Beziehung gesetzt werden, um damit Aussagen bezüglich des Umweltverhaltens des Systems in Abhängigkeit von den Systemeingangsgrößen machen zu können. Dazu sind substantielle Informationen notwendig, vor allem unter dem innovatorischen Aspekt der Produktion von Erstmaligkeit; die passenden Schlagwörter allein machen noch keinen Umweltberater.

Aus der Reihe von ökonomischen Modellen zur Darstellung von umweltrelevanten Situationen seien hier einige genannt, ohne weiter auf diese einzugehen:

- Ökologische Buchhaltung
- Umweltkennzahlen
- Betriebsabrechnungsbogen mit Ausweis der Umweltkosten
- Stoff- und Energiebilanzen/Öko-Bilanzen

36 Ausführlich dazu äußern sich eine Reihe von Autoren in: Stahlmann (1989).

- Produktlinienanalyse bzw. Produktfolgematrix
- Gesellschaftsbezogene Rechnungslegung/Sozialbilanzen
- Simulation mit Umweltmodellen
- Umweltinformationssysteme
- Indikatorenkonzepte
- Kosteninternalisierung/Social Cost-Ansätze
- Input-Output-Modelle
- Umweltorientierte Absatzstrategien (Öko-Marketing)
- Öko-Controlling (analog der Funktion des Controllers).

Die umweltgerechte Beeinflussung ökonomischen/ökologischen Verhaltens stellt sich als ein komplexes Beratungsziel dar. Der innovative Umweltberater sollte folgende Funktionen übernehmen bzw. mit seinem fachlichen Hintergrund unterstützen:

(1) Diagnostische Funktion (Entdecken/Aufdecken von Problemen, die der Aufmerksamkeit aus dem Blickwinkel des Umweltschutzes bedürfen)
(2) Designfunktion (Erfindung möglicher Handlungsalternativen, um den entdeckten Problemen umweltgerecht zu begegnen)
(3) Auswahlfunktion (Auswahl einer bestimmten, dem Ziel des Umweltschutzes am meisten verpflichteten bzw. näherkommenden Handlungsalternative).

Die Grundsätze der Beratungsarbeit stellen sich meines Erachtens wie folgt dar:

(a) Der Berater im Umweltschutzbereich soll Problembewußtsein wecken und in Aktionen umsetzen; dabei ist dem antizipativen Vorgehen vor dem reaktiven der Vorzug zu geben
    - also Anwendung des Vermeidungsprinzips (Vorsorgeprinzip) vor dem Kompensationsprinzip.
(b) Der Umweltschutzberater soll ein „Change Agent" in Richtung umweltbewußteren Verhaltens sein und dabei sowohl innovativ wie auch integrierend wirken.
(c) Neben den Interessen des Klienten, sind die der Umwelt als gleichwertig (in besonders umweltkritischen Bereichen sogar als höherwertig) in die Beratungsaufgabe einzubeziehen.
(d) Der neueste Stand des Wissens aus Umwelttheorie und -praxis sowie der wirtschaftlichen und ingenieurmäßigen Erkenntnisse und Lösungsansätze müssen in die Arbeit des Klienten einfließen.
(e) Von der Persönlichkeit her, sollte der Berater dem Idealbild des ökologischen Menschens nahezukommen versuchen[37], d.h.:
    - für die ganze Wirklichkeit offen sein,
    - ein gesammelt schöpferischer Mensch sein,
    - eine neue Mitmenschlichkeit verbreiten (gegenüber Mensch und Natur),

37 Vgl. dazu beispielsweise Fornallaz (1986).

- umfassende Verantwortung, Zivilcourage und schöpferischen Ungehorsam in sich integrieren,
- Reflexion und Rationalität vereinen.

Daraus wird ersichtlich, daß nicht ausschließlich monetäre Interessen den Vortritt vor allen anderen haben, sondern der Umweltschutzberater eine Wert-Ökologie in dem Sinne benötigt, daß er seine Werte als Energiequellen zum unternehmerisch richtigen produktiven Handeln einbringen kann. Für das praktische Handeln bedeutet dies unter anderem auch, daß jede Aktivität des Unternehmens nicht nur einer technischen Machbarkeitsprüfung und einer Wirtschaftlichkeitsbetrachtung unterzogen wird, sondern daß als letzter und entscheidender Filter für das Tun oder Lassen eine ökologische Dimension (z.B. im Sinne einer internen Umweltveträglichkeitsprüfung hinzugefügt wird). Mittelfristig ist hier die Forderung für die Einführung einer Umweltprüfung für Unternehmen, deren Tätigkeit oder Produkte die Umwelt belasten können (und das sind in der Regel alle Unternehmen) durch Umweltschutzprüfer analog der Pflichtprüfung durch den Wirtschaftsprüfer zu fordern. Damit eröffnet sich ein neues Berufsfeld für den Umweltberater, indem er auch als Umweltschutzprüfer tätig werden soll, allerdings bei strikter Trennung der zu beratenden von den zu prüfenden Unternehmungen.

Wichtig für Innovation und Entwicklung integrierter Umwelttechnologien sind ökonomische Anreize. Auch hier ist durch interne und externe Beratung die Möglichkeit geschaffen, dieses Know-How schnell und gezielt heranzuschaffen und umzusetzen. Wünschens- und erstrebenswertes Fernziel bleibt eine Wirtschaftsweise, die die im Individuum und im Unternehmen vorhandenen ökologischen Selbststeuerungspotentiale (Überlebens- und Selbsterhaltungstrieb) zur dominierenden Handlungsmaxime macht; andere Potentiale, wie z.B. einseitig monetäre Dimensionen haben von nachrangiger Bedeutung zu sein. Eine Weltsicht, die sich gegenüber menschlichen Werten, der Natur, dem Leben selbst verpflichtet fühlt, also eine Öko-Philosophie, könnte diesen angestrebten Prozeß beschleunigen helfen.[38]

6. Zusammenfassung und Ausblick

Nach den bisher gemachten Ausführungen sollte klar geworden sein, daß ökologisches Denken und Handeln Kennzeichen eines innovativen Unternehmers in der heutigen und zukünftigen Zeit darstellen; der ökonomische Erfolg stellt sich dann regelmäßig von selbst ein. Innovatives Unternehmertum im Sinne erfolgreichen ökologischen und ökonomischen Wirkens wird gekennzeichnet durch folgende Merkmale:

38 Vgl. Skolimowski (1988).

(1) *Strategische Perspektive*

- Ökologisches Denken, d.h. Denken in Systemen unter Einschluß der natürlichen Gegebenheiten ist die zentrale Überlebensdeterminante der neuzeitlichen Unternehmung.
- Ökologie wird zum gestaltungsbedürftigsten Element der Unternehmensentwicklungsplanung.
- Ökologie in der strategischen Planung ist die gestaltungsfähigste Unternehmensvariable.
- Ökologische Größen können mit dem klassischen strategischen Planungsinstrumentarium allein nicht mehr bewältigt werden.

(2) *Taktisch-operative Perspektive*

- Innovative Unternehmen stärken die Stellung des betrieblichen Umweltschutzbeauftragten.
- Innovative Unternehmen etablieren in ihrem Haus den Umweltschutzberater.
- Innovative Unternehmen unterwerfen sich freiwillig einer Umweltpflichtprüfung, bevor diese gesetzlich vorgeschrieben wird.

In dem Maße, in dem sich der Einflußbereich eines neuen organischen Modells des ökologischen Zusammenhangs und Selbstaufbaus ausweitet, verringert sich die Wahrscheinlichkeit der Gefahr einer Selbstzerstörung unserer natürlichen Lebensgrundlagen.

Zu diesem Thema hat ein Dichter unserer Zeit Worte gesprochen, die sich durchaus im weitesten Sinne auf unser Thema übertragen und interpretieren lassen. „Umgestaltung des Daseins!" ruft Boris Pasternak in „Doktor Schiwago" aus. „So können nur Menschen reden, die vielleicht allerlei in ihrem Leben gesehen haben, die aber kein einziges Mal das Leben wirklich begriffen, den Geist des Lebens, seine Seele empfunden haben. Für sie ist das Dasein nur roher Stoff, der durch nichts veredelt wird und leblos daliegt, um von ihnen bearbeitet zu werden. Das Leben aber ist in Wirklichkeit niemals wesenlose Materie. Es ist, wenn ich es Ihnen sagen soll, das eine sich immer aus sich selbst erneuernde und umgestaltende Prinzip, das ohne unser Dazutun wirken wird bis in alle Ewigkeit."

Nur wer weiß, wie Leben entsteht und Natur wirkt, wird als Mensch und auch als Unternehmer ein neues, geändertes und geläutertes Verhältnis zur ökologischen Umwelt entwickeln. Wer sein sequentielles Denken überwindet, zu anderen, umfassenderen Formen der Informationsverarbeitung kommt, und sich somit dem holistischen Menschen nähert, wird auch anders, nämlich schonender und verständiger mit seiner Umwelt umgehen. Diese Art von „Erdung" oder auch Religion im Sinne von Rückbindung an das Ursprüngliche ermöglicht erst die Übernahme von wirklicher Verantwortung.[39] Denn spätere Generationen werden die Früchte (Vorteile) oder Schäden ernten, die wir mit unserer heutigen Praxis der Ökonomie gesät haben.

39 Aus der umfangreichen Literatur zu diesem Komplex sei hier nur Mynarek (1986) als ein Vertreter genannt.

Literatur

Anderson, J. M. (1987): Ecology for Environmental Sciences: Biosphere, Ecosystem and Man. 3. Auflage London 1987.

Beschorner, D. (1989): Das Institut des Umweltbeauftragten und seine Reformierbarkeit, in: Schriftenreihe des Instituts für ökologische Wirtschaftsforschung Berlin 34/89, S. 15 – 29.

Beschorner, D. (1985): Umweltschutz aus betriebswirtschaftlicher Sicht, in: Jahrbuch der TU München 1984, München 1985, S. 98 – 108.

Beschorner, D. (1990): Öko-Bilanz: Entscheidungshilfe für eine umweltfreundlichere Wirtschaftsweise? in: Freimann, J. (Hrsg.): Ökologische Herausforderung der Betriebswirtschaftslehre, Wiesbaden 1990, S. 163 – 176.

Brenken, D. (1988): Strategische Unternehmensführung und Ökologie, Bergisch Gladbach/Köln 1988.

Dahl, J. (1989): Die Verwegenheit der Ahnungslosen, Stuttgart 1989.

Flechtheim, O. K. (1987): Ist die Zukunft noch zu retten?, Hamburg 1987.

Fornallaz, P. (1986): Die ökologische Wirtschaft, Aarau/Stuttgart 1986.

Freimann, J. (1990): Ökologische Unternehmenspolitik – Orientierungen, Möglichkeiten, Instrumente. Diskussionsschriften der Gesamthochschule Kassel Nr. 38 Februar 1990.

Fuchs, H. J. (1990): Ungestüme Dynamik, in: High Tech 3/90, S. 44 – 45.

Hampicke, U. (1987) in: Biervert, B. und Held, M. (Hrsg.): Ökonomische Theorie und Kritik, Frankfurt/New York 1987.

Held, M. (Hrsg.) (1986): Ökologisch rechnen im Betrieb, Tutzinger Materialien Nr. 33/1986.

Held, M. (1989): Tutzinger Erklärung zur umweltorientierten Unternehmenspolitik, Tutzinger Materialie Nr. 59/1989.

Jänicke, M. (1990): Ökologische und ökonomische Wandlungsmuster in Industrieländern, in: FU-Info Berlin 2/1990.

Katzer, W. (1989): Die Berücksichtigung ökologischer Erfordernisse im Innovationsprozeß in der chemischen Industrie, in: Kreikebaum, H. (Hrsg.): Integrierter Umweltschutz – eine Herausforderung an das Innovationsmanagement, Wiesbaden 1989, S. 137 – 152.

Krämer, A. (1986): Ökologie und politische Öffentlichkeit, München 1986.

Kumar, B. N., Beschorner, D. (1989): International Management Strategy in Japanese Companies in Germany in Comparison with German Companies in Japan: Some Empirical Findings, in: Blumenthal, T. (Ed.): Employer and Employee in Japan and Europe, Jerusalem 1989, S. 86 – 115.

Mayer-Tasch, P. C. (1980): Ökologie und Grundgesetz, Frankfurt 1980.

Miegel, M. (1989): Einführung, in: Institut für Ökologie und Unternehmensführung e. V. an der European Business School Schloß Reichartshausen (Hrsg.): Verantwortung für die Zukunft, Bonn 1989, S. 7 – 10.

Müller-Witt, H.: Produktfolgeabschätzung als kollektiver Lernprozeß, in: Öko-Institut/ Projektgruppe Ökologische Wirtschaft (Hrsg.): Arbeiten im Einklang mit der Natur.

Mumford, L. (1980): Mythos der Maschine, Frankfurt/Main 1980.
Mynarek, H. (1986): Ökologische Religion - Ein neues Verständnis der Natur, München.
Pestalozzi, H. A. (1985): Die sanfte Verblödung, Düsseldorf 1985.
Roth, K. (1989): Ökologische Verantwortung der Gewerkschaften – Strategien für die Umgestaltung der Produktion, in: WSI-Mitteilungen 12/1989.
Schmid, U. (1989): Wettbewerbsvorteile durch umweltschutzorientiertes Marketing, in: Marktforschung und Management 4/89.
Seidel, E. (Hrsg.) (1990): Forschungsinformationsdienst ökologisch-orientierte Betriebswirtschaftslehre, Siegen, 1. Ausgabe Januar/Februar 1990.
Senn, J. F. (1986): Ökologie-orientierte Unternehmensführung - Theoretische Grundlagen, empirische Fallanalysen und mögliche Basisstrategien, Frankfurt a.M./Bern/New York 1986.
Siebert, H. (1973): Das produzierte Chaos – Ökonomie und Umwelt, Stuttgart 1973.
Skolimowski, H. (1988): Öko-Philosophie: Entwurf für neue Lebensstrategien, Karlsruhe 1988.
Stahlmann, V. (1988): Umweltorientierte Materialwirtschaft, Wiesbaden 1988.
Stahlmann, V., Beschorner, D. u. a. (1989): Betriebliche Umweltschutzbeauftragte: Ausbildungsanforderungen, betriebliche Praxis, Perspektiven, in: Schriftenreihe des IÖW 34/89, Berlin 1989.
Staudt, E. (Hrsg.) (1989): Berichte aus der angewandten Innovationsforschung Nr. 71, Innovationsforschung 1989 Schwerpunktthema Innovation und Umwelt, Ruhruniversität Bochum 1989.
Steger, U. (1988): Umweltmanagement, Frankfurt und Wiesbaden 1988.
Stitzel, M. (1989) auf dem Diskussionsforum Ökologie und Unternehmensführung e. V. an der European Business School vom 3. – 4.11.1989.
Strebel, H. (1980): Umwelt und Betriebswirtschaft – die natürliche Umwelt als Gegenstand der Unternehmenspolitik, Berlin 1980.
Trepl, L. (1987): Geschichte der Ökologie – Vom 17. Jahrhundert bis zur Gegenwart, Frankfurt 1987.
Wagner, G. R. (1989) in: Staudt, E. (Hrsg.): Berichte aus der angewandten Innovationsforschung Nr. 71, 1989.
von Weizsäcker, E. U. (1989): Binnenmarkt und Umwelt, in: Himmelheber, M. (Hrsg.): Scheidewege, 1989/90, Baiersbrunn 1989.
Weidner, H. (1987): Umweltpolitische Denkanstöße aus Japan, in: Himmelheber, M. (Hrsg.): Scheidewege 1987/88, Baiersbrunn 1988, S. 253 – 277.
Wicke, L. (1989): Umweltökonomie, 2. Auflage München 1989.
Winter, G. (1987): Das umweltbewußte Unternehmen. Ein Handbuch der Betriebsökologie mit 22 Checklisten für die Praxis, München 1987.

Achtes Kapitel

Ethik

Michael Stitzel

Ethik als unternehmerische Innovation

1. Haben Ethik und Innovation etwas miteinander zu tun?

2. Unternehmerisches Handeln – nur scheinbar ethikfrei!

3. Entwicklung einer innovationsgeeigneten Ethikkonzeption

4. Stolpersteine für eine Ethik-Innovation

5. Gesucht: Der unternehmerische Ethik-Innovator

Literatur

1. Haben Ethik und Innovation etwas miteinander zu tun?

Zunächst einmal zur Klärung der beiden Begriffe, um die es im folgenden geht:

Unter Innovation – das ist in der Fachliteratur kaum umstritten[1] – wird zweierlei verstanden, zum einen die Generierung und Durchsetzung einer Neuerung im Unternehmen (z. B. eine neue Produkt-Markt-Kombination, ein neues Verfahren der Leistungserstellung, neue Organisationsprinzipien), zum anderen ist Innovation der Gegenstand des Innovierens, also die Erneuerung selbst.

Unter Ethik soll hier – dieser Begriff ist im Gegensatz zu dem der Innovation unter Fachleuten heftig umstritten[2] – der Versuch verstanden werden, eine rationale Normbegründung für (z. B. wirtschaftliches) Handeln zu entwickeln und diese Normen sich selbst oder Dritten als Leitlinie für Handeln vorzugeben, wobei damit über die Art der Normen, deren konkrete Ausprägung und deren Legitimation noch nichts ausgesagt ist.

Haben diese beiden Konstrukte etwas miteinander zu tun, in dem Sinn z. B., daß Ethik Gegenstand von Innovationen sein kann oder daß ethische Prinzipien im Rahmen von Innovationsprozessen eine Rolle spielen können bzw. sollen? Beides ist denkbar. Wenn wir den ersten Fall, also Ethik (ethische Prinzipien, ethische Normen ...), als möglichen Gegenstand von Innovation ansehen, dann können daraus ohne Schwierigkeiten eine Reihe von sehr konkreten Fragen abgeleitet werden, und zwar

deskriptiv

- Gibt es Versuche (und wenn ja welche?), Ethik innovativ im Unternehmen zu entwickeln und einzuführen?
- Was fördert, was hemmt Ethik als neues Unternehmenskonzept?
- Wie verlaufen ethische Entwicklungsprozesse in Unternehmen?

normativ

- Sollen Unternehmen Ethik innovieren?
- Wie sollen neue ethische Normen im Unternehmen konkret gestaltet sein und worauf sollen sie sich beziehen?

---

1 Vgl. z. B. Staudt/Schmeisser (1987), Thom (1980), Marr (1980) und die dort aufgeführten umfangreichen Literatursammlungen zum Thema Innovation.

2 Vgl. zur sehr lebendigen und durchaus kontroversen neueren Ethikdiskussion in der BWL, z. B. Seifert/Pfriem (1989), Steinmann/Löhr (1989), Stitzel (1990 a,b), Ulrich (1987), Wagner (1990).

Alle diese Fragen gehen davon aus, daß die innovierte Unternehmensethik eine konkrete Umsetzung von anderswo bereits existierenden Normen ist, also nur für das jeweilige Unternehmen eine Neuerung darstellt. Denkbar ist aber auch eine weitergehende Aufgabenzuweisung an das Unternehmen: Es soll sich darum bemühen, gänzlich neue, anderswo noch nicht konzipierte bzw. existierende Ethiken für wirtschaftliches Handeln zu entwickeln, also mitzubauen an einer konkreten Utopie, die zu neuen „Zielen, Werten und Modellen möglicher Welten führt.“[3] Soll die Unternehmung das tun, kann sie es?

Auf alle Fälle ist sehr deutlich erkennbar, daß Innovation und Ethik – jeder der beiden Begriffe für sich allein – zur Zeit Management-Themen von höchster Aktualität sind. Bei Innovation überrascht das nicht: Gegenüber Schumpeters Zeiten hat sich die Dynamik und Komplexität des Umsystems der Unternehmung extrem gesteigert. Der Unternehmer, der kein innovatives Angebot und keine innovativen Faktorkombinationen zu entwickeln und zu realisieren vermag, ist auf die Dauer chancenlos. Schwieriger ist zu beantworten, warum Ethik in der unternehmenspraktischen ebenso wie in der ökonomisch-wissenschaftlichen Diskussion zunehmend eine wichtige Rolle spielt: Ist es die untergründige Angst, daß wirtschaftliches Handeln über wachsende Umweltzerstörung den Bestand der Welt gefährden könne? Ist es eine steigende Bereitschaft wirtschaftlicher Akteure zur Reflexion darüber, was denn die gesamte Veranstaltung „Unternehmung“ eigentlich solle? Wie auch immer, auf Unternehmer-Symposien, in betriebswirtschaftlichen Veröffentlichungen wird über Ethik nachgedacht und es bürgert sich ein, in Readern – wie diesem – zum Abschluß einen Aufsatz zum Thema Ethik einzufügen: einmal mehr mahnend, ein anderes Mal mehr versöhnlich und besinnlich.

Allerdings: Wenn wir über Ethik im Kontext mit Innovation reden, dann ist es mit dem Besinnlichen und Versöhnlichen rasch vorbei. Ethik zu konzipieren und im Unternehmen durchzusetzen ist, wenn es überhaupt geht, vermutlich – wie jede andere Innovation auch – harte und risikoreiche Arbeit. Darüber soll im folgenden berichtet werden.

2. Unternehmerisches Handeln – nur scheinbar ethikfrei!

In der betriebswirtschaftlichen Innovationsliteratur und im betriebswirtschaftlichen Innovationsverständnis ist meines Wissens Ethik bislang nicht thematisiert worden (insofern ist die hier aufgegriffene Fragestellung auch innovativ). Genannt werden allenfalls als verwandter Begriff „Werte“,[4] jedoch nicht als Gegenstand von Innovationen, sondern in Form

3 Bense (1969); s. auch Raffeé (1974).
4 Marr (1980), Sp. 949.

sich wandelnder Werte als Auslöser von Innovationsprozessen. Objekte von Innovationen sind im Fachverständnis vor allem harte Fakten, also Produkt- bzw. Marktinnovationen, dann, ebenfalls überwiegend technizistisch verstanden, Verfahrensinnovationen und schließlich, auf vergleichsweise inoperationaler Basis und kaum einmal mit eindeutigen Handlungsleitlinien versehen, Sozialinnovationen[5]. Diese unterschiedliche Intensität und Exaktheit der Analyse reflektiert vermutlich die unterschiedlichen Schwierigkeiten, in den einzelnen Innovationsbereichen zu konkreten Aussagen zu kommen. Ethik-Innovationen verlängern das Kontinuum der Bandbreite der Innovationen in die sog. „weichen“ Bereiche hinein: Es geht jetzt nicht nur, wie bei Sozialinnovationen, um neue Verhaltensvoraussetzungen und -formen von Organisationsmitgliedern, sondern zusätzlich darum, das veränderte Verhalten an innovativ gesetzten Werten zu orientieren. Wir sehen uns wissenschaftstheoretisch zwei inoperationalen, interpretationsbedürftigen und strittigen Fakten (Verhalten, Werte) gegenüber, die in sehr konkreten Innovationssituationen in die Realität umzusetzen sind. Das ist bereits ein Indiz für die Schwierigkeit der hier aufgegriffenen Thematik, und zwar sowohl im Hinblick auf die theoretische Analyse als auch im Hinblick auf die praktische Umsetzung.

Wie wird der Praktiker mit der Aufforderung (oder Zumutung?) umgehen, Ethik zum Gegenstand von Innovation zu machen? Unternehmenslenker müssen hauptamtlich ohnehin in immer stärkerem Maße zu Spezialisten für innovative Problemlösungen werden. Es geht ja nicht nur ganz allgemein um neue Produkte, neue Märkte und neue Verfahren, es geht ganz konkret um die einzelwirtschaftlichen Chancen und Risiken der Vereinigung der beiden deutschen Teilrepubliken, es geht um die gewaltige Ausdehnung des unternehmerischen Aktionsfeldes im Rahmen des europäischen Binnenmarktes, es geht um die Nutzung und Bewältigung des technischen Fortschritts. Es geht aber auch darum, auf staatliche Umweltschutzforderungen mit adäquaten Lösungen antworten zu können (oder: sich als Unternehmen etwas einfallen lassen gegen die drohende Umweltkatastrophe!?), es geht auch darum, den vielfältigen, sich immer rascher ändernden Erwartungen der Gesellschaft und der Mitarbeiter gerecht zu werden.

Vorstellbar ist, daß es bei dieser Menge von zu bewältigenden Innovationsaufgaben dem Unternehmer auch einmal zu viel wird: Es ist verständlich, wenn er keine Lust mehr hat, immer und immer innovativ zu sein, und/oder er fühlt sich als nicht kompetent bzw. als nicht zuständig. Dieser Punkt könnte genau dann erreicht sein, wenn man an den Unternehmer das Ansinnen richtet, im Ethikbereich innovativ zu sein. Ethik (was ist das überhaupt?) ist eher etwas für Philosophen und Pastoren – „ich als Unternehmer bin zuständig für das Ökonomische“. So verständlich diese Auffassung ist, in ihr verbirgt sich ein Denkfehler. Wenn der Unternehmer sich mit Umweltschutzauflagen auseinandersetzt oder eine Position in den nicht wegzudiskutierenden Zieldivergenzen von Ökonomie und Ökologie, zu finden versucht, ist er ethisch innovativ. Er setzt sich mit den Nebenwirkungen seiner ökonomischen Aktivitäten auseinander, und genau das ist der Beginn der Ethik.

---

5 Zu dieser Taxonomie ausführlich Thom (1980).

Unwichtig ist es in diesem Zusammenhang, ob der Unternehmer sich der ethischen Komponente seines Handelns bewußt ist und ob er zu einem schlüssigen neuen ethischen Konzept für sein Unternehmen kommt: Er sucht nach einer Lösung in innovationsverdächtigen wertbezogenen Fragen seines Handelns und ist damit automatisch in Sachen Ethik tätig. Der Unternehmer kommt um die Fragestellung nach dem „richtigen", ethisch orientierten Handeln des Unternehmens dann nicht herum, wenn er im Rahmen seiner ökonomisch gesteuerten Aktivitäten Interessen anderer (Mitarbeiter, Anrainer, Kunden, Nachwelt ...) berührt bzw. beeinträchtigt. Und wenn er für diese Fälle dem Unternehmen Normen bzw. Verhaltensformen vorgibt, die bislang noch nicht im Unternehmen existierten, dann ist er ein ethischer Innovator – auch wenn er sich selbst nicht so sieht, und wenn seine Ethik-Innovationen weder konzeptionell noch inhaltlich ein geschlossenes und konsistentes System darstellen.

Damit die Basis, auf der sich diese Gedanken bewegen, etwas sicherer wird, müssen wir im folgenden den Ethik-Begriff präzisieren, und zwar einen Ethik-Begriff, der für innovatives Handeln geeignet ist.

3. Entwicklung einer innovationsgeeigneten Ethikkonzeption

Ethik, speziell Unternehmensethik, zeichnet sich nach meinem Verständnis durch folgende Merkmale aus:

(1) Sie ist eine Formal-, aber nicht von vorneherein eine Inhaltsethik.
(2) Sie ist eine rationale Verantwortungsethik, sie umfaßt aber zugleich auch emotionelle Komponenten.
(3) Sie ist eine realisierbare Ethik.
(4) Sie ist eine kommunikative Ethik.

Grundsätzlich stellt Ethik die Frage nach dem „richtigen" Handeln und die Meta-Frage nach den Kriterien, an Hand derer die Richtigkeit des Handelns gemessen werden kann. Da aber das Richtige kein A-Priori ist[6], sondern sich nur situativ entwickeln und in der jeweiligen Realität bewähren kann, kann die Operationalisierung von Normen allenfalls so zustande kommen, daß Rahmenbedingungen (deren Setzung natürlich ein normativer Akt ist!) definiert werden, innerhalb deren die an ethischen Normen interessierten Personen Vorstellungen vom richtigen Handeln entwickeln. Unternehmensethik, die sich als Formal-Ethik (1) begreift, beginnt nicht mit konkreten Normen wie „Du sollst A!" bzw. „Du sollst B nicht!", sondern sie beginnt mit der Frage „Was können wir tun, um divergierende,

6 Das ist natürlich außerordentlich umstritten; weltanschaulich geprägte Ethiken behaupten häufig von vorneherein zu wissen, was im konkreten Fall „gut" und was „schlecht" ist.

grundsätzlich berechtigte Interessen zum Ausgleich zu bringen, und an welchen Regeln soll sich der Ausgleichsprozeß orientierten?“

Welches sind nun die Rahmenbedingungen innerhalb derer sich die Ethik-Entwicklung vollzieht? Da ist zunächst einmal ganz zentral die der Verantwortungsethik (2). Letztendlich stellt sich die Ethik-Frage im Unternehmens-Bereich nur deshalb, weil ökonomisches Handeln häufig nicht-beabsichtigte ökonomische oder meta-ökonomische Nebenwirkungen (Ausstrahlungseffekte, spillovers[7]) hat, z. B. Beeinträchtigung der Interessen anderer oder Schädigung der natürlichen Umwelt. Ethik bedeutet die Aufforderung, diese Nebenwirkungen – und zwar möglichst alle – in die konkreten Entscheidungsfindung einzubeziehen und sie entsprechend ihrer relativen Bedeutung zu berücksichtigen (wie und in welcher Gewichtung, bleibt dabei zunächst offen). Es geht also darum, die Nebenwirkungsbereiche ökonomischen Handelns zu identifizieren und den einzelnen Handlungsalternativen die entsprechenden spillover-Konsequenzen zuzuordnen. Im Prozeß des Abwägens zwischen den Alternativen wird dann versucht, die originären, hier einzelwirtschaftlichen Konsequenzen und die spillover-Konsequenzen miteinander zu verbinden. Genau das ist Verantwortungsethik[8]: Der Entscheidungsträger stellt sich sämtlichen Folgen seines Handelns und kann somit auch sein Handeln sich selbst und den Betroffenen gegenüber rational begründen – im Gegensatz zum Gesinnungsethiker, der – aus dem Bauch heraus – bestimmte Dinge für gut oder für schlecht hält, weil „das eben so ist“[9]. Freilich, der „Bauch“, also die Emotionen, sind auch in der Verantwortungsethik erforderlich. Das am Rationalitätsprinzip orientierte emotionsfreie Kalkül zur Ermittlung des richtigen Handelns garantiert noch lange nicht, daß die verantwortungsethisch begründete Alternative dann auch tatsächlich realisiert wird. Erst wenn der Handelnde eine innere, d. h. emotionelle Bindung an seine ethische Orientierung hat, wird er real entsprechend dem als richtig Erkannten agieren.

Des weiteren muß die Ethik grundsätzlich realisierbar (3) sein, d. h. sie darf die Ethikanwender nicht überfordern (weil sie sie z. B. in unüberwindbare Konflikte stürzt) und sie muß auch im Rahmen des vorgegebenen sozio-ökonomischen Kontextes (dezentrale Koordination der Wirtschaftspläne, Freiraum für und Streben nach individueller Nutzenmaximierung, aber auch Scheiterrisiko bei wirtschaftlichem Versagen) eine Chance zur Verwirklichung haben[10]. Unternehmensethik als Aufforderung zur Revolution ist zum Scheitern verurteilt[11].

Die letzte an das Konzept einer innovationsgeeigneten Ethik zu richtende Forderung ist die nach ihrer kommunikativen Orientierung (4). Ethische Normen, die letztendlich einen

7 Ausführlich dazu Hanssmann (1982).
8 Vgl. genauer Jonas (1979).
9 Zur Kritik an der Gesinnungsethik vgl. z. B. Spaemann (1984).
10 Sehr eindringlich hat Bert Brecht in der Parabel „Der gute Mensch von Sezuan“ die Problematik einer nicht kontextgerechten Ethik dargestellt: Die Gesinnungsethikerin Shen Te muß angesichts der ökonomischen Realität in die Rolle des „bösen“ Unternehmers Shui Ta schlüpfen, um überleben zu können.
11 Vgl. z. B. das Scheitern des Porst-Modells.

Interessendissens schlichten sollen, können nur dann tragfähig sein, wenn die am Interessendissens Beteiligten die Möglichkeit haben, ihre Meinung über die Normgestaltung zu artikulieren. Konkrete Ethik entsteht aus dem Diskurs zwischen Ethikentwickler und -anwender (z. B. Managern), Betroffenen bzw. potentiell Geschädigten (z. B. Mitarbeitern, Anrainern, Umweltschützern), Experten (z. B. Wissenschaftlern) und Schlichtungsinstanzen (z. B. Politikern), wobei idealtypisch das Diskursergebnis umso eher auf allgemeine Akzeptanz hoffen kann, je herrschaftsfreier der Diskurs verläuft[12].

Genau diese hier skizzierte Ethik-Konzeption ist nach meiner Auffassung geeignet, Gegenstand unternehmerischer Innovation zu werden – andere Ethikkonzeptionen sind es nicht: Eine a priori inhaltlich definierte Ethik provoziert sofort Widerstände, an denen der ethische Impetus sich todlaufen wird; gleiches gilt für die Gesinnungsethik[13]. Verantwortungsethik kann demgegenüber in die im Unternehmen zumindest grundsätzlich verwendete Methode der rationalitätsorientierten Alternativenbewertung einbezogen werden. Die emotionelle Bindung an die Ethik ist unerläßlich angesichts der zahlreichen und hohen Hürden, die sich der ethischen Innovation entgegenstellen (s. Kap. 4); ebenso die grundsätzliche Realisierbarkeit im ökonomischen Kontext, weil die Ethik ansonsten sofort von den konkurrierenden wirtschaftlichen Erfordernissen in die Ecke gedrängt wird. Die kommunikative Ausrichtung von Ethik ist deshalb erforderlich, weil Innovationen in arbeitsteiligen Organisationen nur dann konzipiert und unter Akzeptanzgesichtspunkten realisiert werden können, wenn die Innovationsakteure und Innovationsbetroffenen, seien sie Nutzer, seien sie Benachteiligte, ihre Interessen in die Normfindung einbringen können. Ansonsten ist die Ethik etwas Fremdes und Aufgezwungenes und wird weggeworfen, sobald das möglich ist.

Aus der Sicht des Innovationsgegenstandes, also der zu innovierenden Ethik, können wir auf der Basis der vorangegangenen Überlegungen einige wesentliche Charakteristika herausarbeiten:

(1) Ethik-Innovation ist eine Meta-Innovation, die unmittelbar den Zielbereich des Unternehmens berührt, möglicherweise das Zielsystem verändert und von dort auf die Mittelentscheidungen in ggf. erheblichem Ausmaß weiterwirkt. Das unterscheidet sie von den meisten anderen der in der Betriebswirtschaftslehre diskutierten Innovationen, die eindeutig dem Mittelbereich im Hinblick auf eine bessere, meist ökonomische Oberzielerreichung zuzuordnen sind.

(2) Ethik-Innovation ist eine Rahmenbedingungs-Innovation: Es wird die Arena festgelegt, innerhalb deren die Suche nach geeigneten Verhaltensnormen ablaufen soll. Der konkrete Verhaltenskodex kristallisiert sich, wenn überhaupt, erst am Ende des Innovationsprozesses heraus. Auch das unterscheidet Ethik-Innovation von den meisten

---

12 Dazu Habermas (1983).

13 Mit Charisma oder autoritärer Gewalt kann natürlich auch im Unternehmen Gesinnungsethik innoviert werden – allerdings nur solange wie das Charisma wirkt bzw. die Autorität eine Machtbasis hat.

anderen betrieblichen Innovationen, die sehr konkrete Inhalte haben (Produkte, Verfahren ...). Ähnlichkeiten bestehen zu bestimmten organisatorischen bzw. personalwirtschaftlichen Innovationen (z. B. Einführung einer Matrix-Organisation bzw. einer konfliktorientierten Partizipationsphilosophie), die ein kreatives, lösungsorientiertes Organisationsklima schaffen sollen.

(3) Ethik-Innovation durchläuft einen Stufenprozeß. Am Beginn steht der Aufbau der Arena, in dem die Ethik entwickelt werden soll. Elemente dieser Arena sind z. B. organisatorische Strukturen, innerhalb deren die Ethik-Entwicklung vorangetrieben wird (z. B. im Rahmen einer Lernstatt oder einer Projektgruppe[14]). In der zweiten Stufe werden die Ausstrahlungsbereiche identifiziert, die einer ethischen Begutachtung und Berücksichtigung unterworfen werden. Das Ergebnis dieser Analyse kann sich z. B. in Unternehmensgrundsätzen oder Führungsrichtlinien niederschlagen, die aufzeigen, woran und in welcher Richtung ethisch gedacht werden soll[15]. Obwohl derartige generelle Regelungssysteme meist durch Leerformeln geprägt und ideologisch anfällig sind, sind sie für die Ethik-Innovation nützlich, vielleicht sogar unerläßlich. Sie wirken als Fingerzeig und Legitimation für die Aktivitäten der dritten Stufe der Ethik-Innovation, also für die Suche nach konkreten Ethiknormen. Diese Ethiknormen legen dann situationsbezogen unternehmensverbindlich (meist in Form von Restriktionen) fest, an welche Kodices sich die Akteure zu halten haben: z. B. an bestimmte Verhaltensformen unterstellten Mitarbeitern gegenüber, an zulässige Höchstgrenzen für Emissionen, qualitative und ökologische Anforderungen an Produkte usw.

Es könnte der Eindruck entstehen, mit der Entwicklung einer, wie hier postuliert wird, innovationsgeeigneten Ethikkonzeption und der Demonstration eines Innovationsprozesses von Ethik sei das Terrain für die Ethik-Innovation bereitet: das Weitere könne man getrost den Ethikpraktikern im Unternehmen überlassen. Diese Hoffnung ist allerdings verfrüht. Die Ethikpraktiker werden sich mit der Umsetzung schwertun: Die Stolpersteine auf dem Weg zu einer Ethik-Innovation im Unternehmen sind zahlreich und gefährlich (s. im folgenden).

4. Stolpersteine für eine Ethik-Innovation

Kasuistisch möchte ich eine Reihe von Faktoren nennen, die dazu führen können, daß Ethik-Innovationen entweder überhaupt nicht zustandekommen oder daß sie abgebrochen werden, versanden bzw. in offenkundiger Form scheitern:

---

14 Eine weitergehende Form wäre z. B. der Öko-Partisan, der im Unternehmen ökologische Interessen zu vertreten hat, ohne daß er irgendwelchen Weisungen unterliegt und Sanktionen befürchten muß, s. Stitzel/Wank (1990).

15 Ein aufschlußreiches Beispiel für eine derartige General-Ethik (mit all ihren Problemen) ist das sog. Davoser-Manifest; s. dazu die kritische Stellungnahme von Steinmann (1973).

(1) Ethik ist terra incognita.
(2) Ethik ist negativ wertbeladen.
(3) Ethik ist ideologiegefährdet.
(4) Ethik-Innovation ruft nach schmerzlichen Konsequenzen.
(5) Ethik-Innovation bedarf eines günstigen Umfeldes.
(6) Ethik-Innovation erfordert Mut.

zu (1): terra incognita

Die wenigsten (häufig nicht einmal Ethikphilosophen selbst) vermögen auf Anhieb schlüssig, operational und handlungsleitend zu sagen, was Ethik eigentlich ist. Unternehmer und Manager haben in ihrer Ausbildung vielerlei gelernt, in ihrer Tätigkeit vielfältige Erfahrungen gesammelt; das Denken in ethischen Kategorien und das Umsetzen von ethischen Konzeptionen ist wohl kaum einmal dabei. Was die Wirtschaftsethiker schreiben und lehren, ist für sie schwer oder nicht verständlich, was auf Ethiksymposien für Manager erzählt wird, verbleibt häufig im Bereich unverbindlicher Sonntagsreden. Es fehlt schlicht an ethischem Handwerkszeug, um im argumentativen und Handlungsbereich bestehen zu können.

zu (2): Negative Wertbeladenheit

Der unscharfe Begriff „Ethik“ kann beim Praktiker unangenehme Assoziationen erzeugen. Im Vordergrund steht wohl diejenige von Utopie und Weltfremdheit: Im Unternehmensdasein zählt, so die gängige Anschauung, nicht die Rücksichtnahme auf die Interessen anderer (und hat man privat noch so viel Verständnis für sie), sondern die Fähigkeit zur Wahrnehmung eigener Vorteile, und zwar auch bewußt auf Kosten anderer – wobei es hier nicht um die wettbewerbsbedingten Nachteile von Konkurrenten geht (das ist wohl ethikneutral), sondern um die Externalisierung negativer Effekte zu Lasten der Allgemeinheit, der Umwelt und späterer Generationen. Die (scheinbare!) Weltfremdheit des ethischen Managers kann dann auch als Schwäche ausgelegt werden, als Unfähigkeit, sich im harten Geschäftsleben zurechtzufinden – und welcher Manager möchte schon in diesem Geruch stehen?!

zu (3): Ideologieanfälligkeit

Ein schwerwiegendes Problem für Ethik-Innovation ist die Ideologieanfälligkeit von Ethik. Die Rede von der sozialen Verantwortung des Unternehmens, immer und immer wieder in PR-Verlautbarungen beschworen, macht sich gut in der Öffentlichkeit, ohne daß das Unternehmen viel oder überhaupt etwas Konkretes dafür tun müßte. Immer wenn Ethik in dieser Form ideologisch mißbraucht wird, also im Bereich der Formulierung inoperationaler Ethikgrundsätze ohne Handlungsfolgen verbleibt, versandet die Ethik-Innovation. Augenzwinkernd kann dann zur Tagesordnung übergegangen werden. Das geschieht besonders häufig in Form alltäglicher, kleiner, scheinbar banaler Umweltschädigungen, während gleichzeitig in bunten Hochglanzanzeigen die Statements über die vorgebliche Wahrnehmung der sozialen Verantwortung genau dieses Unternehmens zu lesen sind.

zu (4): Folgekosten

Wenn die Unternehmungen ernsthaft die Konkretisierung und Umsetzung ihrer Ethik-Innovation angehen, werden sie auch mit deren ökonomisch negativen Konsequenzen konfrontiert, z. B. in Form von erforderlicher Anstrengung und Lösungssuche, in Form von Zeitaufwand und vor allem in Form von Zusatzkosten. Da ethische Innovationen bei einigermaßen rationaler Unternehmensführung erst dann realisiert werden, wenn die Analyse der Folgen dieser Innovation kein in der Summe negatives Ergebnis ausweist, kann der Blick auf die Konsequenzen bereits das Aus für die Ethik-Innovation bedeuten, bevor ihre Umsetzung überhaupt versucht wurde. Der Ethik-Innovator hat zwar die Chance, auf mögliche Pioniergewinne hinzuweisen (im Bereich von Umweltinnovationen z. B. Vorwegnahme künftiger staatlicher Auflagen und Erringung eines Technologie-Vorsprungs[16]), es ist aber ungewiß, ob er sich damit durchsetzen wird: Die Kosten und Risiken von Ethik-Innovationen sind in der Regel klar erkennbar und auch quantitativ einigermaßen genau zu prognostizieren, während das Eintreten und vor allem die Höhe ihrer Erträge meist ungewiß ist (das haben sie freilich mit vielen anderen Innovationen gemeinsam).

zu (5): Umfeldabhängigkeit

Die Durchsetzungs-Chancen und Erfolgsaussichten von Ethik-Innovationen sind sehr stark von den jeweils dominanten gesellschaftlichen Werten abhängig. Ist die gesellschaftliche Grundstimmung kompatibel mit der konkreten in Angriff genommenen Ethik-Innovation, sind günstige Voraussetzungen für ihre Realisierung gegeben. Andernfalls stehen ihre Chancen schlecht – unabhängig davon, ob die Ethik-Innovation rational begründet ist oder nicht. Ethik-Innovationen, die einen demokratischeren Umgang mit Mitarbeitern ganz allgemein zum Inhalt haben, finden zur Zeit günstige Voraussetzungen. Ethik-Innovationen hingegen, die speziell auf einen Ausbau von Benachteiligungen von Gastarbeitern abzielen, haben angesichts der ungebrochenen latenten Ausländerfeindlichkeit sehr viel weniger Realisierungsaussichten. Eine markante Veränderung hat sich im Bereich ökologischer Ethik-Innovationen ergeben. Die in weiten Bevölkerungskreisen wachsende Furcht vor Umweltkatastrophen und das sich daraus entwickelnde ökologische Bewußtsein hat einen günstigen Boden für die Realisierung von Umweltinnovationen geschaffen. Freilich können mit Kostenargumenten und Hinweisen auf die Gefährdung

---

16 Vgl. Kern (1982).

der (internationalen) Wettbewerbsfähigkeit zur Zeit noch starke Gegenpositionen aufgebaut werden. Eine wesentliche Variable in der Auseinandersetzung wird die Haltung der Mitarbeiter sein, d. h. die Frage, ob sie ihre private ökologische Einstellung mit in das Unternehmen hineinnehmen und dort entweder Ethik-Innovationen im Umweltbereich fordern bzw. initiieren oder die ökologisch innovativen Elemente im Management unterstützen. Wie es scheint, funktioniert der Transfer privater ökologischer Einstellungen in die rauhe Wirklichkeit der Unternehmungen noch nicht so recht.

zu (6): Mut zur Ethik-Innovation

Aus den im vorangegangenen skizzierten fünf Hemmschwellen, die bei der Realisierung einer Ethik-Innovation zu überwinden sind, wird deutlich, daß von demjenigen, der Ethik innovieren will, eine Menge Mut verlangt wird. Er muß sich in ein für ihn ggf. neues Gebiet wagen, er muß damit fertig werden, auf Unverständnis und Ablehnung zu stoßen, er muß der Versuchung der ideologischen Nutzung des Ethikgedankens widerstehen, er muß die Ethik-Realisierung rational planen und öknomisch negative Konsequenzen im Diskurs vertreten können. Er muß schließlich in der Lage sein, die Günstigkeit des Umfeldes sicher einzuschätzen. Das Argument, daß die Management-Funktion immer auch Aufgaben mit vergleichbaren Anforderungen enthält, hilft nicht weiter: Ethik ist für ökonomisch Handelnde wohl meistens an der Peripherie iher Wahrnehmung und ihres Zielinteresses. In einem Bereich, der nicht im Zentrum des Tätigkeitsfeldes liegt, die oben beschriebenen Leistungen zu erbringen, ist eine schwierige Angelegenheit. Dennoch brauchen wir diesen ethik-innovierenden Manager, wenn es uns wichtig scheint[17], daß Ethik als Unternehmensgrundsatz und als konkrete Handlungsleitlinie im Unternehmen wirksam wird: Diesem Ethik-Innovator werden die abschließenden Überlegungen gelten.

5. Gesucht: Der unternehmerische Ethik-Innovator

Die Innovationstheorie war immer dann am stärksten, wenn sie den Mut zur Personalisierung hatte: Innovationen werden wie alle anderen sozialen Phänomene von Menschen gemacht und nicht von unpersönlichen Strukturen, Systemen oder dergleichen. Deswegen erscheint es sinnvoll, zum Abschluß der Überlegungen nach demjenigen (oder natürlich: derjenigen!) Ausschau zu halten, der Ethik innovieren will bzw. soll: dem ethikorientierten Manager.

17 Dafür gibt es gute Gründe: z. B. das Wohlergehen der Menschen, die in Unternehmen tätig sind, und die Erhaltung der durch Naturausbeutung, Produktion, Konsum und mangelhafte Entsorgung bedrohten Umwelt.

Auf drei Wegen können wir uns ihm nähern, erstens, indem wir die Fähigkeiten benennen, über die er verfügen muß, zum zweiten, indem wir den Entwicklungsprozeß zum ethikinnovierenden Manager vorzuzeichnen versuchen, und zum dritten, indem wir nach Beispielen für Ethik-Innovatoren in der unternehmerischen Praxis suchen.

Die Anforderungen, die an den ethik-innovierenden Manager gestellt werden, gehen sicherlich über die allgemeinen Anforderungen hinaus, die man Innovatoren zuordnet: Klar, daß er kreativ sein muß, daß er von seiner Idee oder Vision überzeugt und kommunikationsfähig[18] sein muß. So wie der Technik-Innovator Spezialist für Technik zu sein hat, der Produkt-Markt-Innovator Spezialist für Strategie und Marketing, muß der Ethik-Innovator Spezialist für Ethik sein. Aber wann ist jemand Spezialist für Unternehmens-Ethik? Das ist nur sehr allgemein zu beantworten, z. B. in Form der Anforderung „soziale und ökologische Kompetenz". Diese Kompetenz setzt sich aus einer Vielzahl von Einzelfaktoren zusammen: z. B. Interesse an und Verständnis für Menschen; Fähigkeit, soziale Prozesse zu analysieren und ggf. zu verändern; Beziehung zur natürlichen Umwelt und das Vermögen, in Kreisläufen und Rückkoppelungen zu denken, nicht nur in unzulässig vereinfachenden linearen Ursache-Wirkungs-Ketten. Daß der Management-Nachwuchs, also die angehenden Diplom-Kaufleute oder die neuerdings so hoch gelobten MBA's, solche Fähigkeiten kaum vermittelt bekommen, erschwert Ethik-Innovationen im Unternehmen.

Wie wird nun jemand zum Ethik-Innovator im Unternehmen? Günstig ist es, wenn er sich in anderen Innovations-Segmenten bewährt; er ist dann selbstsicherer als Innovations-Spezialist und hat bereits Reputation als Innovator, was die Akzeptanz der Ethik-Innovation erleichtern wird. Im übrigen geht der Weg wohl nur über Persönlichkeits-Entwicklung, z. B. in der Form, daß die unternehmerischen Personalentwicklungsangebote Elemente enthalten, die die ethische Sensibilität potentieller Ethik-Innovatoren fördern. Wichtiger und erfolgsträchtiger ist die Bereitschaft zur Selbst-Entwicklung. Ähnlich wie das an anderer Stelle beschriebene „Ökologisches-Management-Lernen"[19] wird auch die Selbstentwicklung in Unternehmens-Ethik am ehesten dadurch vorangetrieben, daß der Manager sich bewußt und reflektierend Situationen aussetzt, in denen negative externe Effekte der Unternehmensaktivitäten manifest werden: Im Gespräch mit einer Verkäuferin, die den ganzen Tag in Lärm und schlechter Luft hinter dem Ladentisch steht, bei einer Führung durch die Anlagen der städtischen Müllverwertung oder bei einem Waldspaziergang – in einem (vor-)geschädigten Wald! – mit einem Vertreter einer Umweltschutzinitiative. Derartige Konfrontationen ebnen den Weg für die Sensibilisierung in Fragen der Ethik-Innovation – vermutlich mehr als Ethikseminare mit wohlklingenden Vorträgen in vollklimatisierten Räumen.

Die dritte Annäherung an den Ethik-Innovator kann über die Suche nach derartigen Innovatoren in der Unternehmenspraxis gehen. Der ermittelte Befund ist grundsätzlich po-

---

18 Zu den Anforderungen an Innovatoren vgl. z. B. Staudt/Schmeisser (1987) sowie Huber u. Schneider in diesem Band.

19 Dazu Stitzel/Simonis (1988).

sitiv. Es gibt eine ganze Reihe von markanten Beispielen für Ethik-Innovatoren in Unternehmen. Bekannte Namen wie Carl Zeiss mit seinem Erfolgsbeteiligungssystem gehören dazu, aber auch viele Nachfolger auf diesem Weg der Partizipation, der Kapital und Arbeit miteinander versöhnen sollte. Eine marxistische Ethik versuchte der Unternehmer-Idealist Hanns-Heinz Porst mit seinem Modell des marxistisch-wettbewerbsorientierten Unternehmens zu installieren – wenn auch ohne Erfolg – das Umfeld war für derartige Innovationen in der Bundesrepublik nie günstig. Viele Gründer und Betreiber von sog. alternativen Unternehmen initiierten Unternehmens-Ethiken, die auf umweltverträgliche Produktion und einem an den Grundsätzen der humanistischen Psychologie orientierten Umgang der Organisationsmitglieder untereinander ausgerichtet sind – mit sehr wechselhaften Erfolg: Probleme des wirtschaftlichen Überlebens, im Zusammenhang damit auch der Selbstausbeutung sowie nur schwer kanalisierbare Gruppendynamiken bedrohen diese ethische Konzeption.

Sehr erfolgreich – ökonomisch und ethisch! – waren und sind hingegen eine Reihe von konsequenten Versuchen einer ethisch orientierten ökologischen Unternehmensführung. Hingewiesen als Beispiel sei hier auf das ausführlich dokumentierte und viel zitierte Winter-Modell[20]. Es handelt sich hierbei um ein durch den Unternehmer Georg Winter als Ethik-Innovator realisiertes Unternehmenskonzept, das versucht, sich den in Kap. 3 genannten Anforderungen an eine erfolgreiche Ethik-Innovation anzunähern. Dieses und vergleichbare Modelle lassen die zu Beginn der Ausführungen gestellte Frage, ob es die Aufgabe von Unternehmern sein könne bzw. solle, gänzlich innovative Ethiken zu entwickeln, in neuen Licht erscheinen. Eine ökologische Unternehmens-Ethik kann in ihrer konkreten Ausprägung sinnvollerweise nur von jemanden entworfen werden, der im Betrieb mit einer umweltverträglichen Unternehmensführung umzugehen hat. Er hat Fragen zu beantworten wie: Welche konkreten Normen werden festgelegt? Wie kann der Innovationsprozeß umgesetzt werden? Wie sind Widerstände zu handhaben? Wie können konkrete Lösungen für Konkurrenzbeziehungen zwischen Ökonomie und Ökologie gefunden werden? Die unternehmensexternen Ökologen – Wissenschaftler, Mitarbeiter in Umweltschutzbewegungen, ökologisch engagierte Politiker – haben diesbezüglich generell formulierte Erwartungen an die Unternehmen gerichtet. Innovativ umgesetzt werden können diese Erwartungen nur aus dem Unternehmen selbst heraus.

Die ermutigenden Versuche auf diesem Weg haben einen einzigen Fehler: Es sind viel zu wenige. Wirklich ethisch innovativ im Bereich umweltverträglichen Unternehmenshandelns ist nur eine verschwindend kleine Zahl von Unternehmen bzw. Managern.

Wie könnte man diese Zahl vergrößern? Dafür Lösungen zu finden, ist selbst wieder eine innovative Aufgabe – und die gebe ich dem Leser weiter, mit der Zusicherung, daß auch ich mir und zwar sehr ernsthaft darüber Gedanken machen werde.

---

20 Vgl. Winter (1987).

Literatur

Bense M.: Warum ich Atheist sein muß, in: Szczesny G., Club Voltaire, Reinbek bei Hamburg 1969.

Brecht B.: Der gute Mensch von Sezuan, Berlin 1955/1963.

Habermas J.: Diskursethik – Notizen zu einem Begründungsprogramm, in: Habermas J., Moralbewußtsein und kommunikatives Handeln, Frankfurt/Main 1983.

Hanssmann F.: Einführung in die Systemforschung, München 1982.

Jonas H.: Das Prinzip Verantwortung, Frankfurt 1979.

Kern W.: Umweltschutz als Herausforderung an die Innovationskraft industrieller Unternehmen, in: Engeleiter H.-J., Corsten H., Innovation und Technologietransfer, Berlin 1982.

Marr R.: Innovation, in: Handwörterbuch der Organisation, 2. Aufl., Stuttgart 1980.

Raffeé H.: Grundprobleme der Betriebswirtschaftslehre, Göttingen 1974.

Rapp H.: Die normativen Determinanten menschlichen Handelns, in: Lenk H./Ropohl G. (Hrsg.), Technik und Ethik, Stuttgart 1987.

Seifert E. K./Pfriem R. (Hrsg.): Wirtschaftsethik und ökologische Wirtschaftsforschung, Bern/Stuttgart 1989.

Spaemann R.: Gesinnungsethik und Verantwortungsethik, in: Schmidhuber P. N., Orientierungen für die Politik, München 1984.

Staudt E./Schmeisser W.: Innovation und Kreativität als Führungsaufgabe, in: Handwörterbuch der Führung, Stuttgart 1987.

Steinmann H.: Zur Lehre von der „gesellschaftlichen Verantwortung der Unternehmensführung" – zugleich eine Kritik des Davoser Manifestes, in: WiSt 2(1973).

Steinmann H./Löhr H. (1989): Unternehmensethik, Stuttgart 1989.

Stitzel M.: Ethische Dimension wirtschaftlich-technischen Handelns, in: Steger U. (Hrsg.), Das Prinzip Verantwortung als konsensstiftende Norm im Umweltschutz, Wiesbaden 1990.

Stitzel M.: Ökologische Ethik und wirtschaftliches Handeln, in: Schauenberg B. (Hrsg.), Wertprobleme der Betriebswirtschaftslehre, Wiesbaden 1990.

Stitzel M./Simonis U. E.: Ökologisches Management – oder Ist eine umweltverträgliche Unternehmenspolitik realisierbar? Wissenschaftszentrum Berlin, FS II, 88-408, 1988.

Stitzel M./Wank L.: Was vermag die Lehre vom strategischen Management zu einer ökologischen Unternehmensführung beizutragen?, in: Freimann J. (Hrsg.), Ökologische Herausforderung an die Betriebswirtschaftslehre, Wiesbaden 1990.

Strebel H.: Innovation und Innovationsmanagement als Gegenstand der Betriebswirtschaftslehre, in: BFuP 2/1990.

Thom N. (1980): Grundlagen des betrieblichen Innovationsmanagement, 2. Aufl., Königstein/Taunus 1980.

Ulrich P.: Transformation der ökonomischen Vernunft, Bern/Stuttgart 1986.

Wagner R. G.: „Unternehmensethik" im Lichte der ökologischen Herausforderung, in: Czap H. (Hrsg.), Unternehmensstrategien im sozio-ökonomischen Wandel, Berlin 1990.

Winter G.: Das umweltbewußte Unternehmen, München 1987.

Zweiter Teil

Theoretischer Ausblick

– Evolution

Dietram Schneider

Die unternehmerische Produktion von Erstmaligkeit und ihre Konsequenzen für die Evolution ökonomischer Transaktionsbeziehungen

Beiträge von Austrianismus, Transaktionskosten- und Informationstheorie für das Verständnis von Innovation und Unternehmertum

1. Einführung

2. Zum Verständnis unternehmerischer Ideen

3. Unternehmertum und die Produktion unternehmerischer Ideen zwischen Erstmaligkeit und Bestätigung

4. Ökonomische Konsequenzen der Produktion von Erstmaligkeit
   4.1 Konsequenzen der Produktion von Erstmaligkeit für die Reallokation ideenrelevanter Ressourcen
   4.2 Konsequenzen der Produktion von Erstmaligkeit für die Evolution ökonomischer Transaktionsbeziehungen
   4.3 Konsequenzen der Produktion von Erstmaligkeit für die unternehmerische Handlungsfähigkeit im dynamischen Wettbewerb

5. Ausblick – Notwendigkeit einer ökonomisch-theoretischen Perspektive

Literatur

1. Einführung

Aus einer Offenlegung von Beziehungen zwischen Theorieansätzen zum innovativen Unternehmertum und transaktions- sowie informationstheoretischen Ansätzen werden in diesem Beitrag tiefgehende ökonomisch-theoretische Einsichten erarbeitet, die in der Literatur zum Problembereich Innovation und Unternehmertum bislang nicht oder nur am Rande behandelt worden sind. Vor dem Hintergrund einiger Aspekte des sogenannten Austrianismus, der Transaktionskosten- und Informationstheorie gilt dies besonders auch für die Erklärung der Evolution ökonomischer Transaktionsbeziehungen.

Zu den Bereichen Unternehmertum und Innovation hat die wirtschaftswissenschaftliche Literatur eine Vielzahl von Beiträgen hervorgebracht. Fast jede Arbeit, die diesen Zusammenhang behandelt, nimmt stets mehr oder weniger starke Anleihen bei den Werken von J.A. Schumpeter. Dieses eingefahrene Argumentationsmuster führt nicht selten zu einer „nostalgischen Verklärung" der Problemstellung, die schon Albach kritisiert hat;[1] sondern sie provoziert sowohl für die praktische als auch theoretische Diskussion Ermüdungseffekte und ist alles andere, nur nicht innovativ. Andererseits wird die Thematik nur selten vor dem Hintergrund einer ökonomisch-theoretischen Basis diskutiert. Auch werden gegenseitige Verwobenheiten und Befruchtungsmöglichkeiten verschiedener Theorieansätze zu diesem Themenbereich nur sehr selten aufgezeigt.

Mit diesem Beitrag werden daher zwei Zielsetzungen verfolgt. Einerseits soll vor dem Hintergrund des sogenannten Austrianismus[2] und speziell dessen Unternehmertheorie ein Beitrag zur Spezifizierung von Eigenschaften geleistet werden, welche von Seiten der Austrianer dem findigen unternehmerischen Element zugeordnet werden. Dies geschieht u.a. dadurch, daß nicht nur auf die Unternehmerkonzeption von Schumpeter eingegangen wird, sondern vor allem auch theoretische Beziehungen zu anderen relevanten Ansätzen zum Unternehmertum offengelegt werden. Hieraus ergibt sich ein tiefergehendes ökonomisch-theoretisches Verständnis unternehmerischer Ideen und innovativen Unternehmertums.

Andererseits sollen die ökonomischen Konsequenzen einer Realisierung unternehmerischer Ideen aufgezeigt werden. Es wird sich zeigen, daß sich diese zu einem erheblichen Teil auf informationsorientierte und transaktionskostentheoretisch interpretierbare Ursachen zurückführen lassen. Neben der Unternehmertheorie des Austrianismus bilden daher

1 Vgl. Albach (1979), S. 547.

2 Zum Austrianismus bzw. der Österreichischen Schule vgl. z.B. die jüngeren Arbeiten von Lachmann (1976); Kirzner (1978), (1979); Shand (1984); Lachmann (1986); Rothschild (1986). Die jüngeren Vertreter des Austrianismus (z.B. Rothschild, Kirzner, Rothbard und auch Hayek) können dem sogenannten „modern Austrianismus" zugeordnet werden, um sie von den älteren Austrianern (z.B. v. Mises, Menger, Böhm-Bawerk, Schumpeter) abzugrenzen, vgl. z.B. Schneider Dieter (1985), S. 491 f. Jüngere angloamerikanische Vertreter des Austrianismus (z.B. Shand, Ricketts) bezeichnen sich oft als Vertreter der Neo-Austrian-Economics, vgl. z.B. Shand (1984), dessen Veröffentlichung diesen Untertitel trägt. Zu anderen Einteilungsmöglichkeiten vgl. Reekie (1984), S. 1–5.

das informationstheoretische Erstmaligkeits-Bestätigungs-Modell von v. Weizsäcker[3] und der Transaktionskostenansatz[4] die theoretische Basis dieses Beitrags.

2. Zum Verständnis unternehmerischer Ideen

Die Bedeutung unternehmerischer Ideen für die wirtschaftliche Entwicklung von Gesellschaften braucht in diesem Zusammenhang nicht explizit betont zu werden.[5] Vielmehr geht es um die Klärung der Frage, was man überhaupt unter einer unternehmerischen Idee verstehen kann. Dabei ist zu berücksichtigen, daß unternehmerische Ideen das Ergebnis von gesammelten Informationen darstellen. Unternehmerische Ideen basieren stets auf bestimmten Informationen, die zum einen bereits bekannt und zum anderen völlig neuartig sein können. Dabei können auch bekannte Informationen durch ihre Neukombination oder subjektive Reinterpretation zu neuen Informationen werden, die Grundlagen für innovative unternehmerische Ideen darstellen. Meist wird dabei auf Informationen über technisch-physikalische Funktionszusammenhänge hingewiesen, die zu neuen Produkten führen. Es ist daher kaum verwunderlich, daß unter innovativen unternehmerischen Ideen oft nur technisch-physikalische Produktideen, nicht aber beispielsweise organisatorische Neuerungen, neuartige Dienstleistungen oder Koordinationsformen verstanden werden.

Weniger eng und vor allem theoretisch weitreichender scheint dagegen ein Verständnis von unternehmerischen Ideen, das sich auf die kreative und koordinative Verbindung zweier Informationssphären bezieht.[6] Danach können unternehmerische Ideen als Brückenschlag zwischen Informationen über Ressourcen (Produktionsfaktoren) und Informationen über Probleme (Bedürfnisse) von Wirtschaftssubjekten und deren Zahlungsbereitschaft aufgefaßt werden (vgl. Abbildung 1).[7]

Wieso ist diese Interpretation unternehmerischer Ideen besonders vor einem ökonomisch-theoretischen Hintergrund interessant, der den Austrianismus, die Transaktionskostentheorie und informationstheoretische Ansätze als Grundpfeiler hat? Die Beantwortung dieser Frage ist relativ einfach, wenn man auf die grundlegenden ökonomischen Elemente zurückgreift, die sich nicht zuletzt aus diesen Theorieansätzen ergeben: Knappheit von Gütern, Arbeitsteilung, Tausch, Information und koordinierendes Unternehmertum.[8]

---

3 Vgl. E.U. v. Weizsäcker (1974); sowie die älteren zugrundeliegenden Darstellungen bei E.U. v. Weizsäcker u. C. v. Weizsäcker (1972).

4 Vgl. z.B. stellvertretend die grundlegenden Arbeiten von Coase (1937); Williamson (1975); Picot (1982); Michaelis (1985).

5 Vgl. hierzu die Beiträge von Laub, Baur, Böckenholt und Frowein in diesem Band.

6 Vgl. hierzu Picot (1986), S. 757 f.

7 Daß in diesen informatorischen Brückenschlag auch ethische und ökologische Informationen Eingang finden müssen, machen Roth, Beschorner und Stitzel in ihren Beiträgen in diesem Band deutlich.

8 Zur Fruchtbarkeit einer Besinnung auf diese ökonomischen Theorieelemente und ihre Anwendung auf verschiedene ökonomische Problembereiche vgl. Schneider Dieter (1987), S. 16–19; Picot (1987), Sp. 1584; Schneider (1987), S. 9–12; Schneider (1988), S. 7–11; Picot u. Schneider (1988), S. 95; Picot (1989), S. 209.

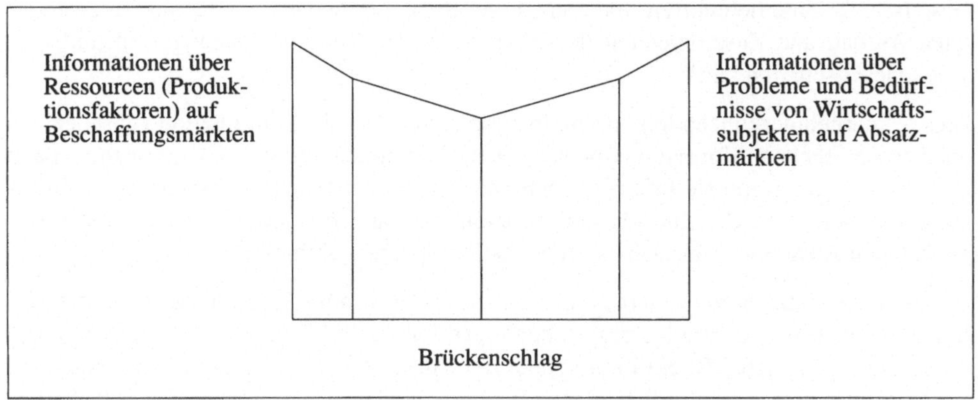

Abbildung 1: Unternehmerische Ideen als Brückenschlag zwischen Informationssphären

Tausch ist eine Voraussetzung für die Verbesserung der wirtschaftlichen Situation von Wirtschaftssubjekten bzw. eine wesentliche Bedingung für die Überwindung von Knappheiten und Überführung von suboptimalen in günstigere Wohlstandspositionen. Durch Tauschbereitschaft wird gleichzeitig Zahlungsbereitschaft signalisiert. Die Notwendigkeit des Tauschs resultiert aus der arbeitsteiligen Organisation einer Gesellschaft.

Andererseits werden hierdurch auch Informationsprobleme ausgelöst: Für den Tausch von Gütern sind beispielsweise geeignete Transaktionspartner zu finden, mit denen das nachgefragte Gut überhaupt getauscht werden kann. Damit löst jeder Tausch Informations- und Kommunikationsprobleme aus und verursacht spezifische Kosten; man nennt sie Transaktionskosten.[9] Transaktionskosten sind z.B. Suchkosten (Suche nach Transaktionspartner, Gewinnung von Markttransparenz), Vereinbarungskosten (Verhandlungskosten, Vertragskosten, Notargebühren), Kontrollkosten (Überwachung der Seriosität des Transaktionspartners und Koordination der Transaktionsbeziehung) und Anpassungskosten (Koordination der laufenden Vertragsanpassungen, Konventionalstrafen bei Vertragsauflösung).

In diesem Zusammenhang ordnet die austrianische Schule dem findigen und koordinierenden Unternehmertum zentrale Bedeutung zu. Es koordiniert die Angebots- und/oder Nachfrageseite und führt erstmalig Tauschbeziehungen zwischen Wirtschaftssubiekten herbei. Hierdurch überwindet es Transaktionsbarrieren (z.B. geringe Markttransparenz) oder senkt bereits eingegangene Transaktionskosten. Durch seine Aktivitäten fördert es insgesamt die Entstehung und die Aufrechterhaltung von Tauschbeziehungen in einer

9 Der Transaktionskostenbegriff umfaßt Kosten der Anbahnung, Vereinbarung, Kontrolle und Anpassung von Transaktionsbeziehungen; die Höhe der Transaktionskosten hängt von verschiedenen Einflußgrößen (z.B. Mehrdeutigkeit der Transaktionssituation, Unsicherheit der Umwelt, zugrundeliegende Infrastruktur) ab, vgl. hierzu Picot (1982), S. 270–275; ferner Arrow (1969), S. 48; Wegehenkel (1981), S. 15–20; Bössmann (1983), S. 107 f.; Michaelis (1985), S. 61–100.

Gesellschaft. Unternehmertum trägt aus dieser Sicht zur Kohäsion, d.h. zum netzwerkartigen Aufbau und Zusammenhalt der lebenswichtigen Tauschbeziehungen in und zwischen Gesellschaften bei.[10]

Diese Unternehmerkonzeption umfaßt insbesondere auch die Koordination zwischen den oben beschriebenen Informationssphären. Danach kommen innovative Unternehmer dann zu Innovationen, wenn sie Informationen über bereits existierende Ressourcen (1. Informationssphäre) und den hierfür bereits latent vorhandenen oder sich erst noch entwickelnden Anwenderwünschen (2. Informationssphäre) sammeln.[11]

Für die Durchsetzung einer daraus u.U. entstehenden Produktidee, die sich aus dem informatorischen Brückenschlag ergibt, benötigen innovative Unternehmer eine Organisation. Dabei kann sich z.B. ein Intrapreneur der zahlreichen Formen der unternehmensinternen Venture-Organisation[12] bedienen, während andere Unternehmer die selbständige Gründung einer eigenen innovativen Unternehmung bevorzugen.

Ein weiteres austrianisches Ökonomieelement, das der Österreichischen Kapitaltheorie entstammt, kommt hinzu. Es wurde insbesondere von Eugen Böhm-Bawerk vertreten und ist heute in der Investitionstheorie verhaftet – wenn auch oft ohne Bezug zum Austrianismus. Es handelt sich um das Konzept des sogenannten Produktionsumweges. Einen Produktionsumweg kann man als arbeitsteiligen Neukombinations- und Koordinationsprozeß auffassen, der zwischen erstem Input und zeitlich nachgelagertem Output liegt.[13] Unter „längeren" Produktionsumwegen versteht Böhm-Bawerk eine Folge von komplexen, kreativen und ausgeklügelten Inputkombinationen unter der Zielsetzung, möglichst effiziente und überlegene Ressourcenkombinationen bzw. Outputs hervorzubringen.

Aus den zahlreichen Beispielen, die Böhm-Bawerk zur Verdeutlichung anführt, sei eines ausgewählt:

> „Ich brauche Bausteine, um mir eine Wohnstätte zu bereiten. Eine nahe Felswand enthält sie in trefflicher Qualität. Aber wie ihrer habhaft werden? Erster Weg: ich schüttle und rüttle mit den unbewaffneten Händen und breche ab, was sich so abbrechen läßt. Der geradeste, aber auch mindest lohnende Weg. Zweiter Weg: ich suche Eisen zu gewinnen, forme daraus Meißel und Hammer und bearbeite damit den harten Stein; ein Umweg, der bekanntlich zu einem erheblich größeren Erfolge hilft. Dritter Weg: ich gewinne Eisen, Meißel und Hammer, benütze sie aber nur,

---

10 Vgl. Schneider (1988), S. 74–110 u. S. 202–215.

11 Der Verfasser geht daher mit Laub einig, der besonders auch die Neuorganisation von Unternehmen im Zuge von M&A-Aktivitäten als innovative Aktivitäten bezeichnet. Gleiches gilt für die Darstellungen im Beitrag von Stitzel, der Ethik als Innovation im Unternehmen interpretiert.

12 Zu Organisationsformen des Venture Managements vgl. z.B. Nathusius (1979); Fischer (1982), S. 172–188; Bühner (1985), S. 209–239; vgl. in diesem Zusammenhang auch die Darlegungen von Gerybadze zu F&E-Joint-Ventures in diesem Band.

13 Vgl. Böhm-Bawerk (1889), besonders S. 15–23 u. S. 81–97; zu einer intensiven Diskussion vgl. Orosel (1986); zu einer risikotheoretischen Anwendung vgl. Holzheu (1987).

um damit Bohrlöcher in den Fels zu treiben; dann wende ich meine Bemühungen daran, Kohle, Schwefel und Salpeter erst zu gewinnen, dann zu Pulver zu mischen; dann fülle ich das Pulver in die Bohrlöcher und sprenge durch die folgende Explosion den Stein: ein noch weiterer Umweg, der aber, wie die Erfahrung zeigt, den zweiten Weg um wenigstens ebenso viel an Fruchtbarkeit übertrifft, als dieser den ersten übertraf."[14]

Nach Böhm-Bawerk gilt folglich für „klug gewählte" und „andere neue" Produktionsumwege, daß mit ihrer zunehmenden Länge zunehmend effiziente Outputs verbunden sind.[15] Unter dieser Prämisse lassen längere Produktionsumwege höhere Erträge erwarten.[16]

Allerdings entfernt sich damit zwangsläufig auch der Zeitpunkt der Konsumverfügbarkeit der aus den Produktionsumwegen hervorgehenden Outputs:[17] das Ergebnis der innovativen Handlungen liegt erst nach längerer Zeit vor. Und Externe werden oft Schwierigkeiten haben, die Erfolgsträchtigkeit der vielen einzelnen innovativen Handlungen einschätzen zu können. Mit zunehmender Länge und Komplexität der Produktionsumwege wird dieses Problem verstärkt. Unter Umständen sind die Produktionsumwege so lang und komplex, daß der innovative Unternehmer von anderen als „verrückt" abqualifiziert wird – vielleicht besonders auch deshalb, weil der innovative Unternehmer nicht in der Lage ist, die Erfolgsträchtigkeit seines langen und komplexen Produktionsumweges anderen kommunikativ zu vermitteln. Oft sind innovative Unternehmer nicht in der Lage, „Kommunikation über ihre Verrücktheit" zu betreiben, und scheitern nur an ihren eigenen Kommunikationsproblemen.

Auf diese Probleme kann Böhm-Bawerk allerdings nicht eingehen, weil im Mittelpunkt seiner Ausführung über den Produktionsumweg die Begründung eines positiven Kapitalzinsfußes steht. Worauf Böhm-Bawerk auch nicht eingeht, was aber im Innovationszusammenhang besonders bedeutsam ist, betrifft die Tatsache, daß Produktionsumwege meist arbeitsteilig organisiert sind und ihre zeitliche Länge erheblich durch die Eigenschaften des Brückenschlags zwischen den Informationssphären und den daraus resultierenden (und oben bereits angedeuteten) zwischenmenschlichen Informations- und Kommunikationsprozessen beeinflußt wird: Je mehr der Brückenschlag durch Informationslücken, durch Informationsfragmente, die durch revolutionäres Informationsverhalten anstatt durch traditionelles Informationsverhalten[18] gewonnen wurden und insgesamt eher durch schlecht-strukturierte als durch wohl-strukturierte Informationsverarbeitung gekennzeichnet ist, desto größer die Reichweite des informatorischen Brückenschlags.

---

14 Böhm-Bawerk (1889), S. 17.

15 Vgl. Böhm-Bawerk (1889), S. 85–99.

16 Unter diesem Blickwinkel ist die Andeutung im Beitrag von Beschorner interessant, wonach sich der Zielkonflikt zwischen Ökonomie und Ökologie mit Ausweitung des Zeithorizonts verringert.

17 Vgl. Böhm-Bawerk (1889), S. 78–134. In dynamischen Investitionsrechenverfahren wird dem sogenannten Böhm-Bawerk'schen Prinzip der „Minderschätzung zukünftigen Konsums" durch die Einführung eines Kalkulationszinsfußes Rechnung getragen.

Besonders die Gewinnung innovativer unternehmerischer Ideen basiert auf revolutionärem Informationsverhalten sowie äußerst schlecht-strukturierten und meist nicht nachvollziehbaren intuitiv-kreativen Informationsprozessen. Damit ergeben sich bei den Beteiligten zwangsläufig zeitintensive Diskussionen, Überzeugungskonflikte, langatmige Prozesse der Informationsstabilisierung usw. Die Informations- und Kommunikationsprobleme im Zuge der Tauschprozesse zwischen den beteiligten Wirtschaftssubjekten, die in die Produktionsumwege eingebunden sind, erhöhen sich.

Beim dritten Weg im Beispiel von Böhm-Bawerk ist es denkbar, daß man sich gegenüber externen Akteuren (z.B. Vorlieferant, Staat, Umweltschutzgruppen) für sein Tun stets rechtfertigen muß und die Beziehung zwischen seinen einzelnen Teilaktivitäten und dem angestrebten Ziel aufzudecken gezwungen ist, um die betroffenen Akteure von der ökonomischen Tragfähigkeit des Produktionsumweges zu überzeugen.

Gleichzeitig ist es denkbar, daß man bei externen Akteuren auf mangelnde Auffassungsgabe stößt und/oder selbst kommunikative Unzulänglichkeiten aufweist.[19] Wie gesagt, diese Probleme steigen mit zunehmender Reichweite des informatorischen Brückenschlags und zunehmender Länge des Produktionsumweges. Daß hierdurch die Unsicherheit der Realisierbarkeit der angestrebten Produktionsumwege und die Koordinierungsunsicherheit des Unternehmertums erhöht wird, liegt auf der Hand.[20] Die Zeitintensität des Produktionsumweges wird ausgeweitet, ohne daß immer ein ökonomisch günstigerer Output die Folge ist. Nicht zuletzt beruht diese Unsicherheit darauf, daß nicht mit Sicherheit vorausgesagt werden kann, ob und inwieweit sich andere Wirtschaftssubjekte in diese Produktionsumwege einbeziehen lassen und/oder ob eine Reallokation derjenigen ideenrelevanten Ressourcen gelingt, die bereits in andere Produktionsumwege alloziiert sind.

Damit ist nicht nur der aus der Praxis typische Fall langer Entwicklungszeiten für Neuprodukte im Innenbereich von Unternehmen angesprochen, wofür der Einsatz von entsprechenden Informations- und Kommunikationstechniken eine Lösungsmöglichkeit darstellt.[21] Vielmehr ist auch daran zu denken, daß ein findiger und innovativer Unternehmer für die Realisierung seiner unternehmerischen Idee oftmals auf Tauschprozesse mit externen Wirtschaftssubjekten angewiesen ist. Besonders auch bei den zwischen- bzw. interorganisatorischen Transaktionsbeziehungen werden sich daher durch Informations- und Kommunikationsprobleme bedingte zeitliche Trägheiten ergeben, durch die die Realisierung komplexer Produktionsumwege hinausgezögert und die daran Beteiligten verunsichert werden. Die Stabilität der Transaktionsbeziehungen wird bedroht, die Koordinierungsunsicherheit und die damit verbundenen Transaktionskosten steigen.

---

18 Zum menschlichen Informationsverhalten vgl. z.B. Kirsch (1978), S. 57–61.

19 Die Entwicklung der Kommunikationsfähigkeit – die z.B. auch die Fähigkeit zur Konfliktbewältigung beinhalten sollte – von Akteuren, die in Innovationsprozesse eingebunden sind, ist daher in dieser Hinsicht als eine der zentralen Ansatzpunkte von innovationsorientierten Personalentwicklungsmaßnahmen zu interpretieren, vgl. hierzu den Beitrag von Huber und Schneider in diesem Sammelband.

20 Vgl. hierzu insbesondere auch Holzheu (1987).

21 Vgl. hierzu und zur Entwicklungszeitgestaltung z.B. Picot, Reichwald u. Nippa (1988).

Vor diesem Hintergrund ist nicht nur den unternehmerischen Eigenschaften für die Hervorbringung innovativer Ideen hohe Bedeutung zuzuordnen (Abschnitt 3.). Vielmehr sind auch Fragen der Reallokationsmöglichkeiten ideenrelevanter Ressourcen in neue Produktionsumwege (Abschnitt 4.1.) im Blickfeld zu behalten: Inwieweit lassen sich bereits in verschiedene Produktionsumwege gelenkte Ressourcen überhaupt in neue Produktionswege alloziieren? Schließlich treten auch Aspekte der Organisation und Evolution ökonomischer Transaktionsbeziehungen (Abschnitt 4.2.) in den Vordergrund des Untersuchungsinteresses dieses Beitrags: Welche Konsequenzen ergeben sich aus der unternehmerischen Produktion von innovativen Ideen für die Organisation und Evolution von Transaktionsbeziehungen in einer Gesellschaft?

3. Unternehmertum und die Produktion unternehmerischer Ideen zwischen Erstmaligkeit und Bestätigung

In der Wirtschaftstheorie gibt es vielfältige Versuche, das Wesen von Unternehmern zu erforschen.[22] Man erinnert sich beispielsweise an die klassische Unterscheidung zwischen dem Vorstellungsinhalt, den Adam Smith in England[23] und Johann Babtist Say in Frankreich[24] mit dem Begriff des Unternehmers verbanden. Smith setzt den Unternehmer mit dem Inhaber von Kapital gleich. Danach sind Unternehmer und Kapitalist identisch. Die koordinierende Funktion von Unternehmern, so insbesondere auch eine Koordination zwischen den zwei Informationssphären, wird nicht beschrieben. Die Unternehmerkonzeption von Smith muß daher vor dem theoretischen Hintergrund dieses Beitrags eher kritisch gesehen werden.[25]

Eine wesentlich differenziertere Ansicht vertritt Say in Frankreich. Er begreift den Unternehmer als Kombinierer und Koordinator.[26] Mit der theoretischen Perspektive dieses Beitrags ist diese Unternehmerkonzeption gut verträglich, weil sie gedanklich auch auf die koordinative Verbindung von Informationssphären übertragbar erscheint.

Neben dieser klassischen Unterscheidung werden besonders von Vertretern des Austrianismus Wirtschaftssubjekte hinsichtlich ihrer Tauglichkeit für die Hervorbringung unternehmerischer Ideen klassifiziert. Am populärsten ist wahrscheinlich das von Schumpeter

22 Vgl. hierzu auch den ideengeschichtlichen Abriß im Beitrag von Bretz in diesem Band.
23 Vgl. Smith (1789), insbesondere S. 133–150.
24 Vgl. Say (1880), insbesondere S. 196–201.
25 Zu ähnlichen kritischen Stellungnahmen hinsichtlich der Unternehmertheorie von Smith aus austrianischer Sicht vgl. z.B. Kirzner (1979), S. 48; Redlich (1956a), S. 488; Shand (1984), S. 78.
26 Vgl. Say (1880), S. 196–201.

bekannte Gegensatzpaar „statischer Wirt“ versus „dynamischer Pionierunternehmer“.[27] Weniger bekannt, aber auch hervorgegangen aus dem Austrianismus, ist eine von Kirzner geprägte Unterscheidung zwischen „Ökonomisierer“ und „findigem Unternehmer“.[28] Obwohl keine völlige inhaltliche Übereinstimmung zwischen statischem Wirt und Ökonomisierer einerseits und dynamischen Pionierunternehmer und findigen Unternehmer andererseits besteht,[29] so haben beide Konzeptionen einen gemeinsamen Kern. Es geht letztlich darum, eher ökonomisierende, mit wohlstrukturierten Entscheidungsproblemen konfrontierte und analytisch orientierte Wirtschaftssubjekte von schöpferischen, aktiven, mit schlecht-strukturierten Entscheidungsproblemen konfrontierten und ganzheitlich orientierten Wirtschaftssubjekten zu unterscheiden.

In ähnlicher Weise gibt es in der Literatur viele verschiedene Unternehmertypologien[30], die einer solch globalen Kategorisierung folgen (vgl. Abbildung 2).

Unternehmerkategorien		Vertreter
Ökonomisierer	findiger Unternehmer	Kirzner
statischer Wirt	dynamischer Pionierunternehmer	Schumpeter
konservativer oder immobiler Unternehmer	schöpferischer oder initiativer Unternehmer	Schüller
spätkapitalistischer Unternehmer	frühkapitalistischer Unternehmer	Redlich
routine entrepreneur	new type entrepreneur	Leibenstein

Abbildung 2: Unternehmertypologien

Kurze Produktionsumwege und Brückenschläge geringer Reichweite sind von Wirtschaftssubjekten zu erwarten, die sich in Abbildung 2 auf der linken Seite einordnen lassen. Lange Produktionsumwege und Brückenschläge weiter Reichweite sind von Wirtschaftssubjekten zu erwarten, die sich in Abbildung 2 auf der rechten Seite einordnen lassen.

27 Vgl. Schumpeter z.B. (1952), S. 99–139. Zu einer konstruktiven Kritik des Schumpeter'schen Pionierunternehmers Albach (1979).

28 Vgl. Kirzner z.B. (1979), S. 6 f. u. S. 108 f.

29 So wird beispielsweise oft darauf hingewiesen, daß der dynamische Pionierunternehmer ein Gleichgewichtszerstörer und der findige Unternehmer ein Gleichgewichtsherbeiführer sei; vgl. z.B. Ricketts (1987), S. 58–63; Blaseio (1987), S. 158 f.

30 Vgl. Redlich (1956b), S. 538 f.; Leibenstein (1968); Schüller (1978), S. 37 f.

Die Seitenwahl der Abbildung 2 ist vom Verfasser nicht willkürlich gewählt. Denn zu den hier dargestellten und aus unterschiedlichen ökonomischen Theorieansätzen entwickelten Unternehmerkonzepten drängt sich eine offensichtliche – wenn auch bislang kaum untersuchte – Verwandtschaft zur neueren Gehirnforschung und evolutionstheoretischen Ansätzen auf.

In einem sehr bekannten Aufsatz hat Mintzberg auf die Bedeutung links- und rechtsseitig-hemisphärischer Informationsprozesse hingewiesen.[31] Danach sind Holisten bzw. Individuen mit rechtsseitig dominierender Gehirnhälfte eher in der Lage, Entscheidungsprobleme ganzheitlich zu erfassen und damit potentiell auftretende Informationslücken zu überspringen, sowie Problemlösungen mit vergleichsweise höherem Erstmaligkeitsgrad zu produzieren als linksseitig dominierte Individuen. Diese verarbeiten Informationen digital und sequentiell und bringen eher traditionelle Problemlösungen mit geringem Erstmaligkeitsgrad bzw. hohem Bestätigungsgrad hervor.

Wenn die Generierung unternehmerischer Ideen durch einen Brückenschlag mit großer Reichweite gekennzeichnet sein soll, ist man meist auf informationslückeninduzierte Intuition, holistische Imagination und Problemlösungen mit hohem Erstmaligkeitsgrad angewiesen. In dieser Hinsicht ordnet der Evolutionstheoretiker Jantsch der hemisphärischen Trennung für die menschliche Evolution höchste Bedeutung zu und kommt zu dem Ergebnis: „... die rechte Hirnhälfte fördert Erstmaligkeit, die linke Bestätigung".[32]

Die Vorstellungsinhalte der Begriffe „Erstmaligkeit" und „Bestätigung" entstammen dem informationstheoretischen Ansatz von E.U. v. Weizsäcker[33]. V. Weizsäcker setzt sich kritisch mit der mathematischen und nachrichtentechnisch orientierten Informationstheorie von Shannon und Weaver[34] auseinander. Erstmaligkeit und Bestätigung bilden bei v. Weizsäcker Pole eines Kontinuums, durch welche die pragmatische Information festgelegt wird (vgl. Abbildung 3):[35]

Eine Erstmaligkeit von nahezu 100 Prozent hat keine pragmatische Information und birgt für potentielle Transaktionspartner keinen Aufforderungscharakter. So war Einsteins Relativitätstheorie beispielsweise von hoher Erstmaligkeit gekennzeichnet; sie barg aber zunächst nur für relativ wenig Menschen pragmatische Information, weil der Majorität Anknüpfungspunkte zur semantischen Ebene fehlten. Vielleicht war dies auch der Grund, wieso man Einstein anfänglich für etwas verrückt hielt. Transaktionskostentheoretisch könnte man diesen Zusammenhang dahingehend interpretieren, daß prohibitiv hohe Transaktionskostenpegel[36] zwischen Einstein und den potentiellen Adoptern (z.B. andere

31 Vgl. Mintzberg (1976); ferner Ornstein (1980); Claassen (1987).
32 Jantsch (1979), S. 250.
33 Vgl. E.U. v. Weizsäcker (1974).
34 Vgl. Shannon u. Weaver (1949).
35 Vgl. zu dieser Darstellung E.U. v. Weizsäcker (1974), S. 99; zu einer kritischen Diskussion Blaseio (1986), S. 207–209.
36 Zum Begriff des Transaktionskostenpegels vgl. Wegehenkel (1981), S. 27 f. u. S. 31–33.

Wissenschaftler, praktische Anwender) seiner Theorie bestanden, die eine Tauschbeziehung zunächst unterbanden. Erst ein minimales semantisches Wahrnehmen, Erkennen und Einordnen (bzw. eine minimale Bestätigung) durch andere Wirtschaftssubjekte verleiht der Erstmaligkeit eine gewisse Realität, senkt hohe Transaktionskostenpegel und ermöglicht erste Tauschbeziehungen zwischen dem Produzenten von Erstmaligkeit und möglichen Anwendern.[37]

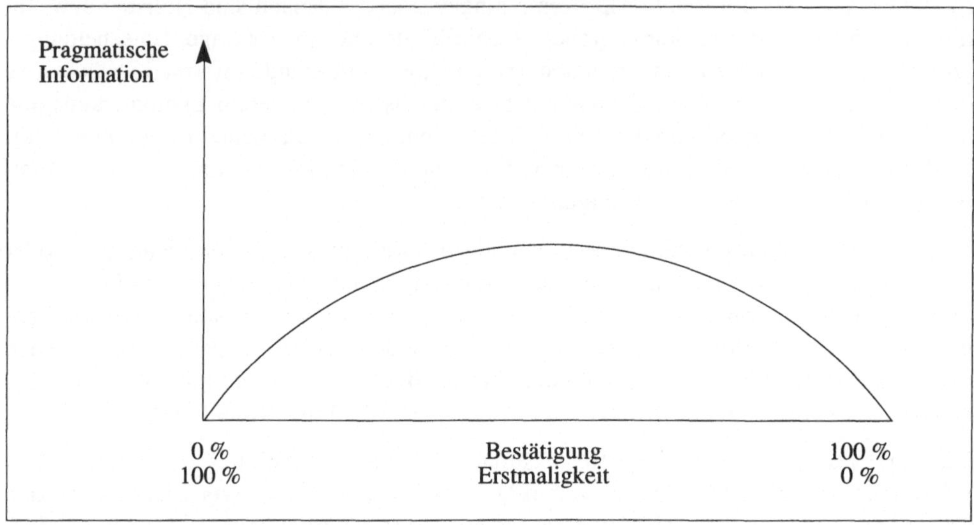

Abbildung 3: Erstmaligkeit, Bestätigung und pragmatische Information

Die Eigenschaften Erstmaligkeit und Bestätigung können sowohl für die Outputs unternehmerischer Aktivitäten als auch für die Organisationsform, in welcher die Outputs realisiert werden (z.B. Unternehmensgründung) zutreffen. Grundsätzlich lassen sich vier Kategorien unterscheiden, wenn man die informationstheoretischen Pole Erstmaligkeit und Bestätigung sowie die Einteilungskriterien Output und Unternehmen heranzieht (vgl. Abbildung 4).

Im Fall der innovativen Unternehmensgründung ist der Erstmaligkeitscharakter am größten. Sowohl die Elemente, welche den Vorstellungsinhalt einer Unternehmung prägen (z.B. Menschen, Technologie, Gebäude- und Infrastruktur) als auch der innovative Output (innovatives Produkt) sind durch hohe informatorische Erstmaligkeit und geringe Bestätigung gekennzeichnet. Für externe Akteure, die als potentielle Transaktionspartner in Frage kommen, wird höhere Erstmaligkeit produziert als in den Fällen der traditionellen

37 Unternehmerische Ideen mit sehr hohem Innovationsgrad weisen daher nicht zwangsläufig eine höhere Markttragfähigkeit auf. Vielmehr kann das Gegenteil der Fall sein; vgl. hierzu auch Picot, Laub u. Schneider (1989), S. 112.

Unternehmensgründung, der diversifizierenden oder gar stagnierenden Unternehmung. Fern von informationeller Bestätigung ist daher der Entstehungsort innovativer Unternehmensgründungen.[38]

	hoher Bestätigungsgrad des Outputs	hoher Erstmaligkeitsgrad des Outputs
hoher Bestätigungsgrad der Unternehmung	stagnierendes Unternehmen	diversifizierendes Unternehmen
hoher Erstmaligkeitsgrad der Unternehmung	traditionelle Unternehmungsgründung	innovative Unternehmungsgründung

Abbildung 4: Erstmaligkeit, Bestätigung und Unternehmenstypen

4. Ökonomische Konsequenzen der Produktion von Erstmaligkeit

Als eine wesentliche Eigenschaft findigen Unternehmertums kann die unternehmerische Handlungs- und Koordinationsfähigkeit angesehen werden.[39] Daher ist zu konkretisieren, ob und inwieweit die unternehmerische Produktion von Erstmaligkeit sowohl zur Einschränkung als auch zur Erweiterung der Koordinations- und Handlungsfähigkeit findigen Unternehmertums beitragen kann (Abschnitt 4.1. und 4.3.). Ferner ist zu untersuchen, welche ökonomischen Konsequenzen sich für die Koordination ökonomischer Aktivitäten hieraus grundsätzlich ergeben können (Abschnitt 4.2.).

---

38 Besonders diese informatorischen Umstände machen die Bewertung innovativer Unternehmensgründungen einerseits so ungeheuer schwierig und andererseits für mögliche Innovationsfinanzierer so enorm wichtig, vgl. hierzu auch die Beiträge zur Innovationsbewertung und -finanzierung von Laub in diesem Sammelband.

39 Vgl. hierzu Schneider (1988), S. 79–87 u. S. 95–102. Für die Durchsetzung innovativer Handlungen ist oft ein Bündel verschiedener Handlungen notwendig. Daher kann sich z.B. in Innovationsprozessen die Bildung personaler Gespannstrukturen als nützlich erweisen, bei denen verschiedene Handlungsklassen unterschiedlichen Personentypen zugeordnet werden. So unterscheidet z.B. Witte (1973) zwischen Macht- und Fachpromotoren; Picot, Laub u. Schneider (1989), S. 24–40 unterscheiden z.B. zwischen Informations-, Ressourcen- und Marktkoordinatoren. Vgl. hierzu auch Huber und Schneider in diesem Sammelband.

4.1 Konsequenzen der Produktion von Erstmaligkeit für die Reallokation ideenrelevanter Ressourcen

So wichtig eine hohe unternehmerische Wahrnehmungsfähigkeit und Offenheit für neue Informationen über die beschriebenen Informationssphären auch sein mag, sie bleibt nutzlos, wenn findige Unternehmer nicht zu Handlungen fähig sind; d.h. in einer arbeitsteilig organisierten Gesellschaft keine Transaktionsbeziehungen zu anderen Wirtschaftssubjekten aufbauen und die für die Realisierung unternehmerischer Ideen notwendige Reallokation von Ressourcen in neue Produktionsumwege nicht durchsetzen können.

Sowohl im intraorganisatorischen, aber besonders im interorganisatorischen Bereich bedarf es zur Realisierung unternehmerischer Ideen der Rekombination und Reorganisation von Ressourcen. Sie müssen aus routinisierten und eingefahrenen Bahnen in neue Produktionsumwege gelenkt werden. Auch im intraorganisatorischen Rahmen können Informations- und Kommunikationsprobleme sowie dadurch entstehende Wert- und Überzeugungskonflikte Handlungsbarrieren auslösen. Die Durchsetzungsprobleme innovativer unternehmerischer Ideen im innerorganisatorischen Bereich sind in diesem Zusammenhang schon oft ausführlich beschrieben worden[40] – wenn auch selten vor einem ökonomisch-theoretischen Hintergrund.[41]

Daher sollen im folgenden die Reallokationsprobleme im interorganisatorischen und marktlichen Beziehungsgeflecht näher untersucht werden. Findige Unternehmer müssen für die Realisierung ihrer Ideen im interorganisatorischen Rahmen eine neuartige vertikale Produktionsstruktur aufbauen oder müssen sich in bereits vorhandene Produktionsstrukturen integrieren und dort behaupten. Dabei muß nicht nur Zeit in die Gewinnung von Markttransparenz und die Auswahl geeigneter Transaktionspartner auf den Beschaffungsmärkten für ideenrelevante Ressourcen bzw. die Anbahnung von Beziehungen zu Lieferanten investiert werden, wodurch hohe Transaktionskosten ausgelöst werden. Vielmehr müssen von den ausgewählten Lieferanten Ressourcen erworben werden, wobei nicht selten enorme und vor allem zeitintensive Überzeugungsprozesse zu überstehen sind, um in deren Besitz zu kommen. Oft sind die Ressourceninhaber (z.B. Banken, Förderinstitutionen, Vorlieferanten, aber auch Umweltschützer und Bürgerinitiativen, die „implizite Verfügungsrechte“ an Umweltkomponenten halten) erst dann zu einem Ressourcentransfer bereit, wenn sie von der wirtschaftlichen Vorteilhaftigkeit und ökonomischen Tragfähigkeit sowie technologischen Unschädlichkeit und Umweltverträglichkeit der innovativen Produktionsumwege überzeugt sind.

Innerhalb solcher Überzeugungsprozesse kann es daher schon bei der Ideenentwicklung dazu kommen, daß einerseits ideenspezifische Informationen (z.B. Erfinderwissen) an weniger findige Unternehmer übermittelt werden müssen (Offenlegung der unternehme-

---

40 Vgl. z.B. überblickweise Marr (1980); Schmeisser (1984); Staudt u. Schmeisser (1987).

41 Zu Ausnahmen vgl. Leipold (1978), S. 100–109; Wegehenkel (1981), S 79–83; Balcerowicz (1986).

rischen Idee). Damit ist zwangsläufig die Gefahr der opportunistischen Aneignung und Ausnutzung ideenspezifischer Informationen und der Verdünnung von Besitzrechten daran gegeben (know-how-Transfer, Ideenklau). Andererseits besteht die Gefahr, daß „Teile“ des zur Gewinnung weitreichender informatorischer Brückenschläge und Realisierung langer Produktionsumwege unerläßlichen revolutionären Informationsverhaltens möglicherweise zugunsten von traditionellem Informationsverhalten geopfert werden müssen, um die für eine Verwirklichung und Durchsetzung von unternehmerischen Ideen notwendigen zwischenmenschlichen Informationstransfers im Rahmen von Neuallokationsprozessen von Ressourcen zu erleichtern.[42]

Der Aufwand, den der Produzent von Erstmaligkeit im Rahmen solcher Überzeugungsprozesse zu leisten hat, und seine gesellschaftliche Akzeptanz sind auch eine Funktion des Vertrauensvorschusses, den sich der Erstmaligkeitsproduzent in der Vergangenheit erarbeiten konnte. Der Vertrauensvorschuß erhöht die Glaubwürdigkeit des Unternehmers und das gesellschaftliche Vertrauen in seine Idee. Er schafft insofern Freiraum für vom Durchschnitt abweichendes und oft normenkonfliktäres Verhalten, das eine notwendige Voraussetzung für die Produktion von Erstmaligkeit darstellt. Dieses aus der Führungstheorie von Hollander[43] bekannte Phänomen des „Idiosynkrasiekredits“ gibt gleichzeitig Hinweise auf die Konsequenzen der moralischen und gesetzlichen Handhabung von Innovationsfehlschlägen, gescheiterten Unternehmensgründungen usw. und – was zunächst vielleicht überraschend sein mag – die gesellschaftliche Verwendung von Ressourcen:

Je höher eine Gesellschaft einen Vertrauensvorschuß bewertet und je mehr sie bereits einmal gescheiterte Unternehmer moralisch und gesetzlich verfolgt, desto weniger nüchtern und weniger an der eigentlichen Idee orientiert wird eine Gesellschaft einen wiederholten Anlauf eines gescheiterten oder unbekannten Erstmaligkeitsproduzenten beurteilen. Umso wichtiger wird es dann für den Erstmaligkeitsproduzent, ein Vertrauen und Reputation schaffendes Klima für seine Idee zu bereiten. Es muß nicht nur in Prozeßpromotion, die an der eigentlichen technologischen Substanz der Idee ansetzt, sondern auch in Ergebnispromotion, welche die Ergebnisse nach außen „verkauft“, investiert werden.[44]

Demnach genügt es nicht, die technische Entwicklung eines Produkts in allen ihren hochkomplexen Verästelungen an die Grenze des technologischen Wissens voranzutreiben, um einen möglichst hohen Innovationsgrad zu erreichen und ein Höchstmaß an Erstmaligkeit zu produzieren. Vielmehr ist zu beachten, daß eine „überdrehte“ Erstmaligkeitsproduktion u.U. unangemessen viele Ressourcenpotentiale binden kann, die für verkaufsorientierte Marketingaktivitäten viel nutzbringender eingesetzt werden könnten.

Das Wirtschaftssubjekt in Böhm-Bawerks Bausteinbeispiel wie auch Gründer innovativer Unternehmen und Innovatoren allgemein dürfen daher ihre Aktivitäten nicht nur auf die

42 In ähnlicher Weise beschreibt Lunn (1985), S. 227 z.B. eine Situation, in der die Patenterlangung für revolutionäre Innovationen (hoher Erstmaligkeitsgrad) vergleichsweise schwieriger ist, weil sie für das Patentamt einen höheren Informationsbedarf auslösen.

43 Vgl. Hollander (1958).

44 Vgl. hierzu auch Schneider (1988), S. 100–110.

akribische Verfolgung und technische Verfeinerung und Vervollkommnung ihrer Produktidee oder die Realisierung möglichst langer Produktionsumwege bzw. weiter Brückenschläge verengen. Vielmehr haben sie auch Sorge dafür zu tragen, daß ihre Kompetenz, ihre Seriosität und Glaubwürdigkeit sowie die Fruchtbarkeit des eingeschlagenen Produktionsumweges und die sich daraus ergebenden ökonomischen Vorteile extern betroffenen Transaktionspartnern (u.U. schon vor Beginn der Realisierungsanstrengungen) vermittelt werden, um ein positives Akzeptanzklima und Vertrauensvorschuß zu schaffen.

Vor diesem Hintergrund entscheidet die gesellchaftliche Empfänglichkeit für die Prozeß- im Verhältnis zur Ergebnispromotion nicht nur über die Bedeutung, die Erstmaligkeitsproduzenten beiden Faktoren zumessen sollten. In welchem Verhältnis eine Gesellschaft für Prozeß- und Ergebnispromotion empfänglich ist, beeinflußt auch den gesellschaftlichen Anteil an Ressourcen, der entweder in substantielle Ideenrealisierung oder in „Verpackung" gelenkt werden muß. Oder, um es im Kontext von Roth und Beschorner (in diesem Band) auszusprechen: Eine hohe Empfänglichkeit für Ergebnispromotion (damit ist z.B. auch Verpackung von Produkten gemeint) kann auch umweltschädlich sein; ja sie kann sogar unmoralisch sein, wenn die Verpackung (Ergebnispromotion) über die Mängel des Inhalts hinwegtäuschen soll.[45]

Die Bedeutung von Bewertungsinstrumenten für die (substantielle) ökonomische Beurteilung unternehmerischer Ideen[46] als gesellschaftliche Informationsinstrumente zur Gewinnung von Informationen über Erstmaligkeitsproduzenten kann daher nicht hoch genug eingeschätzt werden.

Ferner können die durch unternehmerisches Handeln hervorgebrachten Ergebnisse positive und negative Konsequenzen für andere Wirtschaftssubjekte haben: Lernsoftware begünstigt z.B. den selbständigen Erwerb von beruflichen Kenntnissen von Umschülern, stellt aber ein Substitut für private Paukinstitute dar; die praktische Einführung von modernen Informations- und Kommunikationstechnologien macht einen Großteil des verwaltenden Personals in Unternehmen obsolet, schafft aber andererseits neue Arbeitsplätze in der EDV-Branche, usw.

Entwickeln betroffene Wirtschaftssubjekte hierfür Wahrnehmungsfähigkeit, können die zugrundeliegenden unternehmerischen Handlungen ex-ante unterstützt oder torpediert werden. „Es gibt kein Handeln ohne ein Gegenhandeln".[47] Potentiell in ihren Wohlstandspositionen verletzte Wirtschaftssubjekte können – selbst wenn sie nur glauben, geschädigt zu werden, tatsächlich aber nicht geschädigt werden – beispielsweise schon im vorhinein die zu erwartenden Konsequenzen (z.B. Verminderung ihres Marktwerts, Dequalifizierung) zu kompensieren oder auch zu torpedieren und unterwandern versuchen. Ob sie dies tatsächlich anstreben, ist neben ihrer Wahrnehmungsfähigkeit für ihre Bedrohung aus In-

45 Äußerst drastisch beschreibt Dahl (1989) diesen Zusammenhang.

46 Vgl. zur gesamten Bewertungsproblematik bei innovativen Entwicklungsprozessen Laub (1989); sowie die Beiträge von Laub in diesem Sammelband.

47 Etzioni (1975), S. 29.

novationen besonders auch eine Frage ihrer subjektiven Relevanzeinstufung der sich aus den Aktionen innovativer Wirtschaftssubjekte ergebenden Konsequenzen.[48] Motivationstheoretisch erhöht erst eine zunehmende Relevanzeinstufung die Motivation für Gegenhandlungen. Haben daher z.B. von Innovationen negativ Betroffene die sich für ihre Wohlstandsposition ergebende Bedrohung wahrgenommen, kann aber der Innovator die Relevanzeinstufung manipulieren (indem er z.B. auf die Vorteile der Innovation verweist und die Nachteile herunterspielt oder Kompensationszahlungen in Aussicht stellt), kann er die Motivation für das Gegenhandeln reduzieren.

4.2 Konsequenzen der Produktion von Erstmaligkeit für die Evolution ökonomischer Transaktionsbeziehungen

In diesem Abschnitt sei unterstellt, daß es zu einem Ressourcentransfer zwischen den Wirtschaftssubjekten kommt – trotz der beschriebenen Reallokationsprobleme, die sich in der Praxis z.B. in typischen Markteintrittsbarrieren konkretisieren (zu geringe finanzielle Ausstattung, mangelnde Patentfähigkeit der innovativen Idee bzw. zu kostspieliger Patentschutz, mangelndes Vertrauen von Vorlieferanten hinsichtlich der Zahlungsfähigkeit des Innovators, Verweigerung der Betriebsgenehmigung durch Behörden bzw. zu hohe Auflagen für einen Laborbetrieb usw.). Das Untersuchungsinteresse konzentriert sich somit auf die organisatorisch-rechtliche Ausgestaltung der vertikalen Transaktionsbeziehungen zwischen den in einem Produktionsumweg zusammengefaßten Wirtschaftssubjekten und dem internen Bereich des innovativen Unternehmers.[49] Wiederum ist davon auszugehen, daß die durch die Produktion von Erstmaligkeit ausgelösten Informations- und Kommunikationsprobleme die Einbindung der Transaktionspartner auf der Beschaffungs- und Absatzseite wesentlich beeinflussen.

Da hohe Erstmaligkeit prohibitiv hohe Transaktionskosten auslöst, wodurch Transaktionsbeziehungen grundsätzlich unterbunden werden können, müssen Mechanismen gefunden werden, welche zunächst Bestätigung und semantische Bezugspunkte bei den Beschaffungsmarktpartnern herbeiführen. Ein Innovationsfinancier muß z.B. das Unternehmenskonzept und die Produktidee semantisch verarbeiten, bevor er überhaupt an die Abschätzung der Erfogsträchtigkeit des innovativen Ventures herangehen kann. Erst wenn die Erstmaligkeit hinreichend Bestätigung erfahren hat, können sich daher überhaupt erst Transaktionsbeziehungen herausbilden; oder der Unternehmer muß zur Selbstversorgung (Eigenfertigung) übergehen. Im Falle der „Eigenfertigung von finanziellen Mitteln“ bedeutet dies Reduktion des Konsums und Übergang zum Sparen.

---

48 Vgl. z.B. Littmann (1974), S. 21–50; Picot (1977), S. 153–163; ferner Kapp (1972). Organisierte Interessengruppen (z.B. Verbände, Parteien) nehmen in diesem Zusammenhang oft die Rolle von Wahrnehmungs- und Relevanzverstärkern oder „Aufklärern“ ein und erhöhen das Bewußtsein für potentielle Verletzungen von Wohlstandspositionen.

49 Vgl. hierzu auch die Beiträge von Baur, Gerybadze sowie Schneider und Zieringer in diesem Band, in denen es letztlich um nichts anderes geht, als die Diskussion der Ausgestaltung von Transaktionsbeziehungen von Wirtschaftssubjekten bzw. Wirtschaftseinheiten in einem ökonomischen System.

Bei der ersten Strategie ergibt sich die Möglichkeit, Transaktionspartnern Informationen über Zahlungsfähigkeit, Seriosität des Geschäftsgebarens, Referenzen und Garantiezusagen zu signalisieren.[50] Außerdem können normierte, typisierte und standardisierte Bauteile verwendet werden (um die Beschaffungsmarktpartner informatorisch nicht zu überlasten) oder die aus einer Inkubatororganisation[51] bekannten Beschaffungsmöglichkeiten genutzt werden.

Schließlich ist es möglich, Vorlieferanten durch Einsichtgewährung in tiefergehende Informationen über die unternehmerische Idee (z.B. Bauzeichnungen, Konstruktions- und Funktionspläne) und die Vereinbarung von Kooperations-, Rahmen- und längerfristigen Verträgen intensiver einzubeziehen. Diese Beispiele führen zu einer engeren Einbindung der Transaktionspartner auf der Beschaffungsseite und einer Erhöhung des vertikalen Integrationsgrades.[52] Es handelt sich um einen Übergang von einer eher kurzfristigen und marktlich organisierten zu einer eher langfristig, eng und hierarchisch organisierten Koordinationsform. Tauschbeziehungen im Innovationsbereich sind aufgrund der damit verbundenen Informationsprobleme viel komplexer strukturiert (komplexere Verträge, intensivere Informationsaustausche) als dies beim Transfer von Standardgütern der Fall ist.

Der Preis als Steuerungsmechanismus und Informationsinstrument kann in solchen Fällen nicht alle transaktionsbedingten Informationsbedürfnisse der in einem vertikalen Produktionsumweg verketteten Wirtschaftssubjekte befriedigen. Man kann von einem „Markt-Versagen" sprechen. Vertikale Integration kann in diesem Zusammenhang als Möglichkeit der Überwindung von Informationsproblemen angesehen werden, die mit der Produktion von Erstmaligkeit verbunden sind. „Innovation schreit nach vertikaler Integration..."[53] Die aufgezeigten Mechanismen dienen der Überführung von Erstmaligkeit in Bestätigung und dem Abbau von prohibitiven oder bereits eingegangenen Transaktionskosten.

Gelingt der Abbau von prohibitiven Transaktionskostenpegeln nicht und ist eine Kommunikation über die Unternehmensgrenzen hinweg aufgrund zu hohen Erstmaligkeitscharakters nicht möglich, wird aber an der Realisierung der unternehmerischen Idee trotzdem festgehalten, muß zwangsläufig zur Eigenfertigung bzw. Selbstversorgung übergegangen werden (volle Integration).[54] Die Gründe können z.B. darin liegen, daß der Erstmaligkeitsproduzent mangelnde Kommunikationsfähigkeiten aufweist (Probleme bei der Kommunikation der Verrücktheit) und/oder die Notwendigkeit zur Geheimhaltung

---

50 Zur Bedeutung der Signalisierung von Informationen für die Senkung der Informationsunsicherheit vgl. allgemein z.B. Spremann (1985), S. 99–102; für die Handhabung von Koordinationsunsicherheit z.B. Holzheu (1987); im Rahmen von Unternehmensgründungen z.B. Winkels (1988), S. 246 f.

51 Vgl. zu diesem Begriff z.B. Klandt (1984), S. 275–285.

52 Vgl. z.B. Picot (1982), S. 274 f; zur empirischen Relevanz Monteverde u. Teece (1982), S. 321 f.; zur empirischen Relevanz im Innovationsbereich Schneider (1988), S. 152–203.

53 Schneider (1988), S. 200.

54 Im Bereich finanzieller Ressourcen bedeutet dies z.B. Konsumverzicht und Ansammlung eigener finanzieller Mittel durch Sparen (vgl. oben). Auch aus dieser Perspektive wird die Bedeutung von Eigenkapital als Risikokapital zur Realisierung unternehmerischer Ideen offensichtlich, vgl. hierzu auch Albach (1983).

von Informationen aus Wettbewerbsgründen besteht. Ferner können die Überwindung des Erstmaligkeitscharakters und die Auslagerung von Teilen des Produktionsumweges (z.B. Herstellung komplexer Vorkomponenten) extrem hohe Transaktionskosten zur Folge haben, die durch die Nutzeneffekte des Fremdbezugs nicht überkompensiert werden.

Handhabungsmöglichkeiten für die Senkung von Transaktionskosten bestehen somit insgesamt in der Signalisierung Erstmaligkeit reduzierender Informationen, in der engen Einbindung der jeweiligen Transaktionspartner und der Verlagerung von Aktivitäten und Teilen des Produktionsumweges (besonders innovativer Produktionsstufen) in den unternehmensinternen Bereich. Die Realisierung unternehmerischer Ideen mit hohem Erstmaligkeitscharakter verlangt nach vertikaler Integration bzw. möglichst enger Zusammenarbeit und Kooperation der an den Realisierungsprozessen beteiligten Transaktionspartner.

Wenn es zutrifft, daß mit der Notwendigkeit zur Senkung von Transaktionskosten zwangsläufig eine Verlagerung von besonders informationsintensiven und kommunikativ schwer auslagerbaren Aktivitäten vom Markt in den unternehmensinternen Bereich verbunden ist – was besonders für die Realisierung unternehmerischer Ideen hohen Erstmaligkeitsgrades gilt –, ergibt sich auch eine Erklärungshypothese für das vergleichsweise schnelle Wachstum innovativer Unternehmen: Mit steigender Nicht-Marktfähigkeit von Teilleistungen, die für die Realisierung unternehmerischer Ideen gebraucht werden, besteht ein Zwang zur internen Expansion.

Internes Wachstum ist jedoch nur unter der Voraussetzung möglich, daß die Outputs abgesetzt und die Transaktionsbeziehungen sowie die zugrundeliegenden Informations- und Kommunikationsprozesse auf der Absatzseite stabilisiert werden können. Für die Absatzseite gilt in dieser Hinsicht ein ähnlicher Zusammenhang wie auf der Beschaffungsseite. Man denke hier z.B. an Garantie- und Qualitätszusagen, Hinweise auf frühere Tätigkeit in einer bekannten Inkubatororganisation, Referenzen, Einbindung der Abnehmer in die Ideenentwicklung und -weiterentwicklung, Vereinbarung von Rahmen-, Kooperations-, Service- und längerfristigen Verträgen. Hierdurch werden vertrauensbildende Signale über die Erstmaligkeit erzeugt und höhere vertikale Integrationsgrade auf der Absatzseite des Unternehmens erreicht.

Mit zunehmender Bekanntheit der Unternehmung und Diffusion der Produkte geht ein zunehmender Abbau von Erstmaligkeit und Aufbau von Bestätigung einher. Informations- und Kommunikationsprobleme zwischen den Transaktionspartnern werden reduziert. Für Nicht-Auslagerung bzw. hohen vertikalen Integrationsgrad plädierende Erstmaligkeit wird in für Auslagerung bzw. geringen Integrationsgrad plädierende Bestätigung transformiert.

Vor diesem Hintergrund drängen sich sehr interessante – wenn auch komplexe und vielleicht heute noch sehr spekulative und mit hohem Erstmaligkeitsgrad behaftete – Beziehungen zur modernen Evolutionstheorie auf. Denn die Eigenschaften der den Transaktionen zugrundeliegenden Informationen (Erstmaligkeit und Bestätigung) scheinen die Evolution der Koordinationsformen und die arbeitsteilige Organisation von Produktionsumwegen in einer Gesellschaft stark zu beeinflussen. Transaktionsbeziehungen (aber auch der

Grad der Arbeitsteilung einer Gesellschaft) weisen damit lediglich in zeitlich begrenztem Umfang eine konstante Struktur auf (sogenannte temporär stabile Konfigurationen). Auf einer sehr abstrakten evolutions- und informationstheoretischen Ebene könnte man sagen, daß die Struktur der Transaktionsbeziehungen in einem ökonomischen System mit der Evolution der transaktionsnotwendigen Information zwischen den Polen Erstmaligkeit und Bestätigung koevolviert. Um erstmalige Informationen zu bewältigen und die damit einhergehenden Koordinationsunsicherheiten zu reduzieren, werden künstlich hierarchische Koordinationsstrukturen mit hohem vertikalen Integrationsgrad aufgebaut (Herbeiführung künstlicher Ordnung). Auf die Herausbildung von Ordnung bzw. Organisation als (implizites und oft einer spontanen Selbstorganisation folgendes) allgemeines Kompensationsprinzip für Informationsprobleme und Unsicherheit ist in vielen Arbeiten schon hingewiesen worden.[55]

Die Reduzierung von Erstmaligkeit und Herbeiführung bestätigender Information führen dagegen zum Abbau künstlicher und hierarchischer Koordinationsstrukturen und marktlicher Koordination (Abbau von künstlicher Ordnung), die mit geringeren vertikalen Integrationsgraden verbunden sind.[56] Künstlich aufgebaute Struktur zerfließt. Im Prinzip entspricht dies dem Vorstellungsinhalt der sogenannten „dissipativen Strukturen“, die aus der Evolutionstheorie bekannt sind:[57] Bei hoher Bestätigung bzw. nahe einem informationellen Gleichgewicht zerfließt ihre Ordnung, während sie bei hoher Erstmaligkeit und fern von einem informationellen Gleichgewicht Ordnung aufrechterhalten und/ oder ganz neue Ordnungsstrukturen bilden.

Ob die einzelnen Akteure in einer Gesellschaft diese grundsätzlichen evolutionären Mechanismen bewußt steuern (können), darf mehr als bezweifelt werden. Denn obgleich die Ausgestaltung der Transaktionsbeziehungen in einem 1989 an der Universität München abgeschlossenen empirischen Forschungsprojekt als hervorragende Einflußgröße des Unternehmenserfolges innovativen Unternehmertums identifiziert wurde, weisen Innovatoren nur eine geringe Sensibilität für die Ausgestaltung ihrer Marktbeziehungen auf den Absatz- und Beschaffungsmärkten auf;[58] darüber hinaus kann man aufgrund der besonders im Innovationsbereich herrschenden Komplexität davon ausgehen, daß individuelles Handeln in einem ökonomischen System andere Ergebnisse hervorbringt als ursprünglich beabsichtigt.[59] Hieraus folgt unmittelbar, daß die Evolution ökonomischer Transaktionsbeziehungen vor allem unbewußt verläuft.[60] Die hohe Bedeutung der beschaffungs- und absatzmarktseitigen Transaktionsbeziehungen für den Erfolg innovativen

55 Vgl. z.B. Simon (1965); Woodward (1980), S. 51–53; Kunz (1985), S. 62–144.

56 Ähnliche Hinweise ergeben sich aus der transaktionskostentheoretischen Interpretation der sogenannten Produktlebenszyklushypothese, vgl. Williamson (1975), S. 126 f.

57 Vgl. z.B. Jantsch (1979), insbesondere S. 61–76.

58 Vgl. hierzu die empirischen Ergebnisse von Picot, Laub u. Schneider (1989), S. 160–168; vgl. ferner Picot Schneider u. Laub (1989).

59 Dies gilt besonders auch im Ökologiebereich, vgl. hierzu den Beitrag von Roth, die von der Bedeutung des „vernetzten Denkens“ spricht, sowie den Beitrag von Beschorner in diesem Band.

60 Vgl. hierzu insbesondere auch Hayek (1969), S. 97–107, auf den sich besonders die Vertreter der sogenannten Schweizer Evolutionsschule beziehen, vgl. z.B. Malik (1979); Malik u. Probst (1981).

Unternehmertums und die allgemein geringe Sensibilität für diese unternehmerischen Erfolgsdeterminanten lassen diese Zusammenhänge aber nicht zuletzt für die Erfolgsfaktorenforschung[61] als äußerst attraktiv erscheinen.[62]

4.3 Konseqenzen der Produktion von Erstmaligkeit für die unternehmerische Handlungsfähigkeit im dynamischen Wettbewerb

Bereits im vorhergehenden Abschnitt wurden Möglichkeiten der Überwindung von unternehmerischen Handlungs- und Koordinationsrestriktionen beschrieben, die bei der Produktion von Erstmaligkeit eintreten können. Sie lagen vor allem in einer geeigneten Vorbereitung und Ausgestaltung der Transaktionsbeziehungen. Andererseits gibt es hervorragende ökonomische Nutzenpotentiale, die gerade aus der Produktion von Erstmaligkeit resultieren.

So notwendig ein hoher Bestätigungsgrad für die Adoption von unternehmerischen Ideen und die Senkung des den Erstmaligkeitsproduzenten umgebenden Transaktionskostenpegels auch sein mag, die Aufrechterhaltung eines gewissen Erstmaligkeitsgrades muß stets als notwendige Strategie erfolgreichen Unternehmertums im dynamischen Wettbewerb erhalten bleiben. Wirtschaftssubjekte oder Unternehmen, die nur noch Bestätigung produzieren, werden im Zeitablauf zunehmend transparent und verlieren ihre first-mover-advantages und small-numbers-Positionen[63]. Dies gilt hinsichtlich der Produktionstechnologie genauso wie für die daraus hervorgehenden Outputs. In der Evolutionstheorie spricht man dann von sogenannten allopoietischen Systemen. Allopoiese ergibt sich bei einem hohen Bestätigungs- und geringem Erstmaligkeitsgrad. Allopoietische Systeme werden von außen determiniert und sind nicht fähig, sich selbst weiterzuentwickeln oder für die Weiterentwicklung ihrer Umwelt neue Informationen zu produzieren.[64]

In Folge dieser Entwicklung wird auch preisstrategisches Verhalten zunehmend eingeschränkt. Im Bestätigungsbereich kommt man dem Vorstellungsinhalt nahe, den Schumpeter in Anlehnung an das polypolistische Mengenanpasser-Paradigma der Neoklassik als

61 Vgl. z.B. Wohlgemuth (1989).

62 Zu einem Einbau der Transaktionsbeziehungen auf der Absatz- und Beschaffungsseite von innovativen Unternehmen in ein allgemeines Bewertungskonzept vgl. z.B. Laub (1989), S. 107–120 u. S. 204–232.

63 Zu diesen Begriffen vgl. z.B. Williamson (1975), S. 26–30 u. S. 34 f.

64 Vgl. hierzu auch im Zusammenhang mit Selbstorganisationsprozessen Jantsch (1979), S. 37–42, S. 66 f. u. S. 90. Man mag darüber streiten, ob man es aus dieser Perspektive für möglich halten kann, daß es zur Strategie von Individuen, Organisationen und sonstigen sozialen Gebilden gehören kann, Konkurrenten dadurch auszuschalten, daß man an diese standardisierte, wenig wachstumsträchtige und mit hohem Bestätigungsgrad behaftete Aktivitäten delegiert und damit ihre Kapazitäten zuschüttet, um ihre Weiterentwicklung zu verhindern bzw. dadurch „Kleinhaltestrategien" zu verfolgen; vgl. in diesem Zusammenhang auch die Ausführungen von Schneider und Zieringer (1990), die solche „Kleinhaltestrategien" im Zusammenhang mit first- und follower-Positionen im F&E-Bereich diskutieren.

„Prinzip der ausgeschlossenen Strategie" bezeichnete[65]: Wirtschaftssubjekte agieren in dieser Welt in einer atomistischen Marktstruktur, in der vollkommener Markt (Gleichartigkeit der Güter und vollständige Markttransparenz) und freier Marktzugang (d.h. keine institutionellen oder auf Informationsvorsprüngen basierende Zutrittsbarrieren) herrschen. Die Preissetzung erfolgt deterministisch nach dem Prinzip Preis = Grenzkosten. Gewinne erodieren in Sekundenschnelle aufgrund vollkommener Information und atomistischen Wettbewerbs, der nicht dynamisch und rivalisierend, sondern eine statische Zustandsbeschreibung einer Preis- und Mengenkonstellation ist. Neue Informationen, die der Produktion von Erstmaligkeit dienen könnten, werden in einer solchen (geschlossenen Modell-) Welt nicht generiert. Findige Unternehmer degenerieren zu Reaktionsautomaten.[66]

Gerade durch die Produktion von Erstmaligkeit bestehen jedoch Differenzierungschancen und Möglichkeiten, first-mover-advantages und small-numbers-Positionen zu erreichen, und dadurch temporär Monopolgewinne abzuschöpfen. Mit dem Aufbau von Erstmaligkeitspotentialen ist zwar stets eine Steigerung von Transaktionskostenpegeln verbunden, bei dosierter Erstmaligkeitsproduktion, geeigneten Signalisierungsstrategien und findiger Ausgestaltung von Transaktionsbeziehungen wirken sie aber nicht prohibitiv, sondern „vernebeln" nur die „wirklichen" Preise und erlauben strategisches Preisverhalten im dynamischen Wettbewerb. Das Eintauchen in nicht prohibitiv hohe Transaktionskosten führt zu einer Verminderung der Vergleichbarkeit und sprengt die disziplinierenden Fesseln des Wettbewerbs auf transparenten Märkten.[67] Die Herbeiführung von Erstmaligkeit kann als Motor einer unternehmerischen Differenzierungsstrategie aufgefaßt werden. Vor diesem Hintergrund ist die Produktion von Erstmaligkeit als hervorragende Strategie im rivalisierenden Wettbewerb und als zentrale Ursache gesellschaftlichen und institutionellen Wandels zu begreifen.

5. Ausblick – Notwendigkeit einer ökonomisch-theoretischen Perspektive

Das von E. U. v. Weizsäcker entwickelte Erstmaligkeits-Bestätigungs-Modell läßt sich für eine Vielzahl ökonomischer Sachzusammenhänge als heuristischer und informationstheoretischer Bezugsrahmen heranziehen. Erst in jüngerer Zeit haben sich wirtschaftswissenschaftliche Arbeiten auf dieses Modell bezogen[68] – nicht zuletzt aufgrund dessen Ein-

65 Vgl. Schumpeter (1965), S. 1183.

66 Vgl. z.B. Röpke (1980), S. 143; Casson (1982), S. 9–21. Hält man in dieser Hinsicht an der in Fußnote 64 angedeuteten „Kleinhaltestrategie" fest, so ergibt eine Transformierung dieser Zusammenhänge auf die soziologische Ebene bzw. die Übertragung auf eine gesellschaftliche Segmentation reichlichen Diskussionsstoff.

67 und führt im sozialen Kontext zu einem Aufstieg im gesellschaftlichen Gefüge (vgl. hierzu Fußnote 66)!?

68 Vgl. z.B. Müller (1984); Reichert (1984); Blaseio (1987).

fachheit, Klarheit und heuristisch weitreichenden Potentials. Durch Einfachheit, Klarheit und heuristisches Potential zeichnen sich – trotz mancher kritischer Einwände[69] – auch die in diesem Beitrag verwandten ökonomischen Theorieelemente (vor allem Austrianismus und Transaktionskostentheorie) aus. Auch sie finden in gegenseitig verwobener Weise zunehmend Eingang in die wirtschaftswissenschaftliche Literatur.[70]

Durch eine Besinnung auf diese einfachen basalen Theoriekonzepte lassen sich übergeordnete Einblicke und Zusammenhänge für verschiedene und zahlreiche ökonomische (wie angedeutet aber auch soziale) Fragestellungen entwickeln, die bisher aus unterschiedlichen und mehr oder weniger ökonomisch-theoretischen Subebenen untersucht wurden und werden. Dies gilt besonders für die Bereiche Innovation, Unternehmertum und Evolution.

Literatur

Albach, H. (1979): Zur Wiederentdeckung des Unternehmers in der wirtschaftlichen Diskussion, in: Zeitschrift für die gesamte Staatswissenschaft, S. 533 – 552.

Albach, H. (1983): Zur Versorgung der deutschen Wirtschaft mit Risikokapital, in: IfM-Materialien Nr. 9, Bonn.

Arrow, K.J. (1969): The organization of economic activity: Issues pertinent to the choice of market versus nonmarket allocation, in; Analysis and evaluation of public expenditure, 91st Congress, Joint Economic Committee 1, Part I, Section A, Washington, S. 47 – 63.

Balcerowicz, L. (1986): Enterprises and Economic Systems: Organizational Adaptability and Technical Innovativeness, in: Zur Interdependenz von Unternehmens- und Wirtschaftsordnung, Hrsg. v. H. Leipold u. A. Schüller, Stuttgart, S. 189 – 208.

Blaseio, H. (1987): Das Kognos-Prinzip – Zur Dynamik sich-selbst-organisierender wirtschaftlicher und sozialer Systeme, Berlin.

Böhm-Bawerk, E. (1889): Positive Theorie des Kapitales, Innsbruck.

Bössmann, E. (1983): Unternehmungen, Märkte, Transaktionskosten: Die Koordination ökonomischer Aktivitäten, in: Wirtschaftliches Studium 12, S. 105 – 111.

Bühner, R. (1985): Strategie und Organisation – Analyse und Planung der Unternehmensdiversifikation mit Fallbeispielen, Wiesbaden.

Casson, M. (1982): The Entrepreneur – An Economic Theory, Totowa usw.

Claassen, U. (1987): Großhirnforschung, Unternehmer und Wirtschaftspolitik, Frankfurt usw.

Coase, R.H. (1937): The Nature of the Firm, in: Economica, S. 386 – 405.

---

69 Vgl. z.B. Schneider Dieter (1987), S. 474–496.

70 Zu Beispielen für eine Verbindung von Transaktionskostenansatz, Austrianismus und infomationstheoretischen Ansätzen vgl. z.B. die Arbeiten von Reekie (1984); Ricketts (1987); Picot u. Schneider (1988); Schneider (1988).

Dahl, J. (1989): Die Verwegenheit der Ahnungslosen – Über Genetik, Chemie und andere Schwarze Löcher des Fortschritts, Stuttgart.

Etzioni, A. (1975): Die aktive Gesellschaft, Opladen.

Fischer, T. (1982): Inventionsprozesse und Unternehmungsentwicklung, Freiburg.

Hayek v., F.A. (1969): Freiburger Studien, gesammelte Aufsätze von F.A. v. Hayek, Tübingen.

Holzheu, F. (1987): Die Bewältigung von Unsicherheit als ökonomisches Grundproblem, in: Gesellschaft und Unsicherheit, Hrsg. v. F. Holzheu u.a., Karlsruhe, S. 12 – 37.

Hollander, E.P. (1958): Conformity, Status, and Idiosyncrasy Credit, in: Psychological Review, S 117 – 127.

Jantsch, E. (1979): Die Selbstorganisation des Universums, München und Wien.

Kapp, K.W. (1972): Zur Theorie der Sozialkosten und der Umweltkrise, in: Sozialisierung der Verluste?–Die sozialen Kosten eines privatwirtschaftlichen Systems, Hrsg. v. K.W. Kapp u. F. Vilmar, München, S. 39 – 48.

Kirsch, W. (1978): Die Handhabung von Entscheidungsproblemen, München.

Kirzner, J.M. (1978): Wettbewerb und Unternehmertum, Tübingen.

Kirzner, J.M. (1979): Perception, Opportunity, and Profit, Chicago u. London.

Klandt, H. (1984): Aktivität und Erfolg des Unternehmungsgründers; Eine empirische Analyse unter Einbeziehung des mikrosozialen Umfeldes, Bergisch Gladbach.

Kunz, H. (1985): Marktsystem und Information, Tübingen.

Lachmann, L.M. (1976): On the Central Concept of Austrian Economics: Market Process, in: The Foundations of the Modern Austrian Economics, hrsg, v. E.G. Dolan, Kansas City, S. 126 – 132.

Lachmann, L.M. (1986): The market as an Economic Process, Oxford.

Laub, U.D. (1989): Zur Bewertung innovativer Unternehmensgründungen im institutionellen Zusammenhang–Eine empirisch gestützte Analyse, München.

Leibenstein, H. (1968): Entrepreneurship and Development, in: American Economic Review 58, S. 72 – 83.

Leipold, H. (1978): Die Verwertung neuen Wissens bei alternativen Eigentumsordnungen, in: Ökonomische Verfügungsrechte und Allokationsmechanismen in Wirtschaftssystemen, Hrsg. v. K.-E. Schenk, Berlin, S. 89 – 122.

Littmann, K. (1974): Umweltbelastung–Sozialökonomische Gegenkonzepte, Göttingen

Lunn, J. (1985): The Roles of Property Rights and Market Power in Appropriating Innovative Output, in: The Journal of Legal Studies, S. 423 – 433.

Malik, F. (1979): Die Managementlehre im Lichte der modernen Evolutionstheorie, in: Die Unternehmung, S. 303 – 316.

Malik, F.; Probst, G. (1981): Evolutionäres Management, in: Die Unternehmung, S. 121 – 140.

Marr, R. (1980): Innovation, in: Handwörterbuch der Organisation, Hrsg. v. E. Grochla, Stuttgart, Sp. 947 – 959.

Michaelis, E. (1985): Organisation unternehmerischer Aufgaben–Transaktionskosten als Beurteilungskriterium, Frankfurt/Main usw.

Mintzberg, H. (1976): Planning on the left side and managing on the right, in: Harvard Business Review 4, S. 49 – 58.

Monteverdi, K.; Teece, D.J. (1982): Appropriable Rents and Quasi Vertical Integration, in: Journal of Law and Economics, S. 321 – 328.

Müller , G. (1984): Strategische Frühaufklärung, München.

Nathusius, K. (1979): Venture Management – Ein Instrument zur innovativen Unternehmensentwicklung, Berlin.

Ornstein, R.E. (1980): Two Sides of the Brain, in: Readings in Managerial Psychology, 3. Aufl., Hrsg. v. H.J. Leavitt, L.R. Pondy u. D.M. Boje, Chicago, S. 106 – 125.

Orosel, G.O. (1986): Eugen Böhm-Bawerk–Eine Analyse seiner Kapitaltheorie, in: Die Wiener Schule der Nationalökonomie, Hrsg. v. N. Leser, Wien usw., S. 107 – 132 .

Picot, A. (1977): Betriebswirtschaftliche Umweltbeziehungen und Umweltinformationen, Berlin.

Picot, A. (1982): Transaktionskostenansatz in der Organisationstheorie: Stand der Diskussion und Aussagewert, in: Die Betriebswirtschaft, S. 267 – 284.

Picot, A. (1986): Informationsmanagement und Unternehmensstrategie, in: 3. Europäischer Kongreß über Büro-Systeme & Informations-Management, Hrsg. v. CW-CSE, CW Publikationen München, S. 757 – 796.

Picot, A. (1987): Ökonomische Theorien und Führung: in: Handwörterbuch der Führung, hrsg, v. A. Kieser, G. Reber u. R. Wunderer, Stuttgart, Sp. 1583 – 1595.

Picot, A. (1989): Zur Gestaltung betriebwirtschaftlicher Informations- und Kommunikationssysteme: Der Beitrag der Transaktionskosten- und der Principal-Agent-Theorie, in: Betriebwirtschaftslehre zwischen Spezialisierung und Generalisierung, Festschrift für E. Heinen, Hrsg. v. W. Kirsch u. A. Picot, Wiesbaden, S. 207 – 219.

Picot, A.; Schneider Dietram (1988): Unternehmerisches Innovationsverhalten, Verfügungsrechte und Transaktionskosten, in: Betriebwirtschaftslehre und Theorie der Verfügungsrechte, Hrsg. v. D. Budäus, E. Gerum u. G. Zimmermann, Wiesbaden, S. 91 – 183.

Picot, A.; Reichwald, R.; Nippa, M. (1988): Zur Bedeutung der Entwicklungsaufgabe für die Entwicklungszeit–Ansätze für die Entwicklungszeitgestaltung, in: Zeitmanagement in Forschung und Entwicklung, Sonderheft 23, Zeitschrift für betriebswirtschaftliche Forschung, S. 112 – 137.

Picot, A.; Laub, U. D.; Schneider Dietram (1989): Innovative Unternehmensgründungen–Eine ökonomisch-empirische Analyse, Berlin usw.

Picot, A.; Schneider Dietram; Laub, U.D. (1989): Transaktionskosten und innovative Unternehmensgründung – Eine empirische Analyse, in: Zeitschrift für betriebswirtschaftliche Forschung, S. 358 – 387.

Redlich, F. (1956a): Unternehmer, in: Handwörterbuch der Sozialwissenschaften 10, Göttingen, S. 486 – 498.

Redlich, F. (1956b): Unternehmungs- und Unternehmergeschichte, in: Handwörterbuch der Sozalwissenschaften 10, Göttingen, S. 532 – 549.

Reekie, D. (1984): Markets, Entrepreneurs and Liberty – An Austrian View of Capitalism, Brighton.

Reichert, R. (1984): Entwurf und Bewertung von Strategien, München.

Ricketts, M. (1987): The Economics of Business Enterprise – New Approaches to the Firm, Brighton.

Röpke, J. (1980): Zur Stabilität und Evolution marktwirtschaftlicher Systeme aus klassischer Sicht, in: Zur Theorie marktwirtschaftlicher Ordnungen, Hrsg. v. E. Streißler u. C. Watrin, Tübingen, S. 124 – 154.

Rothschild, K.W. (1986): Die Wiener Schule im Verhältnis zur klassischen Nationalökonomie, unter besonderer Berücksichtigung von Carl Menger, in: Die Wiener Schule der Nationalökonomie, hrsg, v. N. Leser, Wien usw., S. 11 – 27.

Say, J.B. (1880): Ausführliche Darstellung der Nationalökonomie oder der Staatswirtschaft, 2. Aufl., Heidelberg, deutsche Übersetzung von Cours D`Economic Politique, Pratique durch E. Morstadt.

Schmeisser, W. (1984): Erfinder und Innovation, Duisburg.

Schneider, Dieter (1985): Allgemeine Betriebwirtschaftslehre, 2. Aufl. München u. Wien.

Schneider, Dieter (1987): Allgemeine Betriebswirtschaftslehre, 3. Aufl., München u. Wien.

Schneider, Dietram (1987): Der kapazitätsorientierte Jahresarbeitszeitvertrag, München.

Schneider, Dietram (1988): Zur Entstehung innovativer Unternehmen – Eine ökonomisch-theoretische Perspektive, München.

Schneider, Dietram; Zieringer, C. (1990): Strategie der Organisation von Forschung und Entwicklung – Transaktionskostentheoretische und unternehmensstrategische Überlegungen, unveröffentlichtes Manuskript, erscheint demnächst im Gabler-Verlag.

Schüller, A. (1978): Property Rights, unternehmerische Legitimation und Wirtschaftsordnung – Zum vermögenstheoretischen Ansatz einer allgemeinen Theorie der Unternehmung, in: Ökonomische Verfügungsrechte und Allokationsmechanismen im Wirtschaftssystem, Hrsg. v. R. Eschenburg u.a., Berlin, S. 29 – 87.

Schumpeter, J.A. (1952): Theorie der wirtschaftlichen Entwicklung, 5. Aufl., Berlin.

Schumpeter, J.A. (1965): Geschichte der ökonomischen Analyse II, Göttingen.

Shand, A.H. (1984): The Capitalist Alternative – An Introduction to Neo-Austrian Economics, New York u. London.

Shannon, C.E.; Weaver, W. (1949): The Mathematical Theory of Communication, Urbana.

Simon, H.A. (1965): The Architecture of Complexity, in: General Systems 10, S.63 – 76.

Smith, A. (1789): An inquiry into the Nature and Causes of the Wealth of Nations, 5. Aufl., London.

Spremann, K. (1985): Finanzierung, München u. Wien.

Staudt, E.; Schmeisser, W. (1987): Innovation und Kreativität als Führungsaufgabe, in: Handwörterbuch der Führung, Hrsg. v. A. Kieser, G. Reber u. R. Wunderer, Stuttgart, Sp. 1138 – 1149.

Wegehenkel, L. (1981): Gleichgewicht, Transaktionskosten und Evolution, Tübingen.

v. Weizsäcker, E.U. (1974): Erstmaligkeit und Bestätigung als Komponenten der Pragmatischen Information, in: Offene Systeme I – Beiträge zur Zeitstruktur von Information, Entropie und Evolution, Hrsg. v. E. v. Weizsäcker, Stuttgart, S. 82 – 113.

v. Weizsäcker, E.U.; v. Weizsäcker, C. (1972): Wiederaufnahme der begrifflichen Frage: Was ist Information?, in: Nova Acta Leopoldina, S. 535 – 555.

Williamson, O.E. (1975): Markets and Hierarchies – Analysis and Antitrus Implications, New York u. London.
Winkels, A. (1988): Unternehmungsgründung als finanzwirtschaftliche Markteintrittsentscheidung, Bergisch Gladbach u. Köln.
Witte, E. (1973): Organisation für Innovationsentscheidungen, Göttingen.
Woodward, J. (1980): Industrial Organization – Theory and Practice, 2. Aufl., Oxford.
Wohlgemuth, A.C. (1989): Die klippenreiche Suche nach den Erfolgsfaktoren, in: Die Unternehmung, S. 89 – 111.

Betriebswirtschaftslehre und Praxis

Betriebswirtschaftslehre als Wissenschaft und betriebliche Praxis sind zwei Seiten derselben Medaille. Hochschullehrer, Forscher und Praktiker arbeiten in vielen Projekten zusammen. Praxiserfahrungen befruchten die Wissenschaft, neue wissenschaftliche Erkenntnisse geben der Unternehmensführung Hilfestellungen bei der praktischen Arbeit.

Aus diesem Grund haben wir einen Buchtyp für Werke geschaffen, die Themen- und Problemstellungen von Unternehmen theoretisch fundiert und gleichzeitig besonders praxisorientiert behandeln. In der Wirtschaftspraxis Tätigen werden mit diesen Bänden - in sehr lesbarer Form - neue, für ihre Arbeit relevante Forschungsergebnisse vermittelt. Sie erhalten Anregungen für Neuerungen und Verbesserungen in ihren Unternehmen sowie Lösungsansätze für aktuelle Probleme. Aus der Sicht der betriebswirtschaftlichen Wissenschaftler stellen diese Werke einen wichtigen Beitrag zur Angewandten Betriebswirtschaftslehre dar.

Autoren sind namhafte Wissenschaftler auf dem Gebiet der Betriebswirtschaftslehre mit vielfältigen Kontakten zur Wirtschaftspraxis. Die Themen umfassen die ganze Breite der unternehmerischen Tätigkeiten: von der Organisation der Unternehmensspitze bis zum Strategischen Marketing, von der Globalisierung der Unternehmenstätigkeit bis zur Positionsübernahme neuer Manager.

Erschienene Titel:

Aaker, David A.
Strategisches Markt-Management
1989, 379 Seiten,
Geb. DM 84,–
ISBN 3-409-13339-9

Biervert, Bernd/
Dierkes, Meinolf
Informations- und Kommunikationstechniken im Dienstleistungssektor
1989, 280 Seiten,
Geb. DM 89,–
ISBN 3-409-13347-X

Bleicher, Knut/
Leberl, Diethard/
Paul, Herbert
Unternehmungsverfassung und Spitzenorganisation
1989, 297 Seiten,
Geb. DM 98,–
ISBN 3-409-13340-2

Buzzell, Robert D. (Hrsg.)
Marketing im Zeitalter der Compunications
1988, 386 Seiten,
Geb. DM 98,–
ISBN 3-409-13615-0

Dichtl, Erwin/Raffée, Hans/
Thiess, Michael (Hrsg.)
Innovatives Pharma-Marketing
1989, 512 Seiten,
Geb. DM 198,–
ISBN 3-409-13624-X

Gabarro, John J.
Leitende in neuen Positionen
1988, 175 Seiten,
Geb. DM 64,–
ISBN 3-409-13835-8

Heskett, James L.
Management von Dienstleistungsunternehmen
1988, VI, 214 Seiten,
Geb. DM 68,–
ISBN 3-409-13328-3

Kreikebaum, Hartmut/
Herbert, Klaus J.
Humanisierung der Arbeit
1988, XV, 242 Seiten,
Geb. DM 78,–
ISBN 3-409-19104-6

Krystek, Ulrich
Unternehmungskrisen
1987, XIX, 327 Seiten,
Geb. DM 89,–
ISBN 3-409-13963-X

Kumar, Brij Nino
Deutsche Unternehmen in den USA
1987, 190 Seiten,
Geb. DM 64,–
ISBN 3-409-13104-3

March, James G. (Hrsg.)
Entscheidung und Organisation
1990, 516 Seiten,
Geb. DM 198,–
ISBN 3-409-13125-6

Macharzina, Klaus
Informationspolitik
1990, 275 Seiten,
Geb. DM 98,–
ISBN 3-409-13128-0

Mayer, Elmar (Hrsg.)
Controlling-Konzepte
2., verbesserte und erweiterte
Auflage 1987, VIII,
245 Seiten, Geb. DM 68,–
ISBN 3-409-23004-1

Meffert, Heribert
Strategische Unternehmensführung und Marketing
1988, VIII, 409 Seiten,
Geb. DM 98,–
ISBN 3-409-13613-4

Porter, Michael (Hrsg.)
Globaler Wettbewerb
1989, XII, 660 Seiten,
Geb. DM 148,–
ISBN 3-409-13332-1

Servatius, Hans G.
New Venture Management
1988, IX, 352 Seiten,
Geb. DM 89,–
ISBN 3-409-13909-5

Strothmann, Karl-Heinz/
Kliche, Mario
Innovations-Marketing
1989, 185 Seiten,
Geb. DM 72,80
ISBN 3-409-13621-5

Walldorf, Erwin G.
Auslands-Marketing
1987, 571 Seiten,
Geb. DM 148,–
ISBN 3-409-13003-9

Wildemann, Horst
Strategische Investitionsplanung
1987, XII, 215 Seiten,
Geb. DM 78,–
ISBN 3-409-13715-7

Laub/Schneider (Hrsg.)
Innovation und Unternehmertum